建築設備積算

金德洙 · 朴承翼 · 朴種一 · 鄭元鎬 共著

圖書出版 世進社

머 리 말

우리 건설업 및 건축산업분야도 1970년대 이후 급격한 발전을 하여 최근에는 외국 건설업체 및 엔지니어링산업과 EC화 등으로 경쟁체제에 돌입하고 있다. 이 시점에 즈음하여 개개의 건축물을 상대로 하는 건축설비전문분야도 실내의 쾌적한 환경과 위생적이고 편리한 생활환경을 창출하는데서 전산화, 에너지 절약적, 경제적 시스템의 개발 및 정보화 사회로의 전환 등 당면한 여러 문제의 해결 및 도입을 추구하며, 더 나아가 건축물 군으로 집약되는 도시설비(지역냉·난방, 폐수, 오물, 쓰레기처리 및 에너지유효이용시스템, 각종 수송설비, 기타 관련설비)로 발전되어 나아가야 되리라고 사료된다.

따라서 건축설비 분야도 건축분야의 발전과 동행하여 설계, 시공은 물론 적산 및 견적분야도 병행하여 발전되어야 할 것이다. 이런 상황 속에서 1972년 12월 경제기획원이 중심이 되어 표준품셈 시안작업 이후 몇 차례 수정보완작업을 거쳐 현재는 국토해양부 소관으로 매년 「건설공사 품셈」으로 발전 시행되고 있다.

한편 저자는 이 분야에 경험도 적고 미숙하지만 그간의 경험과 열의를 갖고 건축설비분야 발전에 기여하고자 1977년 6월에 본 「건축설비적산」을 펴 낸 바 있었으나 세월이 흘러 많은 내용이 변화되고 개정됨에 따라 구상만 해오다가 시대의 변화와 혼자의 힘으로는 부족하며 앞으로 계속 개정작업으로 본 책자를 유지 발전시켜 나아가야 한다는 소명감으로 교수 2인과 기술사 2인의 공동저술로 8개월간의 집필기간을 거쳐 본 책자를 발간하게 되었다.

본 책자의 내용을 보면 제1장의 적산개론과 제2장의 개산견적을 대폭 수정보완 하였으며, 제3장 공기조화설비와 제4장 위생설비는 예제를 많이 수록하고 내용을 최신표준품셈에 일치시키도록 노력하였다. 제5장 건축설비의 경제계산을 제시하여 설계기본계획시 또는 설계시스템의 경제성 검토시 참고자료로 첨부하였으며, 컴퓨터를 이용한 설비적산방법의 제시가 본 개정판에서는 누락되었으나 다음 기회로 미루었다.

아무쪼록 본서가 건축설비분야에 종사하는 설계자, 시공자, 행정 관리자 및 건축설비의 국가기술자격시험의 수험참고서 및 대학교육용 참고서로 널리 활용되고 또한 본 분야에 관심을 갖고 계신 건축 관계자 및 제현에게 안내서 및 참고자료가 될 수 있기를 기대한다.

한편 본서를 기술하는데 저자들의 미숙과 과오가 없지 않으리라 생각되며 이런 것들은 선배, 동료, 제현의 끊임없는 지도편달과 성원에 힘입어 추후 보강, 수정해 가려고 한다.

끝으로 본서가 나오기까지 협조해 준 삼영설비(주) 설계자, 공사부 간부 여러분과 대학의 관계자 여러분 그리고 출판을 맡아주신 세진사 사장님 이하 관계자 여러분에게 심심한 감사를 드린다.

1991년 8월

金德洙 朴承翼

朴鍾一 鄭元鎬

차 례

第 1 章 積算概論

第 2 章 概算見積

第 3 章 空氣調和 設備工事

第 4 章 衛生設備

第5章 建築設備의 經濟計算

부 록

第1章 積算概論

第1章 積算概論

1-1 적산의 의의

1-1-1 적산의 뜻

일반적으로 공사비를 산출하는 일을 '적산' 또는 '견적'이라고 불러 왔는데, 이러한 작업은 회사나 단체 또는 개인의 관습 및 경험적인 것에 의존하여 왔기 때문에 조직적으로 확립된 학문적 체계가 없었다. 따라서 '적산'과 '견적'에 대한 명확한 정의도 없었으며, '적산'과 '견적'은 같은 의미로 사용되기도 하였다.

그러나 '적산'이라고 할 경우는 영어의 "Survey"를 어원으로 하여 일정한 탐구과정을 통해서 가치의 필연성을 발견해 내는 과정을 말하며, '견적'이라고 할 경우는 "Estimate" 또는 "Calculate"에서 기원되어 가치판단의 기준으로서 이해되어 왔다.

또한 사람에 따라서는 단적으로 재료의 수량산출에 그친 것을 '적산'이라고 하고, 이에 단가를 기입하여 재료와 함께 금액으로 산출한 것을 '견적'이라고 구별하고 있다.

이것은 다분히 실무 작업상의 관습으로부터 나온 것으로 받아들여지며, 이외에 다른 해석도 있을 수 있지만 여기서는 다음과 같은 개념으로 정의하여 이해하기로 한다.

즉, '적산'은 금액으로 환산하기 이전의 재료의 산출수단과 그 경과를 말하고, '견적'은 적산으로 결과된 공사내용을 금액으로 확정표시한 것을 의미한다.

1-1-2 적산의 중요성

설비를 포함한 건축산업과 일반산업의 적산을 비교해 보기 위해 우선 건축산업과 타산업을 비교해서 그 생산기구의 다른 점을 해명하고 건축공사의 본질을 올바르게 인식케 하는 데 그 중요성이 있다. 건축산업은 일반산업과 달리 다음과 같은 특수성을 갖고 있다.

(1) 도급제도에 의한 수주생산이다.

일반산업에서는 계획에 의한 생산을 하지만, 건축산업은 도급제에 의해 건축주로부터 발주하는 공사를 수주하는 방식으로 각 공정의 말단까지 각 기술별 하도급제도에 의하여 진행되어진다. 일반산업 중에서도 조선업, 대형 산업기기 제조 등에서 주문생산제인 도급제가 있지만 대부분 성능에 의한 발주방식이다.

건축산업에서는 설계도, 시방서에 의해 시공의 방법 과정에 대한 언급을 하고 있지만 성능에 대한 것은 그다지 중요한 비중을 차지하지는 않는다.

(2) 개별적 제품이다.

최근에는 프리패브(prefab)화, 유닛(unit)화가 진행되고 있지만 입지조건, 설계, 기타 등에서 개별적인 특성을 나타내며 주택에서 고층빌딩, 지하철, 댐, 정유플랜트, TV송신탑 등에 이르기까지 수많은 종류의 건설공사가 분류되고 있다.

건축산업에서도 타산업과 같이 기계화, 자동화, 현대화의 필요가 절실히 요망된다. 설계, 공사 등의 과정이 외형적으로는 상당히 진행된 듯하지만, 실제로는 본질적인 개별성, 예술성, 주관성 때문에 실질적인 의미의 현대화가 지연되고, 지금도 개개의 설계자, 기술자의 능력과 노동자의 기능적인 재능에 의존하고 있는 실정이다.

(3) 노무중심의 산업

일반 생산산업은 대부분 기계화, 자동화가 진행되어 가고 있지만, 건축산업에 있어서는 재래식이 현대화된 것도 많다. 그러나 어느 수준에 이르러서는 사람의 손에 의존하여야 하는 노무중심의 산업이다.

(4) 유통구조의 비조직화

일반산업에서는 생산된 제품이 적절한 공급망과 유통·판매조직 등을 통하여 최종 소비자에게 판매되도록 하여 원활한 생산활동이 이루어지도록 하고 있다. 그러나 건축산업은 수요공급의 거래관계가 주문생산이고 개별적인 제품이기 때문에 각기 회사의 영업활동에 의하여 공사의 수주를 하고 있는 실정이다.

공사의 진행도 수주된 시점에서부터 자재구매, 인원수배, 외주공사의 발주 등이 개별회사 내에서 일체 진행되어야 하는 것이 건축산업의 특징인 것이다.

이상과 같이 건축산업의 특성을 관찰하여 알 수 있듯이 건축산업분야에서의 적산업무는 기업의 사활을 좌우할 수 있는 매우 중요한 업무이다. 적산의 업무는 수주자측에서는 공사의 수주, 시공의 실행예산작성, 자재구입, 인원계획, 하도급지불 등의 기본이 되며 또한 기업 경영상의 이익 확보에 중요한 역할을 하고 있다.

발주자의 경우 적산은 공사계획 예산작성, 설계에 의한 예정가격확인, 발주시의 예정가격작성, 공사중의 기성고 지불, 설계변경금액의 산출 등에 없어서는 안 될 중요한 업무이다.

1—1—3 적산의 역할

종래의 사고방식에 의한 적산은 설계도면 및 시방서가 완성되면 그것에 준하여 적산하여 공사비가 얼마나 되는가 추산하는 업무로서, 발주자측으로부터 보면 예정가격이나 설계변경의 사정업무이다. 그러나 수급자측으로부터 보면 공사입수나 시공시의 외주목표를 목적으로 한 것이어서 영업 또는 공사에 연결되는 눈에 보이지 않는 잠재적 존재로 소극적이고 수동적이었다고 해도 과언은 아닐 것이다.

그러므로 이런 사고방식은 기업의 발전 및 건축산업의 근대화 면에서 볼 때 바람직하지 못하다. 때문에 최근의 적산은 상기와 같은 사고방식을 탈피하여 시공에 대해서는 종래의 재료, 노임의 전체에 대한 비율을 생각하여야 하므로 예를 들면 다음과 같다.

첫째, 전문업자에게 외주하는 시공관리방식에 대해서는 비용 면에서부터 실행예산, 기타까지 합리적인 지도를 발휘한다.

둘째, 설계에 대해서는 공사계획예산에서부터 설계진행과정에 이르기까지 비용계획 및 비용조정에 협력하고, 생산에 연결되는 협조의 역할을 한다.

셋째, 기업경영 면에 대해서는 수주가격의 산출은 물론이고 수주공사의 선택, 개척분야 등의 영업활동에 필요한 정보를 알림과 동시에 항상 각 방면의 정보를 입수해서 정리해 언제라도 사용할 수 있도록 지원의 입장을 취한다.

또한 건축산업의 가장 난점인 원가관리 면이나 컴퓨터를 도입하는 것에 있어서도 적산이 중심이 되어 각 관계자에게 담당하게 함으로써 적극적이고 능동적으로 대처해 나가야 할 것이다.

1—1—4 사전원가 및 사후원가와의 관계

건축물은 설계도면, 시방서 등에 준해서 다종다양한 재료, 노무가 정해진 공기(工期) 내에 조합되고 설치되어 복잡한 작업 공정 등이 경제활동으로 나타난다. 이 공사에 시행된 경제활동의 가치가 공사원가이다.

이 소비된 완성공사 원가를 공사완성 후 산출하는 것을 '사후원가계산'이라고 하며, 이것이 소위 말하는 '결산'인 것이다.

또한 '사전원가계산'이란, 공사시공 전에 설계도면, 시방서에 준해서 공사비를 산출하는 것으로서 '견적'이 바로 이것이다.

사전원가계산은 공사시공 전에 공사원가를 예측해서 산출하는 것이기 때문에 공사 실례의 사후원가계산의 결과를 참고자료로 하여 사전원가에 적용한다. 물가의 변동, 공법의 변화, 노동작업의 능률변화를 검토해 사전원가계산에서도 정확한 공사원가를 얻는 것이 가능하게 되고, 사후원가로의 피드 백(feedback)수단이 사용된다.

이와 같이 '견적'과 '결산'은 상호 필요불가결한 것이기에, '견적'은 '결산'의 뒷받침으로서 충실한 임무를 수행할 수 있는 것이다.

한편, 사후원가계산에 있어서 공사원가는 재료, 노무, 외주, 경비의 4요소로 분류되며, 이것에 관하여 자세히 설명을 하면 다음과 같다.

(1) 재료비

공사에 필요한 재료(소재, 반제품, 제품)의 구입 가격은 공장으로부터 사용 현장까지의 운임, 취급수수료, 기타 재료 구입에 따른 모든 비용을 포함한 현장반입가격으로써 계상한다.

(2) 노무비

재료비를 포함하지 않은 노무작업만의 임금과 노무만의 공사계약을 체결한 자에 대한 지불비용

(3) 외주비

재료, 노무, 기타를 포함한 일괄계약을 맺는 것으로 외주하는 공사에 대한 지불비용

(4) 경비

공사를 진행하는 데 있어서 위의 (1)(2)(3)을 제외한 기타 제반비용

1-2 적산의 종류

적산은 건축의 기획, 설계, 시공, 경영의 각 부문에 있어서 그것을 다루는 사람의 입장, 목적, 내용 등에 따라 몇 가지로 나누어질 수 있지만, 대별하면 다음과 같다.

1-2-1 발주자의 적산

(1) 계획예산의 적산

건축주가 공사를 계획할 때 그 비용을 대략 알기 위한 적산으로 건축전문가의 개략개산과 유사한 형태의 이미 완성된 건축물 등의 자료를 통하여 계산하는 가장 개략적인 내용이다.

(2) 발주 예정가격 산출용 적산

계획예산을 정하고 설계자는 그 예산을 기본으로 해서 설계를 진행하며 설계도서, 시방서, 현장설명서 등이 완성된 단계에서 산출하는 적산이다. 이는 발주자가 공사를 발주하기 위해 공사비를 정하는 적산이기 때문에 전문기술자에 의해서 설계도서 내용의 세부사항에 이르기까지 정확한 수량산출과 적정한 가격에 의하여 적산되어야 한다.

1-2-2 수주자의 적산

(1) 입찰시의 적산

수주자가 입찰용의 공사금액을 정하기 위해서 하는 적산으로 발주자가 제시한 설계도서에 준하여 수주자의 적산양식으로 수량산출하고, 시장가격 등에 의하여 공사비를 결정하여 입찰시에 제출하는 적산을 말한다.

(2) 계약시의 적산

시공업자가 공사도급계약을 할 때에 제출하는 공사비 내역명세서를 작성하기 위한 적산이다. 입찰의 결과 시공업자와 공사금액이 결정되면, 발주자로부터 계약용으로 상기 내역명세서의 제출을 요구받게 된다.

이는 입찰시의 견적서를 발주자측의 내역서 양식에 맞추어 다시 작성되는 것으로서 이것은 공사중의 기성고 지불의 사정, 설계변경에 의한 증감금액의 사정, 자산평가, 세무처리 등에 필요한 서류인 것이다.

(3) 실행예산의 적산

시공업자가 공사를 실시하기 위해서 현장대리인(현장소장)을 비롯한 공사담당자를 정하고, 이들에 의해 실시계획을 세워서 집행예산의 견적을 하는데, 이것을 실행예산의 적산이라고 한다. 실행예산의 주목적은 현장시공에 있어 정확한 실투입 비용을 산출하기 위함이다.

따라서, 내역서의 내용은 입찰시 또는 계약시의 견적과 다르며, 상세하게 시공의 실제 상황에 알맞게 작성되어야 한다.

즉, 현장내용을 파악하고, 시공도면과 상세도면에 의하여 실제 시공되어질 수량을 산출하며, 단가는 전문업자의 견적서를 수집해서 상세한 사정과 시공상의 검토가 포함되어야 한다.

이렇게 결정된 실행예산에 준하여 시공업자는 실제의 공사비를 관리하고 각 전문업자에게 발주를 한다.

(4) 설계변경 공사비 적산

설계변경이 생겼을 경우, 당초 공사의 계약금액을 변경하기 위해서 변경공사비의 내역명세서를 작성하기 위한 적산이다.

보통의 경우 설계변경 도서에 준하여 계약시 제출된 견적서의 내역 분류에 따라서 변경항목의 수량 증감을 적산하여 제출견적서의 원단가 또는 시가에 의하여 견적된다. 이 견적에 따라 설계변경의 공사비를 산출한다. 한편, 설계변경으로 인하여 새로운 항목이 생겼을 경우의 단가는 시가에 의한 새로운 단가를 조사하여 견적한다.

1—2—3 상세 정도에 의한 분류

(1) 상세 견적

완성된 설계도면, 시방서에 준해서 정확한 수량을 명확하게 산출하여 집계, 정리를 한 다음 공사의 실제 상황에 맞는 적절한 단가를 조사 후 명기하여 견적하는 방법이다.

상세 견적은 발주자측의 공사예정가격, 수주자측의 공사입찰금액, 실행예산, 설계변경 등의 적산에 사용되며 각각의 중요한 공사비를 결정하는 것으로서 가장 정밀도가 높은 내용이 요구된다.

(2) 개산 견적

공사의 기획, 기본설계의 단계, 예산조정, 상세 견적 점검, 적산시간이 부족한 경우 등에 사용되며, 매우 중요한 역할을 한다.

계산 견적에는 아래와 같은 방법이 있지만 계획방침의 결정 정도, 설계도서와 시방서의 완성 정도, 입지조건, 공사기간 등에 따라서 금액과 산출방법이 다르다.

① 단위면적당의 계산

건축의 종별, 규모 등에 준한 단위면적당(원/평)을 사용하여 산출하는 방법은 공기조화, 위생설비의 각 공사의 개산을 필요로 할 경우에 그 건물의 종류별 규모와 유사한 과거의 실시건물의 통계자료를 참조하고, 시가의 변동 등을 고려한 단가(원/평)를 추정해서 그 단가를 건물 바닥면적에 곱하여 공사비를 산출하는 방법이다.

② 공사의 과목, 세목별로 산출하는 방법

공조설비공사비 개산의 예를 들면, 냉온열원기기, 공기조화기, 덕트, 배관, 자동제어 등의 과목별로 개략부하, 풍량, 유량 등을 대상으로 해서 과거의 실시공사의 가장 근사적인 것을 선택하고, 그 실적단가에 보정치를 감안한 추정단가에 의해 견적한다. 이 견적에 과목금액을 공사내용

정도에 의하여 가감 정리함으로써 공사비를 산출하는 방법이다.

(3) 개략설계 후 공사내용 및 조건검토에 의한 공사비 결정 방법

개산 견적을 할 때는 일반적으로 시간적 여유가 없기 때문에 상세하게 견적할 수 없으므로 개산 견적의 근거가 되는 실적자료를 수집하고, 시장의 정보자료와 함께 자세히 분류 정리해 둘 필요가 있다.

1-3 도급·입찰·계약(都給·入札·契約)

건축공사를 진행하는 과정은 건축주가 발주자가 되어 공사의 실시를 시공회사에게 입찰이라는 과정을 통하여 도급을 주게 된다. 수급인(시공자)은 공사도급계약에 의해서 그 공사에 필요한 모든 재료, 노무 및 기계설비를 제공하고, 일정액의 도급대금에 의해서 공사를 실시한다.

건설공사의 도급계약은 민법상의 도급의 일종으로서, 수급인이 건축공사에 관하여 완성하는 것을 약속하는 것에 의해서 계약이 성립된다.

즉, 도급계약에서는 일의 완성을 목적으로 하는 계약과 일의 완성에 대한 대금을 지불하는 것을 약속하는 계약의 두 가지 중요한 요소를 포함하고 있다.

1-3-1 도급의 종류

도급은 여러 가지 유형으로 나누어질 수 있지만, 이를 분류해 보면 다음과 같다.

(1) 일괄도급계약과 분할도급계약

공사도급의 범위에 의해 분류한 방식이다.

일괄도급계약은 공사의 일부를 일괄해서 동일인에게 도급하는 계약이고, 분할도급계약은 각 공정을 전문업자에게 개별적으로 도급하는 계약이다. 분할도급일 경우는 전문공사, 공정, 공구 등의 3가지 방법으로 분류한다.

① 전문공사별 분할도급

건축의 전체공사 속에 공기조화설비공사, 위생설비공사, 엘리베이터설비공사, 전기설비공사, 수변전설비공사, 전화교환기설비 등을 건축공사로부터 분리해서 발주자가 각각의 전문공사업자에게 직접 도급하는 방식이다. 따라서 발주자는 건축공사업자와 도급계약을 체결하는 분할발주 방식이다.

분할 방식은 종합공사업자에게 일괄해서 도급하게 할 경우와 비교해 보면 단순히 종합공사업자에게 지불되는 경비·이익 등을 경감하고자 하려는 목적만은 아니고, 기계설비 및 전기설비 등 고도의 전문기술을 요하는 각 전문공사에 대하여 발주자가 신뢰해서 전문공사업자에게 직접 도급하게 함으로써 안전하고 확실한 기능을 발휘하게 하고 우수한 결과를 기대할 수 있다는 데에 이점이 있다.

② 공정별 분할도급

기초, 콘크리트골조, 마감의 각 공사를 공정별로 분할해 각각 별개의 도급계약을 체결해가는 방식이다.

예산 사정으로 전공사를 일괄 발주할 수 없을 경우, 설계가 늦어져 부분적으로밖에 발주할 수 없을 경우에 공정의 순서대로 시공업자를 선택하여 착공할 수 있는 이점이 있다.

③ 공구별 분할도급

대규모 공사의 경우, 몇 개의 공구로 나누어 각각 별개의 시공업자와 계약하여 시공하는 방식이다.

이 방식은 중소업자에 의해서 커다란 공사를 비교적 싸게 시공할 수 있고, 공사수행중 시공회사의 도산에 의한 공사수행 불능의 위험을 분산시키고, 각 공구마다의 시공업자에게 공사성적을 경쟁하게 하여 비교할 수 있는 이점이 있다.

(2) 정액도급계약과 단가도급계약

도급금액 결정의 방법에 의한 분류이다.

정액도급계약은 설계도면 및 시방서에 정해져 있는 공사와 그밖의 업무 일체를 포함한 공사비의 총액을 도급금액으로 하여 확정계약하는 것으로 지금까지 가장 널리 채용되어 왔던 방식이다. 단가도급계약은 각 공종별 부분공사를 보다 더 상세한 항목으로 나눈 내역 명세와 단가를 나타내게 하여 여기에 발주자가 표시하는 수량을 곱하여 계약금액을 정하는 방법이다.

이 방식은 공사단가를 기초로 해서 도급하는 것으로 수량은 정확하지 않기 때문에 계약금액은 가변적이다.

토목공사에 있어서는 계약시에 공사수량이 미리 확정되어 있는 경우가 많지 않기 때문에 완성시에 현장에서 산출된 실제의 수량을 기준하여 계약단가에 의해 사후 계산하여 정산하는 도급 방식이다. 입찰서와 비교를 하기 때문에 개산금액을 예상수량 및 입찰단가로부터 산출하지만, 이 개산금액은 최저입찰자를 결정하는 기준이 되는 것이다.

이 방식에 의하면, 공사중에 있어서의 공사변경, 공사중지 등에 동반되는 공사비의 증감에 관하여 발주자와 시공자간에 있어서 생기는 의견대립으로 인한 분쟁은 적지만 전체공사비는 정액도급계약에 의한 공사비보다도 높은 비율로 되는 경향이 있다.

종래 우리 나라에서는 정액 일괄도급계약이 많이 사용되어 왔지만 내역명세서를 필요로 하고, 단가가 기재되어 있기 때문에 설계변경시에는 이 단가가 그대로 사용되는 경우가 많다. 그렇지만 엄밀하게는 정액도급과 단가도급의 혼합된 형식이라고 말할 수 있다.

(3) 원도급계약과 하도급계약

계약 당사자에 의한 분류이다.

건축주와 수급인과의 도급계약을 원도급계약이라 하고, 원수급인과 다른 수급인(하도급자)과의 도급계약을 하도급계약이라 한다. 원수급인은 공사의 완성을 위해서는 제삼자에게 하도급을 하여 진행할 수 있지만, 일괄하도급은 금지하고 있다.

(4) 단독도급계약과 공동도급계약

공사의 수주형식에 의한 분류이다.

단독도급계약은 수급인이 단독으로 공사를 도급하는 방식이고, 공동도급계약은 2인 이상의 수급인이 공동연대하여 공사를 도급하는 방식이다.

공동도급계약은 대규모 공사, 해외 공사 등에서 인용되지만 한 공사업자가 자금력, 관리력 및 기술력에서 조달이 원활하지 않을 경우에는 여러 업자들이 공동연대로 해서 자산, 장비 및 인적자원을 결합하여 시공에 임하게 하여 위험 및 손익을 분담하게 하는 방식이다.

1-3-2 입찰의 종류 및 제도

(1) 정부의 입찰·계약 제도상의 분류

① 일반경쟁 입찰·계약

입찰에 붙이는 공사의 내용, 공사현장의 위치, 입찰집행장소, 일시, 입찰보증금에 관한 사항 등을 관보, 신문, 게시 등의 방법으로 공고하고, 입찰자를 널리 일반으로부터 모집하여 입찰하는 방식이다.(공정성, 경제성 및 기회균등)

② 지명경쟁 입찰·계약

발주자가 미리 자격심사의 결과에 따라 등록되어 있는 업자 중에서 그 공사의 규모에 적합한 10개 정도의 회사 또는 몇 개의 회사를 지명하는 방법과 자금력, 기술력, 또는 도급한도액 등으로 입찰참가회사를 제한하여 시행하는 방식이다.(불성실, 무능력자의 배제와 계약행정의 효율성 제고)

③ 제한경쟁 입찰·계약

일정한 자격 외에 특수한 기술, 실적 등의 추가적 요건을 갖춘 불특정 다수만을 참여시키는 방법이다.(불성실, 무능력자 배제)

④ 수의계약

발주자가 시공업자의 기술, 자산, 신용, 능력 등과 공사의 내용, 발주자와 시공업자간의 특별한 관계 등을 고려해서 가장 적합하다고 생각되는 한 시공 회사를 지명하여 그 회사에게 그 공사를 도급하는 방식이다. 또는 연차적으로 계속되는 공사의 경우 공사의 진행상 기선정된 시공업자에게 공사의 도급을 주는 경우도 있다.(특정한 1인과 체결하는 계약)

(2) 계약금액의 확정 여부에 따른 구분

① 확정계약

계약체결 전에 미리 예정가격을 정하고 이를 기준으로 계약시 금액을 확정한다.(통상적으로 이용됨)

② 개산계약

개산금액으로 계약을 체결하고 사후정산(개발식제품의 제조, 검사, 조사, 연구용역, 정부투자기관 또는 정부출연기관과의 위탁·대행계약의 경우 이용됨)

(3) 계약금액의 결정방법에 따른 구분

① 총액계약

당해 계약목적물 전체를 그 내역을 구분하지 않고 일괄하여 총액으로 체결하는 계약이다.

② 단가계약

일정기간 계속하여 제조·수리·가공·매매·공급·사용 등이 필요한 경우 목적물의 일정단위별로 단가를 정하여 체결하는 계약이다.

(4) 계약기간 및 예산에 따른 구분

① 일반계약

당해년도 예산재원으로 체결하는 계약이다.

② 계속비계약

완성에 수년을 요하는 대형공사나 제조 및 연구개발사업 등에 이용되며, 경비의 총액과 연부액을 정하여 미리 국회의 의결을 얻은 범위 내에서 5년의 기간 동안 지출하는 계속비예산에 의하여 체결하는 계약이다.

③ 장기계속계약

공사의 규격, 내용 등이 설계서 등에 의하여 확정되었으나 예산 확보의 불확실 및 곤란 등의 이유로, 또는 계속비나 국고채에 의한 경우보다 사업의 조속한 추진을 위하여 계약의 이행은 각 회계년도 예산의 범위 안에서 체결하게 되는 계약이다.

※ 계약이행기간 및 예산의 종류에 따른 계약의 비교

구 분	총사업내용의 확정	총예산의 확보	계 약 체 결
일 반 계 약	미 확 정	미 확 보	당해년도분만 입찰·계약
계 속 비 계 약	확 정	확 보	총공사금액으로 입찰·계약
장기계속계약	확 정	미 확 보	총공사금액으로 입찰하고 각 회계년도 예산범위 내에서 계약 및 이행(총공사금액 부기)

다음의 표 1-1에 정부입찰계약의 관계법규를 참조한다.

표 1-1 정부입찰계약의 관계법규

기 본 법 규	관 련 특 별 법 규
• 예산회계법 • 예산회계법시행령 • 대형공사 계약에 관한 예산회계법시행령 특례규정 • 계약사무처리규칙 • 공사계약일반조건 등 각종 회계예규	• 조달기금법, 동법 시행령 및 시행규칙 • 지방재정법, 동법 시행령 및 시행규칙 • 정부투자기관관리법 정부투자기관회계규정, 정부투자기관자체회계규정 • 건설업법, 동법 시행령 및 시행규칙 • 전기공사업법 동법 시행령 및 시행규칙 • 전기통신공사업법 동법 시행령 및 시행규칙 등

※ 정부·지방자치기관, 정부투자기관 등의 경우 적용되는 계약 및 입찰 제도의 자세한 것은 별첨(발췌)한 "예산회계법시행령", "계약사무처리규칙", "공사입찰유의서", "공사계약일반조건"의 내용을 참고하기로 한다.

1-3-3 입찰·계약의 절차

입찰은 어떤 방식으로 할 것인가를 사전에 결정하여 그 방식에 따라서 여러 가지 준비를 하여야 한다. 발주자는 설계도면, 시방서, 공사입찰유의서, 현장설명서, 계약서 등의 도서를 준비한다. 입찰의 순서는 경쟁입찰의 업자에게 상기의 필요도서를 대여하여 설계도면 및 시방서의 내용설명, 입찰공기 등의 일시, 시공장소, 계약조건, 기타의 설명을 한 후 수일간 질의 응답의 기회를 부여한다. 설계내용, 계약내용 등 시공상의 문제점 및 불분명한 점에 관한 질문서를 제출하여 이들에 대한 회답서를 보내는 것이다.

설계도서를 시공업자에게 넘긴 날로부터 입찰일 사이에 입찰참가자는 공사비 견적을 한다. 그 기간은 공사금액 규모 등의 정도에 따라서 일정기간을 고려하며 그 일수는 다음과 같다.

표 1—2 견적일수(건설업법시행령 제30조 참조)

1989. 7. 18 개정

공 사 예 정 금 액	견 적 기 간
1억원 미만	5일 이상
1억원 이상 10억원 미만	10일 이상
10억원 이상 30억원 미만	15일 이상
30억원 이상	20일 이상

참고적으로 다음 표 1－3에 정부의 입찰·계약의 절차를 도표로 나타낸다.

표 1—3 계약절차의 개요

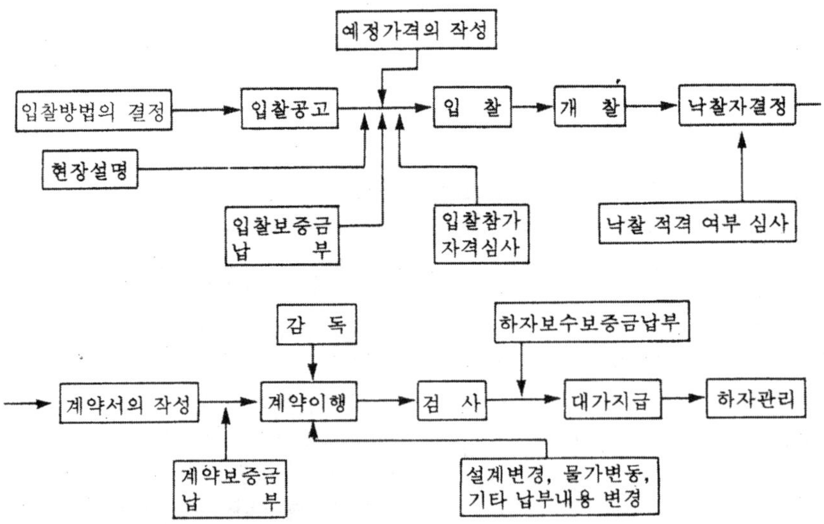

한편 민간발주공사의 경우 '표준도급계약서'와 '표준도급계약 일반조건'을 다음에 참고로 첨부한다.

(참고) '민간건설공사 표준도급계약서' '동 계약 일반조건'

민간건설공사 표준도급계약서
(1990. 2. 7 대한건설협회제정 표준서식)

1. 공 사 명 :

2. 공사장소 :

3. 공사기간

착 공 : 년 월 일
준 공 : 년 월 일

4. 도급금액 : 일금 원정
공급가액 : 일금 원정
부가가치세액 : 일금 원정

5. 선 금 : 일금 원정

6. 기성부분금의 시기 및 방법 :

7. 하자담보 책임기간 :

8. 하자보수 보증금률 :

9. 연대상금률 :

도급인과 수급인은 이 계약서 및 공사도급계약조건과 별첨 설계도 및 시방서에 의하여 공사도급계약을 체결하고 그 증거로 이 계약서 및 관련문서를 2통 작성하여 각 1통씩 보관한다.

년 월 일

도 급 인
주 소
성 명 ㉿

도급인보증인
주 소
성 명 ㉿

수 급 인
주 소
성 명 ㉿

수급인보증인
주 소
성 명 ㉿

민간건설공사 표준도급계약 일반조건

제1조【총　　칙】都給人(이하 "갑"이라 한다.)과 수급인(이하 "을"이라 한다.)은 대등한 입장에서 서로 협력하여 신의에 따라 성실히 계약을 이행한다.

제2조【보 증 인】이 계약에 관하여 보증인을 세우는 경우는 그 보증인은 당사자의 계약불이행으로 인한 손해에 대하여 당사자와 연대하여 책임을 진다.

제3조【공사감독원】① 갑은 자신을 대리하여 다음 각호의 사항을 행하는 자(이하 '공사감독원'이라 한다.)를 선임할 수 있다.

1. 施工一般에 대하여 감독하고 입회하는 일
2. 공사의 재료와 시공에 대한 검사 또는 시험에 입회하는 일
3. 공사의 旣成部分檢査, 竣工檢査 또는 공사목적물의 인도에 입회하는 일
4. 기타 공사감독에 관하여 갑이 위임하는 일

② 갑은 제1항의 규정에 의하여 공사감독원을 선임한 때에는 그 사실을 즉시 을에게 통지한다.

③ 을은 공사감독원의 감독 또는 지시사항이 공사수행에 현저히 부당하다고 인정할 때에는 갑에게 그 사유를 명시하여 필요한 조치를 요구할 수 있다.

제4조【현장대리인】① 을은 착공 전에 현장대리인을 임명하여 이를 갑에게 통지하여야 한다.

② 현장대리인은 공사현장에 상주하여야 하며, 시공에 관한 일체의 사항에 대하여 을을 대리한다.

제5조【공사예정공정표와 공사가격내역서】을은 계약체결 후 착공신고서 제출시까지 설계도서(도면, 시방서, 공사내역서, 현장설명서 등을 포함한다. 이하 같다.)를 기초로 작성한 공사예정 工程表와 공사가격내역서를 갑에게 제출하여야 한다.

제6조【선　　금】① 갑이 先金을 지급한 경우 을은 이를 계약목적 외에 사용할 수 없으며, 노임지급 및 자재확보에 우선 사용하여야 한다.

② 선금은 旣成部分의 대가를 지급할 때마다 다음과 같은 방법으로 정산한다.

$$\text{先金精算額} = \text{先金額} \times \frac{\text{旣成部分의 代價}}{\text{契約金額}}$$

제7조【재료의 검사 등】① 공사에 사용할 재료 중에서 갑이 품목을 지정하여 검사를 요구하는 경우에는 을은 사용 전에 갑의 검사를 받아야 하며, 설계도서와 다르거나 품질이 현저히 저하되어 불합격된 재료는 갑과 협의하여 다시 검사를 받는다.

② 을은 재료의 검사에 소요되는 비용을 부담하여야 하며, 검사 또는 재검사 등을 이유로 계약기간의 연장을 요구할 수 없다.

③ 공사에 사용하는 재료 중 조립 또는 시험을 요하는 것은 갑의 입회하에 그 조립 또는 시험을 하여야 한다.

④ 水中 또는 地下에서 행하여지는 공사나 준공 후 외부에서 확인할 수 없는 공사는 갑의 참여없이 시공할 수 없다.

제8조【지급재료와 대여품】① 계약에 의하여 갑이 지급하는 재료와 대여품은 공사예정공정표에 의한 공사일정에 지장이 없도록 적기에 인도되어야 하며, 그 인도장소는 示方書 등에 따로 정한 바가 없으면 공사현장으로 한다.

② 을은 지급재료 및 대여품의 품질 또는 규격이 시공에 적당하지 아니하다고 인정할 때에는 즉시 갑에게 이를 통지하고 그 대체를 요구할 수 있다.

③ 재료지급의 지연으로 공사가 지연될 우려가 있을 때에는 을은 갑의 서면승낙을 얻어 자기가 보유한 재료를 대체 사용할 수 있다. 이 경우 갑은 현품 또는 사용당시의 가격을 지체없이 을에게 지급한다.

④ 을은 갑이 지급한 재료와 기계·기구 등 대여품을 선량한 관리자의 주의로 관리하며, 계약의 목적을 수행하는 데에만 사용한다.

⑤ 을은 공사내용의 변경으로 인하여 필요없게 된 지급재료 또는 사용완료된 대여품을 지체없이 갑에게 반환한다.

제9조【안전관리 및 재해보상】① 을은 산업재해를 예방하기 위하여 안전시설의 설치 및 보험의 가입 등 적정한 조치를 한다. 이때 갑은 계약금액에 안전관리비 및 보험료 상당액을 계상하여야 한다.

② 공사현장에서 발생한 산업재해에 대한 책임은 을에게 있다. 다만, 설계상의 하자 또는 갑의 요구에 의한 작업으로 인한 재해에 대하여는 그러하지 아니하다.

제10조【응급조치】① 을은 재해방지를 위하여 특히 필요하다고 인정될 때에는 미리 긴급조치를 취하고 즉시 이를 갑에게 통지한다.

② 갑은 재해방지 기타 공사의 시공상 긴급하다고 인정할 때에는 을에게 응급조치를 요구할 수 있다.

③ 제1항 및 제2항의 응급조치에 소요된 경비는 실비를 기준으로 갑과 을이 협의하여 부담한다.

제11조【공사기간의 연장】① 갑이 책임있는 사유 또는 천재지변, 불가항력의 사태 등 을의 책임이 아닌 사유로 공사수행이 지연되는 경우 을은 공사기간의 연장을 갑에게 요구할 수 있다.

② 제1항의 규정에 의거 공사기간이 연장되는 경우 이에 따른 현장관리비 등 추가경비는 제16조의 규정을 적용하여 조사한다.

제12조【부적합한 공사】① 갑은 을이 시공한 공사 중 설계도서에 적합하지 아니한 부분이 있을 때에는 이의 시정을 요구할 수 있으며, 을은 지체없이 이에 응한다.

② 제1항의 경우 설계도서에 적합하지 아니한 공사가 갑의 요구 또는 지시에 의하거나 기타 을의 책임으로 돌릴 수 없는 사유로 인한 때에는 을은 그 책임을 지지 아니한다.

제13조【불가항력에 의한 손해】① 을은 검사를 마친 기성부분 또는 대여품에 대하여 천재지변 기타 불가항력에 의한 손해가 발생한 때에는 즉시 그 사실을 갑에게 통지한다.

② 갑은 제1항의 통지를 받은 경우 즉시 그 사실을 조사, 확인하고 그 손해의 보전에 관하여 을과 협의한다.

③ 제2항의 협의가 성립되지 않은 때에는 건설업법의 규정에 의한 건설업분쟁조정위원회의 조정에 따른다.

제14조【설계변경으로 인한 계약금액의 조정】① 설계서의 내용이 공사현장의 상태와 일치하지 않거나 不分明, 漏落, 誤謬가 있을 때 또는 시공에 관하여 예기하지 못한 상태가 발생되거나 사업계획이 변경된 때에는 설계를 변경한다.

② 제1항의 설계변경으로 인하여 공사량의 증감이 발생한 때에는 다음 각호의 기준에 의하여 계약금액을 조정한다.

1. 증감된 공사의 단가는 제5조의 규정에 의한 공사가격내역서상의 단가를 기준으로 한다.
2. 공사가격내역서에 포함되어 있지 아니한 新規費目의 단가는 설계변경 당시를 기준으로 산정한 단가로 한다.
3. 증감된 공사에 대한 일반관리비 및 이윤은 계약체결 당시의 비율에 의한다.

제15조【물가변동으로 인한 계약금액의 조정】① 계약체결 후 120일 이상 경과한 경우에 殘餘工事에 대하여 공사가격내역서에 포함되어 있는 품목 또는 비목의 가격 등의 변동으로 인한 등락액이 잔여공사에 해당하는 계약금액의 100분의 5 이상인 때에는 계약금액을 조정한다.

② 제1항의 규정에 의한 계약금액의 조정은 물가변동 후에 반입되었거나 제공된 재료 및 역무의 대가에 적용하되, 물가변동이 있은 날 이전에 이미 계약이행이 완료되었어야 할 부분에 대하여는 적용하지 아니한다. 다만, 갑의 책임이 있는 사유 또는 천재지변 등 불가항력으로 인하여 지연된 경우에는 그러하지

아니하다.

第16조【기타 계약내용의 변경으로 인한 계약금액의 조정】 제14조 및 제15조에 의한 경우 이외에 계약 내용의 변경으로 조정하여야 할 필요가 있는 경우에는 그 변경된 내용에 대한 실비를 기준으로 당사자간의 합의에 의하여 조정한다.

第17조【旣成部分給】 ① 계약서에 旣成部分給에 관하여 명시한 때에는 을은 이에 따라 기성부분에 대한 검사를 요청할 수 있으며, 이 때 갑은 지체없이 검사한다.

② 을은 제1항의 검사 결과와 제5조의 공사가격내역서의 단가에 의하여 산출한 기성금액을 청구할 수 있으며, 갑은 계약서에 명시된 바에 따라 지급한다.

③ 갑이 제2항의 조정에 의한 기성금액의 지급을 지연하는 경우에는 제19조 제3항의 규정을 준용한다.

第18조【준　　공】 ① 을은 공사를 완성한 때에는 갑에게 통지하며 갑은 통지를 받은 후 지체없이 을의 입회하에 검사를 한다.

② 을은 제1항의 검사에 합격하지 못한 때에는 지체없이 이를 보수 또는 개조하여 다시 검사를 받아야 한다.

③ 을은 검사의 결과에 이의가 있을 때에는 재검사를 요구할 수 있으며, 갑은 이에 응한다.

第19조【대금지급】 ① 을은 갑의 준공검사에 합격한 후 즉시 잉여자재, 폐물, 가설물 등을 철거, 반출하는 등 공사현장을 정리하고 공사대금의 지급을 갑에게 청구할 수 있다.

② 갑은 특약이 없는 한 계약의 목적물을 인도받음과 동시에 공사대금을 지급한다.

③ 갑은 공사대금을 지급기한 내에 지급하지 못하는 경우에는 그 미지급 금액에 대하여 지급기한의 다음 날부터 지급하는 날까지의 日數에 시중은행의 일반대출시 적용되는 연체이자율을 적용하여 산출한 이자를 지급한다.

第20조【이행지체】 ① 을은 준공기한 내에 공사를 완성하지 아니한 때에는 每遲滯日數마다 遲滯償金率을 계약금액에 곱하여 산출한 금액(이하 '遲滯償金'이라 한다.)을 갑에게 납부한다. 다만, 천재지변, 전쟁, 항만봉쇄, 전염병 방역을 위한 출입제한, 기타 을의 책임으로 돌릴 수 없는 사유로 지체된 경우에는 그러하지 아니하다.

② 제1항의 경우에 성질상 분할할 수 있는 공사의 완성부분으로서 갑이 검사를 거쳐 인수한 부분에 상당하는 금액은 계약금액에서 공제한다.

③ 갑은 을에게 지급하여야 할 공사대금에서 遲滯償金을 공제할 수 있다.

第21조【瑕疵担保】 ① 을은 계약서에 정한 瑕疵補修보증금률을 계약금액에 곱하여 산출한 금액(이하 '瑕疵補修保證金'이라 한다.)을 준공검사 후 그 공사의 대가를 지급할 때까지 현금 또는 다음 各號의 증서로서 갑에게 납부한다.

1. 건설공제조합의 보증서
2. 보증보험증권

② 을은 준공검사를 마친 날로부터 계약서에 정한 하자담보 책임기간 중 당해 공사에 발생하는 일체의 하자를 보수한다. 다만, 공사목적물의 인도 후에 천재지변 등 불가항력이나 을의 책임이 아닌 사유로 인하여 발생한 것일 때에는 그러하지 아니하다.

③ 을이 갑으로부터 제2항의 규정에 의한 瑕疵補修의 요구를 받고 이에 응하지 아니하는 경우는 갑은 을의 부담으로 직접 하자보수를 행할 수 있다. 이 때 발생하는 비용은 하자보수보증금으로 우선 충당하며, 부족액이 있는 경우에는 을에게 이를 청구할 수 있다.

④ 제1항의 규정에 의한 하자보수보증금은 하자담보 책임기간이 종료한 후 을의 청구에 의하여 반환한다. 다만, 제2항의 규정에 의하여 갑이 직접 발행한 하자보수 비용은 공제한다.

第22조 【갑의 계약해제 등】 ① 갑은 다음 각호의 1에 해당하는 경우에는 계약의 전부 또는 일부를 해제 또는 해지할 수 있다.

1. 을이 정당한 이유없이 약정한 착공기일을 경과하고도 공사에 착수하지 아니한 경우
2. 을의 책임있는 사유로 인하여 준공기간 내에 공사를 완성할 가능성이 없음이 명백한 경우
3. 기타 을의 계약조건 위반으로 인하여 계약의 목적을 달성할 수 없다고 인정되는 경우

② 제1항의 규정에 의한 계약의 해제 또는 해지는 그 사유를 명시하여 을에게 통지함으로써 효력이 발생한다.

③ 을은 제2항의 규정에 의한 통지를 받은 때에는 다음의 사항을 준수한다.

1. 당해 공사를 지체없이 중지하고 공사기구들을 공사장으로부터 철거한다.
2. 제8조의 규정에 의한 지급재료의 잔여분과 대여품은 지체없이 갑에게 반환한다.

제23조 【을의 계약해제】 ① 을은 다음 각호의 1에 해당하는 경우에는 계약의 전부 또는 일부를 해제 또는 해지할 수 있다.

1. 공사내용을 변경함으로써 계약금액이 100분의 40 이상 감소된 때
2. 갑의 책임있는 사유에 의한 공사의 정지기간이 90일을 초과하거나 계약서상의 공사기간이 100분의 50을 초과한 때
3. 갑이 정당한 이유없이 계약내용을 이행하지 아니함으로써 공사의 적정이행이 불가능하다고 명백히 인정되는 때

② 제1항의 규정에 의한 계약의 해제 또는 해지는 그 사유를 명시하여 갑에게 통지함으로써 효력이 발생한다.

제24조 【손해배상 등】 ① 제22조 및 제23조의 규정에 의하여 계약이 해지된 때에는 갑과 을은 지체없이 기성부분의 공사금액을 정산한다.

② 제22조 및 제23조의 규정에 의한 계약의 해제 또는 해지로 인하여 손해가 발생한 때에는 상대방에게 그에 대한 배상을 청구할 수 있다.

제25조 【관리의무의 양도】 이 계약에 의하여 발생하는 권리 또는 의무는 제3자에게 양도하거나 위임할 수 없다. 다만, 상대반의 서면승낙과 보증인의 동의를 얻었을 때에는 그러하지 아니하다.

제26조 【법령의 준수】 갑과 을은 이 공사의 시공 및 계약의 이행에 있어서 건설업법 등 관계법령의 제규정을 준수한다.

제27조 【분쟁의 해결】 ① 계약에 별도로 규정된 것을 제외하고는 계약에서 발생하는문제에 관한 분쟁은 계약당사자가 쌍방의 합의에 의하여 해결한다.

② 제1항의 합의가 성립되지 못할 때에는 당사자는 건설업법 제32조의 규정에 의하여 설치된 건설업 분쟁조정위원회에 분쟁의 조정을 신청하고 동 위원회의 조정에 따른다.

제28조 【특약사항】 기타 이 계약에서 정하지 아니한 사항에 대하여는 갑과 을이 합의하여 별도의 특약을 정할 수 있다.

1—3—4 정부의 입찰·계약 제도

정부의 낙찰제도는 1962년부터 최저가낙찰제로 하여, 중도에 부찰제(예정가격의 80~85% 이상 입찰자들의 입찰금액을 합산하여 평균치를 산출하고 그 평균치에 가장 가깝게 입찰한 자를 낙찰자로 선정하는 방식)와 저가심의제로 운영되다가 UR협상 등으로 국내 건설시장의 개방에 대비하기 위하여는 건설업체의 기술개발을 통한 경쟁력 제고가 무엇보다 중요하고, 이를 위하여는 입찰·계약 등 관련

제도를 국제관행에 맞춰 공정경쟁이 이루어지도록 개선하는 것이 필요하다는 판단 아래 1993년 초에 공사의 낙찰자 결정방법을 저가심의제에서 최저가낙찰제로 바꾸는 등 대폭적인 제도 개선을 하였다.

다음의 표 1-4에 정부공사의 낙찰제도 연혁을 참조한다.

표 1-4 정부공사의 낙찰제도 연혁

기 간	낙 찰 제 도
1962년 1월~1971년 12월	최저가낙찰제
1972년 1월~1975년 12월	부찰제(예정가격 80% 이상 입찰자의 평균치에 가장 가깝게 입찰한 자)
1976년 1월~1981년 2월	최저가낙찰제
1981년 3월~1983년 6월	부찰제(예정가격 85% 이상 입찰자의 평균치에 가장 가깝게 입찰한 자)
1983년 7월~1993년 2월	저가심의제(직접공사비 미만 입찰인 경우 발주관서가 적정공사 시공 여부를 심의)
1993년 2월~1993년 9월	최저가낙찰제(20억 이상 공사) 제한적 최저가낙찰제(20억 미만 공사)
1993년 9월~1995년 7월	최저가낙찰제(100억 이상 공사) 제한적 최저가낙찰제(100억 미만 공사)
1995년 7월 6일 이후	적격낙찰제(55억 이상 공사) 특수 제한적 최저가낙찰제(55억 미만 공사)

한편 1993년 7월부터 100억원 이상의 대형공사 중 지하철·댐·교량 등과 같이 기술적으로 특수성이 있는 공사에 대해서는 입찰참가예정자의 자격을 입찰 전에 정부가 심사하여 적격자에 한하여 입찰에 참가할 수 있도록 하는 "입찰참가자격 사전심사제(PQ : Pre-Qualification)"를 시행하고 있기 때문에, 비록 최저가낙찰제에 의거하여 발주된다 할지라도 과당경쟁을 막을 수 있고, 낮은 금액으로 낙찰될 때에도 감독·감리를 철저히 할 경우 부실공사를 방지할 수 있다는 것이다.

또한 국내건설산업의 국제경쟁력 강화를 목적으로 "설계·시공일괄입찰방식"의 턴키(Turnkey)입찰이 확대되며, 100억 이상 공사의 경우 턴키 또는 대안입찰 방법으로 발주하고 있다.

외국의 입찰·계약 제도에 대하여는 이 책의 부록(별첨-1 외국의 건설업 면허 및 입찰제도)을 참고한다.

1-3-5 예정가격(豫定價格)

(1) 정부계약의 의의

1) 예정가격

정부에서 조달하고자 하는 계약목적물에 대한 추정가격의 최고 한도금액이다.

2) 기능

① 낙찰자 결정기준

② 차액보증금 산출기준

③ 설계변경 및 물가변동시 계약금액 조정기준 등

3) 예정가격과 예정금액

① 예정가격은 관급자재는 포함하지 아니한 순수한 공급가격으로 재무관이 결정한 금액(계약방법 결정기준)이다.

② 예정금액은 관급자재가 포함된 금액(견적기간, 물량산출내역서 배부기준과 조달청 공사계약 위임한도기준)이다.

4) 예정가격의 결정기준

구 분	기준가격	기 준 가 격 내 용	비 고
공사·제조 및 용역과 물품 대량 구매계약	원가계산에 의한 가격	• 원가계산에 의한 예산가격작성준칙에 의하여 재료비, 노무비, 경비, 일반관리비 및 이윤으로 구분하여 계산 • 비목별 가격은 (1)재무부장관이 정하는 단위당 가격(정부노임단가)과 (2)거래실례가격(위 참조)에 의하며 (1)(2)에 의할 수 없을 경우에는 감정가격과 유사한 거래실례가격 및 견적가격으로 정함.	원가계산 내용 중 재료비 등의 단위당 가격에 의하였다 하더라도 일반관리비 및 이윤은 계상하여야 함.
물품구매계약	거래실례가격	• 조달청장이 조사통보한 가격-가격정보지 게재가격 • 재무부장관이 지정한 전문가격조사기관이 조사하여 공표한 가격	거래실례가격은 원가계산 비목중 재료비 등의 기준가격이 됨.

(2) 원가계산에 의한 예정가격 작성

공사나 용역 등은 계약의 특수성으로 인하여 적정한 거래실례가격(去來實例價格)이 없으므로 원가계산에 의한 가격을 예정가격의 결정기준으로 하도록 규정하고 있고 원가계산은 재료비, 노무비, 경비와 일반관리비 및 이윤으로 작성됨.

1) 산정방법

① 직접계산(단가×수량)

재료비, 직접노무비 등을 품셈에 의하여 수량을 산출하고 거래실례가격, 정부노임단가 등을 곱하여 비목별 금액을 산정함.

② 승률방법

㉮ 간접노무비

간접노무량(현장소장, 사무원, 경비원, 자재 또는 노무 관리요원 등)을 산출하여 여기에 노무비단가를 곱하여 산정하거나 적정한 업체의 원가계산자재를 활용하여 산출한 간접노무비율을 직접노무비에 곱하여 산정함이 원칙이나 원가계산자료의 확보곤란, 신빙성결여 등으로 곤란한 경우에는 재무부 회계통첩으로 제시된 간접노무비율을 적용하여 산정한다.(실제로 많이 활용되는 방법이다.)

표 1—5 건설공사의 간접노무비율

구	분	간접노무비율
공 사 종 류 별	건 축 공 사	14.5
	토 목 공 사	15
	특수공사 (포장·준설 등)	15.5
	기타(전문·전기·전기통신 등)	15
공 사 규 모 별	5억원 미만	14
*품셈에 의하여 산출되는	5~30억원 미만	15
공사원가 기준	30억원 이상	16
공 사 기 간 별	6개월 미만	13
	6~12개월 미만	15
	12개월 이상	17

※ 활용예시(공사규모가 10억원이고 공사기간 15개월인 건축공사의 경우)

• 간접노무비율=(14.5%+15%+17%)÷3=15.5%(표 중 □안의 수치 참조)

㉯ 경비

수량을 산출하여 직접 계산함이 원칙이나 복리후생비 등 수량 산출이 어려운 비목은 업체원가계산자료상의 당해 비율(예 : 복리후생비가 재료비와 노무비의 합계액에 대하여 차지하는 비율)을 산출하여 발주목적물의 재료비와 노무비의 합계액에 곱하여 산출하게 된다.

원가계산자료는 다수 기업의 평균치를 나타내는 공신력 있는 기관의 통계자료(예 : 건설협회 발간 완성공사 원가분석)를 활용하고 있다.

㉰ 일반관리비

공사원가(재료비, 노무비, 경비의 합계액)에 공사 규모에 따라 다음 비율을 곱하여 산정한다.

표 1—6 일반관리비율

공 사 원 가	일 반 관 리 비 율
5억원 미만	6%
5억원~30억원 미만	5.5%
30억원 이상	5%

㉱ 이윤

노무비, 경비(기술료 및 외주가공비 제외), 일반관리비의 합계액에 15%를 곱하여 산정한다.

2) 예정가격과 부가가치세

① 일반적인 경우

예정가격은 부가가치세, 특별소비세, 교육세, 관세를 포함한 가격으로 함. 따라서 원가계산의 비목별 원재료의 단위당 가격은 위의 세액을 공제한 공급가격으로 한다.

② 면세용역과 부가가치세

부가가치세법 제12조 제1항 또는 조세감면규제법 제74조 제1항의 규정에 의하여 부가가치세가 면세되는 용역($85m^2$ 미만의 국민주택 건설용역)을 공급하는 자와 계약을 체결하기 위하여 원가계산에 의한 예정가격을 결정하는 경우에 당해 계약상대자가 부담할 비목별 원재료의 부가가치세에 구입세액 당해액은 따로 합산한다.

③ 산재보험료와 부가가치세

부가가치세의 과세표준은 사업자가 공급한 재화 또는 용역에 대한 거래상대자로부터 받는 대가관계에 있는 모든 금전적 가치가 있는 것으로서 공급한 재화 또는 용역의 원가구성 요소와는 무관한 것이므로 산재보험료가 과표에서 제외되는 것은 아니다.

3) 공사원가계산 개요

다음에 표 1−7을 참조한다.

표 1−7 공사원가계산 개요

구 분			비목	세 목	성 질	내 용	산 정 방 법
공 사 예 정	총 원	순 공 사 원	재료비	직접재료비	공사목적물의 실체를 형성하는 물품의 가치	• 주요재료비−목적물의 기본적 구성 형태 • 부분품비−원형대로 부착되어 조성부분이 됨 (부품, 외장재, 외주품)	• 거래실례가격·감정가격·견적가격×수량 • 재료비구입과정의 부대경비 포함(운임, 보험료, 보관비 등)
				간접재료비	목적물의 실체를 형성하지 않고 보조적으로 소비되는 물품의 가치	• 소모재료비−소모성물품(기계오일, 접착제, 용접가스, 장갑) • 소모공구·기구·비품비−소모성 기구(내용년수 1년 미만, 단위별 가격 10만원 이하) • 가설재료비−시공에 필요한 가설재의 가치	
			노무비	직접노무비	공사현장에서 목적물 완성을 위해 직접 작업에 종사하는 노무자가 제공하는 노동력 대가	• 기본급(정근수당, 가족수당, 위험수당 등 포함−정부 노임단가)	• 정부노임단가×품셈산출노무량
				간접노무비	공사현장에서 직접 작업에 종사하지 않고 보조작업에 종사하는 자가 제공하는 노동력 대가(현장소장, 자재, 경리, 공무, 타자, 경비직 등)	• 제수당(시간외수당, 야간수당, 휴일수당 등) • 상여금(연 400% 기준) • 퇴직급여충당금(1년 근무시 1개월분 급여 계상)	• 직접노무비×간접노무비율−원가계산자료 활용 공종별, 규모별, 기간별 고려 산정(13%~17%)
			경 비	직접계상경비	소요량, 소비량 측정이 가능한 경비 : (품셈계약서, 관련법령 등에 의하여 계산이 가능한 비용)	전력비, 운반비(재료구입 후 운송, 하역, 상하차, 조작비 등), 기계경비(품셈), 특허권사용료, 기술료, 품질관리비(시험비),	소요량×단가

구 분	비목	세 목	성 질	내 용	산 정 방 법
가 가 가				가설비(시공에 필요한 가설물 설치비용), 지급임차료(토지, 건물, 기계기구의 사용료), 보험료(산재보험료), 외주가공비, 안전관리비, 폐기물처리비(※ 환경보전비 기타 법정경비 : 아직 계상 기준 및 방법 미정)	
격		승률계상 경비	소요량 측정 등이 곤란하여 유사원가계산 자료를 활용하여 비율산정 적용이 불가피한 경비	수도광열비, 연구개발비(직업훈련비), 복리후생비(약품치료비, 급식비), 소모품비(문방구, 장부대), 여비·교통·통신비, 세금과 공과(재산세, 차량세), 도서인쇄비(서적, 사진제작, VTR, 공사시공기록책자제작), 지급수수료	원가계산자료상 해당경비의 (재료비+노무비)에 대한 비율을 발주목적물의 재료비+노무비에 곱함
	일반관리비(5~6%)		기업유지를 위한 관리활동 부문 발생 제비용	임원급료, 본사직원의 급료, 수당, 퇴직급여충당금, 복리후생비, 여비교통통신비, 수도광열비, 세금과 공과, 지급임차료, 감가상각비, 운반비, 차량비, 보험료 등	공사원가×5~6%
	이 윤		영 업 이 익		(노무비+경비+일반관리비)×15%
	부 가 가 치 세				총원가×10%

4) 입찰공고 등

① 입찰공고기한

㉮ 입찰일 또는 개찰일(우편입찰)의 전일부터 기산하여 적어도 10일 전에 관보, 일간신문 등 기타의 방법으로 공고한다.

㉯ 시설공사의 경우에는 현장설명일 전일부터 기산하여 적어도 7일 전에 공고하여야 한다. 단, 긴급을 요하는 경우나 재공고의 경우에는 입찰일 또는 개찰일 전 5일까지 단축할 수 있다.

② 공고방법

㉮ 관보 또는 일간신문에 의한 공고

㉠ 공사 : 예정가격 1억5천만원 이상

㉡ 제조 : 예정가격 5천만원 이상

㉢ 구매·용역 : 예정가격 2천만원 이상

㉯ 게시공고 등 기타

㉠ 상기 금액 미만인 경우
㉡ 공사의 경우는 게시공고와 함께 관련법정단체에 통보

③ 입찰공고 내용

입찰공고시 열거해야 할 사항은 다음과 같다.

- 입찰에 붙이는 사항(공동도급입찰의 경우 당해 사항)
- 입찰 또는 개찰의 장소와 일시
- 공사입찰의 경우 현장설명장소, 일시 및 참가자격
- 입찰참가자의 자격에 관한 사항
- 입찰보증금과 국고귀속에 관한 사항
- 계약하고자 하는 조건을 공시하는 장소
- 입찰 무효에 관한 사항
- 기타 필요한 사항 등

④ 입찰공고방법의 예외

국가의 보안유지를 위하여 필요한 때나 지역제한 경쟁입찰인 경우 입찰공고 대신 당해자 통지로 가름한다. 또한 조달청이 시행하고 있는 제한경쟁(제한군공사)이나 기타 지명경쟁대상 공사도 통지로 가름한다.

5) 현장설명과 내역서 등의 배부

① 현장설명

입찰일 또는 개찰일로부터 다음의 기간 전에 현장설명을 실시하여야 하나 공사의 성질상 필요가 없다고 인정될 경우에는 생략할 수 있다.

공사규모별 견적기간

- 공사예정금액이 1억원 미만인 경우 : 5일 이상
- 공사예정금액이 1억원 이상 10억원 미만인 경우 : 10일 이상
- 공사예산금액이 10억원 이상 30억원 미만인 경우 : 20일 이상
- 공사예산금액이 30억원 이상인 경우 : 30일 이상

② 내역서 등의 배부

현장설명에 있어서는 입찰자로 하여금 입찰금액의 계산 및 공사시공에 필요한 설계서(설계도면, 공사시방서, 현장설명서를 말함)를 열람하게 하여야 하며 공사예정금액이 1억원 이상인 토목공사와 30억원 이상인 건축공사의 경우에는 설계서를 열람하는 외에 현장설명에 참가한 자에게 설계서를 배부하여야 하고 공정별 목적물 물량내역서 및 동 물량에 대한 단가산출에 필요한 세부설명서도 함께 배부하여야 한다.

6) 입찰방법

① 입찰 및 입찰방법

- 입찰참가자에게는 재무부장관이 정한 입찰유의서 및 계약일반조건, 특수조건, 설계서 등을 숙지하게 하고 이를 승락한 자에 한하여 입찰에 참여하게 하여야 한다.
- 위임장을 제출한 대리인의 입찰은 허용되며 법인인 경우 대리인은 임원 이상으로 제한하고 있다.
- 우편입찰인 경우 등기우편에 의하여 송부하도록 하고 봉투 표면에 "○○공사입찰서 재중" 등과 같은 주서를 표시하고 입찰명, 입찰일시를 기재해 계약담당공무원 앞으로 우송해 한다.
- 입찰서는 소정의 서식에 따라 작성하여 입찰참가신청시 제출한 인감신고서의 인감으로 날인하여야 하며 총액단가입찰에 있어서 내역서를 말소 또는 정정할 때에도 또한 같다.
- 입찰서의 금액표시는 한글 또는 한자로 기재하여야 하며 아라비아 숫자를 병기할 수 있으나 한글 또는 한자로 기재한 금액과 차이가 있을 때에는 한글 또는 한자로 기재한 금액을 유효한 입찰금액으로 한다.
- 다음의 표 1−8에 시설공사의 입찰절차(도)를 참조한다.

표 1−8 시설공사입찰절차(도)

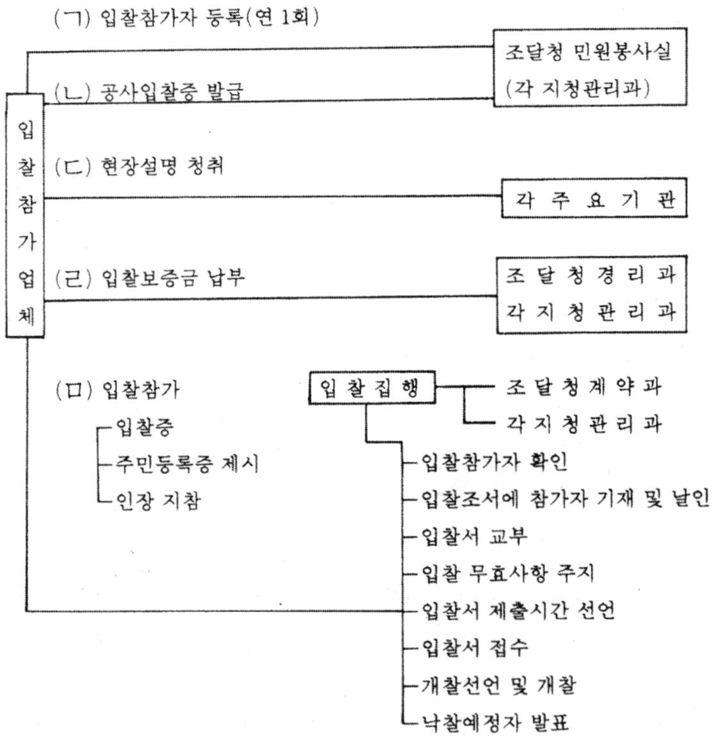

② 입찰방법별 비교

일반 경쟁입찰의 경우 입찰방법별로 총액입찰, 총액단가입찰, 내역입찰로 구분할 수 있으며 이들의 대한 정의, 장단점, 적용대상의 비교표는 다음의 표 1−9를 참조한다.

표 1–9 입찰방법별 비교표

구 분	총 액 입 찰 제	총액단가입찰제	내 역 입 찰 제
정 의	입찰시는 입찰금액이 기재된 입찰서만을 제출(낙찰된 자는 내역서를 작성하여 착공신고서 제출시까지 제출)	입찰시 발주기관에서 물량을 표시하여 배부한 내역서에 입찰자가 단가를 기재하여 입찰서와 함께 제출	발주기관에서 제시한 설계도면과 시방서에 따라 입찰자가 물량을 산출하고 단가를 정하여 내역서를 작성하고 입찰서와 함께 제출
장 점	• 입찰사무 간편 • 중소건설업체도 입찰 용역	총액 입찰제와 내역 입찰제를 절충한 것으로 양제도의 장단점의 일부임	• 합리적인 물량 및 단가 산출에 따른 입찰 가능 • 구체적인 공사수행 수단을 다양하게 선택할 수 있으므로 기술수준 향상 가능

1–3–6 일반경쟁입찰

(1) 일반경쟁계약

① 입찰참여자격

㉮ 정부의 계약은 일반경쟁이 원칙이다.

㉯ 일반경쟁계약은 관보, 신문, 게시판 등의 방법에 의하여 공고한다.

㉰ 일반경쟁은 성질상 참여범위를 넓혀 기회균등 및 공정성을 확보하여야 하나 계약의 적정한 이행을 확보하기 위하여 공정성을 해하지 않는 범위에서 일정한 참여자격을 갖추도록 입찰 공고에 명시한다.

② 부정당업자의 입찰참여 제한

정부의 입찰 또는 계약 과정이나 그 이행과정에서 소정의 의무를 위반한 자에 대하여 그 후 정부가 시행하는 입찰에 일정기간(1월 이상 2년 이하) 참여할 수 없게 한다.(부정당업자의 입찰참가자격 제한기준은 계약사무처리규칙 별표 참조)

③ 연관공사에 대한 입찰참여자격(연고권) 배제

㉮ 예정가격 50% 미만으로 낙찰된 자에 대하여는 낙찰일로부터 2년 동안 당해 공사와 시공구간이 중복되거나 접속되는 다음 공사의 입찰에 참가할 수 없다.

㉠ 단지조성공사

㉡ 하천, 항만, 공항, 도로, 철도 공사

㉢ 상·하수도, 농지개량, 준설 공사

㉯ 법령에 열거된 일정사유에 해당하는 경우 1월 이상 2년 이내의 범위에서 부정당업자로 제재받게 되는바 그 사유와 제재기간은 계약사무처리규칙 별표에 명시되어 있다.

구 분	총액입찰제	총액단가입찰제	내역입찰제
단 점	입찰금액을 먼저 결정한 후 이에 맞추어 내역서를 작성하므로 성실한 계약이행 곤란	총액입찰제와 내역입찰제를 절충한 것으로 양제도의 장단점의 일부임	• 다량의 입찰자에게 많은 분량의 설계서를 배부하여야 함 • 인력·시간의 부담 가중 • 오류발생시 설계변경 불가로 견적능력 부족한 중소업체에 부담
적용대상	1억원 미만 토목공사와 30억원 미만 건설공사	1억원 이상 토목공사와 30억원 이상 건축공사	1988년부터 10억원 이상 토목공사에 적용하도록 건설공사부실대책에서 제시되었으나 현실을 감안, 보류됨
근거법령	예산회계법 시행령 제86조 ④항		

(2) 부대입찰제도

① 의의

국가·지방자치단체, 정부투자기관이 발주하는 100억 이상의 공사를 도급받고자 할 때 미리 하도급받을 전문건설업자의 견적을 받아 입찰시 산출내역서에 하도급할 부분과 하도급금액 및 하수급예정자를 별도 기재하여 입찰하는 제도이다. (계약사무처리규칙 제24조 2와 부대입찰의 집행기준 : 재무부고시 제93-19호, 1993. 10. 20)

② 대상

예정가격이 100억원 이상인 공사

㉮ 길이 100m 이상의 교량공사
㉯ 공항건설공사
㉰ 댐축조공사
㉱ 고속도로건설공사
㉲ 간척·준설·항만 공사
㉳ 철도·지하철 공사
㉴ 터널공사가 포함된 공사
㉵ 발전소건설공사
㉶ 쓰레기소각로건설공사
㉷ 폐수 및 하수 종말처리장건설공사(PQ 대상공사와 동일함)

③ 방법

㉮ 장기계속공사 : 1차년도에 이행할 부분을 대상으로 하여도 된다.
㉯ 현장설명시 부대입찰과 관련된 각종 서류를 배부하여야 한다.
㉰ 산출내역서 별지에 하수급인의 상호, 대표자성명, 하수급인의 도급한도액, 면허종류와 하도급할 공사의 종류와 물량, 금액 및 하수급예정자의 선정방법을 기재하여야 한다. (하도급자의 서명날인 필요)

(3) 입찰의 무효

① 경쟁입찰은 2 이상의 유효한 입찰로 성립되며 입찰자가 2인 이상이면 예정가격 이하인 입찰자가 1인인 경우라도 당해 입찰은 유효하게 성립되어 예정가격 이하로 입찰한 자가 낙찰자로 된다.

② 입찰무효 사유

㉮ 입찰참가자격이 없는 자가 한 입찰

㉯ 소정의 입찰보증금을 납부하지 아니하고 한 입찰

㉰ 입찰자가 소정일시까지 소정장소에 도착되지 않은 입찰

㉱ 같은 사항에 대하여 동일인이 2통 이상의 입찰서를 제출한 입찰

㉲ 대리권이 없는 자가 한 입찰

㉳ 동일공사에 대하여 타인의 대리를 겸하거나 2인 이상을 대리한 경우

㉴ 입찰서에 입찰금액 등 중요부분이 불명하거나 정정한 경우 정정날인을 누락한 입찰

㉵ 담합하거나 타인의 경쟁참가를 방해 또는 관계공무원의 공무집행을 방해한 자의 입찰

㉶ 입찰서에 입찰자의 기명 날인이 없는 입찰(입찰참가신청시에 제출한 인감과 다른 인감으로 날인된 경우 포함됨)

㉷ 입찰서 기재사항 중 중요부분의 착오가 있어 개찰현장에서 입찰서가 입찰취소의사를 표시한 것으로서 계약담당공무원이 이를 인정한 입찰

㉸ 총액단가입찰에서 입찰서와 함께 산출내역서를 제출하지 않은 입찰 및 입찰서상의 금액과 산출내역서상의 금액이 일치하지 아니하는 입찰

㉹ 총액단가입찰에서 공종별 목적물 물량 중 중요부분을 누락 또는 변경하여 작성한 산출내역서가 첨부된 입찰

㉺ 공사와 관련된 법령의 규정에 의한 도급한도액을 초과한 금액의 입찰

㉻ 소정의 입찰서를 사용하지 않거나 입찰서의 금액을 아라비아 숫자로만 기재한 입찰, 또는 전산서식에 의한 입찰서를 훼손하거나 전산표기방법과 상이하게 작성 기재하여 전산처리가 되지 아니한 입찰

㉮ 예정금액이 30억원 이상인 공사입찰에 있어 현장설명에 참가하지 아니한 자의 입찰

㉯ 부대입찰 대상공사로서 산출내역서에 하도급에 관한 사항을 기재하지 아니하거나 하도급에 관한 사항 중 중요사항(하도급할 부분, 하도급금액 또는 하수급인)이 누락된 입찰

(4) 낙찰자 결정

① 최저가격낙찰제

예정가격이 일정규모(일반공사 100억원, 전기·전기통신, 전문, 소방, 특정열기자재 설치공사, 10억원) 이상의 공사일 때 예정가격 이하로서 최저가격으로 입찰한 자를 낙찰자로 결정한다.

② 제한적 최저가낙찰제

㉮ 예정가격이 일정규모(일반공사 100억, 전문공사 10억) 미만의 공사(최저가낙찰제가 적용되지 아니하는 공사)인 경우에는 예정가격 이하로서 예정가격의 85% 이상으로 입찰한 자 중에서 가장 낮은 금액으로 입찰한 자를 낙찰자로 결정한다.

㉯ 제한적 최저가낙찰제 적용대상 공사의 경우에는 기초금액의 ±1% 범위 내에서 서로 다른 3~5개의 복수예정가격을 작성하며 입찰실시 후 입찰자 중 1인이 복수예정가격 중에서 1개를 추첨하여 예정가격을 확정하게 된다. ('94하반기는 5개 복수예가 및 기초금액이 ±1% 이상 큰폭으로 조정된 것으로 그 중 2개를 추첨하여 그 평균가를 최종 예정가격으로 하는 등 자주 개정되므로 최근 발표자료를 입수하여 숙지한다.)

㉰ 예정가격의 기초가격은 사전 공개할 수 없으나 설계가격이나 원가계산가격 등은 공개가-가능하다.

表 1—10 낙찰제도의 장단점 비교

낙찰제도유형	장 점	단 점
최저가낙찰제(현행)	• 최대한의 경쟁원칙 실현 및 국고 절감 • 업계의 기술 개발 및 경쟁력 배양 도모	• 덤핑에 의한 공사부실화 우려
제한적 최저가낙찰제(예가의 85% 이상 입찰만 유효—현행)	• 덤핑 방지	• 적정한 일정선산정 곤란(일정선이 높으면 이에 집중되고, 낮으면 무의미) • 예가(또는 최저제한가격) 탐지를 위한 부조리 야기 및 누설책임문제 발생 • 일정선(85%)까지는 정부가 덤핑을 인정하거나 인정하는 결과 • 예가 자체가 불완전한데 85%는 유효, 84.9%는 무효라는 모순 상존
제한적 평균가낙찰제(부찰제)	• 덤핑 방지 • 기업의 적정이유 보장	• 경쟁계약의 원리에 반함 • 사행심으로 인한 과당경쟁 초래(1건당 평균참가 9명→105명) • 기업의 기술개발의욕 및 계획성과 합리적 경영기법 개발 저해
최저가·저가감사제(예가의 85% 이하 낙찰의 경우는 감사)	• 최저가낙찰제와 제한적 평균가낙찰제의 장점 공유 • 부적격낙찰자의 사전 및 계약 이행의 확실성 도모 • 종류별, 성질별, 부처별로 특이성을 살려 갈 수 있음	• 심사의 어려움과 이에 따른 민원 우려 • 소규모 공사의 경우 생산력 낭비 및 심사의 실익이 적음

(5) 재입찰과 재공고입찰

① 재입찰

최초의 입찰이 유찰되었을 경우 다시 공고하여 입찰하면 행정소요일수가 늘고 공사착공이 지연되는 등 문제가 있으므로 입찰장소에서 계속하여 재차 입찰을 집행하는 것을 재입찰이라 하며,

이때 횟수의 제한은 없다.(단, 최초 입찰에 참여하지 아니한 자는 재입찰에 참여할 수 없다.)

② 재공고입찰

재입찰에서 낙찰자를 결정하지 못한 경우에 재공고하여 입찰하고 그래도 낙찰자를 결정하지 못한 경우에는 수의계약에 의할 수 있으며, 이때에는 보증금과 기한을 제외하고 최초 입찰에 붙일 때의 정한 가격과 기타 조건을 변경할 수 없다.

1-3-7 제한경쟁입찰

(1) 제한경쟁대상과 기준

① 제한경쟁 대상과 제한사항

제 한 경 쟁 대 상 공 사	제 한 사 항
대규모 공사(예정가격 20억원 이상)	도급한도액 또는 동종 공사실적
특수한 기술 또는 공법이 요구되는 공사	기술보유현황 또는 동종 공사실적
지역제한공사(예정가격 20억원 미만, 전문·전기·전기통신 공사는 3억원 미만)	공사현장관할 시·도 내에 있는 주된 영업소 소재지

② 제한기준

㉮ 공사실적 : 당해 공사 목적물의 규모 또는 양의 1배, 예정금액의 1배를 초과할 수 없다.

㉯ 도급한도액 : 예정금액의 2배를 초과할 수 없다.

③ 제한기준의 특례

공사를 성질별·규모별로 유형화하여 제한기준을 정하는 경우에는 위에서 열거한 제한기준에 의하지 않을 수 있는데, 조달청과 정부투자기관이 계약업무지침에 규정하고 있는 군별 제한기준은 그 대표적인 예로서 다음 표 1-11을 참조한다.

표 1-11 '93 주요발주기관시설공사 군별제한기준

(단위 : 억원 미만~억원 이상)

군 별 \ 발주처		조 달 청	도 로 공 사	수 자 원 공 사	토지개발공사	주 택 공 사
1군	순 위	토건 1~87(87)	좌 동	좌 동	좌 동	좌 동
	공사배정범위	토목 370억 이상 건축 260억 이상	300억 이상	170억 이상	170억 이상	도급공사비 140억 이상(도급공사비+지급자재비 16억 이상)
2군	순 위	토건 88~175(88)	좌 동	좌 동	좌 동	좌 동
	공사배정범위	토목 370억~225억 건축 260억~200억	300억~220억	170억~130억	170억~130억	140억~100억 (161억~115억)
3군	순 위	토건 176~290(115)	좌 동	좌 동	좌 동	좌 동
	공사배정범위	토목 255억~180억 건축 200억~155억	220억~150억	130억~95억	130억~100억	100억~75억 (115억~86억)

군별 \ 발주처		조달청	도로공사	수자원공사	토지개발공사	주택공사
4군	순위	토건 291~405(115) 건축1(1)	좌동	좌동	좌동	좌동
	공사배정범위	토목 180억~135억 건축 155억~115억	150억~120억	95억~80억	100억~80억	75억~55억 (86억~63억)
5군	순위	토건 406~525(122) 건축2(1)	좌동	좌동	좌동	좌동
	공사배정범위	토목 135억~100억 건축 115억~85억	120억~90억	80억~65억	80억~65억	55억~45억 (63억~52억)
6군	순위	토건 528~633(106) 토목 1~2(2) 건축 3~17(15)	좌동	좌동	좌동	좌동
	공사배정범위	토목 100억~75억 건축 85억~62억	90억~70억	65억~55억	65억~50억	45억~36억 (52억~41억)
7군	순위	토건 634~728(95) 토목 3~8(6) 건축 18~40(23)	좌동	좌동	좌동	좌동
	공사배정범위	토목 75억~55억 건축 62억~45억	70억~50억	55억~45억	50억~40억	36억~30억 (41억~34억)
8군	순위	토건 729~812(86) 토목 9~16(8) 건축 41~66(27)	좌동	좌동	좌동	좌동
	공사배정범위	토목 55억~36억 건축 45억~32억	50억~30억	45억~35억	40억~30억	30억~25억 (34억~28억)
9군	순위	토건 815~897(87) 토목 17~27(12) 건축 68~92(27)	좌동	좌동	좌동	좌동
	공사배정범위	토목 36억~20억 건축 32억~20억	30억~20억	35억~20억	30억~20억	25억~20억
적용방법		60개사씩 순차회전 지명	해당 군 전업체 참가	해당 군 전업체 참가	해당 군 전업체 참가	해당 군 전업체 참가

(2) 입찰참여자격제한제도(PQ:Pre-Qualification 제도)

입찰참여자격을 발주관서가 사전 심사하여 적격자만을 입찰에 참여시키는 제도로 1993년 7월 1일부터 시행되고 있다.

① 대상 : 예정가격이 100억원 이상인 공사 중 다음의 공사를 말한다.

㉮ 길이 100m 이상의 교량공사

㉯ 공항건설공사

㉰ 댐축조공사

㉵ 철도공사

㉶ 지하철공사

㉷ 발전소건설공사

㉣ 간척공사
㉤ 준설공사
㉥ 항만공사
㉦ 고속도로공사
㉪ 터널을 수반하는 공사
㉫ 쓰레기소각로 건설공사
㉬ 폐수처리장 건설공사
㉭ 하수처리장 건설공사

② 심사기준

㉮ 시공능력, 기술능력, 경영능력

㉯ 배점 및 세부감사 항목은 발주기관에 따라 상이할 수 있다.

③ 조달청 PQ감사기준(표 1-12 참조)

표 1-12 조달청 PQ심사기준

심사분야		심사항목		비고
분야별	배점한도	항목별	배점한도	
1. 시공경험	40	가. 최근 10년간 당해 공사와 동일한 종류의 공사실적	30	'가'와 '나' 항목은 택일 적용
		나. 최근 10년간 당해 공사와 유사한 종류의 공사실적	20	
		다. 최근 5년 동안 토목공사 또는 플랜트 공사의 실적합계	10	
2. 기술능력	40	가. 당해 공사의 시공에 필요한 기술자 보유상황	20	※ '나·다' 항목의 설비·장비·특수공법 및 기술은 건설업법 제40조 제2항 규정에 의거하여 계열화된 하수급인이 보유하고 있는 것을 포함
		나. 당해 공사의 시공에 필요한 설비 및 장비 보유(임차 포함) 상황	10	
		다. 당해 공사의 시공에 필요한 특수공법 및 기술 보유상황	5	
		라. 기타 당해 공사 시공에 특히 필요한 사항	5	
3. 경영상태	20	가. 직전년도 부채비율	5	※ 건설업체의 평균비율을 기준으로 등급을 정하여 평가
		나. 직전년도 유동비율	4	
		다. 직전년도 매출액 순이익률	3	
		라. 직전년도 총자본회전율	3	※ 직전년도의 해당 자료가 없거나, 결산기가 도래하지 아니한 경우에는 최근사업년도 자료에 의함
		마. 최근 3년 동안의 매출액에 대한 기술개발 투자비율	5	
4. 신임도	±10	가. 시행령 제93조 제1항 제7호의 규정에 의하여 우수시공업자로 지정된 자	+5	
		나. 최근 1년 동안 건설업법 제40조 제2항의 규정에 의거하여 계열화된 하수급인에 대한 하도급 실적이 우수한 자	+5	※ 가점과 감점 항목이 있을 때에는 이를 상계하여 평가

심사분야		심 사 항 목		비 고
분야별	배점한도	항 목 별	배점한도	
		다. 최근 3년 동안 부정당업자 제재나 영업정지를 받은 사실이 있는 자	−5	
		라. 당해 회계년도중 당해 기관이 실시한 공사입찰에서 예정가격의 60% 미만으로 2회 이상 낙찰된 사실이 있는 자	−3	
		마. 최근 1년간의 재해율이 노동부장관이 고시한 건설업 평균재해율을 초과한 자	−3	

1−3−8 지명경쟁입찰

(1) 지명경쟁계약 대상공사

① 계약의 성질 또는 목적에 비추어 특수한 설비, 기술, 자재 또는 실적이 있는 자가 아니면 계약의 목적을 달성하기 곤란한 공사로서 계약상대자가 10인 이내인 때

② 예정가격이 5천만원 이하인 공사

③ 재무부령이 정하는 바에 의하여 우수시공업자로 지정된 자와 계약을 할 때

④ 수의계약에 의할 수 있는 공사의 경우

(2) 지명기준

① 도급한도액을 기준으로 지명하는 경우에는 공사예정금액의 2배를 초과할 수 없다.

② 신용·실적·영업 상태가 양호한 업체를 지명하되 특수한 기술의 보유가 필요할 경우에는 이를 보유한 자

③ 부정당업자로 입찰참가 자격제한을 받은 경우는 그 제한기간 만료 후 1년이 지나지 아니한 자는 제외한다.

(3) 입찰자지명 및 통지

① 지명경쟁에 붙이고자 할 때에는 5인 이상의 입찰자를 지명하여 3인 이상의 입찰참여 승낙을 얻어야 한다.(단, 지명대상자가 한정되어 그 전부를 지명하고서도 5인 미만인 때에는 예외)

② 지명통지는 늦어도 현장설명일 7일 전에 하여야 하며 긴급을 요하는 경우에는 입찰일 또는 개찰일 전 5일까지 할 수 있다.

(4) 우수시공업자제도

① 지정기준

㉮ 최근 5년간 당해 기관에서 시행한 공사에서 하자보수보증금의 25/100 이상에 해당하는 하자를 발생시키지 아니한 자로 한다.

㉯ 입찰참여 자격제한을 받은 사실이 없거나 그 제한을 받고 당해 제한기간 만료 후 5년 이상이 경과한 자로 한다.

㉰ 최근 5년간 계속하여 공사에 관한 면허 또는 허가 등을 보유하고 취소 받은 사실이 없는 자로 한다.

② 특전

지명경쟁계약 대상이 됨

1-3-9 계약의 성립 및 집행

(1) 계약의 성립

① 계약체결

낙찰자는 낙찰통지를 받은 후 10일 이내에 계약을 체결해야 하며 공사예정금액이 1억원 이상인 토목공사와 30억원 이상인 건축공사의 산출내역서는 입찰시 제출한다.

② 계약서 필수 기재사항

공사명, 공사현장, 계약금액, 계약보증금, 차액보증금, 하자보수보증금률, 하자담보책임기간, 지체상금률, 물가변동 계약금액조정방법, 착공일, 준공예정일, 계약의 이행을 확약하는 내용, 계약자의 주소·상호·대표자성명·주민등록번호·연대보증인에 관한 사항 등을 기재 후 날인하며 당해 계약의 특약사항을 명시해야 한다.

③ 계약서의 생략

㉮ 계약금액이 5백만원 이하인 계약

㉯ 경매에 붙이는 경우

㉰ 물품 매각의 경우 매수인이 즉시 대금을 납부하고 그 물품을 인수하는 경우

㉱ 각 국가기관 및 지방자치단체 상호간에 계약

㉲ 전기·가스·수도의 공급계약 등 성질상 계약서의 작성이 필요하지 아니한 경우

(2) 공동도급

① 예산회계법령은 정부계약의 상대자를 1인으로 함을 원칙으로 하고 있으나 위험의 분산, 자금부담의 경감, 기술의 확충과 경험의 증대, 정확한 견적, 공사의 확실성, 중소기업의 육성과 지방경제 활성화, 경영기술의 근대화 등의 필요가 인정될 때 공동도급계약제도를 채택하고 있다.

② 공동도급의 유형

표 1-13 공동이행방식과 분담이행방식

내 용	공 동 이 행 방 식	분 담 이 행 방 식
공동수급체의 구성내용	출자비율에 의한 작성	분담공사에 의한 작성
공동수급체 대표자의 권한	대금의 청구, 수령 및 공동수급체의 재산관리	좌 동
계약 이행 책임	구성원 전체의 연대 책임	분담내용에 따른 구성원별 각자 책임
하도급	다른 구성원의 동의없이 공사 일부의 하도급 불가	각 구성원은 자기책임하에 분담부분 일부의 하도급 가능

내 용	공동이행방식	분담이행방식
하자 담보 책임	당해 공사에 하자 발생시 연대 책임	분담내용에 따라 각 구성원별 각자 책임
손익의 배분	출자비율에 의한 배분	분담공사별 배분. 다만, 공동비용의 경우는 분담공사금액의 비율에 의한 배분
중도탈퇴에 대한 조치	구성원 중 일부가 파산 또는 해산하는 경우 잔존 구성원이 연대하여 계약이행 책임	좌 동
도급한도액의 적용	각 구성원의 도급한도액을 합산하여 적용, 도급한도액과 출자비율은 무관	분담공사별로 당해 구성원의 도급한도액을 각각 적용

(3) 계약의 이행 및 감독 검사

① 공사착공

계약자는 계약담당공무원에게 착공신고서와 공사공정예정표, 공사비내역서(1억원 이상의 토목공사와 30억원 이상의 건축공사 외의 공사)를 제출한다.

이때 현장대리인을 지명하여 통지하여야 하며 현장대리인은 공사규모, 공사종류에 상응한 기술자격 소지자이어야 한다.

② 공사재료

공사용 재료는 공급방법에 따라 계약자가 구입하여 시공하여야 하는 사급재료와 정부가 지급하는 관급재료로 구분된다.

㉮ 사급재료

설계서 내용에 의하여 계약자가 직접 구입하여 사용하도록 된 자료로서 품질 및 규격 등이 설계서와 일치되어야 하고 공사의 질을 보장하는 데 중요한 요건이 되므로 다음과 같은 것이어야 한다.

㉠ 공사에 사용할 재료는 신품이어야 하고 품질과 품명은 반드시 설계서와 일치되어야 한다. 설계서에 명확히 규정되지 아니한 것은 표준품 이상으로 계약의 목적 달성에 적합한 것이어야 한다. 여기에서 표준품이라고 하면 한국공업규격에 정하여진 표준품을 말하는 것이다.

㉡ 공사에 사용할 재료는 사용 전에 전부 현장감독관의 검사를 받아야 하며 불합격 자재는 즉시 대체하여 다시 검사를 받아야 한다. 그러나 이것이 공사기간의 연장사유는 될 수 없다.

㉢ 검사결과 불합격된 재료는 사용할 수 없다. 다만, 현장감독관의 검사에 이의가 있을 때 계약자는 정부에 대하여 재검사를 요구할 수 있으며 재검사의 필요가 있을 때에는 계약담당공무원은 지체없이 재검사에 대한 조치를 취하여야 한다.

㉣ 계약담당공무원은 재료의 검사나 재검사의 요청을 받은 때에는 정당한 이유없이 검사를 지체할 수 없다.

㉤ 계약자가 불합격한 재료를 즉시 이송하지 않거나 대품하지 않을 경우 정부는 일방적으로 제거하거나 대품으로 대체시킬 수 있으며 그 비용은 계약자 부담으로 한다.

㉥ 계약자는 재료의 검사를 받을 때에는 현장감독관의 지시에 따라야 하며 검사에 소요되는 비용을 부담하여야 한다.

㉦ 공사에 사용하는 재료 중 조합 또는 시험을 요하는 것은 현장감독관 참여하에 그 조합 또는 시험을 하여야 한다.

㉧ 수중 또는 지하에 매몰되는 공작물 기타 준공 후 외부로부터 검사할 수 없는 공작물의 공사는 현장감독관의 참여없이 시공할 수 없다.

㉨ 계약자가 위의 제조건을 위배하거나 설계서에 합치되지 않는 시공을 한 경우 정부는 언제든지 공작물의 대체 또는 개조를 명할 수 있으며, 이로 인하여 계약금액의 증액이나 계약기간을 연장할 수는 없다.

㉯ 관급재료 및 대여품

관급재료란 계약내용에 따라 정부가 직접 공급하는 공사재료이며, 대여품은 계약상대방의 청구에 의하여 정부가 보유한 기계기구 등을 대여받아 사용하는 것을 말한다.

관급제도는 해당공사의 부실시공 방지는 물론 관급을 통하여 간접비의 계상을 절감하는 한편 자재의 품질을 확보하기 위한 취지에서 출발된 것이나 기술개발 측면이나 기업의 자율경영 측면에서 문제점이 제기되어 1989년 1월 1일부터 철근, 시멘트의 의무관급제는 폐지되었다.

③ 현장감독관의 임무

㉮ 감독조서의 작성

㉯ 공사에 사용할 재료의 사전검사

㉰ 사용재료의 조합 및 시험 참여

㉱ 수중·지하매몰 공사 및 외부검사가 불가능한 공작물의 시공시 참여

㉲ 공사장에 반입된 관급재료 이동의 서면 승인

㉳ 재해 방지 등 시공상 부득이한 때 계약자에게 감시조치 요구 등

④ 공사현장대리인

공사수급인은 당해 공사를 성실히 수행하여 계약목적을 달성하는 데 충족되는 공사현장 대리인을 지명하여 정부에 통지하여야 한다.

공사현장에 상주하여 현장감독관의 지시에 따라 공사현장의 단속 및 공사에 관한 모든 사항을 처리하여야 한다.

건설업법 및 동 시행령에는 토목, 건축 등 당해 공사의 주된 종목에 상응한 분야의 기술자일 것을 요구하고 있다.

(4) 지체상금

수급자가 정당한 이유없이 소정 이행기간 내에 계약상의 의무를 이행하지 못하였을 때 당해 이행지체에 대한 손해배상 예정액의 성격으로 징수하는 것이 지체상금이며 징수요건은 다음과 같다.

- 이행기간이 지나야 한다.
- 이행기간 동안에 이행이 가능하여야 한다.
- 지체가 채무자의 귀책사유인 경우이어야 한다.

① 지체상금의 징수

지체상금은 계약금액에 계약상 지체일수에 대한 소정의 지체상금률을 곱하여 산출한 금액이다.

㉮ 지체상금 징수의 대상

지체상금은 계약금액 전액을 기준으로 징수하는 것이므로 기성 또는 기납 부분에 상당하는 금액도 계약금액에서 공제하지 아니하는 것이 원칙이다. 다만 검사를 거쳐 인수한 부분에 상당하는 금액을 계약금액에서 공제한 금액을 기준으로 지체상금을 계산하는 경우는 기성부분이나 기납부분이 성질상 분할할 수 있는 부분에 대한 인수에 한한다.

㉯ 지체상금률

㉠ 물품의 제조 및 구매 : 1.5/1,000

㉡ 물품의 수리 : 2.5/1,000

㉢ 공사 : 1/1,000(단, 예정가격의 85% 미만으로 입찰하여 낙찰된 경우에는 2/1,000)

㉣ 운송 및 보관 : 5/1,000

㉤ 용역 : 2.5/1,000

㉥ 가공 : 2.5/1,000

계약보증금상당액(면제된 경우 이를 징수하여)에 달하게 되는 때에는 특별한 사유가 없는 한 계약을 해제 또는 해지하고 계약보증금을 국고에 귀속시킬 수 있다.

연대보증인이 보증시공을 하였으나 계약이 지체이행된 경우에는 계약보증금은 국고에 귀속시킬 수 없겠지만 지체상금 징수사유는 된다.

(5) 계약의 해제·해지, 보증시공

① 계약의 해제·해지

㉮ 민법상 계약의 해제·해지

민법상 계약의 해제란 유효하게 성립된 계약을 당사자 일방의 의사표시에 의하여 처음부터 그 계약이 없었던 것으로 원상회복시키는 것을 말하며, 계약의 해지란 계약의 효력을 장래에 대하여 소멸시키는 일방적 행위를 말한다.

계약의 해제는 채무불이행의 경우 많이 나타나는데, 채무불이행은 채무자가 그의 귀책사유에 기인하여 계약의 내용에 적합한 채무의 이행을 하지 않는 것을 가리키며, 이행지체, 이행불능, 불완전이행 등으로 나눌 수 있다.

한편 계약의 해지는 채무자가 이행내용에 따른 이행을 시작한 후에만 있을 수 있으며, 해지 전에 이루어진 행위에 대해서는 아무런 영향을 미치지 않는다.

㉯ 계약의 해제·해지 사유

계약의 해제·해지 사유는 정부가 판단하는 경우와 수급자가 판단하는 경우로 나누어 볼 수 있다.

㉠ 계약담당공무원의 판단에 의한 해제·해지(공사계약 일반조건 第26条)
- 정당한 이유없이 약정한 착공기일을 경과하고도 공사에 착수하지 않을 때
- 수급자의 귀책사유로 인하여 준공일까지 공사를 완공하지 못하거나 준공기한 내 완공할 가능성이 없음이 명백한 경우
- 하도급 제한을 위반한 경우
- 기타 계약조건을 위반하고 그 위반으로 인하여 계약의 목적을 달성할 수 없다고 인정될 경우

이외에도 객관적으로 명백한 정부측의 불가피한 사정으로 인하여 계약을 해제 또는 해지할 필요가 있을 경우 및 지체상금이 계약보증금 상당액에 달하였을 때도 계약의 해제·해지 사유가 된다.

㉡ 계약자에 의한 계약의 해제·해지(공사계약 일반조건 第27条)

설계 변경으로 인하여 계약금액이 40% 이상 감소하거나 공사 정지기간이 계약공기의 50%를 초과하였을 경우이다.

㉢ 계약의 해제·해지 절차

계약을 해제 또는 해지할 때에는 계약담당공무원은 해당사실을 계약상대방인 계약자에게 통지하여야 한다.

계약의 해제·해지 사항을 통지받은 계약자는 해약통지를 받으면 공사를 지체없이 중지하고, 모든 공사기구를 현장으로부터 철거하고 정부대여품이 있을 경우 지체없이 정부에 반환하여야 하며, 관급재료 중 기성부분으로서 인수된 부분에 사용된 것을 제외하고는 전부 정부에 반환하여야 한다.

㉣ 효과

계약이 해제 또는 해지되면 계약보증금은 국고에 귀속되며 부정당업자(정당한 사유없이 계약을 이행하지 않은 자)로 제재받게 된다.

그러나 계약상대자인 계약자가 해제 또는 해지한 경우는 그러하지 아니한다.

② 보증시공

시설공사의 계약자는 1인 이상의 연대보증인을 세워야 하며(계약보증금을 20% 이상 납부하면 입보 면제) 연대보증인은 계약자가 계약의무 불이행시 해당공사를 완공할 의무를 가진다.

㉮ 연대보증인제도

연대보증인이라 함은 보증인이 주채무자와 연대하여 채무를 부담함으로써 주 채무의 이행을 담보하는 보증채무이며, 주 채무가 무효·취소·해제 등으로 소멸하면 같이 소멸된다.

공사에서 계약의 해제사유가 발생하여 계약상 의무를 이행할 수 없게 되었을 때 계약이행을 담보하기 위하여 연대보증인 1인 이상을 세우도록 하고 있다.(계약사무처리규칙 第70条)

㉠ 자격요건

연대보증인의 자격요건에 대한 계약사무처리규칙 및 회계예규 '공사계약의 연대보증인 선정 및 계약 의무 위반시 처리요령'의 관계규정 등을 살펴보면 다음과 같다.

- 당해 공사가 법령의 규정에 의한 허가나 자격을 구비한 자가 아니면 시공할 수 없는 경우에는 그 허가나 자격을 구비한 자
- 자산이 충실하고 신용이 확실하며 당해 계약을 이행할 수 있는 능력이 있고 계약자와 독점규제 및 공공거래에 관한 법률에 의한 계열회사의 관계에 있지 아니한 자
- 부정당업자로 제재받은 사실이 없거나 제재받은 후 제재기간 종료일로부터 1년 이상 경과한 자

㉡ 연대보증인의 의무

연대보증인은 계약담당공무원으로부터 원계약자를 대신하여 당해 공사를 완공할 것을 청구받으면 지체없이 당해 의무를 이행하여야 하며, 이를 이행하지 않으면 부정당업자 제재사유가 된다.

㉯ 보증시공과 연대보증인의 권리

보증시공이란 공사에 있어 계약자가 계약을 이행하지 아니할 경우에(계약상대자가 사망할 경우도 포함) 연대보증인이 그 공사를 완성시키는 것을 말한다. 계약금액 중 보증이행 부분에 상당하는 금액은 보증인이 직접 정부에 청구할 수 있으며, 그 부분에 한하여 원계약상대자의 대가청구권은 소멸한다.

종전에는 연대보증인이 보증시공을 하는 경우에도 그 대가를 청구할 수 없었고, 계약보증금도 국고귀속시켜 체불노임 발생, 연쇄 도산 등이 문제로 지적되었다.

그러나 1979년 규칙 등의 개정에 의하여 연대보증인의 대가청구권 등을 인정함으로써 이러한 문제들이 해소되었으며, 계약상대자가 공사대금청구권을 양도하고자 하는 경우에는 미리 연대보증인의 동의를 얻어 정부의 서면 승인을 받도록 하여 연대보증인의 대금수령권을 보호하도록 하였는바, 계약보증금의 20/100 이상 납부로 연대보증인을 세우지 않은 경우에는 당연히 연대보증인의 동의가 필요하지 않다.

한편 보증시공을 한 연대보증인은 동 공사의 계속공사에 대하여 계약자가 가지는 계약체결상의 이익을 연대보증인이 하자보수의무를 이행한 경우에도 가지게 되는지가 문제된다. 이 경우는 동 보증인의 하자보수보증의무 이행의 내용 및 동 공사의 계속공사 해당 여부 등을 구체적으로 검토하여 계약담당공무원이 판단하여야 한다.

또한 연대보증인의 권리로서 중요한 것은 하자보수보증금 반환청구권인바, 즉 하자보수의무를 이행한 연대보증인은 보증금 중 자기가 이행한 부분에 상당하는 금액을 정부에 대하여 직접 청구할 수 있는 권리를 가진다.

1-4 공사비의 구성

공사비(총원가)는 직접공사비와 간접비(경비, 일반관리비, 이윤)로 구성된다.

직접공사비는 건축설비시공에 소요되는 비용 중 직접 소요되는 재료비와 노무비를 말하며, 설계도 및 시방서에 준하여 공사종목-과목-세목별로 견적하여 구한다.

간접비는 일반관리비, 경비, 이윤 등을 말하며, 총공사비 중 상기 직접공사비를 제외한 간접적인 비용을 말한다. 그러나 설계도와 시방서에 의한 산출이 아니라 공사의 내역, 공사기간, 입지조건, 시공 조건 등에 따라 크게 다를 수 있기 때문에 금액작성시 유의하여야 한다.

공사비는 통상 아래와 같이 구성된다.

- 총원가 (공사비)
  - 순공사원가 (순공사비)
    - 재료비
      - 직접재료비
      - 간접재료비
      - 작업·부산물 등(−)
    - 노무비
      - 직접노무비
      - 간접노무비
    - 경 비
  - 일반관리비
  - 이 윤

(재료비, 노무비 — 직접공사비)

(경비, 일반관리비, 이윤 — 간접비(종래, 공과잡비 또는 제경비))

1-4-1 직접공사비의 분류

직접공사비는 각 공사종목으로 나누어지고, 종목은 다시 과목으로, 과목은 각 세목별로 세분되어 재료비, 노무비, 운반비 등으로 표시된다. 재료비와 노무비를 합하여 일위대가라고 하는 복합단가로 표시되기도 한다.

공사종목의 분류는 공사의 발주방식 또는 각기 발주처의 회사에 따라서 달리 분류하기도 한다. 보통의 경우, 시방서에 표시된 분류에 준하지만 일반적인 건축기계설비의 직접공사비를 분류하면 다음과 같다.

(1) 공기조화설비공사

① 열원기기설비
② 공기조화기기설비
③ 덕트설비
④ 배관설비
⑤ 자동제어설비
⑥ 환기설비
⑦ 배연설비
⑧ 기타 설비
⑨ 종합조정비

(2) 위생설비공사

① 급수설비
② 급탕설비

③ 배수통기설비
④ 배관공사
⑤ 위생기구설비
⑥ 정화조설비
⑦ 가스설비
⑧ 소화설비
⑨ 기타 설비

상기 이외에 필요에 따라서 주방기구설비, 소각로설비, 우물설비 등을 추가할 수 있으며, ①, ③, ⑦에 옥외공사가 있는 경우 각각 옥내설비와 옥외설비로 나눌 수 있다. 소화설비의 경우는 옥내소화전 설비, 스프링클러, 할로겐화물, 공기포 등의 특수소화설비를 포함할 때에는 이를 각 항목별로 구분하여 계상할 수 있다.

기타 특수용도의 건물에 있어서는 세탁설비, 분수설비, 수영장설비, 의료기구설비, 항온항습설비, 특수배관설비(산소, 마취, 흡인용) 및 폐수처리설비 등이 추가될 경우도 있다.

직접공사비의 종목, 과목의 분류는 상기와 같이 설비공사의 기능별로 나누는 경우가 많지만, 건축주의 재산관리상 편리하도록 혹은 시공자의 공사 발주 또는 외주비 지불에 편리하도록 분류하는 경우도 있다.

1-4-2 직접공사비의 세목

건축설비공사에 있어 직접공사비의 세목을 대별하면 장비류, 배관, 덕트, 자동제어설비 등에 대한 재료비와 노무비로 분류된다.

(1) 장비류

장비류의 세목은 기기본체 부속기기 가대 및 기초, 조립설치, 쪼아내기, 보온, 도장, 시운전 조정 등이 있다.

(2) 배관설비

배관설비의 세목은 관(관종류별, 구경별), 부속, 지지철물, 밸브류, 특수부속, 쪼아내기, 보온, 도장, 슬리브설치, 소모품, 잡자재, 운반비, 노무비 등이 있다.

(3) 덕트설비

덕트설비의 세목은 아연도금철판(철판두께별), 댐퍼, 취출구, 흡입구, 캔버스이음, 보온, 도장, 소음상자, 지지철물, 쪼아내기, 소모품, 잡자재, 운반비, 노무비, 기타 등이다.

(4) 자동제어설비

자동제어설비의 세목은 기기류(종류, 치수별), 운전반류(종류, 치수별, 내부기구배선을 포함), 전선관류(종류, 구경별), 전선관 부속품류, 지지철물류, 전선(종류, 규격, 굵기별), 케이블(전선과 같음), 박스류, 배선기구류, 소모품, 잡재료, 쪼아내기, 보수비, 운반비, 공임, 기타 잡비 등이다. 직접공사비의 세목은 대개 이상과 같지만 이외에 양생비, 직접가설비 등이 있다.

이들 공사비는 재료비, 공임, 기타 하도급경비 등을 합한 복합단가 또는 일위대가로 견적되는 경우가 많다.

1-4-3 공사원가의 구성

공사원가는 공사의 시공과정에 투입되는 재료비 노무비, 경비의 합계액을 말하며, 공사원가계산을 하고자 할 때에는 별표 2의 공사원가계산서를 작성하고, 세목별 산출근거를 명시한 기초계산서를 첨부한다.

표 1-14 공사원가계산서

공사명 : 공사기간 :

비목 \ 구분			금액	구성비	비고
순공사원가	재료비	직접재료비			
		간접재료비			
		작업설·부산물 등(△)			
		소계			
	노무비	직접노무비			
		간접노무비			
		소계			
	경비	전력비			
		수도광열비			
		운반비			
		기계경비			
		특허권사용료			
		기술료			
		연구개발비			
		품질관리비			
		가설비			
		지급임차료			
		보험료			
		복리후생비			
		보관비			
		외주가공비			
		안전관리비			
		소모품비			
		여비·교통비·통신비			
		세금과공과			
		폐기물처리비			
		도서인쇄비			
		지급수수료			
		환경보전비			
		보상비			
		기타법정경비			
		소계			
일반관리비( )%					
이윤( )%					
총원가					

참고로 공사원가계산서의 해목해석은 다음의 원가계산에 의한 "예정가격작성준칙"(1994. 7. 20 회계예규 2200.04-105-8)을 게재하였다.

원가계산에 의한 예정가격작성준칙

회계예규 2200.04-105-8(1993. 10. 20)

제1장 총　　칙

제1조 【목　　적】 이 준칙은 예산회계법 시행령 제78조 제1항 제2호 및 계약사무처리규칙 제6조의 규정에 의하여 원가계산에 의한 예정가격을 작성함에 있어서 적용하여야 할 기준을 정함에 있다.

제2조 【원가계산의 구분】 원가계산은 제조원가계산과 공사원가계산으로 구분한다.

제3조 【원가계산의 세목】 원가계산은 재료비, 노무비, 경비, 일반관리비 및 이윤으로 구분 작성한다.

제4조 【비목별 가격결정의 원칙】 ① 재료비, 노무비, 경비는 각각 아래에서 정한 산식에 의함을 원칙으로 한다.

- 재료비＝재료량×단위당 가격
- 노무비＝노무량×단위당 가격
- 경　비＝소요(소비)량×단위당 가격

② 재료비, 노무비, 경비의 각 세비목별 단위당 가격은 계약사무처리규칙 제7조의 규정에 의하여 계산한다.

③ 재료비, 노무비, 경비의 각 세비목 및 그 물량(재료량, 노무량, 소요량) 산출은 계약목적물에 대한 규격서, 설계서 등에 의하거나 제34조의 규정에 의한 원가계산 자료를 근거로 하여 예정하여야 한다.

④ 제3항의 각 세비목 및 그 물량 산출에 있어서는 계약목적물의 내용 및 특성 등을 고려하여 그 완성에 적합하다고 인정되는 합리적인 방법이어야 한다.

제4조의 2 【계약담당공무원의 주의사항】 ① 계약담당공무원은 원가계산방법으로 예정가격을 작성함에 있어서는 계약수량, 이행의 전망, 이행기간, 수급상황, 계약조건 기타 제반여건을 참작하여야 한다.

② 계약담당공무원은 원가계산 작성시 부당 감액하거나 과잉 계산되지 않도록 하여야 한다.

제2장 제조원가계산

내용생략

제3장 공사원가계산

제13조 【공사원가】 공사원가라 함은 공사시공과정에서 발생한 재료비, 노무비, 경비의 합계액을 말한다.

제14조 【작성방법】 공사원가계산을 하고자 할 때에는 별표 2의 공사원가계산서를 작성하고 비목별 산출근거를 명시한 기초계산서를 첨부하여야 한다.

제15조 【재 료 비】 재료비는 공사원가를 구성하는 다음 내용의 직접재료비 및 간접재료비로 한다.

① 직접재료비는 공사목적물의 실체를 형성하는 물품의 가치로서 다음 각호를 말한다.

1. 주요재료비

공사목적물의 기본적 구성형태를 이루는 물품의 가치

2. 부분품비

공사목적물에 원형대로 부착되어 그 조성부분이 되는 매입부품, 수입부품, 외장재료 및 제17조 제3항 제13호 규정에 의한 경비로 계상되는 것을 제외한 외주품의 가치

② 간접재료비는 공사목적물의 실체를 형성하지는 않으나 공사에 보조적으로 소비되는 물품의 가치로서 다음 각호를 말한다.

1. 소모재료비

기계오일·접착제·용접가스·장갑 등 소모성 물품의 가치

2. 소모공구·기구·비품비

내용년수 1년 미만으로서 구입단가가 법인세법(소득세법) 규정에 의한 상당금액 이하인 감가상각 대상에서 제외되는 소모성 공구·기구·비품의 가치

3. 가설재료비

비계, 거푸집, 동바리 등 공사목적물의 실체를 형성하는 것은 아니나 동 시공을 위하여 필요한 가설재의 가치

③ 재료의 구입과정에서 당해 재료에 직접 관련되어 발생하는 운임, 보험료, 보관비 등의 부대비용은 재료비로서 계산한다. 다만, 재료구입 후 발생되는 부대비용은 경비의 각 비목으로 계산한다.

④ 계약목적물의 시공중에 발생하는 작업설, 부산물 등은 그 매각액 또는 이용가치를 추산하여 재료비로부터 공제하여야 한다.

第16條【노 무 비】 노무비의 내용 및 산정방식은 제4조와 제8조의 규정을 준용한다.

第17條【경　　비】 ① 경비는 공사의 시공을 위하여 소요되는 공사원가 중 재료비, 노무비를 제외한 원가를 말하며, 기업의 유지를 위한 관리활동부문에서 발생하는 일반관리비와 구분된다.

② 경비는 당해 계약목적물 시공기간의 소요(소비)량을 측정하거나 제34조의 규정에 의한 원가계산 자료나 계약서, 영수증 등을 근거로 예정하여야 한다.

③ 경비의 세비목은 다음 각호의 것으로 한다.

1. 전력비, 수도광열비는 계약목적물을 시공하는 데 직접 소요되는 당해 비용을 말한다.
2. 운반비는 재료비에 포함되지 않는 운반비로서 원재료, 반재료 또는 기계기구의 운송비, 하역비, 상하차비, 조작비 등을 말한다.
3. 기계경비는 정부표준품셈상의 건설기계의 경비산정기준에 의한 비용을 말한다.
4. 특허권사용료는 타인 소유의 특허권을 사용한 경우에 지급되는 사용료로서 그 사용비례에 따라 계산한다.
5. 기술료는 당해 계약목적물을 시공하는데 직접 필요한 노하우(Knowhow)비 및 동 부대비용으로서 외부에 지급되는 비용을 말하며 세법(법인세법상의 시험연구비)에서 정한 바에 따라 계상하여 사업년도로부터 이연상각하되 그 사용비례를 기준하여 배분계산한다.
6. 연구개발비는 당해 계약목적물을 시공하는 데 직접 필요한 기술개발 및 연구비로서 시험 및 시범 제작에 소요된 비용 또는 연구기관에 의뢰한 기술개발 용역비와 법령에 의한 기술개발촉진비 및 직업훈련비를 말하며 세법(법인세법상의 시험연구비)에서 정한 바에 따라 이연상각하되 그 사용비례를 기준하여 배분 계산한다. 다만, 연구개발비 중 장래 계속시공으로서의 연결이 불확실하여 미래 수익의 증가와 관련이 없는 비용은 재무부장관과 협의하여 특별상각할 수 있다.
7. 품질관리비는 당해 계약목적물의 시공을 위하여 관련 법령이나 계약조건에 의하여 품질시험이 요구되는 경우의 비용으로서 실제 소요되는 비용을 계상한다.

8. 가설비는 공사목적물의 실체를 형성하는 것은 아니나 현장사무소, 창고, 식당, 숙사, 화장실 등 동 시공을 위하여 필요한 가설물의 설치에 소요되는 비용을 말한다.
9. 지급임차료는 계약목적물을 시공하는 데 직접 사용되거나 제공되는 토지, 건물, 기계기구(건설기계를 제외한다)의 사용료를 말한다.
10. 보험료는 법령 또는 계약조건에 의하여 가입이 요구되는 보험료를 말하며, 재료비에 계상되는 것은 제외한다.
11. 복리후생비는 계약목적물을 시공하는 데 종사하는 노무자·종업원·현장사무소직원 등의 의료위생약품대, 공상치료비, 지급피복비, 건강진단비, 급식비 등 작업조건 유지에 직접 관련되는 복리후생비를 말한다.
12. 보관비는 계약목적물의 시공에 소요되는 재료, 기자재 등의 창고사용료로서 외부에 지급되는 비용만을 계상하여야 하며 이 중에서 재료비에 계상되는 것을 제외한다.
13. 외주가공비는 재료를 외부에 가공시키는 실가공비용을 말하며 외주가공품의 가치로서 재료비에 계상되는 것은 제외한다.
14. 안전관리비는 작업현장에서 산업재해 및 건강장해 예방을 위하여 법령에 의거 요구되는 비용을 말한다.
15. 소모품비는 작업현장에서 발생되는 문방구, 장부대 등 소모용품을 말하며, 보조재료로서 재료비에 계상되는 것을 제외한다.
16. 여비·교통비·통신비는 시공현장에서 직접 소요되는 여비 및 차량유지비와 전신전화사용료, 우편료를 말한다.
17. 세금과공과는 시공현장에서 당해 공사와 직접 관련되어 부담하여야 할 재산세, 차량세 등의 세금 및 공공단체에 납부하는 공과금을 말한다.
18. 폐기물처리비는 계약목적물의 시공과 관련하여 발생되는 오물, 잔재물, 폐유, 폐알칼리, 폐고무, 폐합성수지 등 공해유발물질을 법령에 의거 처리하기 위하여 소요되는 비용을 말한다.
19. 도서인쇄비는 계약목적물의 시공을 위한 참고서적구입비, 각종 인쇄비, 사진제작비(VTR 제작비를 포함한다) 및 공사시공기록책자 제작비 등을 말한다.
20. 지급수수료는 법률로서 규정되어 있거나 의무지어진 수수료에 한하며, 다른 비목에 계상되지 않는 수수료를 말한다.
21. 환경보전비는 계약목적물의 시공을 위한 제반 환경오염방지시설을 위한 것으로서, 관련법령에 의하여 규정되어 있거나 의무지어진 비용을 말한다.
22. 보상비는 당해 공사로 인해 공사현장에 인접한 도로·하천·기타 재산에 훼손을 가하거나 지장물을 철거하게 됨에 따라 발생하는 보상·보수비를 말한다. 다만, 당해공사를 위한 용지보상비는 제외한다.
23. 기타 법정경비는 위에서 열거한 이외의 것으로서 법령으로 규정되어 있거나 의무지어진 경비를 말한다.

제18조 【일반관리비】 일반관리비의 내용은 제10조와 같고 공사원가에 별표 3에서 정한 일반관리비율을 초과하여 계상할 수 없으며 아래와 같이 공사규모별로 체감 적용한다.

시 설 공 사		전문, 전기, 전기통신공사	
공 사 원 가	일반관리비율〔%〕	공 사 원 가	일반관리비율〔%〕
5억원 미만	6.0	5천만원 미만	6.0
5억원~30억원 미만	5.5	5천만원~3억원 미만	5.5
30억원 이상	5.0	3억원 이상	5.0

제19조【이 윤】 이윤은 영업이익을 말하며 공사원가 중 노무비, 경비와 일반관리비의 합계액(이 경우 기술료 및 외주가공비는 제외한다)에 이윤율 15%를 초과하여 계상할 수 없다.

제4장 용역원가계산

내용생략

제5장 원가계산 용역기관

내용생략

제6장 보 칙

내용생략

부 칙

1. 이 회계예규는 1994년 7월 20일부터 시행한다.
2. 이 준칙시행일 이전에 회계예규2200.04－1015－8 "원가계산에 의한 예정가격작성준칙"에 의거 용역기관으로 지정받은 다음 각호의 기관은 이 규정에 의하여 등록된 용역기관으로 본다.
3. 이 예규시행과 동시에 회계예규2200.04－105－8 "원가계산에 의한 예정가격작성준칙"을 회계예규2200.04－105－9 "원가계산에 의한 예정가격작성준칙"으로 한다.

【예제 1－1】 공사원가계산서

상기 예산회계예규〔회계예규 2200.04－105－8. 1993. 10. 20〕 원가계산에 의한 예정가격작성준칙－(별표 2) 공사원가계산서의 작성예제로, 한전○○지점 신축(건축연면적 4,439.9m^2. 지하 1층, 지상 4층 RC조건물)공사의 경우를 아래의 공사원가－계산방법(1990년도 한국전력－적용기준－참고 예)에 따라 계산하여 기계설비공사(표 1－3)와 건축공사(표 1－4)로 구분하여 작성한 별첨 공사원가계산서를 참조하기로 한다.

【약 어】

직노 : 직접노무비
재 : 재료비(M:material cost)
노 : 노무비(L:labor cost)
경 : 경 비(O_1:job overhead)
일관 : 일반관리비(O_2:general overhead)
이윤(P:profits)

【풀 이】 공사원가 계산방법

(1990년도 한국전력 적용기준－참고 예)

1. 재료비(M)

(1) 직접재료비

(2) 간접재료비

2. 노무비(L)

(1) 직접노무비

(2) 간접노무비 : 직접노무비×간접노무비 적용률

(공사종류별＋공사규모별＋공사기간별율)÷3＝적용률

간접노무비 적용률

구 분	간접노무비율〔%〕	
공사종류별	건축공사	14.5
	기타(전문, 전기, 통신 등)	15
공사규모별 (공사원가 기준)	5억 미만	14
	5억 이상~30억 미만	15
	30억 이상	16
공사기간별	6개월 미만	13
	6개월 이상~12개월 미만	15
	12개월 이상	17

3. 경비(O_1)

(1) 사급경비

(2) 도급경비

① 공구손료 : 직접노무비의 2〔%〕

② 보험료 : 노무비의 2.9〔%〕(단, 총공사금액 4천만원 미만은 제외)

③ 안전관리비 : (재료비＋직접노무비)×안전관리적용률

안전관리비 적용률(제정 : 1989. 2. 10 노동부고시 제89－4호)

재료비＋직접노무비	적 용 률
5억 미만	2.48〔%〕
5억 이상~50억 미만	1.81〔%〕＋3,294,000(기초액)
50억 이상	1.88〔%〕

④ 수도광열비 : (재료비＋노무비)×적용률

⑤ 복리후생비 : (재료비＋노무비)×적용률

⑥ 소모품비 : (재료비＋노무비)×적용률

⑦ 여비, 교통통신비 : (재료비＋노무비)×적용률

⑧ 세금, 공과금 : (재료비＋노무비)×적용률

⑨ 도서인쇄비 : (재료비＋노무비)×적용률

* ④~⑨항 적용률

적용률 산출방법＝(공정별＋금액별＋기간별 구성비율)÷3

적 용 률 [%]

구 분	공종별	금 액 별			기 간 별		
	건 축	5억 미만	5억 이상 30억 미만	30억 이상	6개월 미만	6개월 이상 12개월 미만	12개월 이상
수 도 광 열 비	0.45	0.61	0.61	0.72	1.06	0.73	0.7
복 리 후 생 비	1.12	1.20	1.50	1.60	1.42	1.82	1.67
소 모 품 비	0.6	0.84	0.93	0.54	1.13	1.01	0.55
여비·교통통신비	0.39	0.37	0.63	0.52	0.37	0.66	0.6
세 금 공 과 금	0.89	0.12	0.36	1.25	0.19	0.35	0.34
도 서 인 쇄 비	0.08	0.05	0.12	0.15	0.08	0.12	0.24

4. 일반관리비(O_2)

(재료비+노무비+경비)×일반관리비 적용률

* 일반관리비 적용률

공사원가 5억 미만 : 6[%]

공사원가 5억 이상 30억 미만 : 5.5[%]

공사원가 30억 이상 : 5[%]

5. 이윤(P)

(노무비+경비+일반관리비)×이윤율(15%)

표 1-15 일반관리비 적용비율

시 설 공 사		전문, 전기, 전기통신공사	
공 사 원 가	일반관리비율[%]	공 사 원 가	일반관리비율(%)
5억원 미만	6	5천만원 미만	6
5억원 이상~30억원 미만	5.5	5천만원 이상~3억원 미만	5.5
30억원 이상	5	3억원 이상	5

표 1-16 공사원가계산서(예)

공사명 : 한국전력○○지점 신축기계설비공사　　　공사기간 : 1990. 5~1991. 11 약 18개월

비 목 \ 구 분			금 액	구 성 비	비 고
순 공	(M) 재료비	직 접 재 료 비	174,976,854		
		간 접 재 료 비	551,250	동관의 2[%], 강관의 3[%]	표준품셈 적용기준
		작 업 부 산 물	⊖309,635		
		소 계	175,218,469		사급재료비 118,519,000 제외
	(L) 노무비	직 접 노 무 비(가)	69,380,265		
		간 접 노 무 비(나)	10,753,941	직접노무비의 15.5[%]	[(14.5+16+17)÷3]
		소 계	80,134,206		
		전 력 비			

비목 \ 구분			금 액	구 성 비	비 고
사	(O₁)	운 반 비			
		기 계 경 비			
		특허권사용료			
		1) 공 구 손 료	1,387,605	직노의 2%	표준품셈 적용기준은 3[%]
비	경	품 질 관 리 비			
		가 설 비			
		지 급 임 차 료			
		2) 보 험 료	2,323,891	노무비의 2.9[%]	산재보험료기준
원		보 관 비			공사규모 4,000만원 이상시
		외 주 가 공 비			
		3) 안 전 관 리 비	7,721,237	(재+직노)의 1.81[%]	⊕3,294,000 별표 참조
가		4) 수 도 광 열 비	1,481,045	(재+노)의 0.58[%]	[(0.45+0.61+0.7)÷3]
		연 구 개 발 비			
		5) 복 리 후 생 비	3,651,543	(재+노)의 1.43[%]	[(1.12+1.5+1.67)÷3]
	비	6) 소 모 품 비	1,761,933	(재+노)의 0.69[%]	[(0.6+0.93+0.55)÷3]
		7) 여비·교통비·통신비	1,378,904	(재+노)의 0.54[%]	[(0.39+0.63+0.6)÷3]
		8) 세 금 과 공 과	1,353,369	(재+노)의 0.53[%]	[(0.89+0.36+0.34)÷3]
		폐 기 물 처 리 비			
		9) 도 서 인 쇄 비	357,493	(재+노)의 0.14[%]	[(0.08+0.12+0.24)÷3]
		지 급 수 수 료			
		소 계	21,417,020		사급경비 14,000,000 제외
		(M)+(L)+(O₁)=계	276,769,695		사급분 132,519,000 제외
(O₂) 일 반 관 리 비( )[%]			15,222,333	(재+노+경)의 5.5[%]	회계예규의 제18조 적용
(P) 이 윤( )[%]			17,516,033	(노+경+일관)의 15[%]	회계예규의 제19조 적용
총 원 가(공 사 비)			309,508,061		사급분 132,519,000 제외
(M)+(L)+(O₁)+(O₂)+(P)					
부 가 세					
공 사 예 정 가 격					

표 1-17 공사원가계산서(예)

공사명 : 한국전력ㅇㅇ지점 신축건축공사　　　　공사기간 : 1990. 5~1991. 11 약 18개월

비목 \ 구분			금 액	구 성 비	비 고
	(M)	직 접 재 료 비	507,034,767		
	재	간 접 재 료 비	67,498,555		일위대가에 산정
	료	작 업 부 산 물	⊖699,997		
	비	소 계	573,833,325		사급재료비 230,671,000 제외

비목		구분	금 액	구 성 비	비 고
순공사비원가	(L) 노무비	직 접 노 무 비(가)	342,408,521		
		간 접 노 무 비(나)	53,073,320	직접노무비의 15.5[%]	[(14.5+16+17)÷3]
		소 계	395,481,841		
	(O₁) 경비	전 력 비			
		운 반 비	11,507,055		일위대가에 산정
		기 계 경 비	13,258,668		일위대가에 산정
		특허권사용료			
		1) 공 구 손 료			
		품 질 관 리 비			
		가 설 비	4,629,755		일위대가에 산정
		지 급 임 차 료			
		2) 보 험 료	11,468,973	노무비의 2.9[%]	산재보험료기준
		보 관 비			공사규모 4,000만원 이상시
		외 주 가 공 비			
		3) 안 전 관 리 비	19,877,977	(재+직노)의 1.81[%]	⊕3,294,000 별표 참조
		4) 수 도 광 열 비	5,622,027	(재+노)의 0.58[%]	[(0.45+0.61+0.7)÷3]
		연 구 개 발 비			
		5) 복 리 후 생 비	13,861,206	(재+노)의 1.43[%]	[(1.12+1.5+1.67)÷3]
		6) 소 모 품 비	6,688,274	(재+노)의 0.69[%]	[(0.6+0.93+0.55)÷3]
		7) 여비·교통비·통신비	5,234,301	(재+노)의 0.54[%]	[(0.39+0.63+0.6)÷3]
		8) 세 금 과 공 과	5,137,370	(재+노)의 0.53[%]	[(0.89+0.36+0.34)÷3]
		폐 기 물 처 리 비			
		9) 도 서 인 쇄 비	1,357,041	(재+노)의 0.14[%]	[(0.08+0.12+0.24)÷3]
		지 급 수 수 료			
		소 계	98,642,647		사급경비 373,000,000 제외
		(M)+(L)+(O₁)=계	1,067,957,813		사급분 603,671,000 제외
(O₂) 일 반 관 리 비( )[%]			58,737,679	(재+노+경)의 5.5[%]	회계예규의 제18조 적용
(P) 이 윤( )[%]			82,929,325	(노+경+일관)의 15[%]	회계예규의 제19조 적용
총 원 가(공 사 비)			1,209,624,817		사급분 603,671,000 제외
(M)+(L)+(O₁)+(O₂)+(P)					
부 가 세					
공 사 예 정 가 격					

1-4-4 부금

빌딩, 공장 등을 건설할 경우, 건축공사 및 각 설비공사를 분리 발주하여 시공할 때 시공자들간에 상호 친분이 없어도 뒤에 참여하는 단독수주를 한 설비업자는 건축업자에 대하여 가설물의 공용, 가설물의 사용료, 마감손상보수비, 현장관리비 명목으로 적당액의 부금을 납부하는 관례가 외국에는 있다.

이 부금은 현장공익비, 비계손료 등으로도 알려져 시공업자간에 있어서는 오래 전부터 전례되어 왔지만 그 내용을 명확하게 한 것은 없고, 보통 설비공사도급금액의 몇 [%]라고 하는 개산적으로 결정한 것이기 때문에, 후일 상호 견해가 엇갈림으로 인한 분쟁의 원인이 되는 경우가 적지 않다.

협의내용에 따라서는 1[%] 이상의 현장도 있지만 0.5[%] 이하로 타결한 예도 있기 때문에 부금액은 시공업자간에 있어서 부담구분, 부담비율 등을 충분히 협의하여 결정할 필요가 있다.

부금 협의기록서의 참고 예(일본－동경전업협회 · 일본건설공업협회의 자료)는 표 1－17과 같다.

표 1－18 부금협의기록서(예)

년 월 일

공사건명			계 약 액	
발 주 자				
수 주 자	건 축	(회사명)	(성명)	
	설 비	(회사명)	(성명)	
협 정 액			지불조건	

부 금 내 용			
항 목	포함 · 불포함	항 목	포함 · 불포함
1. 가설물공사의 공용		2. 가설물의 사용료	
① 울타리 분담액		① 전기료(작업용)	
② 전력인입선공사비 분담액		② 전기료(시운전용)	
③ 수도인입공사비 분담액		③ 수도료	
④ 국전화인입공사비 분담액		④ 전화료	
⑤ 가설도로의 조성비 분담액		⑤ 가설도로보수비의 사용료	
⑥ 구내전화설비비 분담액		⑥ 위생(변소, 세면소) 설비유지비	
⑦ 확성장치비 분담액		⑦ 비계, 구멍철판손료	
⑧ 인터폰호출신호설비비 분담액		⑧ 거푸집손상보수비	
⑨ 위생(변소, 세면소) 설비비 분담액		⑨ 리프트, 크레인 사용료	
3. 마감손상보수비		4. 현장관리비	
① 철근조립보수비		① 위생비	
② 천장구멍내기료		② 경비비	
③ 이중천장보강비		③ 안전관리비	
④ 모르타르마감보수료		④ 식전비(상동식 · 준공시 · 화입식)	
⑤ 도장보수료		⑤ 감독계원용 사무실관리비	
⑥ 쪼아내기보수료			
⑦ 타일, 석가공료		5. 기 타	
⑧ 양생방호			
⑨ 청소, 뒷정리비			

주 : 부금을 포함할 경우 ○, 불포함할 경우 ×로 표시한다.
관계없는 항목은 말소한다.

1-4-5 제경비의 내용

국내에서는 경비로, 외국의 경우 제경비로 표현하며, 외국의 경우 제경비에 관하여는 1-6절을 참조하기로 한다.

1-4-6 기능별 종목·과목·세목의 분류표

표 1-18 기능별 종목, 과목, 세목의 분류표
(※ 이하 직접공사비는 직접재료비+직접노무비를 칭한다.)

	종목	대과목	중소과목	세목
직접공사비	공조설비	장비설치공사	냉동기 및 부속기기 보일러 및 부속기기 공기조화기설비	기기류 공임
		공조덕트설비	덕트설비공사	아연도철판 취출구, 취입구류 보온, 도장 공임
		배관설비	냉각수배관설비 냉온수배관설비 증기배관설비 기름(유)배관설비 급수, 배수, 배관설비 기타	관 및 부속류 밸브류 보온, 도장 지지철물 공임
		환기설비	기기설비 덕트설비	
		배연설비	기기설비 덕트기기	
		자동제어설비	기기 및 감시반류 배관·배선 공사	관 및 부속 전선류 지지철물 공임
		기타설비	방음·방진 설비 시운전 및 종합 조정(TAB포함)	
		위생기구설비	위생기구설비	기구, 공임
		급수설비	장비설치	기기, 탱크류 공임, 기초, 보온
			옥내급수설비 옥외급수설비	관, 부속 밸브류 보온, 도장 지지금물 공임
		급탕설비	장비설치 급탕배관설비	

- 기기, 탱크류
- 공임

- 위생설비
  - 소화설비
    - 장비설치
    - 옥내소화전설비
    - 옥외소화전설비
    - 연결송수관설비
    - 스프링클러설비
    - 포소화설비
    - 탄산가스소화설비
    - 하론소화설비
    - 기타
  - 배수통기설비
    - 장비설치
    - 옥내배수설비
    - 옥외배수설비
    - 통기관설비
  - 가스설비
    - 장비설치
    - LPG(도시가스) 배관설비
  - 기타 설비
    - 오수정화조설비
    - 주방설비
    - 세탁설비
    - 소각로설비
    - 특수배관설비
    - 방음・방진 설비
- 수송설비
  - 엘리베이터설비
    - 기기 및 부속 설비
    - 배관・배선 공사
    - 인터폰공사
    - 기타
  - 에스컬레이터설비
    - 기기 및 부속설비
    - 배관・배선공사
    - 기타
  - 전동덤웨이터 설비
  - 기송관설비
  - 컨베이어설비
- 전기설비
  - 전원설비
    - 전력인입설비
    - 수변전설비
    - 발전기설비
    - 축전지설비
    - 간선설비
    - 감시・제어 설비
  - 동력설비
  - 전등설비
  - 전화설비
    - 기기설비
    - 배관설비

-
  - 방재설비
    - 화재탐지설비
    - 비상경보설비
    - 비상콘센트설비
    - 기타 설비
  - 통보표시설비
    - 확성방송설비
    - 인터폰설비
  -
    - TV, 라디오설비
    - 전기시계설비
    - 재실표시설비
    - 자동차관제설비
  - 피뢰침설비
  - 감시제어설비
  - 기타 설비
- 기타 설비(상기 이외 관련설비공사, 도시환경설비, 플랜트설비 등)

1-4-7 이윤

영업이익을 말하며, 공사원가 중 노무비, 경비와 일반관리비의 합계액(기술료 및 외주가공비 제외)에 이윤을 15[%] 초과하여 계상할 수 없다.

1-5 적산방법

1-5-1 적산범위와 별도공사

적산에 착수하기 전에 적산범위를 명확하게 설정하는 것은 중복이나 산출누락을 방지하기 위한 매우 중요한 작업인 것이다.

적산은 일반적으로 그룹작업으로 되기 때문에 각각의 개인마다 작업 내용과 범위를 정확히 파악하여야 하며, 적산의 범위를 개략적인 문장으로 정리하는 방법보다 도표로 분리하는 편이 효과적이다. 물론 이와 같이 하여도 적산의 누락 중복은 피할 수 없으며, 가능한 경험에 의해 의심이 가는 부분은 적산담당자간의 확인 및 협의에 의하여 진행되어야 한다.

표 1-19 적산 범위와 구분의 명확화

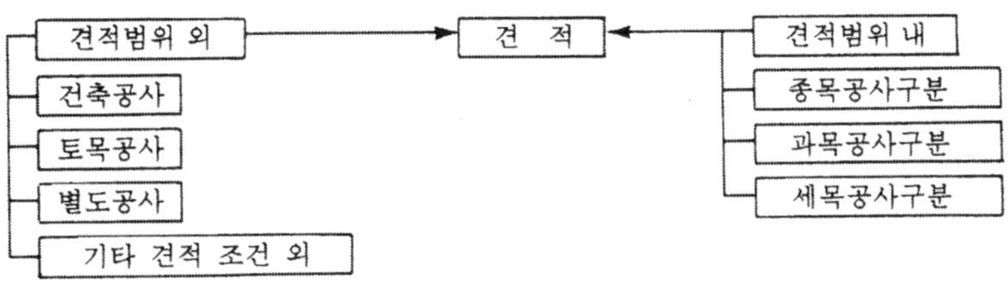

특히, 관련공사간의 분쟁조정상의 구분으로서 다음의 표 1-20은 하나의 예로서, 적산에 착수하기 전에 이와 같은 설비관련공사간의 구분표를 작성하여 두면 편리하다.

표 1-20 설비관련 표준공사구분표(예)

번호	공 사 항 목	공 사 구 분						비 고
		건축	설 비				별도	
			전	위	공	수		
	별 도 공 사							
1	상수·하수·가스인입공사 및 인입부담금						○	공사신청수속은 위생
2	LPG봄베본체						○	
3	소화기 및 피난 기구						○	
4	공사중의 법규개정 및 지방자치단체로부터의 지도사항에 의한 변경						○	
	건축과 설비 공통							
1	철골보의 관통슬리브	○						
2	RC보의 관통슬리브		○	○	○			
3	구체 벽 및 바닥의 설비용 구멍뚫기		○	○	○			반송설비용 구멍뚫기 및 마감은 건축공사
4	슬리브, 개구부 부근의 철근보강	○						
5	특수마감재의 구멍뚫기 및 그 보강	○						대리석, 테라조, 기타
6	천장구멍뚫기 및 그 골격보강	○						
7	샤프트최상부의 입상하는 부분 우수방지	○						
8	중량설비기기를 위한 바닥구조보강	○						
9	설비기기의 기초본체		○	○	○	○		특수한 것은 건축
10	지중매설 유류탱크의 콘크리트공사	○						
11	콘크리트제 수조 내의 연통관	○						수수조, 제배수조의 연결배관용 슬리브, 기타
12	콘크리트 트랜치	○						방수, 사다리, 맨홀 및 뚜껑
13	기계실의 방음	○						흡음재, 방음문 등
14	기계실의 바닥방수	○						
15	기계실, 전기실, 주방 등의 바닥경량콘크리트	○						
16	맨홀의 화장덮개	○						
17	유닛욕조 및 유닛주방	○						위생기구, 조명기구, 환기구 포함 배관, 배선은 설비
18	세면화장대	○						
19	의료용 캐비닛	○						
20	환풍기부착용 틀(테두리)	○						환풍기 자체는 설비
21	벽 및 옥상용 환풍기			○	○			동력부의 강제통풍형
22	상기 설비 가대 및 방수 처리	○						

번호	공사항목	공사구분						비고
		건축	설비				별도	
			전	위	공	수		
23	루프 벤틸레이터				○			동력부의 자연통풍형
24	천장, 바닥, 샤프트 등에 설치하는 점검구	○						설비기기에 부속하는 점검구는 제외
25	연돌 및 청소구	○						내부 내화마감·단열 포함
26	후드(RANGE용 FOOD)			○	○			
	건축과 위생							
1	용수용 연통관	○						「보」의 슬리브, 통기, 배수, 지하2중벽의 물빼기
2	콘크리트제 수수조 및 침사조	○						방수, 사다리, 맨홀뚜껑, 기타
3	콘크리트제 각종 배수조(잡배수, 용수, 오수)	○						방수, 사다리, 맨홀뚜껑, 기타
4	콘크리트제 방화용 수조	○						방수, 사다리, 맨홀뚜껑, 기타
5	급수탑(옥외고가수조용)	○						
6	펌프실 및 LPG봄베실	○						
7	기계실, 주방, dry area 등의 배수구	○						녹금물, 덮개, 내부마감
8	옥외 L형구 및 U자구	○						배수맨홀, 배수배관은 위생
9	세탁기용 배수밸브	○						
10	현장제작 욕조(타일부)	○						
11	현장제싱크대, 기성싱크대, 기타 가스대	○						선반, 후드 포함
12	욕실, 화장실 등의 타일붙이기	○						
13	주방기구			○				
14	콘크리트제 그리스 트랩 콘크리트제 가솔린 트랩	○						방수, 뚜껑, 내부마감, 기타 기성제품은 위생
15	세면기 앞의 기성제 거울			○				기성제품 이외의 특수한 것은 신축공사
16	세면기 앞의 기성제 화장대	○						기성제품 이외의 특수한 것은 신축공사
17	옥상우수배수(roof drain)	○						
18	소각설비			○				
19	정화조공사			○				
20	우물파기공사	○						
21	현관매트(mat)의 배수	○						
	건축과 공조							
1	외벽면에 부착하는 급배기그릴	○						방화댐퍼 포함
2	콘크리트제 축열조	○						방수, 사다리, 단열, 맨홀뚜껑, 기타
3	콘크리트 덕트	○						방수, 사다리, 단열, 맨홀뚜껑 등
4	콘크리트제, 급배기탑	○						방수, 사다리, 단열, 맨홀뚜껑 등
5	자연배연구(옥외측에 설치)	○						옥내측의 배연구는 공조공사
6	기계배연구				○			
7	도어그릴(D.G)	○						
8	리턴그릴(R.G)				○			특수마감·대형은 건축

번호	공 사 항 목	공 사 구 분						비 고
		건축	설 비				별도	
			전	위	공	수		
	건축과 반송설비							
1	승강기의 삼방틀					○		대형틀은 건축
2	승강기의 중간 보					○		철골구조의 경우, 중간 보의 지지브라켓은 건축
3	승강기의 모판					○		
4	승강기의 기초					○		
5	승강기의 피트방수	○						
6	승강기의 각층 출입구 및 승장구멍뚫기	○						
7	승강기의 기계반입구 브라켓 또는 드라이빔	○						
8	승강기의 기계실 구멍뚫기 및 보강	○						
9	승강기의 피트 하부사용의 경우, 건축보강	○						
10	승강기의 통과층이 있을 경우의 비상구, 사다리	○						
11	승강기의 샤프트의 우수침입장치	○						
12	승강기의 기계실바닥의 경량콘크리트		○					먼지방지용 도장 포함
13	에스컬레이터의 외장					○		트라스 저면, 측면, 손잡이, 내부측판 등
14	에스컬레이터의 최하부기계실의 내화구조	○						
15	에스컬레이터의 주위의 천장, 바닥의 마감	○						층표시, 보호대, 낙하방지설비 포함
16	에스컬레이터의 천장협각부의 보호설비	○						
17	에스컬레이터 주위의 방화·방범 셔터	○						
	설 비 상 호							
1	플로트스위치(float switch)		○					전극봉, 수위레벨스위치
2	액면제어스위치		○					전극봉, 수위레벨스위치
3	연감연동 댐퍼(damper)				○			
4	상기용 조작반 및 배선		○					
5	설비기기의 조작반 및 2차측배선		○					냉동기, 보일러, 진공펌프, 반송설비의 조작반은 제외
6	자동제어기기 및 전기배관 배선				○			전원공급은 전기
7	중앙감시반 등에 들어가는 온습도계측 기록기기				○			중앙감시반은 전기
8	상기용 배관·배선				○			
9	오일 탱크 급유용 연결장치		○					인터폰 또는 벨
10	방재수신반, 중계기, 소화전상자의 구멍뚫기			○				
11	스프링클러용 알람밸브의 전기배관, 배선			○				표시는 전기
12	하론, 공기포, 분말소화설비의 탐지, 음향장치			○				배관, 배선 포함

번호	공 사 항 목	공사구분						비 고
		건축	설비				별도	
			전	위	공	수		
13	승강기의 기계실 환기장치				○			
14	승강기의 기계실 조명		○					
15	승강기의 전화, 경보, 인터폰					○		샤프트 외의 배관, 배선은 전기
16	승강기의 기계실, 피트의 점검용 콘센트		○					
17	승강기의 승강로 내의 화재감지기		○					
18	에스컬레이터 저면의 스프링클러			○				
19	에스컬레이터의 저면·손잡이의 조명					○		
20	턴테이블의 배수			○				
21	방화셔터	○						
22	각 모터용 진상콘덴서		○					
23	각 모터용 접지공사		○					

(주) 공사구분의 기호내용은 다음과 같다.

건축 : 건축공사
전 : 전기공사
위 : 위생설비공사
공 : 공기조화설비공사
수 : 수송설비공사
별도 : 별도공사(건축주 자체처리공사)

1-5-2 적산의 준비

(1) 적산의 준비서류

적산을 시작하기 전에 다음과 같은 서류를 준비할 필요가 있다.

① 설계도면

② 시방서·특기시방서·표준시방서, 표준도

①과 ②의 서류 중 설계도면과 특기시방서는 통상 발주자로부터 대여될 수 있다. 그 외의 표준시방서와 표준도는 일반적으로 각 공사종목별로 사용기기, 재료, 시공법 등 기타 공사에 필요한 내용이 기재되어 있는 것으로, 건설부에서 발행한 '건축설비공사 표준시방서(기계부문)'이 있다.

③ 제작사 명부

설비관계 공사에 사용하는 기기, 재료를 제조 또는 판매하는 회사, 보온, 도장, 배관, 덕트 기타 전문공사업자에 대하여 적산시 견적을 의뢰한다든지 단가를 조회하기 위해서 제작사명부를 기자재와 공사의 종류별로 정리하여 놓으면 적산시 편리하게 선택하여 사용할 수 있다.

④ 카탈로그의 정리

카탈로그는 적산에 중요한 자료로 사용되고 있다. 특히, 동일한 기기류에 있어서 제조회사에 따라서 능력, 크기, 가격 등이 다르며 설계도면과 시방서에 기기의 모델번호가 명시되어 있을 때, 정리되어진 카탈로그에서 쉽게 찾을 수 있다.

개인이 소유하는 카탈로그는 한계가 있으므로 각 부서별로 정리 보관을 하며 제조회사, 대리점에서 신상품의 출하, 제조 중지의 상품 등에 대한 정보를 신속히 입수하여 보완하고, 사용하는 사람들이 필요할 때 신속하고 정확하게 볼 수 있도록 종목별, 제조회사별로 정리를 한다.

⑤ 참고자료

- 물가자료(한국물가협회)
- 물가정보(한국물가정보센터)
- 정부구매물자 가격정보(조달청)
- 각종 제작사의 가격표
- 건설공사표준품셈(기계설비, 전기, 통신, 건축, 토목 분야 등)
- 전문업자의 해당공사에 관한 견적가격, 거래예정단가표, 업종별 협회의 표준공사비표
- 자사의 실적자료에 의한 품셈표, 개산공사비,

⑥ 각종 적산용지

적산용지는 업계 공통의 양식이 제정되어 있는 것은 아니고, 공사종목 또는 주요자재별 수량산출용지, 집계표, 내역명세서 등의 서식이 있지만 지정이 없으면 자사의 용지로 통일한다.

1-5-3 적산의 순서

상세견적법에 의해 공사비를 산출할 경우의 적산순서는 보통 다음과 같다.

(1) 공사의 내용을 파악한다.

설계도면, 시방서에 준하여 공사내용을 파악하는 것은 물론이고 현장설명서, 기타 관련도서(공통시방서, 표준도 등)를 잘 검토하고 공사현장을 직접 조사하여 공사 전반의 개요를 인식한 뒤 적산에 착수한다.

공사내용 중 불분명한 점은 현장설명과 입찰 사이에 설계자와 입찰자의 입회하에 질의응답 시기가 있으므로 이때에 공사내용을 확실하게 문의할 필요가 있다.

(2) 기기, 재료의 수량산출

설계도면, 시방서에 기재되어 있는 공사종목, 설치장소, 계통 등으로 분류, 소정의 산출용지를 사용하여 수량산출을 시작한다.

기기류의 수량은 설계도면으로부터 명확하게 산출하고 형식, 종별, 능력, 치수 등은 기기시방에 준하여 적으며, 특기시방의 경우는 그 조건을 적어 둔다.

배관, 덕트 등의 수량은 설계도면상의 계통, 치수, 종별, 축척(Scale) 등에 유의하여 착오를 일으키지 않도록 정확하게 산출하고, 색연필을 사용하여 적산 진행 여부를 확인할 수 있도록 한다.

또한 설계도면에 표시되지 않는 입상관(立上管), 입하관(立下管) 등의 수량이 빠지지 않도록 세심한 주의가 필요하다.

(3) 수량을 집계하여 산출근거서를 작성한다

지금까지 산출한 수량을 각 계통별로 정리하여 집계하고, 필요한 소모품류와 보온, 도장, 운반비를 품셈표 등의 자료에 의하여 정산한 수량산출근거서를 작성한다.

(4) 상기 수량을 내역서에 옮겨 적는다

(5) 단가를 기입한다

내역서의 단가란에 기기, 재료 등의 단가를 기기의 시방, 제조업자, 거래조건 등, 기타를 고려하여 조사한 후 기입한다.

(6) 직접재료비, 보온도장비, 운반비, 기타를 집계하여 공사 전체의 직접공사비를 매듭짓는다.

(7) 상기 직접공사비의 내용에 준하여 시공조건, 기타를 고려하여 경비를 산출하고 순공사원가를 결정한다.

1-5-4 수량산출 및 단가결정

적산업무의 기본은 수량산출에 있다.

수량×단가=금액이라고 하는 방법이 적산의 수단으로 사용되고 있듯이, 공사비를 산출하는 과정의 수량 누락이나 중복이 있을 때는 적정한 공사비를 구할 수 없다.

기기재료, 공임, 기타의 수량에 관해서는 수량산출 및 그 집계작업을 정확하게 할 필요가 있고, 적산결과의 수량과 공사에 요한 수량을 비교해서 과부족의 현상이 생기지 않도록 한다.

다음은 공사비내역서에 계상하는 기기재료, 공임, 기타의 수량적산에 관한 기준에 관한 설명이다.

(1) 기기재료의 수량

① 설계수량

설계도면, 시방서에 있는 개수, 대수 또는 설계 치수로부터 구한 길이, 면적, 체적 등의 수량을 '설계수량'이라고 한다.

설계수량에 의해 내역서에 표현한 기기재료, 밸브, 펌프, 송풍기, 취출구, 기타 각종 기기의 개수이다.

② 소요수량

설계도서에서 산출된 설계수량이 파손이나 마모된 수량, 즉 작업상의 손실부분에 대하여 할증수량을 가산한 수량을 소요수량이라 한다.

배관류의 할증은 옥내공사인 경우 10[%], 옥외공사는 5[%] 이내로 한다. 단, 이때 건설공사표준품셈상의 '적용기준'이나 각 품셈의 비교란에 주의하여 설계 적용하기로 한다.

(2) 노무자의 인수

가공, 조립, 설치 등에 필요한 노무자의 소요수량은 품셈에 의해 수량산출근거서에 공종별로 산출 집계하고, 내역서에 옮겨 적어 별지 내역서를 작성한다.

소요인수 산출의 기준이 되는 기기재료의 수량은 할증분을 포함하지 않은 설계수량에 준하여 산출하며, 또한 야간작업 등 특별한 할증율이 필요한 경우에는 노무품을 할증하여 가산한다.

(3) 끝자리처리

① 수량은 C.G.S. 단위로 하며, 수량의 단위 및 소수위는 표준품셈단위표준에 의한다.

② 수량의 계산은 지정 소수위 이하 1단위까지 구하고, 끝수는 사사오입한다.
파이프류, 철판, 앵글 등의 재료길이는 소수, 1단위까지 하며 덕트, 보온, 도장 등의 면적〔m^2〕, 체적〔m^3〕 및 기기의 중량은 소수 2단위까지 구한다.

1-5-5 품셈

품셈이란 세목별의 단위공사량에 대한 노무의 소요수량 산출을 위한 기준을 정한 것으로서, 정부에서 제정 배포한 표준품셈을 기본적으로 적용하고 있다.

각 직종별 노임은 매년 정부에서 책정하는 정부노임 단가를 기준으로 하며, 시공직종(기능공)에 대한 구분은 표 1-21과 같다.

표 1-21 시공직종(기능공)의 구분(기계설비)

직 종	작 업 구 분
① 배관공	설계압력 5kg/cm^2 미만의 일반 배관시공 및 보수
② 플랜트 배관공	유해가스 및 설계압력 5kg/cm^2 이상의 기계실 배관 및 플랜트 배관시공과 보수
③ 철공	형강, 강판의 간단한 현장가공 제작설계 시공
④ 제관공	강제 구조물의 가공 제작 시공 및 보숙
⑤ 플랜트 제관공	정밀을 요하는 플랜트의 강제 구조물과 압력용기의 가공 제작 시공 및 보수
⑥ 제철축로공	제철용 각종로(1,000℃~1,400℃) 내화물 시공(R오차 ±1mm 이내)
⑦ 덕트공	금속판을 가공덕트 제작설치
⑧ 보온공	기기 및 배관류의 보온시공
⑨ 기계설치공	일반기계설비의 조립설치, 조정, 검사 및 보수
⑩ 플랜트기계설치공	정밀을 요하는 플랜트 기계설비의 조립 설치 조정, 검사 및 보수
⑪ 용접공	설계압력 5kg/cm^2 미만의 일반기기 및 배관용접
⑫ 플랜트 용접공	유해가스 및 설계압력 5kg/cm^2 이상의 기계실 배관, 플랜트 기기 및 배관용접
⑬ 비파괴 시험공	플랜트 설비 용접개소 방사선 투과시험
⑭ 철판공	철판의 가공제작
⑮ 플랜트특수용접공	사용압력 100kg/cm^2 이상인 배관 및 압력 용기 또는 합금강의 용접작업을 하거나 TIG, MIG 등 INERT GAS ARC 용접

※ 플랜트란 철강, 석유, 제지, 화학 및 발전 등의 프로세스 공업에서 일반적으로 원료나 에너지를 공급하여 소요의 물질이나 에너지를 얻기 위하여 필요한 물리적 화학적 작용을 행하는 장치를 말한다.

정부제정의 표준품셈은 건설공사 중 가장 대표적이고 보편적인 공종, 공법을 기준하였으며, 지역이나 기후의 특수성, 작업능률의 저하, 기타 조건에 대하여는 조정 적용하여 적정한 공사비가 산출될 수 있도록 한다.

품의 할증을 고려하여야 하는 내용은 다음과 같다.

① 긴급을 요하는 작업

② 야간작업

③ 위험작업

④ 공사현장이 여러 개로 분산된 경우

⑤ 관련공사의 분쟁상 작업에 커다란 지장을 초래한 경우

⑥ 교통이 불편한 공사현장

⑦ 군작전지구, 비행기 이착륙이 빈번한 비행장, 열차의 통과가 빈번한 철로변 등 작업에 곤란한 조건이 있는 경우

1-5-6 기기재료의 단가결정

수량산출과 단가의 기입이 적산업무에 있어 기본이라는 것은 앞서 설명했지만, 공사비중 기기재료비가 차지하는 비중이 대단히 크다. 따라서 그 기기재료의 단가를 정하는 방법에 관하여 설명하기로 한다.

(1) 기기재료의 단가

① 재료비의 단가는 다음과 같은 자료에 의해서 기기재료의 시방에 따라 사용수량의 많은 정도, 시공장소, 지불조건, 현장반입예정일, 제조업자의 지정 유무 등을 고려하여 정한다.

- 재료업자의 거래예정단가, 정가표
- 물가시세조사 발행물의 단가
- 기타 공인된 물가시세표의 단가

② 주요기기의 단가

냉동기, 보일러, 냉각탑, 공기조화기, 송풍기, 탱크류, 기타 주요기기의 단가에 관해서는 위의 자료를 고려함은 물론이고, 적정한 값을 구하기 위해서 지정제조업자 중 두 업자 이상으로부터 견적서를 받아 그 내용을 검토하여 단가를 정하는 경우가 많다.

또한 그 시방과 사양이 유사한 이미 시공된 장비에 대한 가격과 비교하여 가격상의 큰 차이가 있을 경우에는 그 이유를 검토하여 보정한다.

기기의 견적시 부속품, 부대공사 등의 조건에 따라 금액의 차이가 크기 때문에 설계도서에 나와 있는 정확한 사양에 대한 동일조건의 견적을 입수하는 것이 매우 중요하다.

③ 일위대가

보온, 도장, 덕트시공, 특수밸브설치, 용접, 절단 등은 복합단가로서 시공방법에 따라 일위대가가 작성되어 있으며, 이러한 것들은 소요수량의 산출만으로 즉시 공사비가 산출될 수 있도록 자료가 정리되어 있다.

따라서 이러한 일위대가를 이용하면 내역서 작성과 공사비 산출을 쉽게 할 수 있다.

1-5-7 적산의 주의사항

공사비를 적산할 경우, 즉 수량산출로부터 내역명세서를 완료하기까지의 작업에 있어서 일반적인 주의사항을 들어 보면 다음과 같다.

(1) 설계도면, 시방서, 현장설명서 등에 의해 공사내용을 충분히 파악하고 공사범위를 확인한다.

(2) 설계도서에 대하여 의문점이 있으면 서류, 기타의 방법으로 질문하여 회답을 구한다.

(3) 공사의 규모가 크고, 적산기간이 짧을 경우에는 여러 명이 참여하여 진행을 하는데, 이때는 작업내용에 따른 정확한 분할을 하여 상호간에 산출누락, 2중산출 등의 착오를 없애도록 한다.

(4) 수량산출시는 일정한 규격의 용지를 사용하여 산출 순서와 과정이 쉽게 이해될 수 있도록 정리하여 둔다. 이는 수량산출 후 검산, 발주자와 수주자간의 물량 차이의 발생시 확인할 수 있는 근거서류가 되며, 이를 보통 수량산출근거서라고 한다.

수량산출 단계에 있어 착오하기 쉬운 점은 다음과 같다.

① 산출누락

산출누락의 예는 입상관, 입하관, 밸브류, 에어벤트, 관말트랩장치, 온도계, 압력계, 덕트기구류, 챔버류, 방화댐퍼, 쪼아내기보수, 주요 장비의 기초가대, 반입비, 시운전비용 등이 있다.

② 2중산출

2중산출의 예는 장비에 포함되어 있는 부속품의 산출, 자동제어설비에서의 밸브류의 배관공사에서 산출 평면도와 계통도에서의 중복 등이 발생하는 경우가 많다.

③ 계산잘못(숫자의 자리수 틀림, 설계도면의 축척 틀림) 계산의 잘못은 수량산출의 과정에서 곱셈계산시 자리수 틀림이 상당히 많다. 꼭 검산하는 습관을 몸에 익히도록 하는 것이 필요하다.

④ 문자의 읽기 잘못

문자의 읽기 잘못의 예는 배관재료가 도면상 동관(銅管)이라고 적혀져 있는데도 강관(鋼管)으로 산출한다든지, 플렉시블이음과 신축이음의 배관의 관경을 잘못 읽어서 산출하여 내는 것과 같은 것을 말한다.

산출누락과 2중산출은 전혀 역관계가 되지만, 이들의 방지수단으로 설계도면상의 기기대수 또는 배관, 배선, 덕트 등 길이의 산출이 끝난 부분에 대하여 색연필로 표시를 하거나 색으로 구분한다.

(5) 산출된 수량을 집계 정리하여 내역서에 옮겨 적는 단계에서의 주의사항은 다음과 같다.

① 산출된 물량의 설계수량과 시공수량의 구분을 명확히 하여 인건비, 부자재와 잡자재 산출시 물량 과다 및 부족 현상이 발생하지 않도록 한다.

② 산출된 물량에 대한 보온, 비보온, 도장의 종류와 횟수 등의 내용을 정확히 파악하여 물량 및 물품을 구한다.

③ 내역서의 명세에 있어서 일괄하여 금액을 계상하는 경우는 그 내역이 설명될 수 있도록 별지의 명세서를 작성하여 둔다.

(6) 단가의 기입에서 마감까지의 주의사항은 다음과 같다.

① 단가잘못을 없앤다.

단가잘못은 재료의 시방, 능력, 크기 등의 잘못 읽기에 의한 것이나, 부속품 부대공사의 포함 여부, 도매가격과 소매가격의 착오, 공장도가격과 현장인도가격의 착오 등, 여러 가지 경우가 있기 때문에 주의를 요한다.

② 계산잘못을 없앤다.

계산잘못은 단가를 곱할 때 자리수를 착각해서, 예를 들면 100,000[원]을 10,000[원]으로 하는 것과 같은 경우가 많다. 이런 것을 방지하기 위해서는 검산을 그때마다 하는 것이 가장 좋은 방법이다.

③ 제조업자, 전문업자의 견적을 조사할 경우에는 그 내용이 설계도면, 시방서에 적합한지를 상세히 검토한다. 적산작업은 대부분 시간에 쫓기고 또, 단순한 작업의 연속이기 때문에 그것을 경시하여 생기는 착오가 많다. 설계의 착오는 공사중 설계변경을 하여서 시정하는 것이 가능하지만, 적산의 착오는 시정이 불가능하기 때문에 특히 세심한 주의가 필요하다.

현재와 같은 입찰제도 아래서는 발주자측의 적산착오는 예산 획득·배분에 지장이 되며, 입찰이 진행되지 않는 결과를 초래한다. 수주자측의 경우는 기업경영의 성장에 커다란 영향을 주며, 발주자에게 불신감을 주는 최악의 결과를 초래할 수 있다는 것을 잊어서는 안될 것이다.

1-6 국내외 공사비 구성과 제경비에 대한 비교 검토

국내에서도 일반적으로 제경비는 1970년까지 공과잡비라고 불리고 통용되었으며, 80년대 후반 공사원가계산방식으로 바뀌면서 그 조직이 표 1-22와 같이 변화되었다.

외국의 경우, 제경비는 원수급인의 현장경비와 일반관리비 등 부담액(영업 외 손익 및 경상이익을 포함)을 합한 것으로, 즉,

$$\text{제경비} = \text{현장경비(직접경비)} + \frac{\text{본사경비(간접경비)} + \text{이윤}}{\text{일반관리비부담액}}$$

이 된다. 단, 현장경비에 있어서는 완성공사 원가보고서의 경비 내역 중에서 가설경비, 동력·용수·광열비·운반비·경비, 설계비, 토지가격 등 적산상 순공사비로 산입하는 것을 제외한 것으로 한다. 또한 하도급경비 등은 순공사비에 포함되어 있기 때문에 여기에서 말하는 제경비의 대상은 되지 않는다.

제경비는 보통 순공사비로부터의 비율, 기타에 의해서 산출한다.

표 1—22 국내외 공사비 구성 및 재경비 대비표

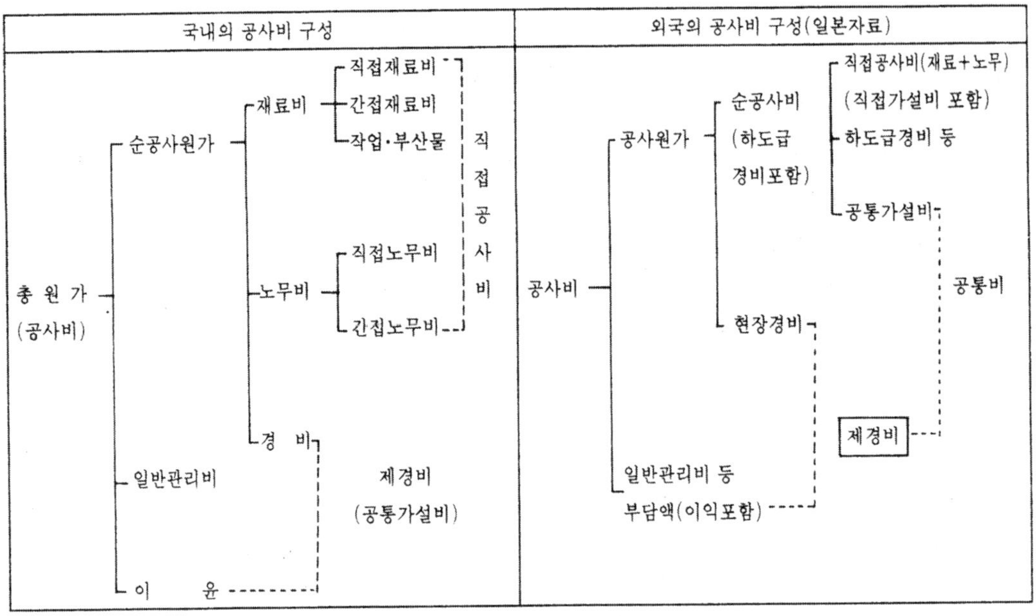

1—6—1 제경비비율표

보통의 경우, 순공사비에 제경비비율을 곱해서 제경비를 산출하지만, 여러 가지 요소에 좌우되기 때문에 일정의 비율을 설정하는 것은 곤란하다. 그러나 공사실례를 분석 정리하여 평균치를 구해 둔다면, 실제의 운용에 접해서 실상을 가미하여 적당한 수정을 함으로써 극히 능률적으로 산출할 수 있다.

표 1—23 제경비비율

계 약 명 / 공 사 비	경 쟁 계 약		수 의 계 약	
	토목, 건축〔%〕	기계, 전기〔%〕	토목, 건축〔%〕	기계, 전기〔%〕
5백만원 이하	30	25	25	20
10백만원 이하	29.5	24	24.5	19
20백만원 이하	29	23	24	18
35백만원 이하	28.5	22	23.5	
50백만원 이하	28		23	
75백만원 이하	27.5		22.5	
100백만원 이하	72	22	22	
200백만원 이하	26.5		21.5	
200백만원 이상	26		21	

(1) 재무부령 계약사무처리규칙에 의하면 제경비의 순공사비에 대한 비율은 다음과 같다.

① 건축, 토목 공사에서는 순공사비의 30[%] 이하

② 기계, 전기 공사에서는 순공사비의 25[%] 이하

③ 물품의 제조가공에서는 순공사비의 17[%] 이하

④ 금속, 화학공업품 제조에서는 순공사비의 22[%] 이하

(2) 회계예규 1201.04-2 (1970.4.1)의 시설공사 예정가격의 예상에 계상되는 제잡비표(제경비표)은 표 1-24와 같다.

1-6-2 외국의 경우 제경비

표 1-22에서 일본의 경우 공사비 구성 중 그 내용을 검토 설명하면 다음과 같다.

(1) 직접공사비

시공에 필요한 비용으로서 직접 소비하는 기기비, 재료비, 노무비, 직접가설비 등이고, 설계도 시방서에 준하여 공사종목-과목-세목으로 구분된다.

표 1-24 공통가설비율(직접공사비에 대한)

직접가공비 P[백만엔]	공통가설비율 ts[%]	직접가공비 P[백만엔]	공통가설비율 ts[%]
10	5.65	300	6.11
20	5.74	320	6.12
30	5.79	340	6.13
40	5.83	360	6.14
50	5.86	380	6.15
60	5.89	400	6.15
70	5.91	450	6.17
80	5.93	500	6.19
90	5.94	550	6.20
100	5.96	600	6.21
120	5.98	650	6.22
140	6.00	700	6.24
160	6.02	750	6.25
180	6.04	800	6.25
200	6.05	850	6.26
220	6.07	900	6.27
240	6.08	950	6.28
260	6.09	1000	6.29
280	6.10		

주 : $ts=5.9574\times P^{0.0234}$

ts : 공통가설비율

P : 직접공사비(단위 : 억엔)

(2) 공통가설비

설비공사 시공에 필요한 가설적인 비용, 기계기구손료, 운반비 등은 보통 각 과목, 또는 종목 등에 직접가설비로 계상하고, 그 이외의 전체 설비공사에 종합적으로 사용되는 비용은 공통가설비로 계상하며, 그 공통가설의 내용은 다음과 같다.(공사장소, 규모, 내용에 따라 비율은 다르지만 보통 3~6〔%〕정도)

① 준비비 : 공사착수 전 또는 시공중에 조사하고 준비하는 비용(부지측량 및 정리, 가설도로, 도로 기타 점용료 및 복구비, 차지 등)

② 가설물비 : 가설적인 공사에 필요한 건물류의 비용 및 비품 포함(가설주위, 감시사무소, 현장사무소, 창고, 작업소, 공작소, 숙사, 작업원시설, 가설물 이설 및 유지관리, 안전비 등)

③ 동력·용수·광열비 : 전기 및 급배수, 가스 등의 설비공사비, 재료비, 손료, 요금 기타 비용(공사용 전기설비, 공사용 급배수설비, 전기수도요금 등 기타)

④ 시험조사비 : 공사의 전반적인 시험, 조사에 관한 비용(전반적인 시험, 조사, 분석에 관한 비용)

⑤ 정리청소비 : 건물 이외의 전반적인 안전확보를 위한 정리, 청소, 양생비용

⑥ 기계·기구비 : 공통가설에 필요한 기계·기구에 관한 비용

⑦ 운반비 : 각 과목에 포상된 것 외에 공통가설에 필요한 운반비용

⑧ 기타 : 상기 이외 필요비용

표 1-25 공통가설비의 공사규모별 내역구성비율(건축공사)

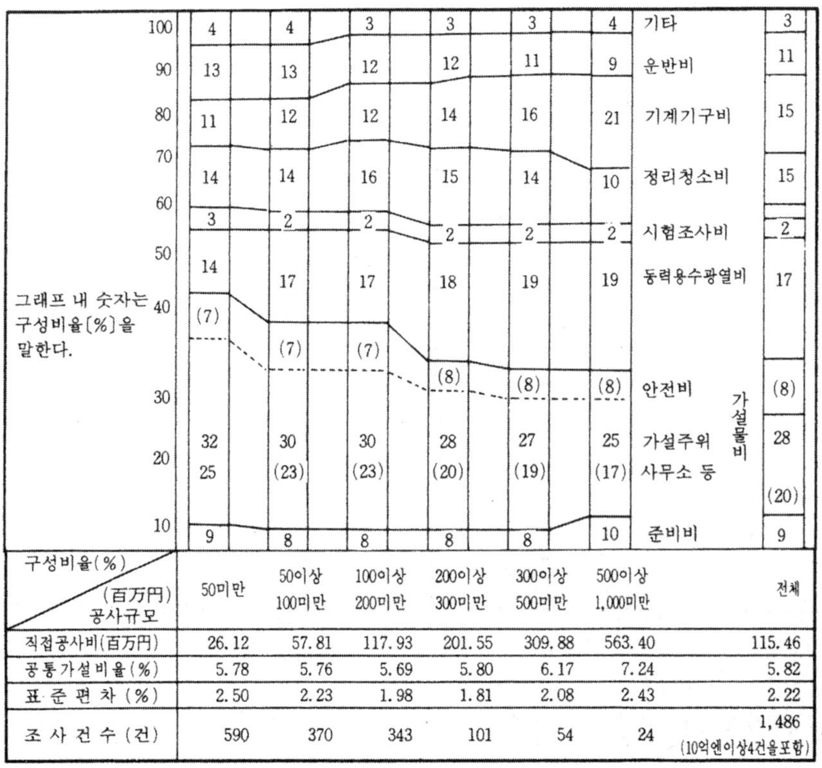

구성비율(%) / (百万円) 공사규모	50미만	50이상 100미만	100이상 200미만	200이상 300미만	300이상 500미만	500이상 1,000미만	전체
직접공사비(百万円)	26.12	57.81	117.93	201.55	309.88	563.40	115.46
공통가설비율(%)	5.78	5.76	5.69	5.80	6.17	7.24	5.82
표 준 편 차 (%)	2.50	2.23	1.98	1.81	2.08	2.43	2.22
조 사 건 수 (건)	590	370	343	101	54	24	1,486 (10억엔이상4건을포함)

주 : 상기 공통가설비율 중 ○표는 표 1-37에서 일본의 경우 건축공사의 공통가설비 B1계산시 참고로 한 수치이다.

表 1-26 공통가설비의 각 내역별 구성비율

과 목	구성비율〔%〕	과 목	구성비율〔%〕
준 비 비	9.0	시 험 조 사 비	2.0
가 설 물 비	28.0	정 리 청 소 비	15.0
가설주위, 사무소 등	(20.0)	기 계 기 구 비	15.0
안 전 비	(8.0)	운 반 비	11.0
동력·용수·광열비	17.0	기 타	3.0

또한, 공통가설비의 내용은 공사종목, 공사규모별(표 1-36참조)로 변하지만 전체 평균은 표 1-28과 같다.

表 1-27 공통가설비의 공사규모별 내역구성비율(기계설비)

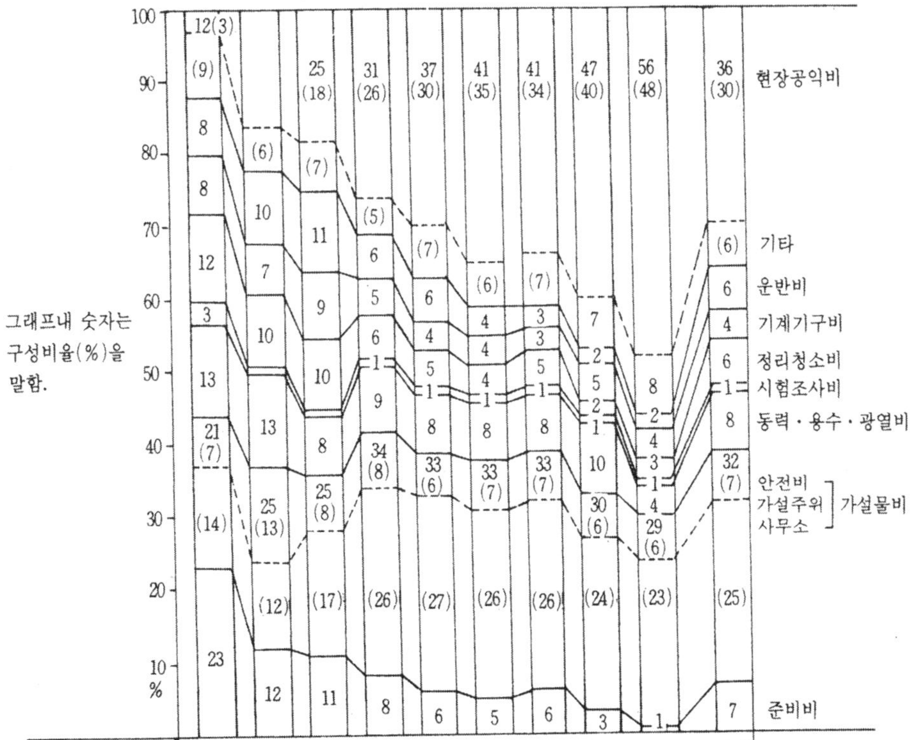

구성비율(%) / (백만엔) 공사규모별	0이상 2미만	2~4	4~10	10~21	21~46	46~100	100~215	215~464	464이상	전체
직접공사비(백만엔)	1.44	2.73	58.6	12.55	25.76	51.92	118.27	231.25	625.40	43.04
공통가설비율(%)	4.24	3.95	3.91	3.59	3.72	(3.90)	3.76	3.72	(3.46)	(3.76)
표준편차(%)	1.85	1.57	1.76	1.45	1.43	1.38	1.31	1.21	0.80	1.45
조사건수(건)	6	33	86	217	260	194	79	22	7	904

주 : 상기 공통가설비율 중 ○표는 1-36에서 일본의 경우 공통가설비 B1 계산시 참고로 한 수치이다.

- 순공사비 : 직접공사비+공통가설비 외에 하청경비를 포함한다.
- 하도급경비 : 일본의 경우, 표준품셈표 중의 '기타'로서, 하도급경비, 기계·기구손료로 나타내고 있으며, 공사실태에 따라 배관공사, 보온공사, 도장공사, 덕트공사 등은 재료비+노무비의 비율로, 기타 공사는 노무비의 비율로 표 1-28과 같이 구성되어 있다.

표 1-28 '기타'의 표준(하도급경비 등, 표 1-36의 E 참조)

공 사 별	표 준
① 가설공사, 토공사, 콘크리트공사 등	건축공사에 기준
② 위생도기 및 부속기구	(노)×(10~20%)
③ 급탕보일러, 소화기구 등	(노)×(10~18%)
④ 일반밸브류, 수전류, 양수기 배수철물류	(노)×(10~18%)
⑤ 맨홀 및 뚜껑, 밸브설치	(노)×(10~18%)
⑥ 각종 배관공사	(재+노+쪼아내기보수)×(8~18%)
⑦ 보일러, 냉동기, 냉각탑, 공기조화기, 송풍기, 펌프, 방열기, 공기청정장치, 주방기구, 수조류	(노)×(10~18%)
⑧ 취출구, 댐퍼, 배연구, 특수밸브류, 신축접수, 증기트랩, 압력계 등	(노)×(10~18%)
⑨ 덕트공사, 체임버, 연결케이싱	(노)×(10~18%)
⑩ 보온공사, 도장공사	(재+노+잡재+운반비)×(10~10%)
⑪ 쪼아내기 공사	(재+노+잡재+운반비)×(12~20%)
⑫ 반입비, 종합조정비 철거공사	(노)×(12~20%)
⑬ 자동제어 계장공사	(노)×(10~20%)
⑭ 특수소화설비전문공사	(재+노+잡재+운반비)×(18~24%)
	(재+노+잡재+운반비)×(5~15%)

주 : 각 항목의 복합단가는 재료비, 노무비, 통상의 직접가설비, 운반비, 잡재료, 기타 등을 포함 구성되어 있다.

(3) 제경비(諸經費)

제경비는 원도급업자의 현장경비와 일반관리비 부담액과의 합계로서, 그 과목 분류는 일본 건설업법시행규칙에 준하고 있다.

한편, 하청경비(하도급경비)는 통상 순공사비에 포함시키므로 원도급자의 제경비와는 다르게 취급하고 있다.

이하 표 1-29에 현장경비의 내용
표 1-30에 일반관리비의 내용
표 1-31에 현장경비의 공사규모별 내역구성비율(건축공사)
표 1-32에 현장경비의 공사규모별 내역구성비율(기계설비)
표 1-33에 제경비율(건축공사)
표 1-34에 제경비율(공조, 위생설비공사) 등을 참고로 첨부하기로 한다.

※ 이상 외국(日本)의 경우 제경비에 대해서 조사해 본 결과, 국내의 공사비 구성과는 그 차이의 폭이 큰 것으로 사료되어, 추후 이에 대한 연구(공통가설비, 직접가설비, 현장경비, 하도급경비 등)가 있어야 될 것으로 판단된다.

제경비 : (순공사비)×(제경비율표 : 표1-16, 1-17, 1-18 참조)

즉, 제경비=(현장경비)+(일반관리비 등 부담액)

현장경비=(순공사비)×(현장경비율)

일반관리비부담액=[(순공사비)+(현장경비)]×(일반관리비비율)

등으로 구성되여 있으며, 그 각 내용은 표 1-29와 같다.

일반관리비 부담액은 일반관리비와 영업 외 손익 및 경상이익으로 구성되며, 일반관리비는 본점, 지점 등에서의 영업상의 제비용을 말하며 그 내용은 표 1-30과 같다.

표 1-29 현장경비의 내용

과목	내용
노무관리비	• 현장노무자의 노무관리에 필요한 비용 • 공사 촉진에 필요한 비용 • 위안, 오락, 후생에 필요한 비용 • 순공사비에 포함되지 않은 작업용구, 작업용 피복 등의 비용 • 사업주가 노무자에게 지불하는 임금 외의 식사비, 교통비 보조 등 비용 • 안전, 위생에 필요한 비용으로서, 안전강습, 수험, 기타 연수훈련 등의 비용 • 노재(산재)보험법에 의한 비용 외에 업무상의 재해보상에 요하는 비용 • 노재보상공제제도요금(근재보험료)
조세공과	• 공사계약서, 하도급계약서 등의 인지대, 신청서, 등초본 등기 등의 증지대 • 자동차세 • 고정자산세
보험료	• 건설공사보험료 • 제3자배상보험료 • 손해보험료
종업원급료수당	• 현장종업원의 급료, 제수당(위험수당, 교통비), 상여금 등
퇴직금	• 현장종업원의 퇴직금 및 현장노무자의 퇴직에 관계되는 비용
법정복리비	• 현장종업원 및 현장노무자에 관한 법정산재보험료, 고용보험료, 건강보험료, 국민연금보험료 등 사업주가 부담하는 비용, 건설업퇴직금공제조합부금
복리후생비	• 현장종업원에 대한 위안, 오락, 후생, 대여피복, 건강진단, 의료, 경조비용 등에 관한 비용 및 현장종업원의 단체상해보험료 중 사업주부담액
사무용품비	• 사무용 소모품류의 구입비 및 신문, 도서, 잡지 등의 구입비, 공사용 사진대
통신교통비	• 현장종업원이 본 지점에 출장했을 때 여비, 발주자측에 연락교통비, 전화·우편 등의 통신비
교제비	• 교제비, 섭외비, 기부금
보상비	• 공사시공에 관계되는 도로·하천 등의 보수비, 사고 기타 보상비 및 완성공사 보상비 등. 단, 임시로 조치한 거액의 금액은 제외
잡비	• 상기 어디에도 속하지 않는 비용

표 1—30 일반관리비의 내용

과목	내용
임원보수	• 취체역, 감사역에 대한 보수
종업원급료수당	• 본점·지점의 종업원 급료, 제수당 및 상여금
퇴직금	• 본점·지점의 임원, 종업원에 대한 퇴직금
법정복리비	• 건강보험, 후생연금보험, 노동보험 등의 보험료로서 사업주 부담액
복리후생비	• 위안, 오락, 대여피복, 의료, 경조시 복리후생에 요하는 비용
수선유지비	• 건물, 기계, 장치 등의 수선유지비, 창고물품의 관리비 등
사무용품비	• 사무용 소모품비, 고정자산에 계상되지 않는 사무용 비품비, 신문 및 참고도서 구입비
통신교통비	• 통신비, 교통비 및 여비
동력용수광열비	• 전력, 수도, 가스 등의 비용
조사연구비	• 기술연구, 개발 등의 비용
광고선전비	• 광고, 공고 또는 선전에 요하는 비용
영업채권부도상각	• 영업거래상 발생한 수표, 완성공사 미수입금 등의 채권에 대하여 부도손실 및 부도인당금조입액, 이상한 것은 제외
교제비	• 거래처, 방문객 등의 접대비, 경조사비용, 명절 및 세모 선물 비용
기부금	• 사회복지 단체 등의 기부금
건물임차료	• 사무소, 기숙사, 사택 등의 임차료(토지, 건물)
감가상각비	• 감가상각자산에 대한 상각비용
시험연구비상각	• 신제품 또는 신기술의 연구를 위해 특별히 지불한 비용의 상각비용
개발비상각	• 신기술 또는 신영업조직의 채용, 자원개발 및 시장개척을 위해 특별히 지불된 비용
조세공과	• 부동산 취득세, 고정자산세, 조세, 도로점용료, 기타 공과금
보험료	• 화재보험 기타 손해보험료
잡비	• 사내회의비용, 제단체회비 및 기타 일반관리비 과목에 속하지 않는 비용

표 1—31 현장경비의 공사규모별 내역구성비율(건축공사)

그래프 내의 숫자는 구성비율(%)을 표시한 것이다.

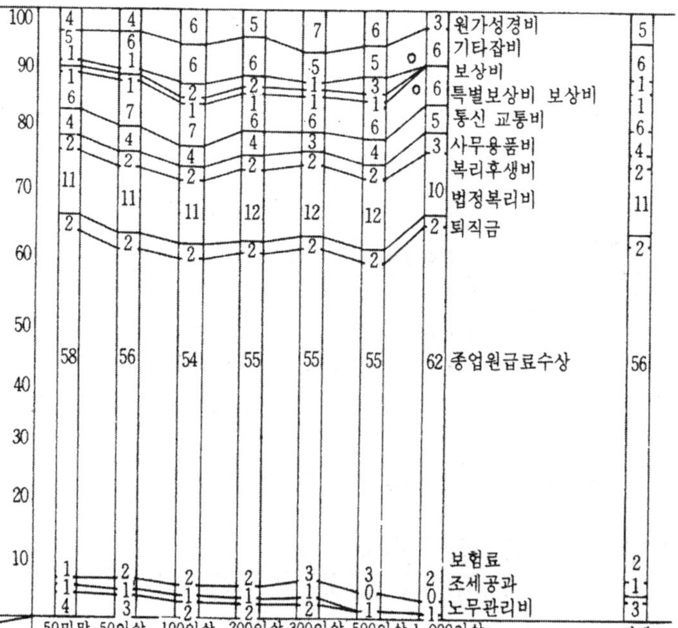

구성비율 ＼ (백만엔)공사규모계층	50미만	50이상 100미만	100이상 200미만	200이상 300미만	300이상 500미만	500이상 1,000미만	1,000이상	전체
순공사비(백만엔)	26.99	61.98	126.08	216.58	335.38	607.39	1,308.96	114.99
현장경비율 (%)	10.86	9.61	8.65	7.96	8.02	7.92	9.31	9.48
표준편차 (%)	4.13	3.21	2.44	1.98	2.24	1.98	0.43	3.40
조사건수 (건)	576	350	364	118	69	32	2	1,511

표 1-32 현장경비의 공사규모별 내역구성비율(기계설비)

그래프안의 숫자는 구성비(%)를 표시한 것이다.

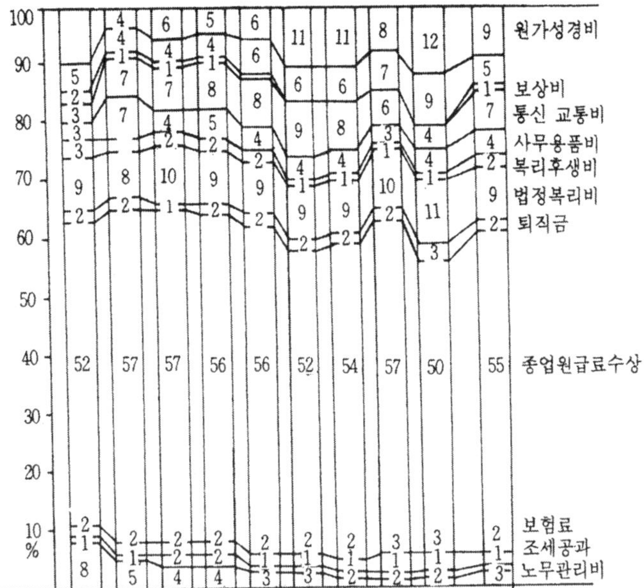

구성비율(%) / 공사규모(백만엔)	0이상 2미만	2 4	4 10	10 21	21 46	46 100	100 215	215 464	464 이상	전체
순공사비(백만엔)	1.50	2.83	6.09	13.00	26.70	53.93	122.73	239.74	647.96	44.65
현장경비율(%)	22.51	20.11	16.73	16.21	14.63	13.67	12.71	10.87	(9.63)	(14.96)
표준편차(%)	2.54	5.58	4.95	4.69	4.64	4.29	3.13	2.21	1.21	4.84
조사건수(건)	6	33	86	217	260	194	79	22	7	904

주 : 상기 경비율 중 ○표는 표 1-36에서 일본의 현장경비(B2) 수치〔%〕계산시 참조한 자료를 말한다.

표 1-33 제경비율(건축공사)

1978년

순공사비 〔억엔〕	현장경비율 〔%〕	일반관리비 비 율〔%〕	제경비율 〔%〕	순공사비 〔억엔〕	현장경비율 〔%〕	일반관리비 비 율〔%〕	제경비율 〔%〕
	현장경비 / 순공사비	일반관리비 부담액 / 공사원가	제경비 / 순공사비		현장경비 / 순공사비	일반관리비 부담액 / 공사원가	제경비 / 순공사비
0.1	11.68	13.0	26.20	3.0	8.05	13.0	22.10
0.2	10.83	13.0	25.24	3.2	7.99	13.0	22.03
0.3	10.36	13.0	24.71	3.4	7.94	13.0	21.97
0.4	10.04	13.0	24.35	3.6	7.89	13.0	21.92
0.5	9.79	13.0	24.06	3.8	7.84	13.0	21.86
0.6	9.60	13.0	23.85	4.0	7.80	13.0	21.81
0.7	9.44	13.0	23.67	4.5	7.70	13.0	21.70
0.8	9.30	13.0	23.51	5.0	7.61	13.0	21.60
0.9	9.18	13.0	23.37	5.5	7.53	13.0	21.51
1.0	9.08	13.0	23.26	6.0	7.46	13.0	21.43

순공사비 〔억엔〕	현장경비율 〔%〕	일반관리비 비율〔%〕	제경비율 〔%〕	순공사비 〔억엔〕	현장경비율 〔%〕	일반관리비 비율〔%〕	제경비율 〔%〕
	현장경비 / 순공사비	일반관리비 부담액 / 공사원가	제경비 / 순공사비		현장경비 / 순공사비	일반관리비 부담액 / 공사원가	제경비 / 순공사비
1.2	8.90	13.0	23.06	6.5	7.40	13.0	21.36
1.4	8.75	13.0	22.89	7.0	7.34	13.0	21.29
1.6	8.62	13.0	22.74	7.5	7.28	13.0	21.23
③ 1.8	8.51	13.0 (↑ 14.11)	22.62	8.0	7.23	13.0	21.17
2.0	8.41	13.0	22.50	8.5	7.18	13.0	21.11
2.2	8.33	13.0	22.41	9.0	7.14	13.0	21.07
2.4	8.25	13.0	22.32	9.5	7.09	13.0	21.01
2.6	8.18	13.0	22.24	10.0	7.06	13.0	20.98
2.8	8.11	13.0	22.16				

注 : 현장경비율은 공공건축 공사제경비 실태조사보고서의 값
일반관리비등률은 「건설업의 경영분석」의 건축공사업 '54, '55, '56년도 3년간의 평균치
상기 표 중 기호 ③ ☐ 내 수치는 표 1-36에서 일본의 경우, 현장경비율(B_2)와 일반관리비+이익의 (C)+(D)의 수치를 참고로 나타낸 것이다.

표 1-34 제경비율(공조, 위생설비공사)

1978년〔%〕

순공사비 〔천엔〕	공조공사			위생공사		
	현장경비율 현장경비	일반관리비비율 일반관리비 부담액	제경비율 제경비	현장경비율 현장경비	일반관리비비율 일반관리비 부담액	제경비율 제경비
	순공사비	공사원액	순공사비	순공사비	공사원가	순공사비
3,000	13.4	14.2	29.5	15.1	14.2	31.5
4,000	13.1	14.0	28.9	14.7	14.0	30.8
5,000	12.9	13.8	28.5	14.4	13.8	30.2
6,000	12.7	13.7	28.1	14.2	13.7	29.8
7,000	12.5	13.6	27.8	14.1	13.6	29.6
8,000	12.4	13.6	27.7	13.9	13.6	29.4
9,000	12.3	13.5	27.5	13.8	13.5	29.2
10,000	12.2	13,4	27.2	13.7	13.4	28.9
12,000	12.0	13.3	26.9	13.5	13.3	28.6
14,000	11.8	13.2	26.6	13.3	13.2	28.3
16,000	11.7	13.2	26.4	13.1	13.2	28.0
18,000	11.6	13.1	26.2	13.0	13.1	27.8
20,000	11.5	13.0	26.0	12.9	13.0	27.6
22,000	11.4	13.0	25.9	12.8	13.0	27.5

순공사비 〔천엔〕	공조공사			위생공사		
	현장경비율 현장경비	일반관리비비율 일반관리비 부담액	제경비율 제경비	현장경비율 현장경비	일반관리비비율 일반관리비 부담액	제경비율 제경비
	순공사비	공사원액	순공사비	순공사비	공사원가	순공사비
24,000	11.3	12.9	25.7	12.7	12.9	27.2
26,000	11.2	12.9	25.5	12.6	12.9	27.1
28,000	11.2	12.8	25.4	12.5	12.8	26.9
30,000	11.1	12.8	25.3	12.5	12.8	26.7
35,000	11.0	12.7	25.1	12.3	12.7	26.6
40,000	10.9	12.6	24.9	12.2	12.6	26.3
45,000	10.8	12.6	24.8	12.1	12.6	26.2
② 50,000	10.7	12.5	24.5	12.0	12.5	26.0
55,000	10.6	12.5	24.4	11.9	12.5 14〔%〕	25.9
60,000	10.5	12.4	24.2	11.8	12.4	25.7
70,000	10.4	12.3	24.0	11.7	12.3	25.4
80,000	10.3	12.3	23.9	11.5	12.3	25.2
90,000	10.2	12.2	23.6	11.4	12.2	25.0
100,000	10.1	12.1	23.4	11.3	12.1	24.8
150,000	9.8	12.0	23.0	11.0	12.0	24.3
200,000	9.5	11.8	22.4	10.7	11.8	23.8
300,000	9.2	11.6	21.9	10.3	11.6 12.4〔%〕	23.1
400,000	9.0	11.4	21.4	10.1	11.4	22.7
① 500,000	8.8	11.3	21.1	9.9	11.3	22.3

주 : 상기 표 중 기호 ①, ② ☐ 내 수치는 표 1-36에서 일본의 경우, 현장경비(B_2)와 일반관리비+이익의 (C)+(D)의 수치를 참고로 나타낸 것이다.

1-6-3 적산내역서의 비교

발주자가 예정가격을 산출하기 위하여 공사비를 상세히 적산하여 '적산내역서'를 작성하고, 수주자(공사도급자)는 공사도급계약서에 따라 '도급내역서'를 작성하여 제출하도록 되어 있다. 일본의 경우, 소화 52년 6월 2차에 걸친 개정을 통해 건설도급공사의 공사비내역명세서 표준서식을 정하여 사용하고 있다. 이에 대한 소개와 우리의 경우 공사원가계산서(회계예규 2200.04-105-5. 1989. 1. 1)에 의거하여 '적산내역서'를 작성하여 상호대비하여 보면 표 1-35와 같다.

또한 우리 건설공사의 기발주된 3건의 건설공사원가계산서(한전발주공사참 조) 및 적산내역명세서와 이에 상응하는 외국(일본의 경우)의 공사구성 및 제경비를 적용하여 대비한 표 1-36과 같다.

여기서 우리의 공사비 구성과 원가계산서상의 문제점 및 보완에 대하여는 추후 '적산전문가'의 연구과제로 사료되어 참고로 첨부하기로 한다.

표 1－35 우리와 외국의 '적산내역서'상의 대비표

한국(공사원가계산서 및 공사내역서)	일본(적산내역서, 공사내역명세서 표준서식)
종목내역 (A) 직접공사비(재료비+노무비) : Ⅰ+Ⅱ+Ⅲ (A_1) 재료비 ─ 직접재료비 　　　　　　├ 간접재료비 　　　　　　└ 작업부산물 (A_2) 노무비 ─ 직접노무비 　　　　　　└ 간접노무비 Ⅰ. 건축공사 Ⅱ. 설비공사(공조설비+위생설비+기타 설비) Ⅲ. 옥외, 기타 공사(전기공사 별도) (B) 경　비(21개 소항목) (전력비~지급수수료) (C) 일반관리비 (D) 이　윤	종목내역 (A') 직접공사비(재료+노무+직접가설비) : Ⅰ+Ⅱ+Ⅲ Ⅰ. 건축공사 Ⅱ. 설비공사(공조설비+위생설비+기타 설비) Ⅲ. 옥외, 기타 공사(전기공사 별도) 공통비 (B_1) 공통가설비 (B_2) 현장 경비 ┐ (C)+(D)　　제경비 일반관리비 등 부담액
공사비총원가(A)+(B)+(C)+(D)	공사비(A')+(B_1)+(B_2)+(C)+(D)
종목 내역 Ⅱ. 설비공사의 직접공사비 중 직접재료, 직접노무비의 산출 1. 장비설치공사(직접재료비+직접노무비) 2. 공조덕트공사 3. 각종 배관공사 4. 환기설비 5. 배연설비 ~ ※ 10. 우측과 같은 하도급경비제도가 없음	종목 내역 Ⅱ. 설비공사의 직접공사비(재료비+노무비+직접가설비) 산출 1. 장비설치공사 2. 공조덕트설비공사 3. 각종 배관설비공사 4. 환기설비 5. 배연설비 ~ 10. 기타(하도급경비 등) : 상기 직접공사비 합계에 표 1－17의 경비를 가산한다.
합　계 : 직접공사비 중 직접재료비 및 직접노무비	합　계 : A'

표 1-36 우리의 건설공사비 구성과 외국의 공사비 및 제경비에 대한 비교 검토

1990년 11월

한국

- 총 원 가 (공사비)
  - 순공사원가 (순공사비)
    - 재료비(직접+간접)(A)
    - 노무비(직접+간접)
    - 경비(B)
  - 일반관리비(C)
  - 이 윤(D)
- 경비(B) + 이 윤(D): 제경비로 가정

(예) 공사원가 비교 직접공사비에 대한[%]

일본

- 공사비
  - 공사원가
    - 순공사비(E) (하도급경비 포함)
      - 직접공사비(A')
      - 직접가설포함
      - 하도급경비(E)
      - 공통가설비(B1)
    - 현장경비(B2)
  - 일반관리비 등 부담액 (일반관리비+경상이익)
- 하도급경비(E) + 공통가설비(B1): 공통비
- 현장경비(B2) + 일반관리비 등 부담액: 제경비 (C+D)

직접공사비에 대한[%]

항목 / 공사규모	직접공사비 (재+노) (A)	경 비 (B)	일반관리 (C)	이 윤 (D)	직접공사비 (재+노+직가) (A′)	하도급 경비 등 (E)	공통가설비 (B1)	현장경비 (B2)	일반관리비 +이익 (C)+(D)
①설비공사 공사비 (×1000)									
3,887,048	3,223,829	245,124	173,447	244,648		배관공사			(12.4)
	(100)	(7.6)	(5.38)	(7.58)	(100%)	(8~18)	(3.46)	(9.63)	
				12.96	(평균)		(3.76)	(14.96)	
			20.56					(25.49)	
②설비공사 공사비 (×1000)									
309,507	255,352	21,417	15,222	17,516					
	(100)	(8.38)	(5.96)	(6.86)	(100%)	(8~18)	(3.9)	(12)	(14)
				12.82				(29.9)	
			21.2						
③건축공사 공사비 (×100)									

1,209,623	969,315 (100)	98,642 (10.17)	58,737 (6.06)	82,929 (8.58)	(100%)	건축공사 (10~15)	(5.8)	(8.51)	(14.11)
			24.81					(24.81)	

결론 : • 한국의 경비가(7~10%)인 반면 일본은(공통가설비+현장경비)가 (13~16%)로 높다.
• 한국의 제경비(경비+일반관리비+이윤)으로 가정시 20~25[%]인데 일본은 25~30[%]로 높다
• 일반관리비+이윤은 한국이나 일본 공히 거의 13[%] 수준이다.
• 일본은 순공사비 속에 하도급경비조로 약 10[%] 이상 각 공사 과목에 포함하여 계산하고 있다.

注 : • 상기 표 중 일본의 공통가설비 B_1의 수치[%]는 표 1-25와 표 1-23을 참조한다.
• 상기 표 중 일본의 하도급경비등(E)의 수치[%]는 표 1-28을 참조한다.
• 상기 표 중 일본의 현장경비(B_2)와 일반관리비+이익의(C)+(D)의 수치[%]는 표 1-32와 표 1-33, 표 1-34의 각 해당표를 참조한다.

1-7 실행예산

실행예산은 시공업자가 공사를 실시할 때에 하는 견적이고, 이미 입찰 등에 의해서 결정된 도급금액과 본격적인 시공에 필요한 장래 비용을 공사 종목과 과목에 따라서 매듭짓는 것이다.

1-7-1 실행예산의 목적

실행예산의 주목적은 공사예산을 관리하는 것이다. 시공자는 기업경영자이고 공사에 의한 이익 확보의 목적이 있기 때문에 도급금액에 따라서 실시계획을 세우고 입찰시의 견적보다 더욱 면밀히 조사를 하여 최저의 실행 가능한 견적서를 작성하고, 이것에 의해서 현장 시공을 관리하는 것이다.

또한 시공자는 그 실행예산에 준해서 하도급의 각 전문업자에게 외주를 하는 것이 된다. 즉, 실행예산 내에서 기기재료를 발주하고 전문업자에게 외주하며, 공사를 위한 일체의 비용이 조달되는 것이다. 공사 진행중에는 그 증감에 주의를 기울이고 증감의 지출을 항상 명확하게 파악될 수 있도록 해둘 필요가 있다.

1-7-2 적산방법

실행예산의 적산방법에 관해서는 각 시공업자간에 있어 정보가 폐쇄적이기 때문에 공개된 일정한 방법이라는 것은 없지만 대개 다음의 방법에 의해서 실시되고 있는 듯하다.

현장대리인(시공관리자) 및 보조자가 결정되면, 설계도서 및 원견적서에 준해서 공사공정계획, 가설 등의 실시계획에 따라서 다음과 같은 내용을 검토하여 실행예산을 작성한다.

① 기기재료의 시방 및 수량

기기재료의 수량에 관해서는 원견적서 수량의 과부족을 시정할 뿐만 아니라 설계도면에 표시되어 있지 않은 것이라도 시공상에 필요한 배관, 기구 등을 상세하게 조사하여 계상한다.

② 기기재료의 단가

기기재료의 단가는 전문업자, 제조업자의 견적서를 수집하여 그 내용을 검토하고 실적 등도 참고하여 교섭하고, 거래 가격이 결정되면 이것을 계상한다. 따라서 원견적서의 단가보다 당연히 싸게 된다.

③ 가공, 설립, 설치, 기타의 노무인수 및 노임단가

노무비에 관해서는 일반적으로 하도급업자를 각 직종별로 도급하게 하여 시공하기 때문에 노무계획에 의해서 실제로 하도급시키는 배관공사, 덕트공사 기타의 전문업자의 견적을 수집하여 인수, 단가 등을 조사하는 것과 함께 과거의 실적, 작업의 난이성 등의 작업조건, 규모의 대소, 공기 등을 고려하여 결정한다.

④ 현장 내 소운반비 및 대형기기의 반입설치비

운반비에 관해서는 보통 기기재료의 단가에 포함하여 견적되는 경우가 많다.

즉, 제조회사가 공장 또는 창고에 있어서 포장 및 그로부터 시공현장까지의 운반비는 제품단가에 가산되기 때문에 시공자의 견적에 계상하면 중복하여 견적하는 것이 된다.

그러나 모든 기기재료가 상기와 같은 거래 조건에 한정되어 있지 않기 때문에 개개의 거래조건을 조사하여 운반비가 필요한 것에 대해서는 견적을 수집하여 계상한다.

현장으로부터 각 층의 설치장소에 운반하는 현장 내 소운반에 관해서는 중량 및 크기 등을 조사해서 작업자가 가지고 옮기는 것과 기계 등을 사용하여 들어올리는 반입비로 구분하여 견적한다.

⑤ 복합단가(시공단가)로 견적한 세부항목의 수량 및 가격

복합단가로 견적하는 세목의 조정에 관해서 설명하면 설치공사도 건축공사와 같이 하도급업자에게 재료와 노임을 포함하여 책임시공을 시키는 경향이 있다. 예를 들면 공기조화 설비공사에 있어 덕트공사, 도장공사, 보온공사, 쪼아내기공사, 콘크리트기초, 자동제어 및 배선공사, 냉동기 및 보일러의 설치공사 등은, 재료, 노무, 운반, 기타를 포함한 책임시공 조건의 하도급 외주이다.

이들의 복합단가에 외주 전의 견적을 모아서 사용재료, 시공방법 등의 시방이 적합한지 여부를 조사하여 복합단가를 구성하는 각 재료, 노무, 기타의 수량, 단가에 관해서 전기의 수량, 단가 등에 준해서 조정한다.

또한 복합단가 속에서 외주업자의 하도급경비를 포함시키는 경우가 많기 때문에 단가 및 수량에 관련하여 이 하도급경비의 사정도 필요하다.

⑥ 가설비의 내용 및 그 금액

가설공사에 대해서는 전기 직접공사비의 재료, 노무, 기타와 같은 설계도 및 시방서 등에 명시되어 있지 않은 경우가 대부분이므로 시공자의 자주적 운영에 맡기고 있다. 기업이익을 추구하는 시공자로서는 이 가설 및 현장경비를 얼마나 절감시킬 수 있는가 하는 것이 기업이익과 깊은 관계가 있는 까닭에 자주 문제로 등장된다.

가설비에 포함될 수 있는 주된 내용은 아래와 같다.

- 현장사무소, 작업용 창고, 노무자용 숙소 등의 가설건물, 이것들의 토지사용료
- 전등, 전화, 수도 등의 가설비용
- 현장에 있어서 작업용 가설(족장목, 조명, 동력배선)비용
- 각종 양생비
- 청소, 뒷정리 등의 비용
- 기타의 가설비용

일반적으로 이들 비용은 과거의 실적을 참고로 해서 공사현장의 규모·상황에 따라서 산출한다.

⑦ 현장경비

현장경비는 공사원가계산서상의 경비(21개 소항목) 중 해당 내용이고, 그것은 인건비를 중심으로 한 경비라고 말할 수 있다.

현장경비는 공사의 조건에 따라서 변동하기도 하여 예측이 곤란하고, 적산결과와 실시결과는 각 세목에서도 차액이 크게 벌어지는 경우가 많다. 그러나 과거의 공사실적을 조건마다 분석통계한 평균치를 구해 두어 그것을 참고로 해서 결정하는 이외에는 그다지 좋은 방법은 없다.

이상과 같이 실행예산의 적산방법은 원격적보다 더욱 정확한 수량과 원가를 계상하는 것이므로, 그 견적서는 원견적서의 과목—세목의 양식과 반드시 동일하지는 않고 외주지불형식을 가미하여, 예를 들면 원견적서의 각 과목(종목) 중의 보온공사라고 하는 세목은 기기·배관 및 덕트 설비공사 등으로부터 해당 세목을 골라내서 보온공사라고 하는 과목으로 한데 묶어서 기재하는 것과 같이 견적서를 따로 편성하여 외주에 편리한 양식으로 한다.

1—8 공사비의 내역서

일반적으로 공사비의 내역서(내역명세서)의 양식이나 기재 요령에 관해서는 공사발주자, 수주자 또는 각 회사나 단체 사이에 각각 다른 서식이 사용되어 왔으며, 공사비의 정리, 분류, 표현, 내용 등이 분산되어 있고 상호간의 협의나 사무처리상의 비교검토 면에서 불필요한 시간과 노력을 낭비하여 왔기 때문에 매우 불편하였다. 그러므로 이는 관계관청 건축업의 제단체로 이루어지는 어떤 위원회가 조직되어 통일된 표준양식이 작성되어야 할 것이다.

따라서 여기서는 지금까지 일반적으로 사용되는 서식을 정리하여 작성하기로 한다.

물론 내역서 서식은 완성된 설계도면, 시방서에 준하여 각 공사과목마다 정리 마감하여 합계를 구하는 서식이고, 공사과목별 내역서 또는 공사종류, 공사공정별 내역서라고 말할 수 있다. 이 일반서식은 1—4 공사비의 구성과 같이 공사비—공사원가—순공사비—직접공사비와 같은 단계가 있고, 직접공사비는 다시 종목—과목—세목의 순으로 세분되기 때문에 계약용 내역서로 사용되고, 공사중의 설계 변경 또는 기성고의 사정에 편리하다.

지금부터 서식을 일반서식이라고 한다면 이에 대하여 설명하기로 하자.

① 공사발주방식(일괄발주, 분할발주)에 따라서 공사 종목, 과목의 분류가 다르지만 이 일반서식은 공기조화설비, 위생설비 등 기계설비공사를 분리 발주했을 때의 서식을 표시한 것이다.

② 공사종목에 관해서는 시방서에 지시된 항목에 따라 분류하고 과목, 세목 등에 관해서는 1−8−2 세목별 공사내역 항을 참고하기로 한다. 다음에 종목별 및 과목별 내역서를 표시하고 각 세목에 대하여는 이해를 돕기 위하여 다음부터 전개되는 각 장의 해당 항목에서 참고로 첨부하기로 한다.

1−8−1 종목, 과목별 내역서

(1) 전체 건축설비공사의 종목별 내역을 집계한 것으로서 내역서 중 가장 중요한 부분이다.

표 1−37 종목별 내역(예)

○○○○설비공사의 내역서

<table>
<tr><th rowspan="2">구분
명칭</th><th rowspan="2">공 사 종 목</th><th rowspan="2">단 위</th><th rowspan="2">금 액</th><th colspan="2">재 료 비 (M)</th><th colspan="2">노 무 비 (L)</th></tr>
<tr><th>직접재료비</th><th>간접재료비</th><th>직접노무비</th><th>간접노무비</th></tr>
<tr><td rowspan="4">순공사비</td><td>Ⅰ. 공기조화설비공사
Ⅱ. 위생설비공사
Ⅲ. 수송설비, 기타 공사
(전기공사 별도)</td><td>1식
1식
1식</td><td>AⅠ
AⅡ
AⅢ</td><td>Ⅰ−M_1
Ⅱ−M_1
Ⅲ−M_1</td><td>Ⅰ−M_2
Ⅱ−M_2
Ⅲ−M_2</td><td>Ⅰ−L_1
Ⅱ−L_1
Ⅲ−L_1</td><td>Ⅰ−L_2
Ⅱ−L_2
Ⅲ−L_2</td></tr>
<tr><td>직접공사비, 합계</td><td>AⅠ+AⅡ+AⅢ</td><td>A(M+L)</td><td>M_1</td><td>M_2</td><td>L_1</td><td>L_2</td></tr>
<tr><td rowspan="2">경 비, 합 계</td><td rowspan="2">1식</td><td rowspan="2">B</td><td>작업부산물 별도계산(−)</td><td>품셈적용</td><td></td><td rowspan="2">직접노무비에 대한(%)적용</td></tr>
<tr><td colspan="3">공사원가계산서상에서 각 항목(21개)을 계산 1−4−3의 예제 참고</td></tr>
<tr><td></td><td>순공사비, 합계</td><td>1식</td><td>A+B</td><td colspan="4"></td></tr>
<tr><td colspan="2">일 반 관 리 비</td><td></td><td>C</td><td colspan="4">{(M)+(L)+(B)}×일반관리비적용률(5~6%)</td></tr>
<tr><td colspan="2">이 윤</td><td></td><td>D</td><td colspan="4">{(L)+(B)+(C)}×이윤율(15%)</td></tr>
<tr><td colspan="2">공사비(총원가)합계</td><td colspan="2">A+B+C+D</td><td colspan="4">단, 부가가치세는 별도</td></tr>
</table>

(2) 각 종목별 공사의 과목별 내역을 정리해 보면 각각 다음의 표 1−37, 1−38, 1−39, 1−40과 같다.

1−8−2 세목별 공사내역

3장부터 전개되는 각 해당 공사의 세목별 공사내역서를 참조한다.

표 1—38 공조설비의 과목별 내역서식

명 칭	적 요	수 량	단 위	단 가	금 액	비 고
1. 냉동기 및 부속기기설비		1	식	—	A_1	(M_1+L_1)
2. 보일러 및 부속기기설비		1	식	—	A_2	즉, 직접재료비
3. 공기조화기설비		1	식	—	A_3	및 직접노무비
4. 덕트설비		1	식	—	A_4	
5. 배관설비		1	식	—	A_5	
6. 환기설비		1	식	—	A_6	
7. 배연설비		1	식	—	A_7	
8. 자동제어설비		1	식	—	A_8	
9. 종합시운전조정비		1	식	—	A_9	
합 계				Ⅰ(M_1+L_1)	Ⅰ(M_1+L_1)	$A_1 \sim A_9$

표 1—39 위생설비의 과목별 내역서식

명 칭	적 요	수 량	단 위	단 가	금 액	비 고
1. 위생기구설비		1	식	—	P_1	(M_1+L_1)
2. 급수설비		1	식	—	P_2	직접재료비
3. 급탕설비		1	식	—	P_3	직접노무비
4. 소화설비		1	식	—	P_4	
5. 배수, 통기 설비		1	식	—	P_5	
6. 가스설비		1	식	—	P_6	
7. 오수정화조설비		1	식	—	P_7	
8. 우물공사		1	식	—	P_8	
9. 주방설비공사		1	식	—	P_9	
10. 소각로설비공사		1	식	—	P_{10}	
11. 기타(특수설비)	의료설비	1	식	—	P_{11}	
	특수배관 등	1	식	—	P_{12}	
합 계					Ⅱ$-(M_1+L_1)$	$P_1 \sim P_{11}$

표 1—40 수송설비의 과목별 내역서식

명 칭	적 요	수 량	단 위	단 가	금 액	비 고
1. 엘리베이터설비	승용, 화물용	1	식	—	T_1	(M_1+L_1)
2. 에스컬레이터설비		1	식	—	T_2	직접재료비
3. 전동덤웨이터설비		1	식	—	T_3	직접노무비
4. 기송관설비		1	식	—	T_4	
5. 컨베이어설비		1	식	—	T_5	
합 계					Ⅲ$-(M_1 \sim L_1)$	$T_1 \sim T_5$

第 2 章 概算見積

第2章 概算見積

2-1 개산견적의 의의

최근 건축설비의 범위가 넓어지고 종류도 다양화되며, 복잡해지고 있기 때문에 건물의 계획 및 설계상에도 여러 가지 새로운 형식이 나타나고 있다. 따라서 이에 대한 개산견적도 더욱 더 복잡하고 다양해 지리라 생각된다.

최초에 추정한 공사비는 그 계획 및 설계의 방향을 결정하며, 그 건물의 수준을 나타내는 것이기 때문에 이 개산공사비 범위 내에서 설계 및 공사가 진행되어야 하므로 적정한 개산공사비 산출의 중요성은 물론 그 산출책임이 크다고 할 수 있다.

개략공사비는 통계적 수치와 경험적 사항에 입각하여 주관적이 아닌 객관적 입장에서 산출되어야 한다. 이는 기본계획의 완료 시점에서 산출되며, 건축주의 자금계획을 돕고 나아가서는 시공업자의 견적금액도 검토할 수 있는 자료로 사용할 수 있는 것으로 한다.

한편 개산견적에 대한 적정한 이해가 없을 때에 어떠한 결과를 초래할 수 있는가에 대한 구체적인 예를 다음에 들고 이것으로 개산견적의 의의와 그 중요성에 대신하고자 한다.

첫째, 기술적 문제는 상당히 고차원적인 일이라고 생각하지만, 견적과 같은 금액표시작업은 천대하는 경향이 있다. 이점이 적산작업에 대한 심리적 압박요인이 되므로, 특히 초급기술자에게는 이런 점에 대한 이해와 올바른 신념이 필요하다.

둘째, 건축의 건설비에 관해 일반의 선입관적 예비지식이 적고 동시에 그 건물의 마감, 기타의 내용도 잘 이해하지 못하기 때문에 건설비를 평당 또는 [m^2]당 몇 만원이라고 정해 그 가치관을 강요하는 경향이 있었다.

이런 건축주의 강요가 건축설계사무소에서 건축주에게 충분히 비교 설명이 되지 않은 상태에서 무리하게 받아들여 지고, 이는 다시 설비설계사무소로 옮겨지며, 또한 설비시공업자에게 인계되어 나중에는 설비기기제작자까지 나쁜 영향이 미치게 된다.

건축계에서는 이러한 악순환이 피동적으로 각 부분에 여러 가지 병폐를 남겨놓고 있다는 것을 과거로부터 이미 경험하고 있는 사실이며, 이런 경우가 의외롭게도 많은 듯하다. 따라서 이런 점을 개선하기 위해서는 건축주로 하여금 적정금액을 이해하게 하는 것은 물론이고 건축설계자가 설비의 금액에 대하여 잘 인식하고의 동시에 설비설계자가 건축설계에 적극 참여하여 설계계획을 지원하여야 할 것이다.

셋째, 설비설계자 중 초급자는 물론이고 기술적인 책임 입장에 있는 사람까지도 적산 또는 개산 견적을 제2차적 문제로 경시하는 경향이 있다.

이와 같은 사고방식들로부터 개산견적에 대한 어떤 착각의 결과를 초래하였을 때, 그 경제적 책임에 대해서는 현재로서는 전혀 보상할 길이 없는 불가능한 상태로 되어 있다.

이런 보상의 문제에 관해서는 종래 설비시공업자가 이런 경제적 손실을 설계자의 것이 아닌 자기의 책임으로 돌리는 소극적인 입장을 취하기도 하였었다. 따라서 이와 같은 일이 누적되어 업계의 기술적인 발전을 저해하고 있는 원인을 만들고 결과적으로는 이런 것이 설비시공업자의 신용도로 인식되어 왔으며, 또한 이러한 상태와 무리가 일반건축관계자에 대한 불신으로 되어 과거의 시공업자 등 좋지 않은 인상을 심어 준 원인의 하나가 되었다고 생각된다.

따라서 설비설계자는 개산견적 및 적산의 중요성을 재인식하고 초기 설계계획단계로부터 적산 및 견적항목의 누락없이 무리한 저질공사를 초래하지 않도록 견적자료를 수집 정리하여야 한다. 또 이를 유효하게 사용하여 원숙하고 고품질의 설계 및 시공이 되도록 하고 건축주나 일반 사회인들로부터 인정받고 신뢰받을 수 있는 설비기술인이 되도록 노력해 나아가야 한다.

2-2 설비공사비의 비중 및 비율

건축설비공사비의 비율은 설비내용과 그 정도에 따라 다른 것은 당연하지만 현저하게 부적당한 경우는 건물 전체로 보아도 부조화하기 때문에 예산배정시에는 이를 잘 고려한다.

따라서 건축 총공사비 중에 설비공사비가 차지하는 비율 및 설비공사비 내에서 각종 설비공사비의 비율을 알고 있으면 여러 가지로 편리하므로, 여기에 외국(일본의 경우 서기 1961~1967년 사이에 계약 또는 적산된 약 100건의 각종 건축물의 예)의 경우, 그 비율을 참고로 옮겨 보면 표 2-1, 2-2와 같다.

또한 표 2-3에 근대 외국(일본 1975년 후반기 자료)의 경우 건축 및 건축설비의 각 종목(위생, 공조, 전기 등)별 백분율을 참고로 첨부하기로 한다.

표 2-1 건축 총공사비 중의 설비공사비가 차지하는 비율

단위 : [%]

No	용 도	총공사비	설비공사비의 비율	분포범위
1	사 무 실	100	약 47.5(약 41.5)	20~70
2	주 택	100	약 30.0(약 26.0)	7~32
3	학 교	100	약 25.4(약 21.0)	~30
4	관 청	100	약 36.5(약 31.5)	20~50
5	은 행	100	약 31.0(약 27.0)	20~40
6	여 관	100	약 34.5(약 31.0)	~40

주 : ( )안은 수송설비를 제외한 비율

건축설비의 적산, 건축설비시공간행위원회 감수 소화 49년. 참조

表 2-2 건축설비공사의 각 종목별 공사비 비율

단위 : [%]

기호	설비종목	① 사무실	② 주 택	③ 학 교	④ 관 청	⑤ 은 행	⑥ 여 관
A	공기조화설비	43(16~53)	15(~42)	25(~47)	32(22~42)	42(36~48)	33(~42)
P	위생설비	12(7~43)	50(10~43)	40(12~67)	21(7~73)	15(7~23)	30(19~52)
E	전기설비	28(15~68)	35(25~73)	35(22~48)	37(22~54)	30(22~39)	27(18~38)
T	수송설비	17(3~43)	— —	— —	10(5~14)	13(3~24)	10(~13)

주 : 건축설비의 적산, 건축설비시공간행위원회 감수 소화 49년. 참조

表 2-3 건축 및 건축설비공사비의 비율

		건축면적[m²]	건 축	위 생	공 조	전 기	계
은행본점	A	20800	72	3	14	11	100
	B	11200	66	4	18	12	100
	C	17800	68	5	14	13	100
	D	8200	72	3	13	12	100
	E	4300	70	4	16	10	100
관공서	A	5600	67	4	16	13	100
	B	5600	65	6	17	12	100
	C	6600	63	5	18	14	100
사무소	A	13900	69	3	16	12	100
	B	13900	70	5	13	12	100
	C	12500	72	4	14	10	100
	D	4700	69	6	16	9	100
	E	13500	72	5	16	7	100
	F	15500	72	3	15	10	100
	G	5300	70	4	18	8	100
	H	5300	61	5	20	14	100
	I	5600	69	6	17	8	100
	J	5300	59	4	24	13	100
	K	13500	72	6	11	11	100
	L	15200	70	3	16	11	100
	M	4300	70	5	16	9	100
	N	21500	57	5	21	17	100
	O	5000	66	5	19	10	100
	P	5900	62	3	21	14	100
특수	A	10200	63	5	20	12	100
	B	4000	57	6	22	15	100
최저~평균~최고			57~67~72	3~4.5~6	13~17~24	7~11.5~17	

주 : ① 전화, 수송설비(승강기)는 별도

② 石井泉二郎 著, 위생·공조설비의 견적 p.39 참조. 소화59년

한편, 우리 나라의 경우 건축설비공사비의 비중을 고려해 볼 때, 일반적으로 공기조화설비를 하지 않고 난방, 급수, 급탕, 소화설비, 배수설비, 전기설비 등만을 갖출 때는 건축공사비에 약 25~35〔%〕 정도를 차지하고 공기조화설비까지 구비할 경우는 건물종별에 따라 다르지만 약 40~50〔%〕까지 차지한다. 또 호텔건물이나 병원건물의 경우는 전체 건축공사비에 50〔%〕 이상되는 예도 있다.

이상의 표에서 알 수 있듯이 공사비의 내용을 보면 건축구조물의 비중보다 건축설비의 비중이 크다고 할 수 있다. 더욱이 수명상으로 보면 설비문제가 더욱 크다고 할 수 있다.

다시 말하면 건축구조물은 반영구적이라고 할 수 있으나, 기계적 설비는 마모와 부식에 의한 수명단축이 심하므로 건축물은 근본적인 교환 또는 수리를 하지 않아도 기계부문은 신품으로 교환 또는 대수선을 요하므로 금전상의 비중은 설비가 더 크다고 할 수 있다.

또한 공간의 점유도 중요한 문제이므로 앞으로 건축설계자 및 설비관련기술자는 적산 및 개산 견적에 대하여 필수적으로 연구하여야 한다.

2—3 공조·위생설비공사의 개산견적

2—3—1 개산견적의 개요

공기조화설비공사 및 위생설비공사의 개산견적은 건축 및 설비설계의 기본 요구조건이 어느 정도 결정된 시기에 시작될 수 있는데 대상 건축물 시공에 어느 정도의 비용이 필요한가를 검토하는 것이다.

이 개산견적의 착수 단계에서는 건축물의 종류, 건축장소, 입지조건(지세 및 지역환경), 규모(높이, 넓이), 사용인원과 건축의 사용목적 등이 최소한 요구되고 있다.

설비계획자는 건물 전체에 있어 위 사항의 기본조건들을 감안하면서 건물의 수준을 머리속에 정리하고 사용방법, 건축의 목적, 경제성 등을 이해하고, 건축설비 전체를 건축물에 조화시켰을 때 설비의 마감상태를 고려한다. 동시에 실제 설비적인 구상으로서 설비방식, 조닝(zoning)을 가상하고, 여러 가지 경우의 설비비, 유지관리비 등의 경제적인 문제를 건축설계평면도에 반영시켜 기본계획을 완료한다.

그리하여 다음 단계인 개산견적작업으로 옮겨지는데 산출시간의 여유가 문제이다. 즉,

① 즉시 답해야 할 경우

② 2~3시간의 여유가 있을 때

③ 약설계(略設計, 기본설계)를 하여 대답할 충분한 시간적 여유가 있을 때

등을 생각할 수 있다.

①항의 경우 약설계 수치의 적용에는 건물 개요, 건축의 종류, 사용방법으로부터 경험적 수치를 변화시켜 나가야 한다.

즉, 공간, 난방 설비의 경우에는 건물 내외 온습도조건에 따라 취득손실열량을 추정하고 설비방식, 조닝, 마감정도 등에 유의하여야 하며, 위생설비의 경우는 위생기구, 수도꼭지의 개수 및 급탕의 유무, 사용목적 및 압력 등에 주의해야 한다.

이와 같은 방식으로 개산이라고 하는 실제작업이 이루어지고 있지만, 우선 과거의 설계와 닮지는 않았는가, 그 가격은 어느 정도인가, 검토하고 그래서 이번 기회에 이것을 적용하여 비교증감하는 것도 중요한 개산견적의 산출방식이 된다.

개산금액을 산출하는 데 잘 사용하는 개산방법, 또한 사용될 수 있다고 생각되는 방법을 열거하면 다음과 같다.

(1) 모든 설비의 개산계획에 있어 제일 많이 사용되는 연면적[m^2]당(또는 평당)의 개산방법, 이 방법은 연면적에 대한 자료와 공간면적, 난방면적 등 유효면적에 대한 자료도 흔히 있기 때문에 착오를 일으키기 쉬운데, 사용상에 주의를 요한다.

또한 자기자신의 기준개산액의 설비내용 및 공사범위를 잘 고려하지 않으면 잘못을 초래하기 쉽다.

이 경우는 ①항의 산출시간의 여유가 전혀 없고 즉시 대답해야 할 때 사용할 수 있는 방법이다.

(2) 약개산에 의한 공사비를 추정하는 개산방법 : 적산의 통계자료와 경험치를 잘 조화시켜 (1)항의 연면적당의 금액보다 신빙성이 있고, 좀더 자세한 내용의 개산방법으로서 ②항의 2~3시간 정도 시간적 여유가 있을 때 사용할 수 있는 방법이다.

(3) 약설계를 하고 기기류를 가정해서 적산하는 개산방법 : ③항의 경우처럼 개산견적을 할 시간적 여유가 충분히 있을 때에 할 수 있는 방법으로서, 모든 기기류를 약설계를 하여 결정하고 동시에 관경(管徑), 덕트 치수 등 주되는 부분은 설계한 뒤에 수량을 산출하고 단가를 넣어 개산치를 산출하는 것이다.

따라서 일정의 약설계치를 미리 작성해 두어야 한다. 그 위에 계획설계도의 독특한 느낌에 의해 수치를 가감해서 개산수치결정을 한다.

즉, 기본계획설계가 완성된 뒤에 개산견적을 해서 공사비를 산출하는 방법이다.

이 경우 지금까지의 (1), (2)의 방법보다 가장 정확하고 건축물에 맞는 설비예산금액을 얻을 수 있는 방법이다. 이밖에도

(4) 위생설비의 경우에는 위생기구, 수도꼭지의 개수에 의한 개산방법

(5) 직접난방 설비의 경우는 방열기의 상당방열면적(EDR)에 의한 개산방법

(6) 환기설비, 공조설비의 경우 송풍풍량 CMH(또는 CFM)당에 의한 개산방법

(7) 공조설비의 경우 냉동기의 냉동톤수(USRT)에 의한 개산방법

등이 있을 수 있는데 일반적으로 (1), (2), (3)의 방법이 가장 많이 사용될 수 있다고 생각한다.

2-3-2 개산견적의 검토, 직감 및 조정

개산견적이 어느 정도 정확한가에 대해서는 건축 전예산이 기업의 경제기준에 맞느냐, 맞지 않느냐 하는 문제의 시점에서 요구되는 것으로서 가장 중요한 작업의 하나이다. 따라서 계획 자체의 협의 중에 불분명한 사항이 여러 가지 있기 때문에 안전율을 충분히 감안하여야 하는 반면 모든 설계가 완

료된 시점에서 검토될 수 있다.

또한 상세견적과 어느 정도의 금액차가 있는가 하는 것은 개산견적 당시와 특별히 달라진 내용이 없는 한 상세견적의 금액선으로부터 상하 10〔%〕정도 범위 내에 있다면 적정개산견적이라고 생각한다.

더욱이 자기것이 아닌 타인의 개산자료를 이용할 때에 주의해야 할 것은 공사범위가 전술한 연면적〔m^2〕당의 개산치인가, 유효면적〔m^2〕당의 개산치인가를 확인하는 일인데, 여기에는 커다란 차이점이 있어 개산견적의 착오는 이로부터 생긴다. 따라서 자기의 자료를 항상 정리하여 자신의 산출방법과 사고방식을 갖고 익혀 두지 않으면 안된다.

또한 요즘 상당히 설비가 복잡해가고 있을 뿐만 아니라 새로운 계획으로 설계되어 직감의 혼란을 일으키기 쉬우므로 이 직감을 분석해 볼 필요가 있다. 따라서 이에 관계되는 원인을 생각해 보면 대개 다음과 같다.

(1) 입지조건에 의한 변화

건물을 세울 수 있는 장소의 지세, 지역, 환경에 의한 변화와 자연적인 문제로서의 평지, 산지, 매립지, 암반, 용수, 기후조건(온도, 습도, 일사, 풍향, 계절풍) 등의 관계, 인위적인 문제로서의 수원, 배수, 관(pipe), 전기의 현장가설상태를 생각할 수 있다.

또한 이런 것들의 입지 조건에 의해 특히 관계되는 것으로서는 인건비, 운반비와 출장숙박비 등에 주의할 필요가 있다.

(2) 건축물의 각 종별에 의한 변화

보통 사무실 건물을 중심으로 해서 다른 각종 건축물별로 금액의 비싸고, 싼 비교변화를 생각할 필요성이 있다.

(3) 건물의 규모(넓이, 높이)에 의한 변화

개산치에 있어 연면적당의 단가는 연면적의 증대에 따라 반비례하여 변화하는 것과 비례하여 단가가 증대하는 경우가 있는데, 이런 경우에는 타인의 자료와 비교 검토해서 결정하여야 한다.

따라서 이것이 불가능한 초심자는 개산견적을 하기가 매우 어려울 것이다.

또한 개산금액은 항상 검토하기 위해 2~3가지 정도의 개산방법으로 산출한 뒤에 잘 비교해서 최종적인 값을 결정해야 한다. 이때 산출된 금액이 같은 경우는 거의 없고, 항상 큰 차이가 있는 개산금액이 산출된다.

따라서 비교와 직감에 의해 결정해야 하는 문제가 있는 것이다. 이 직감은 어디서부터 만들어지는 것인가 하는 것을 생각해 보면 개산견적의 직감은 전술한 과거의 설계와 견적의 누적된 데이터로부터 수치가 나오는 것이지만, 건축설계도 자체가 규격화된 것도 아니고 각 도면이 다르기 때문에 도면을 접한 상태에서 적합한 견적을 산출할 수 있도록 하기 위한 편리한 방법은 전혀 없다.

따라서 과거의 자료를 참고로 해서 각자 독특한 설계상의 생각과 시공상의 문제를 과거의 경험으로부터 수치를 유도하여 전체적으로 각자의 직감을 가미하여 만들 수 있는 것이다.

그러므로 직감이 전연 허무맹랑한 것도 아니고 오히려 이것은 건평과 층고에 따라 변화한다.

즉, 저층건축(8층 정도까지의 건물), 중·고층건축(20층까지의 건물), 고층건축(20층 이상의 건물)

에 따라 설비금액에 변화가 있다.

(4) 건물의 마감등급의 가감에 의한 변화

건축설계의 마감등급의 가감과 건축설비의 마감 등은 동일 등급으로 한다. 이것은 $[m^2]$당 건축의 단가를 참조하고 또는 협의하여 건축의 마감재 등으로부터 추정해서 결정한다.

(5) 건축설비의 방식에 의한 금액의 변화

공조방식은 중앙공급방식, 각층 유닛방식, 패키지 유닛방식 등에 의한 금액의 차이에 주의할 필요가 있다. 이것들의 사용결정은 실제 사용상의 편리함과 유지관리의 경제성에 따라 결정된다. 물론 설비예산액에 의해 좌우되는 것도 있다.

(6) 적정이윤의 고려에 따른 변화

시공업자의 선택은 설비계획의 규모 및 시공의 어려움으로부터 시공업자를 택해야 하는 동시에 설비시공업자의 회사 규모로부터 그 회사의 영업비 및 이윤을 고려한다. 또한 발주제도상 설비업자에게 직접 시공하게 하는 경우와 건축업자에게 수주하게 하고 설비업자가 그 하도급으로 시공하게 하는 경우가 있다. 후자의 경우에는 이윤에 특별 가산의 배려를 해야 한다. 그렇지 않으면 설비업자가 부실시공을 하지 않는다고 누구도 보장할 수 없기 때문이다. 이점은 개산견적을 할 때에는 입찰방침이 세워져 있지 않은 경우가 많지만 개산치 산출에는 생각할 수 있는 사항이다.

또한 이 고려는 건축 실내설비의 일반공통적인 설비에 관한 것으로 특별한 설비는 그 설비비를 별도로 배려해서 첨가해야 함은 물론이다.

2-3-3 개산견적을 위한 개략설계의 기준

다음의 표 2-4, 2-5, 2-6, 2-7의 기준치는 2-3-1의 (2)항, (3)항의 방법으로 개산견적을 산출할 때 필요한 주요 기기류, 즉 냉동기, 보일러, 펌프류, 공조기류, 송풍기류, 탱크류 등을 간단히 건축면적에 의해 산출하는 기준치를 정리한 것으로서 견적자의 기준과 대조해 가면서 적절히 사용하면 편리하다.

표 2-4 공조설비 개략설계시의 기준

항 목	내 용	면적은 난방·공조면적당	비 고
직 접 난 방	방열기	전체 100~150$[kcal/m^2 \cdot hr]$	
		각실, 100~200$[kcal/m^2 \cdot hr]$	최상층은 20[%] 증
	보일러의 상용출력	방열기 능력의 1.5배	
풍 량	일반	18~30$[m^3/hr \cdot m^2]$	
	외주계통	25~34$[m^3/hr \cdot m^2]$	
	내부계통	15~20$[m^3/hr \cdot m^2]$	
	극장	43$[m^3/hr \cdot$ 人$]$	
	극장	감습용은 31$[m^3/hr \cdot$ 人$]$	

항 목	내 용	면적은 난방·공조면적당	비 고
냉 동 기		별도참고표 참조	표 2-7
보 일 러	공조용	별도참고표 참조	표 2-7
냉 수 량	냉각코일 에어와셔	9.1LPM/RT(2.4GPM/RT) 11.4~15.2LPM/RT(3~4GPM/RT)	△T=10[℃]일 때
냉 각 수 수 량	정수 냉각탑	3.8~7.6LPM/RT(1~2GPM/RT) 11.4~15.2LPM/RT(3~4GPM/RT)	
송 풍 기 의 정 압	저속기 고속기	50~75[mmAq] 125~200[mmAq]	
양 정	냉수펌프 냉각수펌프	20~35[mAq] 25~30[mAq]	연면적 1,000평, 지상 9층을 기준
냉 동 기 동 력	정수 냉각탑	0.75[kW/RT] 0.83~0.9[kW/RT]	
공 조 용	전동력	0.15~0.2[kW/m²]	

표 2—5 급배수 위생설비 약설계시의 기준

(연면적 m²당)

건물종별	급수펌프의 양수량 [ℓ/hr·m²]	고 가 수 조 [ℓ/m²]	저 탕 조 [ℓ/m²]	가 열 량 [ℓ/hr·m²]	저 수 조 [ℓ/hr·m²]	비 고
사 무 실	0.9~1.5	1.0	0.3~0.5	0.27	9~15[ℓ/m²·일]	
병원(고급)	2.4~5.0	3.0		11.3[ℓ/베드]	30~60[ℓ/m²·일]	
병원(중급)	1.5~2.1	2.0	27[ℓ/베드]		21~30[ℓ/m²·일]	
호텔(고급)	1.5~3.5	2.5	45[ℓ/베드]	18[ℓ/베드]	19~26[ℓ/m²·일]	

단, ① 저수조의 경우 소화용 수량(약 20분간 용량)은 별도로 가산하도록 한다.

② 상수와 정수 사용량의 비율은 다음과 같다.

구 분	상 수	정 수
일 반 건 축	30~40[%]	60~70[%]
병 원·호 텔	60~70[%]	30~40[%]

표 2—6 소방설비 약설계시의 기준

용 도	구 경	방 수 량	방 수 압 력	
	[mm]	LPM(GPM)	[kg/cm²]	[1bs/m²]
옥 내 소 화 전	40 또는 (50)	130 (35)	1.75	(25)
옥 외 소 화 전	65	350	2.5	
소 방 대 전 용	65	450 (118)	3.5	(50)
스 프 링 클 러		80 (21)	1.0	(15)

표 2—7 건축 종류별 연면적당 냉온열원의 소요열량

건물종류별 ＼ 열 원	냉 열 원(냉동기) 〔USRT/10평〕	온 열 원(보일러) 환산정격〔kg/hr·평〕 6atg
사 무 실	0.75~1.15	1~1.25
병 원	0.8 ~1.3	1.5~2.0
학 교	—	1.0~1.46
아 파 트	—	1.4~2.0
공 장	1.2 ~1.8	1.5~2.1
식 당 및 휴 게 소	1.1 ~1.3	1 ~1.65
박 물 관	1 ~1.4	1.4~1.67
호 텔	0.9 ~1.0	1.2~1.6
체 육 관	—	1.1~1.3
개 인 주 택	—	850~1,200〔kcal/hr·평〕

2—3—4 개산견적에서 사용할 수 있는 기준치(1970년대 참고 수치)

다음에 기술하는 여러 가지 기준치들은 2—3—1의 (1), (2), (3)항의 개산방식으로 개산견적을 할 때 사용될 수 있는 통계자료로서, 이 자료들은 1971~75년까지 5년간 ○○설비설계사무소에서 설계된 것 중 수집 정리한 약 100개의 각종 건축물(사무소 : 11개, 기타 각종 건축물 자료)을 상대로 통계표를 작성해 본 것이다.

따라서 오래된 자료는 삭제하고 사무소 건물의 경우 관계자료만 참고로 첨부하여 추후 적산연구의 자료가 되었으면 좋겠다. 그 분류 내용을 간단히 설명해 보면 다음과 같다.

표 2—8 사무소 건물의 건축 연면적당 설비공사비(〔원/평〕·1970년대)

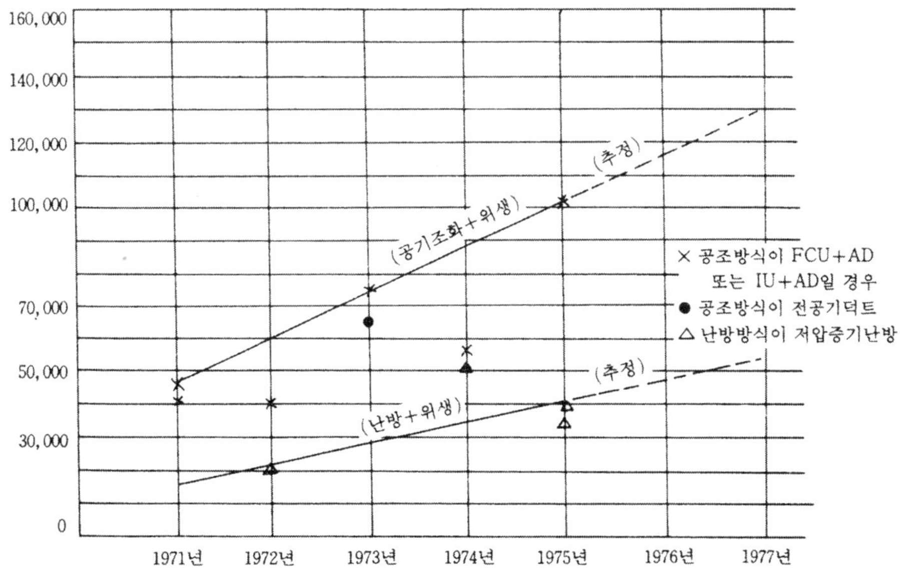

표 2-9 사무소 건물의 연면적당 철관소요량[kg/평]

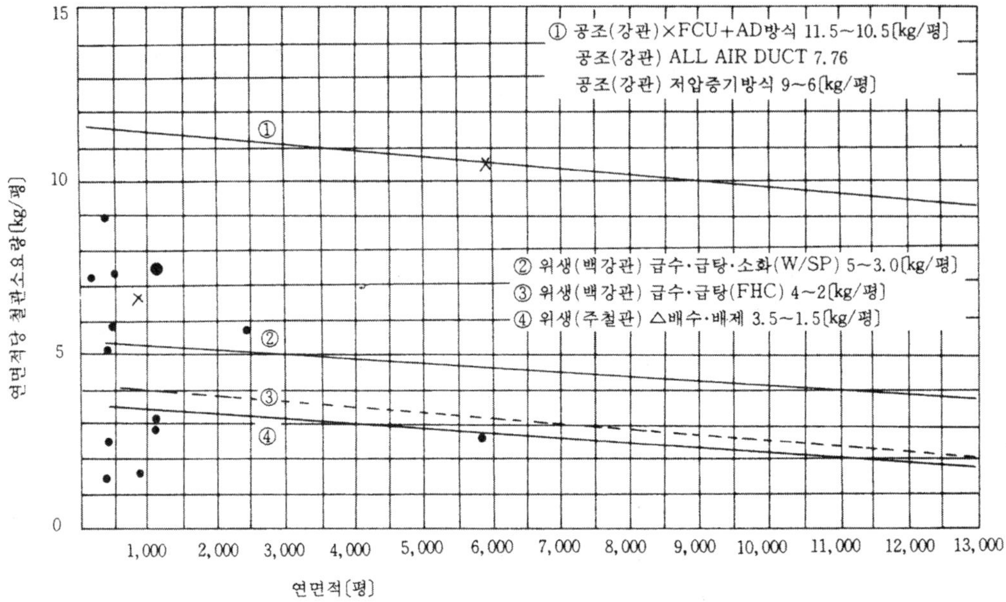

첫째, 표 2-8의 기준치는 연면적당 설비공사비의 비교로서 해마다 그 금액이 상승하고 있으며, 1976년부터는 실제로 어느 정도까지 상승할 것인지는 단정할 수 없지만 지금까지의 추세로 보아 그 선은 점선으로 추정하였다.

표 2-8의 기준치, 예를 들면 1975년도 공조위생설비공사가 105,000[원/평], 난방위생설비공사가 40,000[원/평]이라고 표에서 읽을 수 있는데, 1990년을 기준할 때 개략적으로 공조위생의 경우 500,000[원/평]을 넘고, 난방위생의 경우도 20만[원/평]을 상회하는 것으로 볼 때 15년간에 약 5배 이상의 공사비상승을 보이고 있는 것을 알 수 있다.

둘째, 표 2-9, 2-10의 기준치는 연면적당 각종 건물 종류별로 소요되는 철판 및 강관의 소요량을 비교해 보았다.

이는 대부분 연면적이 큰 건물일수록 그 소요량은 점점 적어지는 것을 알 수 있지만, 어떤 건물은 반대의 현상을 나타내는 건물도 있다.

셋째, 연면적당 덕트공사에 있어 철판의 소요량은 자료가 충분치 못하여 표 2-11에 대략 그 범위만을 표시하였다.

그러나 상기와 같이 분류작업 및 통계표를 작성하면서 부끄러운 것은 자료의 부족과 통계자료 정리의 미숙으로 인하여 어떤 것은 본인의 의사가 작용한 곳도 있었으므로 이런 사항들은 추후 자료를 더 보완하여 기입하기로 한다.

또한 다음의 기준치들을 정리하는 가운데 포함되지 않은 공사범위의 내용을 열거하면 다음과 같다.

① 주로 시가지에 세워진 건물의 옥내설비만을 취급한 개산치이다.

② 연돌공사, 배관용 피트, 덕트샤프트, 배수조, 오수조 콘크리트제 수조 등은 일체 포함하지 않는다.

③ 수원공사, 주방공사, 소각로공사.

④ 방열기, 덕트, 팬코일 유닛 등의 은폐공사는 포함하지 않는다.

⑤ 기초보강용 콘크리트 공사는 별도 공사로 한다.

表 2–10 각종 건축물의 연면적당 철관소요량 및 설비공사비(1970년대 자료)

〔kg/평〕

항목 \ 건물종류		관 종 류	호 텔	박 물 관	실내체육관	식 당 및 휴 게 소	비 고
공조 환기	FCU+AD방식	백강관	12~14	–	–	–	
	전 공 기 덕 트	백강관	–	6~8	–	–	
난방	온 풍 난 방	백강관	–	–	4~7.5	–	
	증 기 난 방	흑강관	–	6~9	–	–	
	온 수 난 방	흑강관	–	–	–	6~10	
위생	급수·급탕·소화	백강관	12~15	2~4	2~4	3~6	
	배 수·오 수	주철관	7~10	1.5~3	1.5~3	2~5	
전체 공사비	1975년도분〔원/평〕		135,000~142,000	100,000	45,000~50,000	35,000~40,000	
	설 비 정 도		공조+위생단, 주방, 세탁기구는 별도	패키지에어콘에 의한 공조+위생	온풍난방+위생	온수난방+위생	

表 2–11 덕트공사의 아연도철판 소요량(연면적 평당)

〔kg/평〕

건물	방식	kg/평
사 무 실 건 물	FCU+AD방식의 공조	7~12
	전공기(ALL AIR DUCT) 방식의 공조	18~20
병 원 건 물	FCU+AD방식의 공조	10~16
아 파 트 건 물	환기설비만일 때	1~ 2
공 장 건 물	전공기(ALL AIR DUCT)방식의 공조	15~20
	온풍난방 및 환기	3~ 5
호 텔 건 물	FCU+AD 방식의 공조	11~13

2–3–5 개산견적자료(1989~1990년)

2–3–4항은 1970년대 개산견적자료로서 그간 적산에 대한 원가구성도 과거의 공과잡비(25~30%) 개념이 경비, 일반관리비, 이윤 등으로 예산회계규정이 바뀌면서 적산, 견적자료의 마비 등으로 많은 통계자료가 불충분하여 여기서는 1988년 이후의 설계공사 견적자료를 기초로 하여 작성된 表 2–

12, 2—13, 2—14와 같은 개산견적 자료를 참조하기로 한다.

- 표 2—12 사무실 건물의 공조위생공사, 각 과목비율 및 연면적당 개략공사비〔원/평〕
- 표 2—13 사무실 이외의 건물의 설비공사, 각 과목비율 및 연면적당 개략공사비〔원/평〕
- 표 2—14 아파트 건물의 설비공사, 각 과목비율 및 연면적당 개략공사비〔원/평〕

표 2—12 각 건물별 각 공사과목의 직접공사비에 대한 비율 및 개산견적 자료

공기조화설비 및 위생설비공사의 경우(1989~1990) 〔%〕

공사종목	건물종별 / 건물규모, 연면적, 층〔평〕 / 공사과목 공조방식	사무소 ①	사무소 ②	관공서 ③	전산및사무, 복합 ④	비 고 (적용가능범위)
	건물규모, 연면적, 층〔평〕	2,840	6,492	5,198	9,652	
	공조방식	FCU+AHU	FCU+AHU		FCU+AHU	
(Ⅰ) 공조설비공사	1. 장비설치공사	26.38	28.59	19.03	28.37	
	2. 기계실배관공사	13.79	3.91	30.60	4.69	
	3. 공조배관공사	11.24	8.84		11.03	
	4. 공조덕트공사	20.88	25.23	18.34	19.74	
	5. 자동제어공사	8.17	7.57	9.40	7.99	
	6. 배연설비공사	—	2.96	—	0.48	
	7. 방진설치공사	—	0.81	—	4.01	
	8. T.A.B공사	1.28	0.75	1.70	1.76	
	직접재료비〔%〕	64.31	60.21	63.23	59.73	(60~64)
	직접노무비〔%〕	17.43	18.45	15.84	18.33	(16~18)
	소 계〔%〕	81.74	78.66	79.07	78.06	(78~80)
(Ⅱ) 위생설비공사	9. 위생기구설치공사	1.64	1.46	1.43	1.03	급수, 급탕,
	10. 위생배관공사	4.13	6.11	6.29	4.10	오배수
	11. 소화설비공사	10.36	11.27	8.52	9.39	(8.5~11.3)
	12. 가스배관공사	2.13	0.45	0.75	0.57	
	13. 기타 공사	—	2.05	3.94	6.85	
	직접재료비〔%〕	12.69	13.19	15.73	13.31	(14~16)
	직접노무비〔%〕	5.57	8.15	5.20	8.63	(8~4)
	소 계〔%〕	18.26	21.34	20.93	21.94	(22~20)
A′직접공사비 (Ⅰ)+(Ⅱ)	직접재료비〔%〕	77.01	73.40	78.95	73.04	(73~79)
	직접노무비〔%〕	22.99	26.60	21.05	26.96	(27~21)
합 계〔%〕		100	100	100	100	(100)
공사비(총원가)=A′×1.3		130	130	125	130	(125~130)
연면적당 개략공사비〔원/평〕		479,760	454,300	554,850	561,600	450,000~580,000
건 물 별 비 율〔%〕		105.60	100	127.02	123.62	

注 : 상기 A′의 직접공사비는 직접가설비 및 오수정화조, 주방, 옥외특수공사 등은 제외된 금액이다.

표 2-13 각 건물별 각 공사과목의 직접공사비에 대한 비율 및 개산견적 자료

공기조화설비 및 위생설비공사의 경우(1989~1990) [%]

공사종목	건물종별 / 건물규모, 연면적, 층[평] / 공사과목 \ 공조방식	호 텔 ⑤	병 원 ⑥	박물관 ⑦	전산센터 ⑧	비 고
	건물규모, 연면적, 층[평]	12,000	5,400	5,560	6,000	
	공사과목 \ 공조방식	FCU+AHU	FCU+AHU	AHU	항온항습, AHU	
(Ⅰ) 공조설비공사	1. 장비설치공사	23.02	28.83	20.89	33.60	
	2. 기계실배관공사	4.76	7.71	7.84	22.00	
	3. 공조배관공사	8.50	6.02	3.84	11.00	
	4. 공조덕트공사	11.84	16.33	25.90	10.00	
	5. 자동제어공사	11.07	5.70	10.45	15.00	
	6. 배연설비공사	2.81	—	—	—	
	7. 방진설치공사	4.19	—	—	—	
	8. T.A.B공사	0.95	1.37	0.7	0.60	
	직접재료비[%]	55.09	52.51	52.12		
	직접노무비[%]	12.04	13.46	17.50		
	소 계[%]	67.13	65.97	69.61	90.20	
(Ⅱ) 위생설비공사	9. 위생기구설치공사	13.15	10.04	0.83	0.50	
	10. 위생배관공사	8.06		5.49	3.00	급수, 급탕, 오배수
	11. 소화설비공사	9.63	9.12	6.64	6.00	
	12. 가스배관공사	0.64	—	4.50	0.3	
	13. 기타공사	1.39	14.87	12.93	—	
	직접재료비[%]	27.31	27.83	25.27		
	직접노무비[%]	5.56	6.20	5.12		
	소 계[%]	32.87	34.03	30.39	9.8	
A′직접공사비 (Ⅰ)+(Ⅱ)	직접재료비[%]	82.40	80.34	77.39		오수정화조, 주방, 사우나, 세탁실, 냉장설비 등은 별도
	직접노무비[%]	17.60	19.66	22.61		
합 계[%]		100	100	100	100	
공사비(총원가)=A′×1.3		130	130	130	130	(125~130)
연면적당 개략공사비[원/평]		570,700	527,700	872,840	910,000	
건 물 별 비 율[%]		125.62	116.16	192.13	200.3	

즉, 표 2-12, 2-13에서는 사무소 ② 건물을 100으로 기준했을 때 각 건물종류별로의 비율을 참조할 수 있는 자료로 활용 가능하게 되고(예, 호텔건물 약 126%) 각 건물별 연면적당 개략공사비[원/평]를 1990년도 기준으로 표시하고 있다.

직접공사비(A′)에 대해서는 직접가설비, 경비, 일반관리비, 이윤 등을 합한 금액을 개략 30[%]가산하여 공사비(총원가)를 산출하였으며, 이때 부가가치세, 기타 특수한 항목은 별도로 한다.

또한 직접공사비(사무소의 경우) 중 (Ⅰ) 공기조화설비공사는 약 78~80[%], (Ⅱ) 위생설비공사는 약 20~22[%]이다.

설비공사(사무소 건물)의 직접재료비, 직접노무비의 직접공사비에 대한 비율은 대략 직접재료비 73~79[%], 직접노무비 : 21~27[%]로 추정된다. 또한 표 2-14와 같은 중앙공급식 아파트 단지의 경우 연면적당[원/평] 설비공사의 개략공사비는 177,190~185,700[원/평], 지역난방방식(소규모 임대주택)의 경우, 개략공사비는 약 194,430[원/평] 정도인 것을 알 수 있으며, 직접공사비 중 재료비는 약 67~76[%], 노무비는 약 24~33[%]로 추정된다.

표 2-14 아파트의 난방, 위생설비공사의 경우(1990년도)

[%]

공사종목	공사과목	①	②	③	④	비 고
	연 월	1989. 3.	1989. 6.	1990. 8.	1989.	
	연면적[평]	29,355	21,902	30,095	21,354	
	평형, 세대수 / 층 수	914세대 분양 25.4평 이상	594세대 분양 국민주택규모 이 상	912세대 국민주택규모 이 상	10평형 357세대 12평형 481세대 15평형 324세대	비 고
	난 방 방 식	중앙집중식 증기보일러	중앙집중식 증기보일러	중앙집중식 증기보일러	지역난방의 중앙집중식 3-Zone	(적용가능범위)
	부 속 동, 기 타 [평]	아파트 28,658 관리동 110 상 가 587	21,369 110 423	29,250 76 769		
난방·환기·위생설비공사	1. 장비설치공사	18.02	17.45	14.57	7.30	
	2. 옥외배관공사	—	—	—	8.12	
	3. 난방, 위생배관공사	54.98	55.81	50.01	59.09	위생기구 포함
	4. 위생기구설치공사				10.10	
	5. 소화배관공사	6.73	5.00	5.34	6.75	
	6. 가스배관공사	3.98	5.16	5.98	2.75	
	7. 자동제어설비공사	2.41	2.81	1.72	2.52	
	8. 상수도인입공사	3.32	2.86	7.64	—	
	9. 기타 공사	10.56	10.91	14.83	3.38	가스분담금 시운전, 기타
	재 료 비	76.26	75.57	73.17	67.09	(67~76)
	노 무 비	23.74	24.43	26.83	32.91	(33~24)
	A′직접공사비[원/평]	141,750	143,000	148,600	155,540	연면적 기준
	합 계[%]	100	100	100	100	(100)
총공사비(총원가)[%]		125	125	125	125	A′×1.25
연면적당 개략공사비[원/평]		177,190	178,780	185,700	194,430	오수정화조, 기타 별도 공사
건 물 별 비 율[%]		100	100.9	104.8	109.73	

2-3-6 개산견적의 예제

2-3-5의 개산견적자료에 따라 예를 들어 계산해 보면 다음과 같다(1990년도 10월 기준).

(1) 건축물 개요

건물종별 ………………………………………………………………………………………… 사무실

건축연면적 ………………………………………………………… 3,600평(약 12,000m²)

층　　수 ………………………………………………… 지하 2층, 지상 10층, 옥탑 2층

구　　조 ………………………………………………………………………………………… RC조

건물위치 ………………………………………………………………………………………… 서울

(2) 설비 정도 및 수준(건축주의 요망사항)

전관 공기조화·환기·위생설비(중급)

(3) 공조방식(空間方式)의 결정

외주부 FCU+ 내주부 덕트(중앙집중식) 방식으로 가정한다.

(4) 연면적당 설비공사비의 추정방법

표 2-12에서 1990년도의 연면적당 공사비를 480,000〔원/평〕으로 추정할 때 표 2-15와 같이 개략 공사비를 추정해 볼 수 있다. 즉,

공사비(총원가) GT=3,600〔평〕×480,000〔원/평〕≒1,728,000,000〔원〕

직접공사비 T=A+P=GT/1.3≒1,728,000,000÷1.3≒1,329,230,000〔원〕

직접재료비≒T×(76%)　평균비율추정　1,329,230,000×0.76≒1,010,214,800〔원〕

직접노무비≒T×(24%)　　　　　　　　1,329,230,000×0.24≒319,015,200〔원〕

상기 이외의 각 과목별 공사비는 표 2-13에서와 같이 직접공사비의 각 비율을 추정(통계자료에 의함)하여 계산할 수 있다. 즉,

공기조화설비공사 $A=A_1+A_2+A_3+A_4+A_5+A_6+A_8$

위생설비공사 $P=P_1+P_2+P_3+P_4+P_5$

로 된다.

만약에 상기 공사가 1990년도에 발주된다고 할 때 개략적인 설비공사비는 은행금리 및 물가상승을 고려하여 연간 15〔%〕 이상 상승한다고 가정해 보면 1991년도 연면적당 공사비는

480,000×1.15 이상=552,000〔원/평〕

으로 추정해 볼 수 있다. 즉,

1991년도 설비공사비 GT=3,600〔평〕×552,000〔원/평〕=1,987,200,000〔원〕

한편, 자재비보다는 인건비 상승폭이 큰 요즘 시점에서는 재차 점검해 볼 필요가 있다. 상기 계산한 직접재료비와 직접노무비 계산을 참조하여

직접재료비=1,329,230,000×0.76×1.15(15% 상승 가정)≒1,161,747,000〔원〕
직접노무비=1,329,230,000×0.24×1.25(25% 상승 가정)≒398,769,000〔원〕

직접공사비 : T =1,560,516,000〔원〕
공사비(총원가) GT=T×1.3 =2,028,670,800〔원〕
연면적당 공사비=GT/3,600〔평〕 ≒563,520〔원/평〕

표 2-15 2-3-6의 예제에 대한 설비공사비 추정집계표(1990년 기준)

공사종목	건물종별 / 건물규모, 연면적, 층 / 공사과목 공조방식	사 무 소 표 2-12에서 비 율 발 췌	예제, 사무소 건물 공사비 추정 3,600평, FCU+AHU 공 사 비 산 출	공사추정액	비 고 기 호
(Ⅰ) 공조설비공사	1. 장비설치공사	28.00	1,329,230,000×0.28	372,184,400	A_1
	2. 기계실 배관공사	3.91	×0.0391	51,972,800	A_2
	3. 공조배관공사	8.84	×0.0884	117,503,900	A_3
	4. 공조덕트공사	25.23	×0.2523	335,364,700	A_4
	5. 자동제어공사	7.50	×0.075	99,692,200	A_5
	6. 배연설비공사	2.96	×0.0296	39,345,200	A_6
	7. 방진설치공사	—	—	—	장비설치에 포함
	8. T.A.B공사	1.56	1,329,230,000×0.0156	20,736,200	A_8
	직접재료비〔%〕	(60)−64			$A=A_1\sim A_8$
	직접노무비〔%〕	(18)−16			
	소 계〔%〕	(78)−80	1,329,230,000×0.78≒	1,036,799,400	
(Ⅱ) 위생설비공사	9. 위생기기설치공사	1.46	1,329,230,000×0.0146	19,406,700	P_1
	10. 위생배관공사	(8.14)	×0.0814	108,199,300	P_2
	11. 소화설비공사	(9.9)	×0.099	131,593,700	P_3
	12. 가스배관공사	0.45	×0.0045	5,981,500	P_4
	13. 기타공사	2.05	1,329,230,000×0.0205	27,249,400	P_5
	직접재료비〔%〕	(14)∼16		292,430,600	$P=P_1\sim P_5$
	직접노무비〔%〕	(8)∼4			
	소 계〔%〕	(22)∼20	1,329,230,000×0.22=		
직접공사비	직접재료비〔%〕	73∼79	1,329,230,000×0.76=	1,010,214,800	
T=(Ⅰ)+(Ⅱ)	직접노무비〔%〕	27∼21	1,329,230,000×0.24=	319,015,200	
합 계〔%〕		(100)	1,728,000,000÷1.3≒	1,329,230,000	T=A+P
공사비(총원가)=T×1.3		(130)	3,600〔평〕×480,000〔원/평〕	1,728,000,000	GT=T×1.3
연면적당 개략공사비〔원/평〕		480,000			정화조, 주방 별도

(5) 보일러 및 냉동기 용량추정 및 금액산출에 의한 장비설치공사비(A1) 추정방법

표 2-7에 의해

냉동기 1.0〔RT/10평〕×3,600〔평〕=360〔USRT〕
보일러 1.1〔kg/h평〕×3,600〔평〕=3,960〔kg/h〕→4〔Ton/h〕

물가시세표에 의해 금액을 산출해 보면(1990년 10월 기준)

· 냉동기 터보식

360〔USRT〕 1〔대〕×76,900,000=76,900,000〔원〕

· 보일러 노통연관식

4〔ton/h〕 1〔대〕×21,200,000=21,200,000〔원〕
계 =98,100,000〔원〕 ······ ①

(A1) 장비설치공사는

①×4(3.4~ 4.5 추정)=392,400,000〔원〕

(6) 연면적당 공조배관용 철관 소요량에 의한 공조 배관공사비(A2+A3)추정방법

표 2-9에 의해 백강관 소요량은 평당 11〔kg〕으로 추정한다. 그러므로 철관소요량은

3,600〔평〕×11〔kg/평〕=39,600〔kg〕

1990년 시세표에서 보면(15φ~200φ 평균치)

관종류 / 가 격	백 강 관 (K.S)	동 관 (KS-L)	스테인리스관 (SUS, KS)
〔원/kg〕	306.30	3,530.40	2,650.40

백강관 가격은 상기 물가시세표에서 환산해 볼 때

39,600〔kg〕×306.30=12,129,480〔원〕 ······ ②
공조배관공사=(A2+A3)=②×(13~15 추정)
=12,129,480×14≒169,812,720

동관사용시(중량비=강관 : 동관≒1 : 0.447 추정) 가격을 보면

39,600〔kg〕×0.447×3,530.40=62,492,300〔원〕 ······ ②′
17,701.2
공조배관공사=(A2+A3)=②′×(2.5~3.0 추정)
=62,492,300×2.75= 171,853,800〔원〕

(7) 연면적당 공조용 아연도철판 소요량에 의한 공조덕트공사비(A4)추정방법

표 2-11에서 덕트용 아연도철판 소요량을 10〔kg/평〕으로 추정한다. 그러므로 철판소요량은

3,600〔평〕×10〔kg/평〕=36,000〔kg〕

아연도철판의 가격은 물가표에 의해 계산하면(1990년도 0.8t기준시 약 422원/kg)

36,000kg×422〔원/kg〕=15,192,000〔원〕 ………………………………………………………… ③

공조덕트공사 : A4=③×(20~25 추정)=15,192,000×22.5= 341,820,000원

※ (6) (7)의 방법은 ( )내 추정 수치가 통계자료로서 부족하여 차후 계속적으로 연구가 필요하리라 생각한다. 실제 적용시에는 견적담당자로서, 자기의 통계수치를 수정 보완해 가야 한다.
또한 철관의 경우 그 직관소요량 및 아연도철판 소요량 자료도 계속 수정 보완해 가야 할 것이다. 이번에는 상기와 같은 방법으로 설비공사비의 각 과목을 추정해 볼 수 있다는 것을 소개하는 정도로 한다.
따라서 이번에 제시한 (4)항의 연면적당 설비공사비를 추정하는 방법에 대한 것도 설비견적담당자로서 매해 통계자료를 수정 보완해 가는 것이 중요하다고 볼 수 있다.

2-3-7 외국의 경우 개산견적의 기준치

일본의 경우, 개산견적의 자료를 보면, 사무실 건물을 기준금액으로 해서 다른 건축종별의 금액을 정하는 방법을 사용하고 있다. 이는 설비 면에서 볼 때 종류, 정도의 차이가 비교적 적고 특수한 부분이 적으며, 대체적으로 단일화되어 있고 공통성, 보편성이 다른 종류의 건물보다 많기 때문에 이것을 기준금액으로서 생각한 것 같다. 일본의 경우

표 2-16에 각 건물별 공조설비공사비의 과목별 구성비율〔%〕

표 2-17에 각 난방공조방식에 따른 설비공사비의 비율〔%〕

표 2-18에 각 건물별 위생설비 공사비의 과목별 구성비율〔%〕

표 2-19에 사무소 건물의 연면적당 공조설비의 개략공사비

표 2-20에 사무소 건물의 연면적당 위생설비의 개략공사비를 각각 참고로 첨부하기로 한다.

참고로 일본의 경우 1985년도로 추정해서 공조·위생 설비공사비를 보면 557,400~900,200〔원/평〕(원으로 환산)→평균 728,800〔원/평〕이고, 1990년도 약 50〔%〕 상승으로 추정해 볼 때 836,100~1,350,300〔원/평〕(원으로 환산)→평균 1,093,200〔원/평〕이 되고, 국내설비공사비(사무소 건물 기준)를 1990년도에 480,000〔원/평〕으로 추정하면 한국 : 일본의 설비공사비는 약 1 : 2.28로 추정된다.

상기 자료는 우리의 경우 적산을 연구하고, 우리 국내자료를 전산입력하여 앞으로 전산을 통한 설비견적작업을 추진하고 실현하기 위하여는 설비에 종사하는 설계자, 시공자, 관리자측의 각 견적·적산 담당자의 전문요원화 및 연구검토가 계속 뒷받침되어 발전시켜 나아가야 하는 과제라고 생각된다.

표 2-16 외국의 경우 각 건물별 공조설비공사비의 과목별 구성비율〔%〕

(1982년)

건물종별 / 설비항목	사 무 소	병 원	호 텔	극 장	백 화 점
	비 율〔%〕	비 율〔%〕	비 율〔%〕	비 율〔%〕	비 율〔%〕
냉 동 기 설 비	27	—	28	24	32
보 일 러 설 비	9	—	9	7.7	7

설비항목 \ 건물종별	사 무 소	병 원	호 텔	극 장	백 화 점
	비 율〔%〕	비 율〔%〕	비 율〔%〕	비 율〔%〕	비 율〔%〕
공 조 기 기 설 비	18.5	—	18	23	12
덕 트 설 비	20.5	—	10	24	10
배 관 설 비	11	—	14	11.3	55.5
자 동 제 어 설 비	7	—	12	6.5	9~11
환 기 설 비	7	—	9	3.5	12.5
공 조 설 비 계	100	—	100	100	100
건 물 별 비 율	100	134~217	156~176	126~204	149~184

주 : ① 굴뚝, 배관피트, 콘크리트 덕트, 냉온수조 및 그 단열공사 등은 제외

② 전기공사는 배전반까지의 전기공사 제외

③ 공기조화기기, 덕트, 배전설비는 표 2-17과 같이 설비방식에 따라 상당한 변화가 있다.

표 2-17 외국의 경우 난방공조방식에 따른 설비공사비의 비교

설 비 방 식	비 율〔%〕
직 접 증 기 난 방 설 비	100
직 접 온 수 난 방 설 비	120
온 풍 난 방 설 비	128
온 풍 기 + 덕 트 난 방	100
공 조 설 비 :	
중 앙 덕 트 방 식	230
FCU 방 식	280
FCU + 덕 트 병 용 방 식	335
PAC 덕 트 방 식	335

단, FCU : Fan Coil Unit

PAC : Packaged Air Conditioner

IU : Induction Unit

주 : ① 표 2-17 이외의 공조방식의 할증률 : 중앙단일덕트방식을 100으로 할 때

2중덕트방식……145

Multi-Zone방식……112

I.U방식……126

② 표 2-15는 직접증기난방설비를 100으로 한 비율이다.

表 2-18 외국의 경우 각 건물별 위생설비공사의 과목별 구성비율[%]

(1982년)

건물종별 / 설비항목	사 무 소	병 원	호 텔	극 장	백 화 점
	비 율[%]	비 율[%]	비 율[%]	비 율[%]	비 율[%]
급 수 설 비	21	22	12.3	25.5	10.6~13
급 탕 설 비	12	13.5	7.5	5.7	5.5~6
배 수 통 기 설 비	35	38	16.2	47.3	55 ~16.8
위 생 기 구 설 비	10	21	40.0	20.0	7
소 화 설 비	19	5.5	22.0	1.5	1.6~1.5
가 스 설 비	3	—	2.0	—	1.6~1.5
건 설 비 비 계	100	100	100	100	100
건 물 별 비 율	100	125~250	225~413	84~141	100~214

주 : ① 옥외공사 중 간단하고 짧은 거리의 수도, 가스, 배수 인입공사를 포함한다.

② 오수정화조, 소각로, 주방설비 등은 별도로 한다.

③ 전기공사는 배전반과 2차배선을 포함하는 최소한의 공사를 포함한다.

④ 급수설비 중 우물공사는 별도로 한다.

⑤ 저수조, 배수조 및 배관피트류는 별도로 한다.

⑥ 참고문헌 : 일본건축설비적산연구회 편저, 공조・위생설비견적, ルソドブツワ, 춘일서방

表 2-19 외국의 공조설비개략공사비(사무소 건물의 연면적당 평)

(1982년)

구분	내용	공사비
냉・온 열 원 기 기	•냉 동 기 •냉 각 탑 •보일러, 열교환기	5,850~ 12,580[엔/3.3m²] 1,560~ 2,340[엔/3.3m²] 1,950~ 2,600[엔/3.3m²]
펌 프 및 배 관 설 비	•공조기의 경우 •FCU+AD의 경우	6,500~ 9,100[엔/3.3m²] 13,000~ 19,500[엔/3.3m²]
공 기 조 화 기		10,400~ 15,600[엔/3.3m²]
덕 트 ・ 취 출 구 설 비		9,100~ 18,200[엔/3.3m²]
보 온・도 장 공 사		6,500~ 9,100[엔/3.3m²]
자 동 제 어 설 비		5,200~ 10,400[엔/3.3m²]
환 기・배 연 설 비		10,400~ 15,600[엔/3.3m²]
공 조 설 비 합 계		57,460~105,920[엔/3.3m²]

주 : 일본화폐 : 17,410~32,100[円/m²]

한국 화폐환산 : 316,000~582,600[원/평]

표 2—20 외국의 위생설비의 개략공사비(사무소 건물의 연면적·m^2)

(1983년)

급 수 설 비	1.200~1,700〔엔/m^2〕	
급 탕 설 비	사무소 1,000〔엔/m^2〕	병원 4,000〔엔/m^2〕
배 수 설 비	1,600~2,000〔엔/m^2〕	
위 생 기 구 설 비	700~1,200〔엔/m^2〕	30,000〔엔/개소〕
가 스 설 비	300~600〔엔/m^2〕	
옥 내 소 화 전 설 비	500~1,000〔엔/m^2〕+수조	1,200〔엔/유효m^2〕
스 프 링 클 러 소 화 설 비	8,000〔원〕~10,000〔엔/유효m^2〕+펌프+수조	
위 생 설 비 합 계	13,300~17,500〔엔/m^2〕—일본화폐 241,400~317,600〔원/평〕—한국화폐로 환산	
하 론 소 화 설 비	100만〔엔/본〕+자동제어 200만〔엔/본〕+(배기선)	
오 수 정 화 조 설 비	200〔ℓ/인·일〕, 20〔ppm〕시 7만~8만〔엔/인〕	
우 물 파 기 공 사	60,000~90,000〔엔/m^2〕+펌프	

第3章 空氣調和 設備工事

3.1 적산의 개요와 공사범위

3.2 공사별 세목 및 상세 견적

3.3 기기설비

3.4 덕트설비

3.5 배관설비

3.6 환기설비

3.7 배연설비

3.8 자동제어설비

第3章 空氣調和 設備工事

3—1 적산의 개요와 공사범위

3—1—1 적산의 개요

도심지에 신축되고 있는 대부분의 건축물은 산업사회의 고도화·고밀화 현상으로 인하여 대형화되고 있는 추세이다. 따라서 이러한 거주공간의 실내환경을 자연력에만 의존하여 조절하기에는 이미 한계에 이르고 있다. 그러므로 다수인이 거주하는 밀폐된 대공간의 환경은 공기조화설비의 기계적인 힘에 의존할 수밖에 없으며, 이를 통한 쾌적한 실내환경의 조성으로 사업상의 향상을 기하려 한다.

한편 건축물 자체는 유리창 면적을 크게 한다든지 또는 외부의 소음이나 공기오염물을 차단하기 위해 고정창을 설치하고 있다. 반면에 실내조도 및 사무기기 등에 의한 실내 발열량은 증가하고 있는 추세이므로 이러한 조건하에서 건물의 기능을 유지하기 위해서는 공조설비가 필수적으로 요구된다.

건축설비 공사비 중에서도 공조설비 공사비가 차지하는 비율이 증가하고 있으므로 공조설비 부분의 적산은 설비공사 중에서도 중요한 부분으로 평가되고 있다.

또한 공조설비는 시스템에 따라 공사비가 크게 변동하기 때문에 견적시에는 시스템을 충분히 이해한 후 진행하는 것이 적산의 정확도, 공사기간, 책임범위, 금액, 기준 등을 설정하는 데 도움이 된다. 따라서 정확한 적산을 위해서는 시스템에 관한 많은 지식이 필요하지만, 여기서는 공조설비의 적산에 관한 요령 및 그 상세견적의 내용과 구성, 품셈, 그리고 기타 참고사항에 대하여 기술하고자 한다.

3—1—2 공사범위와 별도공사

적산작업을 시작할 때에는 설계도면과 시방서를 충분히 파악하고 또한 별도공사의 구분도 명확히 해두어야 한다. 특히 공조설비공사는 건축공사와 관련이 깊기 때문에 공사구분이 명확히 구분되지 않는 부분에 대해서는 그 부분이 설비공사의 범위에 있는가 혹은 별도공사의 범위에 있는가를 명확히 구분하고 결정하여 중복 또는 누락되는 일이 없도록 한다.

이 때문에 적산에 착수할 때에는 공사범위와 별도공사를 구분하고 이에 대한 건축주의 승인을 얻는 과정이 필요하다.

또한 건축공사와 공조설비공사간의 구분 이외에도 위생설비공사 및 전기설비공사 등과의 공사구분과 범위를 명확히 해두는 것이 필요하다. 다음에 그 한가지 예로서 표 3—1에 공조설비공사의 범위에 포함될 수 있는 항목과 별도공사로 취급될 수 있는 항목을 구분하였다.

한편, 공조설비공사의 범위에 속하는 내용을 과목별로 열거해 보면 다음과 같다.

① 냉열원 설비공사(냉동기 및 부속기기)
② 온열원 설비공사(보일러 및 부속기기)
③ 공조기기 설비공사(각종 공조기기, 송풍기, 필터 등)
④ 공조덕트 설비공사(덕트재료와 부속품, 취출구, 취입구, 댐퍼 등)
⑤ 공조배관 설비공사(냉온수, 냉각수, 증기, 기름배관 등)
⑥ 환기 설비공사(송·배풍기, 필터, 덕트 등)
⑦ 배연 설비공사(배연기, 배연구, 급기구, 덕트, 자동장치 등)
⑧ 자동제어 설비공사(조작기기, 배관배선, 중앙 감시 및 제어 기기 등)
⑨ 기타 공사(보온, 보냉, 도장, 방진, 소음공사 등)

표 3-1 공조설비공사와 별도공사항목의 예

구 분	별 도 공 사 항 목
공 통 사 항	① 현장사무소 및 창고 등 가설물 건설부지의 임차료 ② 현장사무소 및 창고 등 가설물 구조 및 사용료 ③ 비계 및 양중기계의 사용료 ④ 시운전조정용의 전력, 기름, 가스, 물, 증기 ⑤ 가설물의 철거, 반출처분, 원상복구 및 보수 ⑥ 냉매, 필터 등 기타 예비품
건축공사와 관련 및 조정 사항	① 기계실의 방음, 방수, 배수구 ② 기계실의 바닥보강공사 ③ 장비 반입구의 설치, 복구, 보관통 부분의 보강 및 바닥 보강 ④ 관통용 개구부의 구멍뚫기, 메우기, 보강, 마감처리 ⑤ 관통슬리브 제작, 설치, 보강 ⑥ 기재반입용 훅, 철근보강 ⑦ 축열조의 구축, 연통관, 내부보온, 맨홀, 청소 등 ⑧ 기기의 콘크리트 기초공사 ⑨ 옥내탱크의 벽체, 지하탱크실, 방유제, 탱크기초, 모래채우기 ⑩ 연돌축조, 내부 내화벽돌쌓기, 소제구 등의 공사 ⑪ 콘크리트 덕트, 트랜치, 배관샤프트 공사 ⑫ 취출구, 흡입구, 점검구, 점검문, 구멍뚫기, 보강, 거푸집 공사와 이에 따른 원상복구 및 보수공사 ⑬ 도어그릴, 벽그릴의 제작·설치·마감 ⑭ 덕트의 은폐공사, 천장, 벽면 점검구의 제작 설치 ⑮ 배관의 은폐공사, 천장, 벽면 점검구의 제작 설치 ⑯ 실내유닛의 커버, 취출구, 흡입구의 제작 설치
위생설비공사와의 관련 및 조정 사항	① 보일러, 냉각탑, 펌프, 탱크 등의 급수, 배수, 배관공사 ② 가스관, 기름배관공사

구 분	별 도 공 사 항 목
	③ 연수 장치 등 수처리설비의 조정 ④ 공통가대(예 : 조작가대, 공통기초 등)
전기설비공사와의 관련 및 조정 사항	① 중앙감시반 제작, 설치 ② 중앙감시반실의 바닥 및 트렌치 등의 제작 ③ 발정, 조작 감시 등의 회로배선 ④ 자동제어반의 전원접속공사 ⑤ 동력반과 자동제어반의 동력조작, 감시회로배선 ⑥ 자동제어반과 모터 및 제어기기의 배선공사 ⑦ 기기설치의 자동제어, 계측 집중회로배선 ⑧ 각종 인터록 회로배선 ⑨ 유닛기기의 배선공사(예 : 콘센트, 내부조명용, 공기필터용) ⑩ 기름탱크, 각종 수조의 수위, 경보장치 배선공사 ⑪ 냉동기 전원반, 조작반의 제작, 설치공사 ⑫ 발전기용 냉각수배관과 기름배관, 통기배관공사 ⑬ 기 타

3-2 공사별 세목 및 상세 견적

실제공사의 실행예산이나 입찰시 수주·발주 공사비 등을 결정할 때는 상세견적법으로 한다. 공사발주자 및 도급자측 어느 쪽이든지 공사비의 상세견적은 확실성이 요구되기 때문에 정확히 산출하여야 한다.

3-2-1 냉동기 및 부속기기 설비

냉동기 및 부속기기 설비의 견적에는 보통 다음 (1)~(4) 각 항목에 관해서 적산한다.

(1) 냉동기의 종류

① 왕복동식 냉동기(reciprocating type)
② 원심식 냉동기(turbo type)
③ 스크루식 냉동기(screw type)
④ 흡수식 냉동기(absorption type)

(2) 냉동기의 부속품

냉동기의 형식에 따라 부속품의 종류도 각기 다르지만 일반적으로 다음과 같으며, 이러한 부속품이 냉동기 본체의 견적범위에 포함되는 것도 있고, 없는 것도 있으므로 주의가 필요하다.

① 수전반
② 운전조작함
③ 방진가대

④ 예비냉매 및 예비냉동기유

⑤ 분해공구

⑥ 가스누설검지기

⑦ 조작반 다음의 2차측 전기배선

⑧ 시운전 비용

⑨ 소운반 설치비용

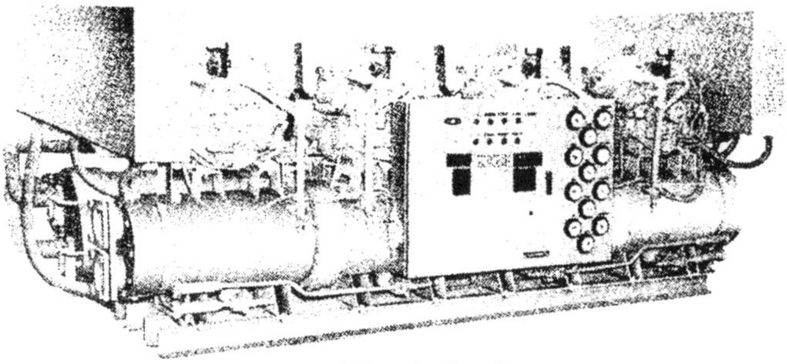

왕복동식 냉동기

원심식 냉동기

2중 효용 흡수식 냉동기

냉온수 발생기

그림 3—1 냉동기

(3) 냉각탑

일반 공조용으로 널리 사용되고 있는 냉각탑으로는 그림 3-2에서 보는 것과 같이, 탑 내에서 뿌려지는 물과 공기의 유동방향에 따라 대향류형 냉각탑(counter flow type)과 직교류형 냉각탑(cross flow type)을 들 수 있다.

위의 2가지 형식 중 대향류형 냉각탑은 열효율이 우수하기 대문에 일찍부터 사용되어 왔지만, 산수압(散水壓) 손실은 직교류형보다 크므로 냉각수를 순환시키기 위한 펌프의 양정은 직교류형보다 높게 요구되고 있다.

그렇지만 냉각탑에 설치되어 있는 송풍기를 구동시키는 데 필요한 소요 송풍동력은 대향류형보다 직교류형이 크다. 하지만 직교류형은 여러 대를 조합해서 설치할 수 있기 때문에 대향류형을 여러 대 설치하는 것보다는 설치면적을 적게 차지하는 이점이 있다.

냉각탑 적산시 주의할 점은 다음과 같은 사항에 대하여 결정을 내린 후 적산을 진행한다.

① 냉각탑의 형식 : 대향류형, 직교류형

② 외형 : 원형, 각형

③ 재질 : 냉각탑 외부의 케이싱과 내부의 충진재를 어떠한 재질로 선정할 것인가를 결정한다.

④ 가대 : 작고 가벼운 냉각탑은 가대가 불필요하지만, 크고 무거운 것은 기초 위에 앵글 등으로 별도로 가대를 조립한 위에 냉각탑을 설치할 경우가 있으므로 가대가 냉각탑의 견적에 포함되어 있는가를 확인한다.

⑤ 기초 : 건축공사 중 장비기초 콘크리트 공사에서 시공하는 경우가 있기 때문에 시공구분을 확인할 필요가 있다.

⑥ 설치 : 냉각탑은 일반적으로 건물의 옥상에 설치되는 경우가 많기 때문에 반입비를 고려한다.

⑦ 소음 및 진동 방지 : 냉각탑의 운전소음이나 진동 발생이 거주구역으로 전달되는 것을 방지하기 위해 방음벽 또는 소음케이싱의 설치와 진동을 차단하기 위한 방진재의 사용 등을 고려한다.

원형 대향류형 냉각탑

각형 직교류형 냉각탑

그림 3-2 냉각탑

(4) 펌프

냉방용으로 사용되는 펌프를 사용목적별로 분류하면 대체로 다음과 같다.

① 냉각수 순환펌프

② 냉수 순환펌프(1차 및 2차)

③ 냉각탑 보급수펌프

또한 펌프의 형식별로 분류하면 다음과 같다.

① 단단 원심펌프(저양정용으로 편흡입 또는 양흡입형)

② 다단 터빈펌프(고양정용)

③ 라인 원심펌프

부속품에는 다음과 같은 것들이 있으며, 경우에 따라서는 별도로 산출하기 때문에 중복되지 않도록 주의해야 한다.

① 게이트 밸브(gate valve)

② 체크 밸브(check valve)

③ 스트레이너(strainer)

④ 압력계 또는 복합압력계(콕붙이)

⑤ 공기빼기 콕

⑥ 배수용 콕

⑦ 플랜지(볼트, 너트 및 패킹류)

⑧ 기초 볼트

⑨ 방진가대

⑩ 특수공구

또한 임펠러의 재질이나 축봉이음쇠 등이 특별한 사양으로 요구될 때에는 반드시 그 특별한 재질과 형식을 제조업체에 통보하여 견적을 받도록 하여야 한다. 또한 펌프의 방진장치를 포함하여 견적을 의뢰할 것인지 또는 별도로 구입할 것인지, 펌프몸체와 모터를 분할구입 또는 통합구입할 것인지를 구별해야 한다.

한편 대용량 펌프의 경우에는 기동기나 수전반의 금액을 펌프가격에 포함시킬 것인지 또는 전기공사에 포함시킬 것인지를 명확히 해두어야 한다.

3-2-2 보일러 및 부속기기 설비

공조설비의 난방용으로 주로 사용되는 보일러 종류는 다음과 같다.

① 주철제 보일러

② 노통연관식 보일러

③ 수관식 보일러

④ 강제유동식 수관보일러(관류식 보일러)

⑤ 진공온수보일러

최근에 생산되는 보일러는 소형, 고능률화 그리고 조작·취급의 간소화를 위해 거의 패키지 형식으로 되어 있으며, 부속품도 세트로 되어 있기 때문에 특별한 부속품 이외에는 적산을 하지 않아도 좋다.

일반적으로 설계도면과 시방서에 보일러의 형식, 열매의 종류(온수 또는 증기), 사용압력, 사용연료의 종류 등이 기재되어 있다.

보일러의 용량은 정격출력(gross output)으로 표시하고 있으며, 이는 최대 연속부하에서의 매시출력으로서 증기보일러에서는 환산증발량[kg/h], 온수보일러의 경우에는 열출력[kcal/h]으로 표시한다. 따라서 보일러 용량의 선정시 카탈로그 또는 능력표에 기재되어 있는 정격출력, 상용출력, 방열기 용량을 혼동하기 쉬우므로 그 관계를 다음에 표시한다.

① 방열기 용량(Net Rating, N.R.)=난방의 순수열부하로서 실제부하량을 말한다.

② 정격출력(Gross Output, G.O.)=방열기 용량+배관 손실부하+연소 초기부하로서

증기보일러에서는 G.O.=1.35×N.R.

온수보일러에서는 G.O.=1.15×N.R.을 일반적으로 적용한다.

③ 환산증발량=대기압하에서 100[℃]의 포화수를 100[℃]의 건포화증기로 증발시키는 열량을 기준으로 하여 보일러의 실제증발량을 기준증발일 때의 양으로 환산한 것을 말한다.

$$\text{환산증발량[kg/h]} = \frac{\text{실제증발량[kg/h]} \times (h'' - h')}{538.8}$$

h′=포화수의 엔탈피[kcal/kg]

h″=건포화증기의 엔탈피[kcal/kg]

적산시 보일러 종류별 주의사항은 다음과 같다.

(1) 주철제 보일러(sectional boiler)

주철제 보일러는 오래 전부터 사용되어 온 보일러로서 그 특징은 첫째로 내식성이 우수하여 수명이 길고 둘째로 섹션(section)의 분할반입이 가능하므로 반입 제한이 적고 셋째로 섹션을 조립하여 증가시킬 수 있으므로 출력증가가 가능하다.

단, 주철이라는 재료의 고온, 고압, 대용량과 같은 제약상 특성으로 인하여 제작하기에는 곤란하며 효율이 낮은 결점이 있다.

① 보일러의 형식

주철제 보일러 축로공사(築爐工事)가 필요한 것과 그렇지 않은 패키지 형식이 있으므로 사용하는 형식에 따라 기초공사의 비용이 달라진다.

② 보일러의 부속품

- 증기보일러 : 수위차단기, 압력계, 안전밸브, 압력조정기 등
- 온수보일러 : 팽창관, 온도조절기, 압력계, 온도계 등

③ 기름예열기(oil preheater) : 중유연소용으로 필요한 것이며, 버너에 부착되어 있는 것과 별개로 설치되는 것이 있기 때문에 견적시 주의해야 한다.

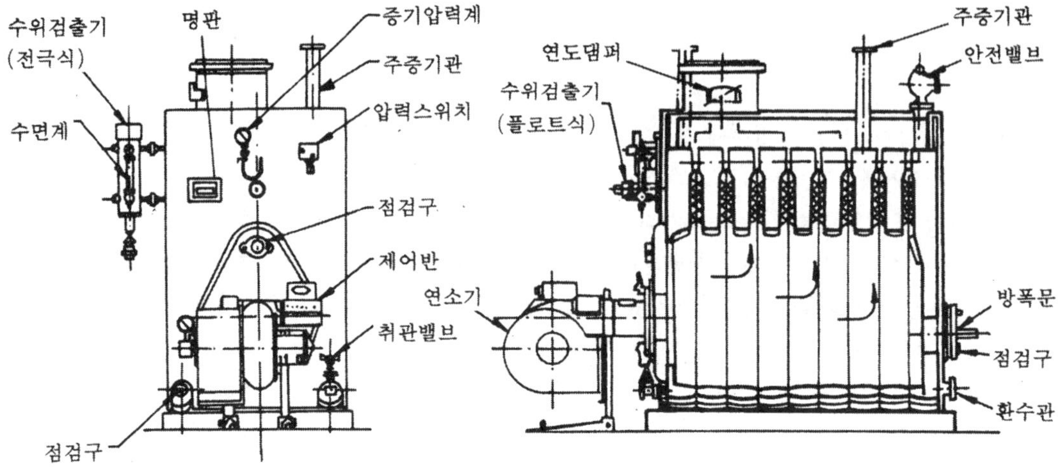

그림 3—3 주철제보일러

(2) 노통연관식 보일러

직경이 큰 횡형드럼을 본체로 하여 그 내부에는 노통(爐筒, 연소실)과 직관연관군(直管煙管群, 대류전열면)으로 구성된다. 최근에 제작되는 것은 대부분 제작공장에서 필요부속품을 공통가대에 조립한 패키지 형식으로, 현장에 반입한 후에는 급배수관, 증기관, 급유관, 연도의 접속 및 전원공사가 필요하지만, 축로공사 등은 필요하지 않다.

또한 부속품이 많기 때문에 견적을 의뢰할 경우에는 이러한 부속품들이 제조업체의 표준부속품에 포함되어 있는지 확인하는 것이 필요하며, 대용량의 보일러는 시운전용 연료비를 계상해 두는 것도 바람직하다.

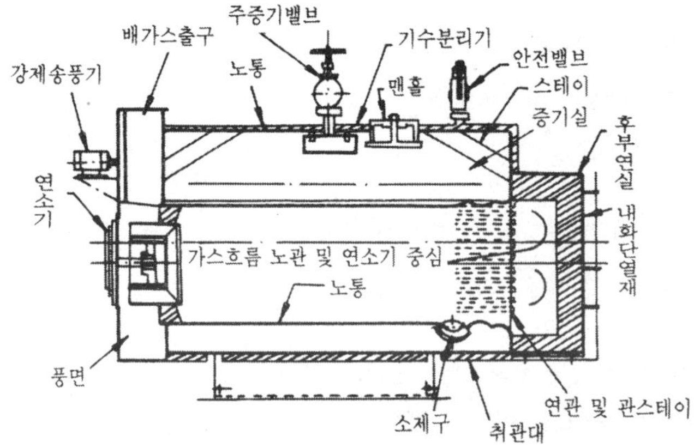

그림 3—4 2패스 노통연관식 보일러(증기)

(3) 수관식 보일러

수관식 보일러는 난방용으로 사용되는 보일러 중에서는 최대용량의 것으로서, 상부의 증기드럼과 하부의 수(水)드럼을 다수의 수관(水管)으로 연결해서 연소실 및 대류전열면으로 구성하고 있다.

최근의 난방용 수관식 보일러는 노통연관식과 거의 같은 패키지 형식으로 되어 있기 때문에 현장에서 작업할 내용은 극히 적게 되어 있다. 견적시 주의사항은 대체적으로 노통연관식과 유사하다.

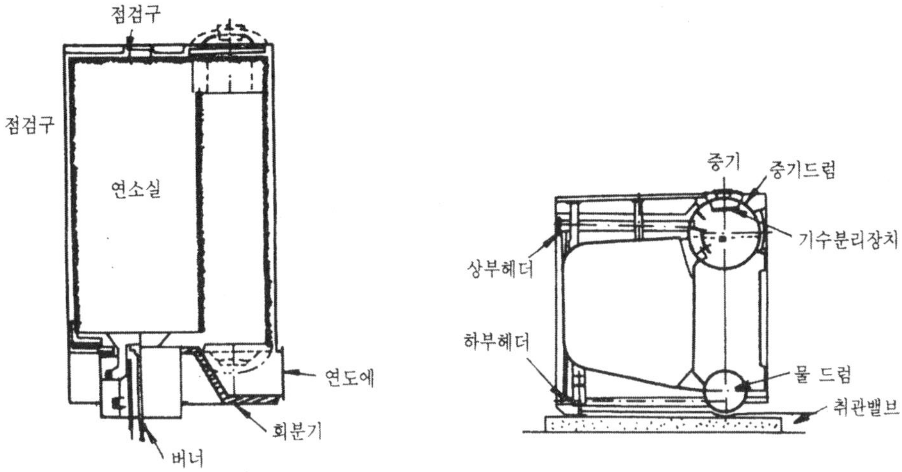

그림 3—5 수관식 보일러

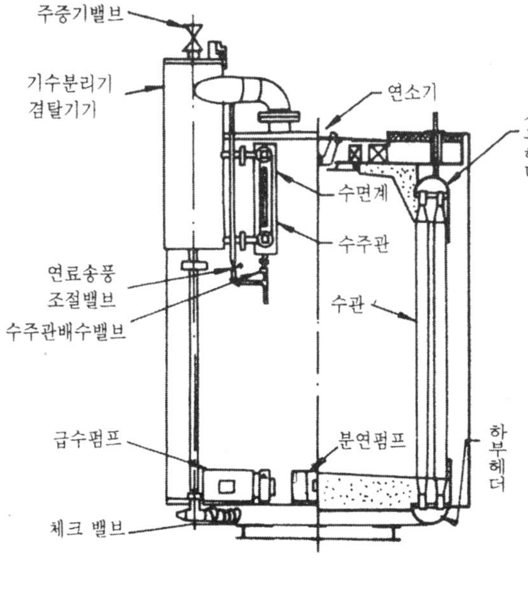

그림 3—6 다관식 소형 관류보일러

(4) 강제유동형 수관식 보일러(관류형 보일러)

관류형 보일러는 수관을 코일모양으로 감아 한쪽으로부터 강제적으로 물을 통하여 가열시킴으로써 건조도가 높은 증기를 발생시킨다. 또한 보일러 내 수관의 보유수량이 극히 적기 때문에 증기의 발생 시간이 짧고, 용량도 소형으로 되어 있다. 제조업체에 견적을 의뢰할 때에는 연료의 종류와 증발량 이외에 수처리 방법 및 비용 등에 관하여 충분한 검토와 협의를 하도록 한다. 이는 관류형 보일러가 다른 형식의 보일러에 비하여 수관의 파손 및 장해 발생이 쉽기 때문이다.

(5) 연소장치

보일러 연소장치를 크게 분류하면 석탄, 기름 그리고 가스 연소장치가 있지만, 석탄 연소장치는 특별한 경우를 제외하고는 현재 사용되고 있지 않다.

연소장치는 종류가 매우 많기 때문에 분류하기 어렵지만, 공조용 보일러에 사용되는 대표적 종류로는 다음과 같은 4가지 형식이 있다.

① 압력분사식 연소장치

건타입 버너(gun type burner)로 불리는 것으로서, 연료유를 가압하여 버너 선단의 노즐로부터 연료유를 가늘게 안개형상으로 연소실에 분출하면 공기와 혼합되어 연소시키는 형식이다. 착화는 전기식이고 등유 및 경유용과 중유용이 있으며, 중유용은 등유용보다 압력이 높다.

② 회전식 연소장치

로터리 버너(rotary burner)로 불리는 것으로서, 연료유는 고속회전(약 3000~6000rpm)하는 분무컵(atomizing cup) 내면에 공급되며, 원심력에 의해 컵선단 주변부에서 미세입자가 되어 분출된다. 공기는 컵 외측 노즐에서 분출되어 유적과 혼합된다. 연소기에 부착된 소형 송풍기는 1차 공기만을 공급하며, 대부분의 2차공기는 별도의 송풍기에서 공급된다. 지금까지 많이 사용되고 있는 연소장치 형식이다.

③ 증기 또는 공기 분사 연소장치

증기 또는 공기의 팽창력을 응용하여 연료유를 분무시키는 연소장치로서, 부하의 변동에 대하여 연소량의 조절범위가 넓은 것이 특징이다. 증기 또는 공기의 분무압력에 따라 저압식과 고압식이 있으며, 저질의 연료유라도 사용이 가능하다.

④ 가스 연소장치

가스 연소장치는 연료가스와 공기 혼합기구에 따라 반혼합식, 내부혼합식, 외부혼합식, 기름-가스양용식 등이 있으며, 대기오염 문제로 인하여 가스와 같은 새로운 청정 에너지(clean energy)의 사용이 확대되고 있다.

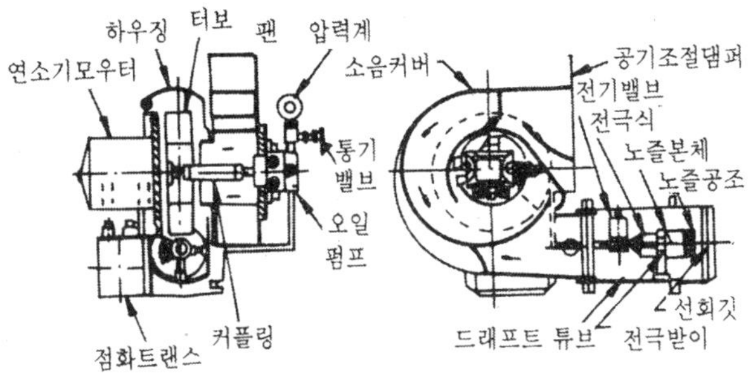

분무식 오일 연소기

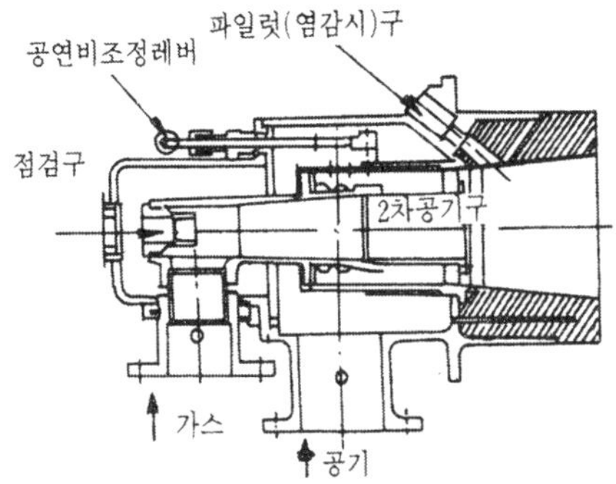

반혼합기 가스 연소기

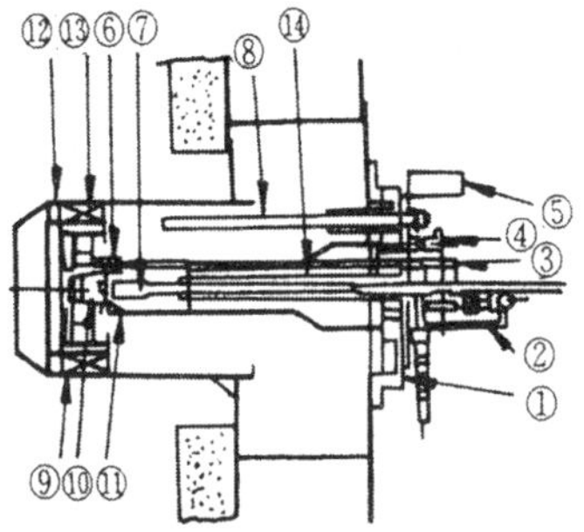

① 연소기본체 ② 유전자밸브 ③ 가스 니들밸브 ④ 캡
⑤ 접속상자 ⑥ 가스파일럿 연소기 ⑦ 방적밸브
⑧ 슬라이드 봉 ⑨ 노즐 ⑩ 노즐대관 ⑪ 배플 플레이트
⑫ 매소 코운 ⑬ 안전장치 ⑭ 조절파이프

유압분무식 연소기

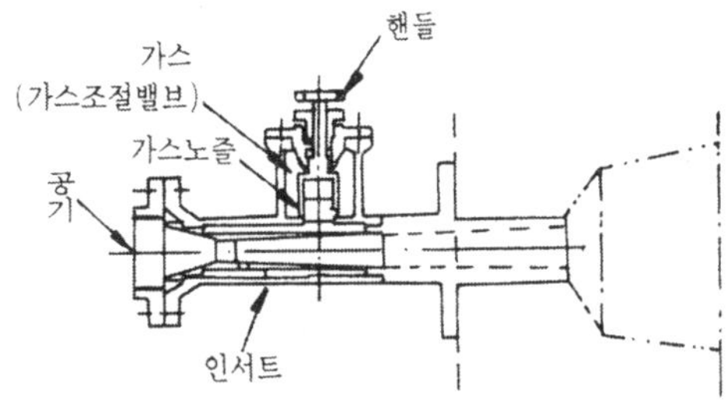

내부혼합식 가스연소기

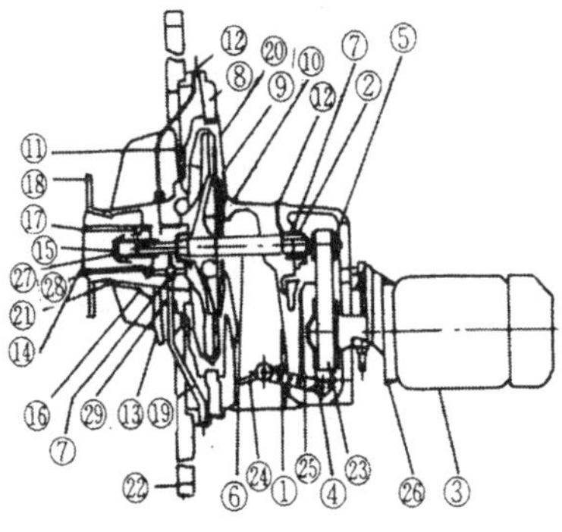

① 본체 ② 준 베어링 커버 ③ 모터 ④ 모터 폴리
⑤ 주축베어링 ⑥ 주축 ⑦ 분무 컵 ⑧ 힌지 플레이트
⑨ 팬 ⑩ 차폐판 ⑪ 핀커버 ⑫ 그리스주입니플 ⑬ 배수관
⑭ 송출구 ⑮ 아도마이징컵 ⑯ 베어링케이스 ⑰ 에어노즐
⑱ 베플플레이트 ⑲ 주입관 ⑳ 핀 가이드 ㉑ 노즐 어랩터
㉒ 전판 ㉓ 반밸트 ㉔ 냄퍼 ㉕ 레버 ㉖ 모터 조절 플레이트
㉗ 컵 고정볼트 ㉘ 컵 스톱 ㉙ 진베어링 커버

회전 오일연소기

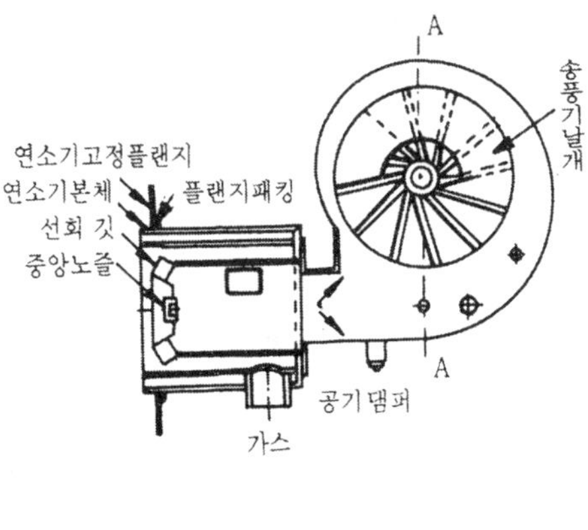

외부혼합식 가스연소기

그림 3—7 연소기

(6) 난방용 펌프

① 진공 급수펌프

진공환수식 증기난방설비에 사용되는 것으로서, 환수 주관에 연결하여 진공펌프로 공기와 물을 흡입하여 공기는 대기에 방출하고 물은 급수펌프로 보일러에 보급한다.

복식과 단식이 있으며, 복식은 단식과 동일용량의 펌프가 2대 조립되어 있고, 1대는 예비용으로 사용된다.

② 응축수 펌프

진공이 필요없는 중력환수식 난방설비에 사용되는 것으로서, 응축수를 강제로 보일러에 보급하기 위해 사용된다. 환수조(응축수조) 내의 물을 가압하여 보일러에 급수하는 펌프로서 환수조 내의 수위에 따라 자동운전된다.

③ 기동식 응축수 펌프

고압 증기보일러의 급수용으로 사용되는 것으로서, 증기로 구동되는 '피스톤 펌프'이며, 환수조내의 플로트(float)에 의해서 작동하고 증기밸브가 열려 운전된다.

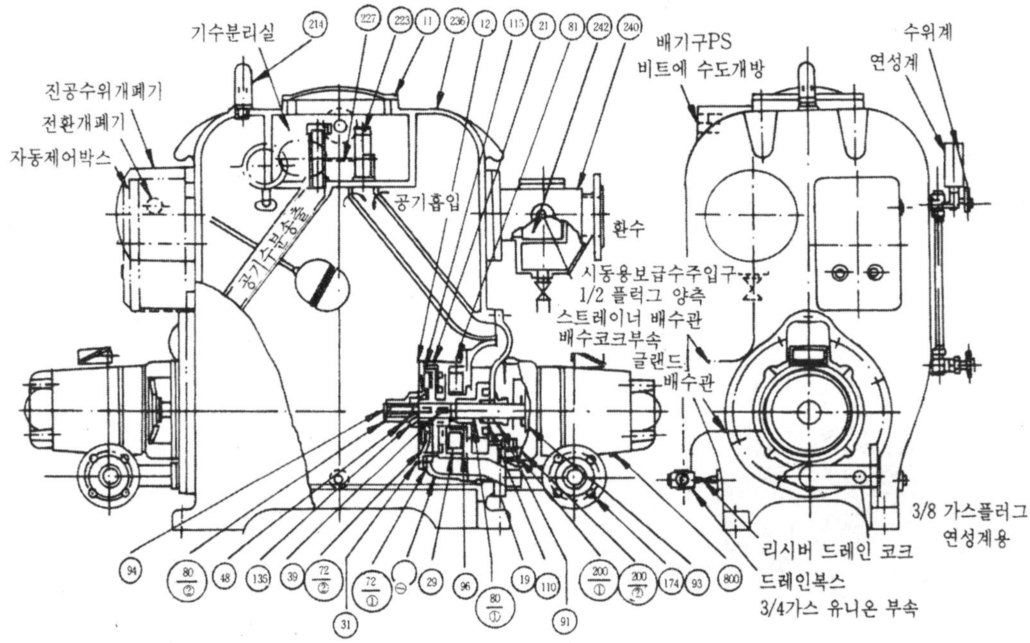

(1) 펌프케이싱 (11) 리시버 커버 (12) 흡입커버 (19) 진공커버 (21) 임펠러 (29) 로터 (31) 주축 (39) 키 (80−2) 흡입 커버용 부시 (81) 중간 부시 (91) 패킹 누르개 (93) 리지링 (94) 흡입 커버 플러그 (96) 포트 실린더 (110) 글랜드 패킹 (115) O링 (135) 와셔 (174) 송출유관 (200−1) 보급수 밸브 (200−2) 보급수 캡 (214) 진공파단 밸브 (223) 체크 밸브 (227) 유자환수 밸브 (236) 리시버 탱크 (240) 스트레이너 (242) 필터 (800) 전동기

그림 3−8 진공난방펌프

3-2-3 공기조화기기 설비

(1) 공기조화기기의 종류

공기조화기의 형식은 여러 가지가 있지만, 대별하면 다음의 2가지로 분류된다.

① 중앙식 공기조화기(현장조립식)

② 개별식 공기조화기(유닛식)

중앙식 공기조화기는 기계실에 설치되어 대규모의 공조설비에 사용되며, 공조가 필요한 실에 덕트를 통하여 공조된 공기를 보낸다.

대용량의 공조기는 제작공장에서 완제품으로 현장에 공급하는 것이 곤란하므로 송풍기, 코일, 가습장치, 필터 등을 별개로 분할하여 반입한 후 현장에서 조립한다.

그러나 중·소용량의 공조기는 공장에서 제작된 완성품을 사용하는 것이 현장에서 조립하는 것보다 경제적이다.

개별식 공기조화기는 종류가 많고 냉동기를 내장하고 있는 것과 없는 것 그리고 가정용으로 사용하는 소형에서 대규모의 빌딩이나 공장 등에서 사용하는 대형까지 모두 공장에서 제작·조립되며, 현장에서는 기기작동에 필요한 배관 및 전기 공사 등을 통하여 운전시킨다.

(2) 공기조화기(air handling unit)

공기조화기는 공기냉각코일, 공기가열코일, 공기여과기, 송풍기 및 전동기의 주요부와 이들을 내장하는 케이싱(casing)으로 구성되며, 필요에 따라서 가습기 및 엘리미네이터(eliminator) 등을 설치한다. 외형적으로 구분하면 수평형(horizontal type), 수직형(vertical type), 그리고 혼합형(combination type)이 있다. 그러므로 공기조화기는 설치될 장소의 조건에 따라 적합한 형식을 선정한다.

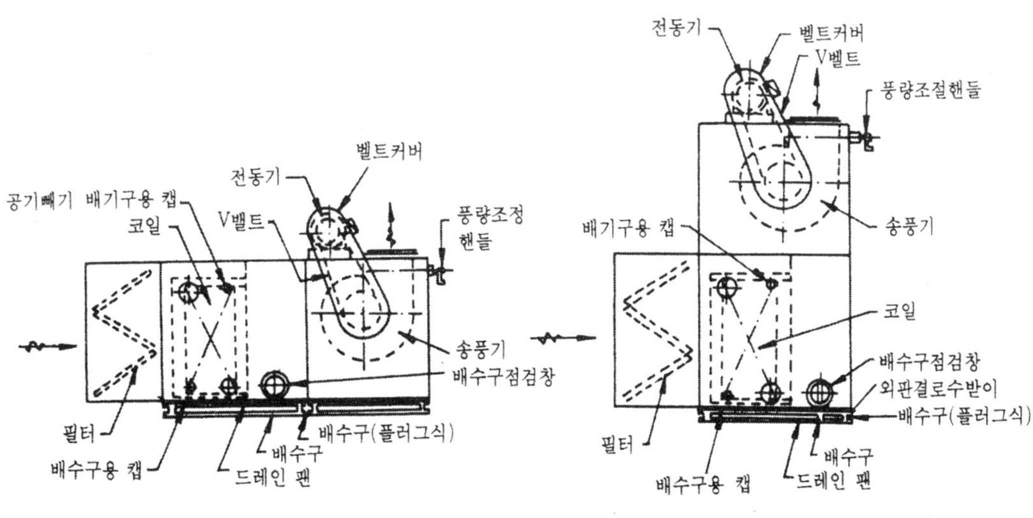

(a) 수평형 (b) 수직형

그림 3-9 에어 핸들링 유닛

(3) 팬코일 유닛(fan coil unit)

팬코일 유닛은 소형송풍기, 공기열교환기(코일), 여과기 그리고 케이싱으로 구성되어 있다. 형식은 노출형과 은폐형이 있으며, 설치 위치에 따라서 바닥설치형과 천장설치형으로 구분한다.

또한 유닛의 송풍능력[cfm;ft³/min]에 따라 그 크기를 구분하여 형번(型番)을 부여하고 있다.

그러나 냉난방 능력의 표시방법이 제조업체에 따라 일정하지 않기 때문에 기종 또는 형번을 선정할 때에는 그 능력 및 시방에 주의한다. 또한 최근에는 중성능여과기가 내장된 천장 카세트형도 제작되고 있다. 한편 팬코일 유닛에 비하여 유인 유닛(induction unit)은 송풍기가 내장되어 있지 않다.

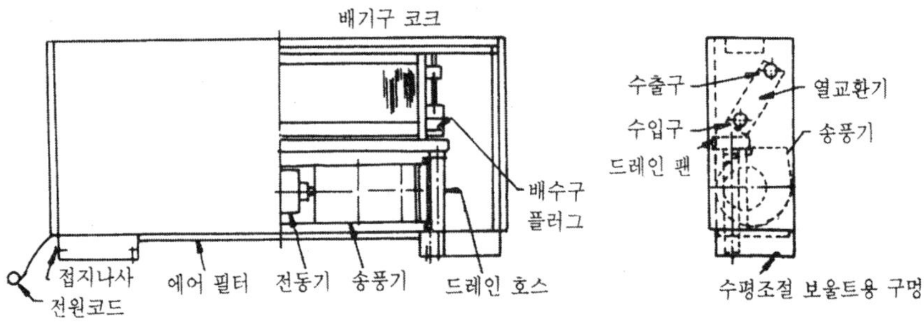

(c) 바닥설치형

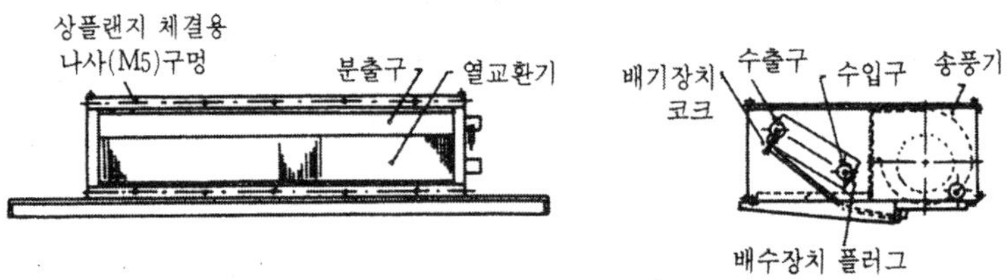

(d) 천장설치형(매입형)

그림 3-10 팬 코일 유닛

(4) 패키지형 공기조화기

패키지형 공기조화기는 냉동기, 송풍기 및 전동기, 공기냉각코일, 공기여과기, 냉매배관, 조작반 및 안전장치 등으로 구성되며, 필요에 따라 공기가열코일과 가습기 등이 설치된다. 응축기의 응축방식에 따라 공랭식과 수랭식으로 구분한다.

(5) 룸 에어컨(room air conditioner)

룸 쿨러의 구조는 패키지형 공기조화기를 소형화한 것으로 공랭식이 대부분이며, 창에 설치하는 창문형과 응축기를 분리하여 실외에 설치하는 분리형이 있다.

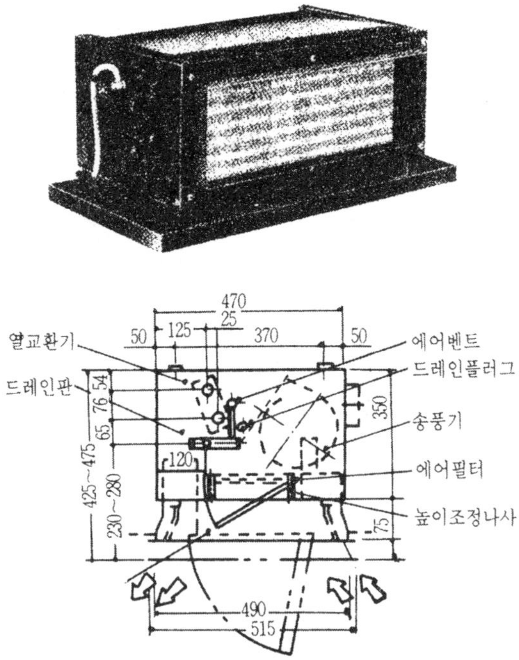

그림 3-11 천장 카세트형 팬코일유닛

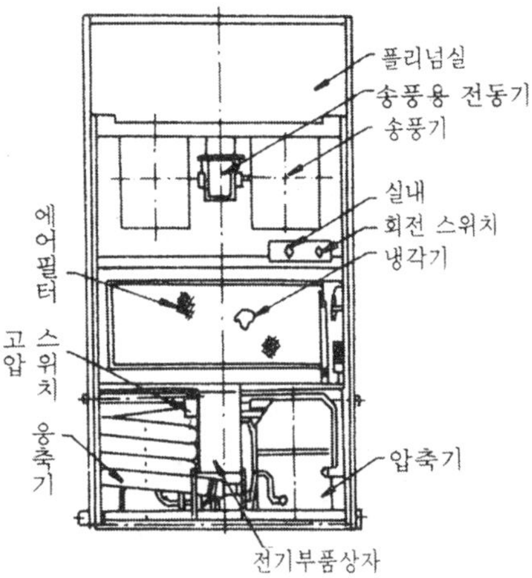

그림 3-12 수냉식 패키지형 공기조화기

3-2-4 덕트 설비

(1) 덕트의 종류

덕트의 종류는 덕트 내 풍속에 따라 저속덕트와 고속덕트로 구분하고, 또한 덕트의 형상에 따라 각형덕트와 원형덕트로 구분한다.

① 저속덕트와 고속덕트

저속덕트와 고속덕트는 철판두께가 다르며 이음방법도 다르다. 그 구분은 설계도면 및 시방서에 따르기로 한다.

② 덕트의 형상

- 각형덕트
- 원형덕트(스파이럴 덕트도 포함)

(2) 덕트부속품의 치수와 부착위치

설계도면에는 덕트의 크기는 명기되어 있지만, 다음과 같은 덕트부속품에 대한 표기가 불충분하기 때문에 시방서 및 관련법규와 도면을 상세히 검토할 필요가 있다.

① 댐퍼류 : 풍량조절댐퍼(V.D;Volume Damper), 방화댐퍼(F.D.;Fire Damper), 풍량조절 및 방화댐퍼(F.V.D.;Fire & Volume Damper), 방연댐퍼(S.F.D.;Smoke & Fire Damper)

② 플렉시블 조인트(flexible joint) : 송풍기와 덕트의 접속부분에 석면포를 사용하여 진동전달을

감소시키는 접속부

③ 소음상자(sound absorb chamber)

④ 취출구 부착용 상자(chamber)

⑤ 배연구

⑥ 가이드 베인(G.V.;Guide Vane) 또는 터닝 베인(T.V.;Turning Vane)

특히 방재상 필요한 방화댐퍼나 배연댐퍼 등은 건축물의 방화·배연구획도를 확인하여 설치하고, 이에 대한 작동방법 등은 전기설계부문과 협조하여야 한다.

(3) 덕트계통의 구분

덕트계통은 공사항목별로 구분하여 공기조화계통, 환기계통, 배연계통을 들 수 있으며, 이렇게 구분된 계통은 다시 보온 및 도장의 유무 또는 필요성에 따라 구분된다. 덕트공사는 건축법과 소방법의 규제에 따라야 하기 때문에 이러한 관련법규 및 설계도를 충분히 이해하도록 한다. 또한, 계통별로 노출인가 혹은 은폐인가를 확인해 두면 보온 또는 도장에 관해 적산할 경우 편리하다.

(4) 덕트의 견적범위

덕트공사는 건축물과 밀접한 관련이 있고, 건물 자체를 이용한 콘크리트 덕트의 공사를 할 경우에는 접속공사와 기둥, 벽, 바닥의 관통공사가 있기 때문에 이에 대한 시공범위를 명확히 한다.

또한 건물의 외벽에 부착되는 급배기 루버(louver)와 이에 필요한 벽체공사, 그리고 천장이나 벽에 설치되는 각종 취출구와 흡입구의 구멍내기 공사도, 건축과 그 공사범위를 명확히 해두어야 중복 또는 누락이 발생하지 않는다.

3-2-5 배관설비

배관설비의 적산은 다음과 같은 공사세목에 관하여 관, 관이음재료, 밸브류, 신축이음, 방진장치, 그리고 지지철물 등에 관한 재료비와 노무비를 계산하는 것이다.

① 냉각수 배관

② 냉수 배관

③ 온수 배관

④ 증기 배관

⑤ 냉매 배관

⑥ 기타 관련 급수·배수 배관

(1) 배관재료

공기조화설비에 사용되는 배관종류는 열매(熱媒)의 종류, 압력, 온도조건, 유속, 설비의 운전 또는 환경조건에 따라 그에 적합한 배관재료를 선정한다.

강관에는 배관용 탄소강 강관(KSD3507)과 압력배관용 탄소강 강관(KSD3562)이 사용되며, 배관용 탄소강 강관에 아연도금한 것을 백관, 그렇지 않은 것을 흑관이라고 한다. 압력배관용 탄소강 강관은 스케줄번호방식에 따라 관의 두께가 다르다.

다음의 표 3-2는 증기압 16〔kg/cm^2〕 이하의 증기와 수온 200〔℃〕 이하의 냉온수, 냉각수, 냉매, 그리고 냉매배관에 일반적으로 사용하는 강관과 동관의 종류이다.

표 3-2 배관재료

① 강 관

관 종	규 격	사 용 구 분					비 고
		증 기	냉온수	냉각수	기 름	냉 매	
수도용 아연도 강관〔SPPW〕	KS D 3537	–	○	○	–	–	
배관용 탄소강 강관〔SPP〕	KS D 3507	○	○	○	○	○	백관 SPW 흑관 SPB
압력배관용 탄소강 강관〔SPPS〕	KS D 3562	○	○	○	○		백관 SPW 흑관 SPB
고압배관용 탄소강 강관〔SPPW〕	KS D 3564	○	○	–	–		

② 호칭지름 400〔mm〕를 넘을 때는 다음 재료를 사용하여 제작하는 것으로 한다.

재 료	규 격	비 고
일반구조용 압연강재	KS D 3503	
보일러용 압연강재	KS D 3560	
용접구조용 압연강재	KS D 3515	

③ 동 관

관 종	규 격	사 용 구 분					비 고
		증 기	냉온수	냉각수	기 름	냉 매	
동 및 동합금 이음매 없는 관 (인 탈 산 동)	KS D 5522	–	○	○	–	○	
동 및 동합금 이음매 없는 관 (무 산 소 동)	KS D 5566	–	○	–	–	○	
수 도 용 동 관	KS D 5301	–	○	–	–	–	

(2) 관이음 재료

강관의 이음방법으로는 나사이음, 플랜지이음, 용접이음의 어느 쪽이든 사용되지만, 이음재료의 종류에 따라 시공방법도 다르고 노무비도 차이가 생긴다.

일반적으로 압력배관용 탄소강 강관은 용접이음재를 사용하고, 동관의 경우는 모세관 현상을 이용한 야금적 접합방법 또는 나팔관식(flare)접합방법을 사용한다. 한편 스테인리스관은 이음쇠를 이용하여 용접하는 방법과 최근에 개발 보급되고 있는 가압접합(加壓接合) 방법이 있다.

(3) 밸브류

밸브는 유체의 유량조절, 흐름의 단속, 방향전환 그리고 압력조절 등을 목적으로 사용되며, 그 종류도 많지만 이를 밸브의 구조상태와 재료에 따라 분류하면 다음과 같다.

① 일반용 밸브의 구조상 분류

- 게이트 밸브(gate valve)
- 글로브 밸브(globe valve)
- 체크 밸브(check valve)
- 콕(cock)
- 버터플라이 밸브(butterfly valve)
- 볼 밸브(ball valve)

② 밸브재료에 따른 분류

- 청동제 : 저온·저압 및 중압용
- 주철제 : 저압 및 중압용
- 주강제 : 저온·저압·중압 및 고온·고압용
- 가단주철제 : 저압 및 중압용
- 특수강제 : 저온 및 내식용
- 비금속제 : 저압용

이외에 감압(압력조정) 밸브(P.R.V.;Pressure Reducing Valve), 안전밸브(S.V.;Safety Valve), 전동밸브(Motor Operated Valve), 전자밸브(Solenoid Valve), 온도조절밸브(T.R.V.;Temperature Regulating Valve), 공기빼기밸브(A.V.;Air Vent), 차압밸브, 정유량조절밸브 등이 있다.

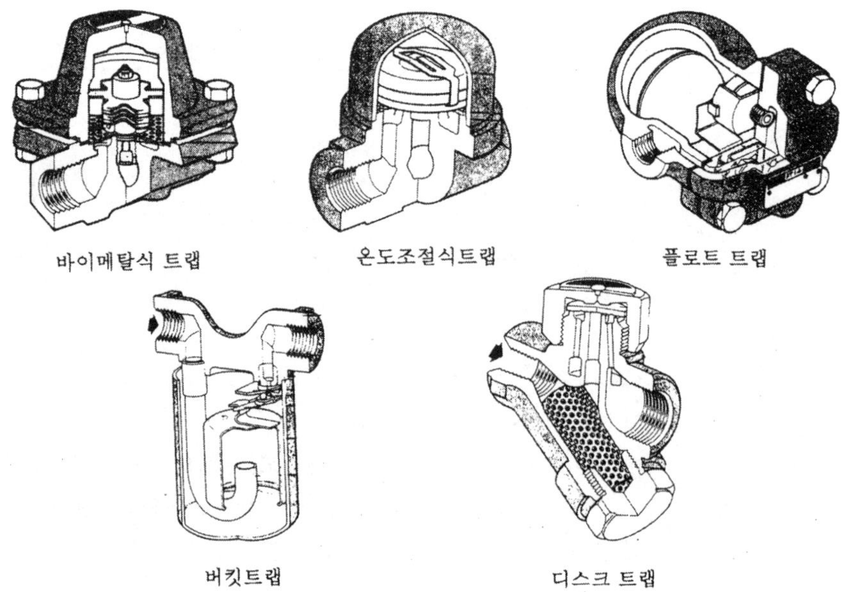

그림 3-13 증기트랩

(4) 배관 부속품

배관 부속품으로는 증기트랩, 스트레이너(strainer), 압력계, 온도계, 유량계 등이 있는데, 증기트랩에는 다음과 같은 것들이 있다.

① 열동트랩(온도조절식 트랩, thermostatic trap)

② 플로트트랩(다량트랩, float trap)

③ 버킷트랩(bucket trap)

④ 충격식 트랩(오리피스식과 디스크식)

스트레이너는 Y형과 U형이 있지만, 특별한 경우가 아니면 Y형이 사용된다. 그러므로 배관 부속품을 적산할 경우는 시방서와 설계도를 주의하여 적산하지 않으면 종류에 따라 가격차이가 발생한다.

(5) 신축이음쇠와 가요성 이음쇠

신축이음쇠(expansion joint)는 온도변화에 따라 축방향으로 일어나는 배관의 신축을 흡수하기 위한 이음쇠로서, 다음과 같은 종류가 있다.

① 슬리브형(sleeve type)

② 벨로즈형(bellows type)

③ 밴드형(bend type)

④ 볼 조인트형(ball joint type)

가요성 이음쇠(flexible joint)는 지반침하, 기기의 진동흡수를 목적으로 냉동기나 펌프 등에 접속되는 배관에 설치하며, 재질로는 합성고무, 인청동, 스테인리스 등이 있다.

(6) 배관지지 철물

배관지지 철물은 관의 신축, 수평흔들림, 하중에 견딜 수 있는 것으로 관의 구경과 재질에 대응하는 충분한 지지강도를 갖는 구조로 한다. 이러한 철물로는 인서트(insert), 행어(hanger), 브래킷(bracket)등이 있으며, 일반적으로 배관재료비에 대한 일정비율로 적산한다.

(7) 보온, 도장공사

배관의 보온, 방로(防露)공사의 시방은 냉수, 온수, 증기 등의 관 종류와 이것이 노출 또는 은폐에 따라 구별된다. 또한 보온재의 종류, 두께, 표면마감의 시방에 따라 단가가 크게 다르기 때문에 시방서를 충분히 파악해 두어야 한다.

도장공사는 나관(裸管)의 경우 노출관은 초벌칠과 마감도장을, 은폐관은 초벌칠만으로 마감한다.

3-2-6 환기설비

환기설비의 적산은 다음과 같은 항목에 관하여 적산한다.

(1) 급배기용 팬

팬(fan)은 임펠러를 통하는 공기의 유동방향에 따라 원심형, 축류형, 횡류형으로 크게 구분한다.

① 원심형 팬

- 다익형(sirocco type)
- 리밋 로드형(limit load type)
- 익형(air foil type)
- 터보형(turbo type)

② 축류형 팬

- 프로펠러형
- 튜브형
- 베인형

원심형 팬을 견적할 때에는 기기의 시방은 물론 송풍기와 전동기의 공통가대, 방진장치, 벨트커버, 전동기의 기동장치 등을 확인한다.

(2) 공기필터(air filter)

공기필터는 일반적으로 정화(淨化)원리에 의한 분류와 보수방식(취급방법)에 의한 분류로 한다.

1) 정화원리에 의한 분류

① 정전식 : 정전기에 의해 분진제거
② 여과식 : 여과매체로 분진을 여과제거
③ 충돌점착식 : 점착제를 도포한 거친 여과매체에 분진을 충돌시켜 점착제거
④ 흡착식 : 유해가스 흡착제로 흡착제거
⑤ 흡수식 : 유해가스를 흡수제거

2) 보수방식에 의한 분류

① 자동세정 : 분진제거부분을 자동으로 세정
② 자동갱신 : 분진을 제거한 여과매체를 자동으로 갱신
③ 정기세정 : 분진제거부분 또는 여과매체를 정기적으로 세정
④ 여과재교환 : 분진을 제거한 여과매체만 교환
⑤ 유닛교환 : 유닛에 성형된 여과매체 또는 흡착제, 흡수제의 교환
⑥ 가스제거제의 갱생 : 가스제거제를 꺼내어 갱생
⑦ 가스제거제의 교환 : 가스제거제를 함유한 여과재만 교환

여과기는 종류가 다양하고 가격 차이가 많기 때문에 형식, 성능, 여과재의 종류에 특히 주의한다.

특히 여과기 성능시험법에 따라 포집률(捕集率)은 표 3-3과 같이 현격하게 차이가 발생하므로 이러한 포집률이 중량법(重量法, weight method), 변색도법(變色度法) 또는 비색법(比色法, dust spot test method), 그리고 DOP법(Di-Octyl-Phthalate)중 어느 시험법에 의한 것인가를 반드시 확인하여야 하며, 이와 더불어 분진포집능력에 관하여 검토함으로써 여과기의 사용시간과 교체비용도 고려될 수 있다.

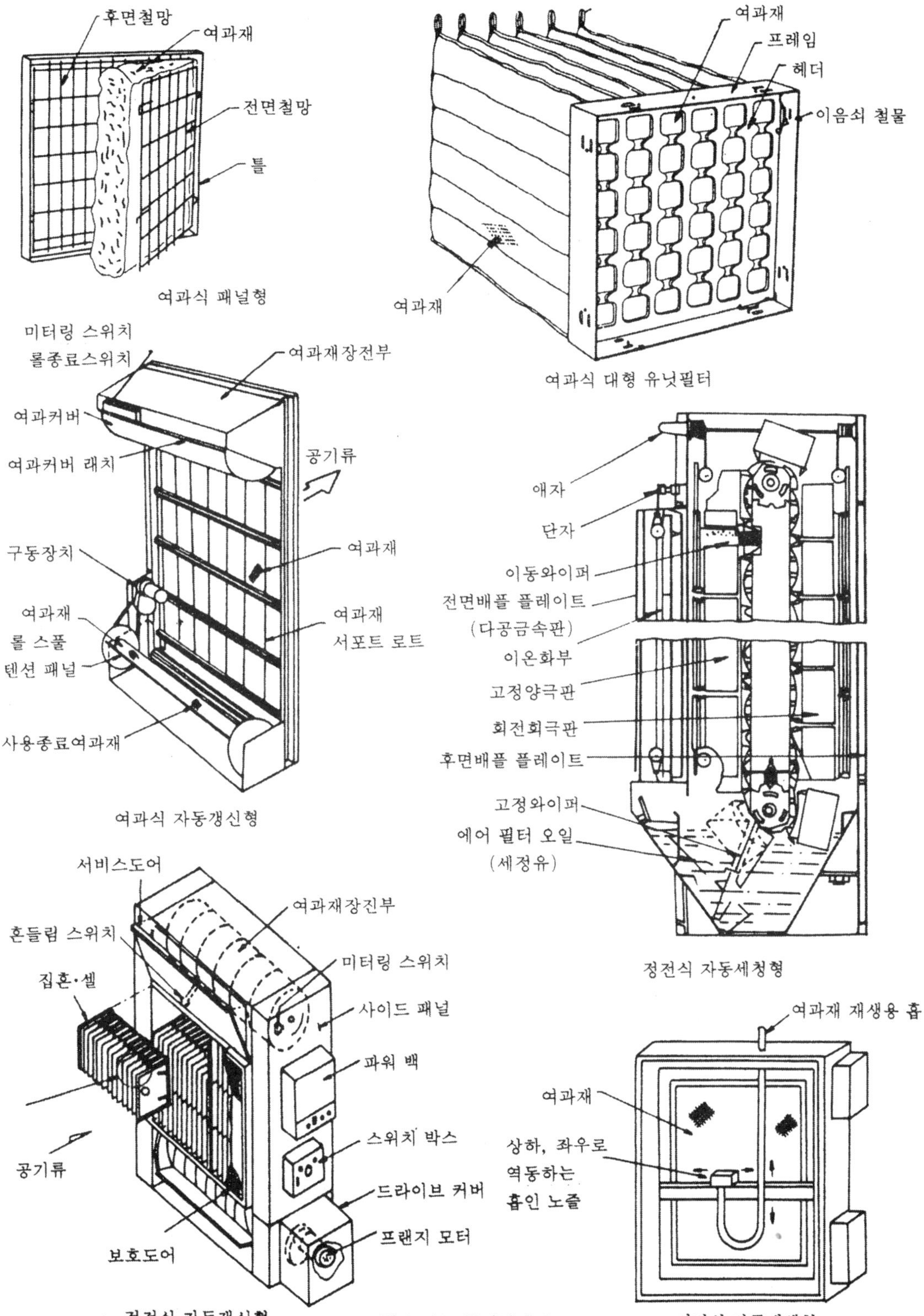
후면철망
여과재
전면철망
틀
여과식 패널형
여과재
프레임
헤더
이음쇠 철물
여과재
여과식 대형 유닛필터
미터링 스위치
롤종료스위치
여과재장전부
여과커버
여과커버 래치
공기류
구동장치
여과재
여과재
롤 스풀
텐션 패널
여과재
서포트 로트
사용종료여과재
여과식 자동갱신형
애자
단자
이동와이퍼
전면배플 플레이트
(다공금속판)
이온화부
고정양극판
회전회극판
후면배플 플레이트
고정와이퍼
에어 필터 오일
(세정유)
정전식 자동세청형
서비스도어
여과재장진부
흔들림 스위치
집혼·셀
미터링 스위치
사이드 패널
파워 백
공기류
스위치 박스
드라이브 커버
프랜지 모터
보호도어
여과재 재생용 흡
여과재
상하, 좌우로
역동하는
흡인 노즐
정전식 자동갱신형
여과식 자동재생형

그림 3-14 공기여과기

표 3-3 공기여과기의 성능별 분류와 성능 개요

성능별 분류	적응분진입자경 〔μm〕	압력손실 〔mmAq〕	분진포집효율〔%〕		
			중 량 법	변색도법	DOP법
저성능 필터	5 이하	3~20	79~90	15~40	5~10
중성능 필터	1 이상	8~25	90~96	50~80	15~50
고성능 필터	1 이하	15~35	99 이상	80~95	50~90
초고성능 필터	1 이하	25~50			95~99.99
정전기식 필터	1 이하	8~20	99 이상	70~95	60~75

注 : (日)공기조화 위생공학, 제52권 제3호, 1978

(3) 덕트설비

덕트설비와 덕트부속품의 적산에 관한 사항은 3-2-4에 준한다.

3-2-7 배연설비

배연설비는 3-7절을 참조한다.

3-2-8 자동제어설비

공조설비의 자동제어설비는 온도, 압력, 유체, 유량 등을 제어하는 자동제어기기와 이러한 자동제어기기의 계측감시와 동력의 발정(發停)관리, 운전상태 등을 감시하는 감시장치로 구성된 설비이다.

(1) 자동제어기기의 형식

자동제어기기는 일반적으로 다음의 3가지 형식으로 분류한다.

① 전기식 자동제어기기

전기를 신호 및 조작동력으로 하는 방식

② 공기식 자동제어기기

압축공기를 신호 및 조작동력으로 하는 방식

③ 전자식 자동제어기기

전기 또는 압축공기를 조작동력원으로 하고 신호는 전자증폭기구로 증폭하여 조작체를 동작하는 방식

(2) 감시장치의 형식

감시장치의 형식은 감시방식에 의한 분류와 형상에 의한 분류가 있으며, 형상에 의한 분류는 일반적으로 자립형, 벤치형, 데스크형 등이 있고, 감시방식에 의한 분류에는 다음과 같은 장치가 있다.

① 계기반형 감시장치

② 그래픽 판넬형 감시장치

③ 화면투시형 감시장치

위의 것 이외에 최근에는 대규모 감시장치용으로 컴퓨터를 도입하여 감시 관리하는 컴퓨터 제어방식이 채용되고 있다.

자동제어설비의 적산은 일반적으로 전문업체에 의뢰한다. 또한 자동제어설비에 포함되는 전기공사는 일반적인 조명 등의 전기공사와는 다소 차이점이 있기 때문에 이를 유의하여 적산한다.

3—2—9 시운전 및 종합조정비

공조설비에서 사용되고 있는 각종 기기는 각 개체로는 정상적으로 작동하여도 전체로는 상호 관련되어 완전한 동작이 이루어지지 않는다면 사용목적을 충족시킬 수 없다.

그러므로 배관계통, 덕트계통, 기계실 내의 열원기기, 공조실 내의 공조기 그리고 팬코일 유닛 등에 관한 시운전 및 조정을 실시할 경우는 표 3—4를 적용하여 이에 대한 공량을 산출한다.

또한 시공중 수압시험, 절연시험 등은 각각의 공사구분에 포함되되기도 하지만 공사 완성 후의 장치 전체에 대한 종합시험, 조정, 균형(TAB;Testing Adjusting & Balancing)에 관한 비용은 필요에 따라 별도로 계상해 두어야 한다.

품셈에서는 건물의 냉난방 및 공조설비 정밀진단(TAB)에 관한 공량산출기준은 제시하지 못하지만, 정밀진단이 필요한 경우 전체시스템, 공기분배시스템, 물분배계통, 소음 및 진동 등의 TAB에 필요한 공량은 별도로 가산할 수 있도록 규정하고 있다.

表 3—4 시 운 전

명 칭	적 용	단위	배관공	덕트공	비 고
배관계통	배관, 밸브류의 조정	m	0.026		주관연장
덕트계통 (공조, 환기, 배연)	• 풍량조정댐퍼, 방화댐퍼의 조정	m^2		0.021	각형덕트
	• 풍량, 풍속, 소음의 측정	m^2		0.012	스파이럴덕트
	• 필요개소의 온습도 측정				
주기계실 내의 기 기	보일러, 냉동기 등의 점검, 조정, 계기 측정기록 및 기타				
	건물연면적 5,000m^2 이하	식	8.0(4.0)		괄호는 온풍 난방일 경우
	6,000~15,000m^2	식	12.0(6.0)		
	16,000~30,000m^2	식	16.0(8.0)		
각층 기계실 내의 기기	공기조화기의 조정 등	대	1.2		
팬코일 유닛	조정	대	0.08		

주① 난방 및 공조 계통에 대한 각각의 설비를 완료하고 시운전 및 조정을 실시할 경우 적용

② 배관계통에 있어서 주관이란 시운전 및 조정을 요하는 보일러 또는 냉동기와 공기조화기 또는 냉각탑(공랭식 포함)을 연결하는 증기, 냉온수 및 냉각수관을 말하며, 방열기 또는 팬코일 유닛을 설치하는 경우에는 입상 또는 수평 주관에서의 분기관은 제외

3—3 기기설비

3—3—1 냉동기, 냉각탑, 펌프

(1) 냉동기

주로 건축물의 냉방용 열원기기로 사용되는 냉동기로는 왕복동식 냉동기, 원심식 냉동기, 흡수식 냉동기가 있다.

일반적으로 원심식과 흡수식 냉동기의 단가에는 반입비, 설치비, 시운전비까지 포함하여 제조업체로부터 견적을 받지만, 왕복동식 냉동기의 경우는 표 3—5와 같이 설치비를 별도로 계상하고 있다.

표 3—5 냉동기 및 부속기기 설치

(1) 냉동기 반입

냉동 U.S. Ton \ 작업횟수 / 층별 / 공종	1 회						2 회				소 운 반		가 조 립	
	지하 1층		지하 2층		지하 3층		지하 2층		지하 3층		10m거리내		설치기초상	
	비계공	특별인부	비계공	특별인부	비계공	특별인부	비계공	특별인부	비계공	특별인부	비계공	특별인부	비계공	특별인부
10	3	1	3	2	3	2	6	2	7	2	1		2	
20	4	2	4	3	5	3	7	4	10	4	2		3	
30	5	3	5	4	7	4	10	5	12	7	2		4	1
50	7	3	7	4	9	5	14	6	16	8	2	1	4	2
80	10	5	12	7	15	7	23	8	28	10	4	1	7	3
100	14	6	16	8	20	8	30	10	36	12	4	2	7	4
150	20	11	24	14	31	14	46	18	57	20	6	3	13	6
200	29	11	32	16	40	16	60	20	72	24	7	4	16	8
300	40	20	44	28	56	28	80	40	90	54	12	6	24	12
400	50	30	56	40	72	40	100	60	112	80	16	8	34	14
500	60	40	70	50	90	50	120	80	140	100	20	10	40	20
600	70	50	84	60	108	60	140	100	169	120	24	12	48	24

(2) 냉동기설치 (대당)

규 격		배 관 공	보 통 인 부
왕복동식 냉동기	5 냉동톤	2.19	1.09
	7.5 냉동톤	2.80	1.27
	15 냉동톤	3.37	1.70
	20 냉동톤	3.93	1.98
	30 냉동톤	5.04	2.53
	50 냉동톤	5.91	3.80
	80 냉동톤	12.03	5.91

주 : ① 현장 반입 후 지하 1층 설치를 기준하였다.
② 상기 공량에는 시운전품이 포함되어 있다.
③ 철거는 신설의 50[%](재사용을 고려하지 않을 때)를 계상한다.
④ 기초 및 소운반은 제외되었다.

表 3-6 냉각탑 반입 및 설치

냉동 U.S. Ton	구분	2 층 건 물					5 층 건 물					9 층 건 물				
	작업횟수	1 회			2 회		1 회			2 회		1 회			2 회	
	공종 \ 층별	옥 상	탑옥1층	탑옥3층	탑옥1층	탑옥3층	옥 상	탑옥1층	탑옥3층	탑옥1층	탑옥3층	옥 상	탑옥1층	탑옥3층	탑옥1층	탑옥3층
5	비 계 공	6	6	6	10	10	7	7	8	11	12	8	8	10	12	13
	특별인부	2	2	3	4	5	3	3	3	6	6	4	4	4	6	6
10	비 계 공	7	7	8	13	14	8	8	10	14	15	10	11	12	14	15
	특별인부	3	3	3	5	5	4	4	4	6	6	4	4	4	8	8
20	비 계 공	8	9	10	14	15	9	10	11	15	16	11	12	13	15	16
	특별인부	3	3	4	6	6	5	5	5	7	7	5	5	5	9	9
30	비 계 공	11	12	13	19	20	12	13	14	20	21	14	15	16	21	23
	특별인부	4	4	5	7	7	6	6	6	8	8	6	6	6	9	9
50	비 계 공	15	15	17	22	23	16	17	18	24	25	17	18	19	23	24
	특별인부	5	5	5	8	8	6	6	6	8	8	7	7	7	10	10
80	비 계 공	23	24	26	37	38	24	25	26	38	39	28	29	30	38	39
	특별인부	8	8	8	12	12	10	10	10	13	13	8	8	8	15	15
100	비 계 공	30	30	32	43	44	32	32	33	45	46	35	35	36	47	48
	특별인부	10	10	10	18	18	11	11	11	18	18	10	10	10	18	18
150	비 계 공	41	41	44	61	61	42	43	44	64	65	43	44	45	65	66
	특별인부	15	15	15	24	24	17	17	17	24	24	18	18	18	25	25
200	비 계 공	57	57	60	78	79	55	56	57	79	80	57	58	59	81	81
	특별인부	19	19	19	32	32	24	24	24	33	33	24	24	24	34	34
300	비 계 공	82	82	86	119	120	85	86	87	120	121	86	87	88	121	122
	특별인부	34	34	34	48	48	35	35	35	49	49	36	36	36	50	50
400	비 계 공	108	109	112	164	166	112	113	114	169	170	113	114	115	161	162
	특별인부	48	48	48	60	60	49	49	49	68	68	50	50	50	68	68
500	비 계 공	131	131	146	192	192	139	140	141	192	193	142	143	144	193	194
	특별인부	65	65	65	90	90	63	63	63	92	92	62	62	62	93	93
600	비 계 공	157	157	162	199	199	155	156	157	201	202	163	163	164	201	202
	특별인부	80	80	80	140	140	88	88	88	140	140	82	82	82	142	142

각 냉동기 표준시방의 방진가대는 일반적으로 냉동기 본체에 부속시켜 산출하고 있다. 콘크리트 기초는 설계도면에 따라 콘크리트, 형틀, 모르타르 등의 수량을 산출한다.

일반적으로 원심식 냉동기와 고압전동기반, 조작반 사이의 2차측 동력배선 및 제어용 배선의 전기공사는 냉동기 가격에 포함하여 견적을 의뢰한다.

(2) 냉각탑

① 냉각탑의 구성

냉각탑은 탑본체(塔本體), 수조(水槽), 송풍기, 전동기, 부속품(플로트밸브, 사다리, 점검구,

받침대 및 기초볼트) 등으로 구성된다.

② 본체가격

본체, 충진제 등의 재질과 제원을 제조업체에 제시하고 견적에는 운반비, 설치비, 시운전 조정비 등이 포함되어 있는지를 확인한다.

만약 견적금액 내에 냉각탑의 반입 및 설치에 관한 것이 포함되어 있지 않으면 표 3-4를 적용하여 이에 필요한 공량을 별도로 산출한다.

③ 기초 및 가대

대형 냉각탑의 가대는 하중 및 의장 등의 문제로 건축공사에 포함되는 경우가 많으나, 이에 대한 시공범위를 명확히 해두는 것이 필요하다. 또한 냉각탑 본체에 접속되는 냉각수 및 보급수 배관공사와 콘크리트 기초 위에 설치되는 채널 베이스(channel base)와 방진장치는 별도로 계상하는 것이 일반적이다.

(3) 펌프

1) 펌프선정

제조업체에 펌프에 관한 견적을 의뢰할 경우는 다음과 같은 펌프의 선정조건을 제시함으로써 이에 적합한 펌프의 제작 및 선정이 가능하다.

① 운전조건 : 구동방법, 전원, 회전수

② 성능 : 소요유량, 전양정, 흡입양정

③ 유체성질 : 비중, 온도, 점도, 농도, 부식성, 마모성, 슬러리의 유무

2) 본체가격

본체, 임펠러, 축봉(軸封)패킹 등의 구성품 재질이 특별한 경우는 이를 명시하여 견적을 의뢰한다.

3) 기초 및 방진장치

펌프의 기초 콘크리트, 방진장치, 기초 위의 배수구와 배수관은 별도로 계상한다. 또한 방진장치는 설치되는 펌프의 성능을 파악하여 방진전문업체에 견적을 의뢰하거나, 혹은 펌프제조업체에서 기기의 특성에 적합한 방진장치를 선정하여 견적가에 포함시키는 경우도 있으므로 견적시에는 이에 관한 구분을 명확히 해두는 것이 바람직하다.

4) 설치조정비

펌프의 설치 및 조정에 필요한 경비는 표 3-7을 적용하여 별도로 계상한다.

표 3-7 펌프신설(1)

〔대당〕

품　　명	규　　격	기계설치공	보통인부
전동진공급수펌프	단식	2.5	0.5
	복식 전열면적 500〔m^2〕이하	5.3	2.0

품 명	규 격	기계설치공	보통인부
	4,000[m^2]이하	7.0	3.0
	10,000[m^2]이하	12.0	4.5
워싱턴펌프 수송량	2[m^2/h]	2.2	0.5
	4[m^2/h]	3.7	1.3
	10[m^2/h]	5.0	1.5
펌 프 류	0.75[kw]이하	1.0	0.5
	1.5[kw]이하	1.3	0.5
	2.2[kw]이하	1.5	0.5
	3.7[kw]이하	1.9	0.5
	5.5[kw]이하	2.5	0.6
	7.5[kw]이하	3.0	0.9
	11[kw]이하	3.9	1.3
	15[kw]이하	4.8	1.5
	22[kw]이하	6.5	2.5
	37[kw]이하	12.0	4.0
우물 속의 수중펌프	5.5[kw]이하	6.0	3.0
	11[kw]이하	8.0	6.0
	22[kw]이하	10.0	9.0
	30[kw]이하	12.0	10.0
	30이상	14.0	11.0

주 : ① 전동기 설치품은 포함한다.
② 기초는 본품에서 제외한다.
③ 소운반품은 별도 가산한다.
④ 본 공량에는 시운전 및 교정작업이 포함되어 있다.
⑤ 본 공량은 전기배선이 제외되었다.

표 3—7 펌프 방진가대 설치(2)

(대당)

규 격	기 계 설 치 공	보 통 인 부
7.5[kw] 이하	0.46	0.53
15[kw] 이하	0.66	0.73
22[kw] 이하	0.86	1.17
37[kw] 이하	1.44	1.71

주 : ① 상기 공량에는 방진마운트 설치품이 포함되어 있다.
② 기초 설치품은 제외한다.
③ 펌프 설치는 제외한다.
④ 소운반품을 포함한다.
⑤ 콘크리트공이 필요한 경우 별도 계상한다.

【문제 3-1】 건물의 증축으로 인하여 냉방부하가 증가되어 이와 관련되는 냉방장비를 다음과 같이 철거 및 신설하려고 한다. 이에 필요한 공량을 산출하시오.

장비명칭	철거장비		신설장비		비고
	규격	수량	규격	수량	
왕복동형냉동기	50[USRT]	2대	80[USRT]	2대	• 냉각탑은 9층 옥상에 설치함
대향류형냉각탑	50[RT]	2대	80[RT]	2대	• 철거공량은 신설공량의
냉수순환펌프	500[ℓ/min]×15[m]×3.75[kw]	3대	800[ℓ/min]×15[m]×7.5[kw]	3대	50[%]를 적용하는 것으로 함
냉각수순환펌프	650[ℓ/min]×20[m]×7.5[kw]	3대	1,040[ℓ/min]×20[m]×11[kw]	3대	

【풀 이】 표 3-5 냉동기 및 부속기기 설치, 표 3-6 냉각탑 반입 및 설치, 표 3-17 펌프신설을 적용하여 다음과 같이 산출한다.

장비명칭	직종명	철거공량	신설공량[인]
왕복동형냉동기	배관공	5.91[인/대]×2[대]×50[%]=5.91	12.03[인/대]×2[대]=24.06
	보통인부	3.80[인/대]×2[대]×50[%]=3.80	5.91[인/대]×2[대]=11.82
대향류형냉각탑	비계공	17[인/대]×2[대]×50[%]=17	28.0[인/대]×2[대]=56
	특별인부	7[인/대]×2[대]×50[%]=7	8.0[인/대]×2[대]=16
냉수순환펌프	기계설치공	1.9[인/대]×3[대]×50[%]=2.85	3.0[인/대]×3[대]=9
	보통인부	0.5[인/대]×3[대]×50[%]=0.75	0.9[인/대]×3[대]=2.7
냉각수순환펌프	기계설치공	3.0[인/대]×3[대]×50[%]=4.5	3.9[인/대]×3[대]=11.7
	보통인부	0.9[인/대]×3[대]×50[%]=1.35	1.3[인/대]×3[대]=3.9
계		배관공=29.97[인], 비계공=73[인], 기계설치공=28.05[인] 보통인부=24.32[인], 특별인부=23[인]	

3-3-2 보일러, 온풍난방기

(1) 보일러

보일러 본체의 가격은 시방서 제원을 제조업체에 제시하여 견적을 받지만 최근에는 축로(築爐)공사가 필요하지 않은 패키지형이 많이 사용되고 있다. 그러나 버너 수처리장치, 송풍기 등이 포함되는지 여부를 확인해야 한다.

일반적으로 수관식과 노통연관식 보일러의 경우는 기기가격에 시운전비가 포함되지만 주철제와 강판제와 같은 간이보일러의 기기가격에는 조립, 설치, 시운전비 등이 포함되지 않는다. 이때에는 표 3-8과 같이 이에 대한 경비를 별도로 계상한다.

또한 주철제 보일러의 경우는 공장조립형과 현장조립형을 구분하여 설치비용을 적용하는 것이 보다 합리적인 방안이기도 하다.

(2) 온풍난방기

온풍난방기는 사무소 건축물이나 축사 등에서 사용하는 난방기기로서 취출온도차가 크기 때문에 송풍덕트 등의 설비비가 비교적 저렴한 이점이 있다.

이의 형식으로는 송풍기 내장형과 별도형으로 대별하며, 각각의 형식에 따라 입형과 횡형으로 분류할 수 있다.

국내의 경우 온풍난방기 설치에 필요한 품셈적용 항목은 아직 없으나 일본의 경우 다음 표 3-12와 같이 적용하고 있다. 표 3-12에는 기기본체, 버너, 가습기 등의 설치품이 포함되어 있다.

표 3-8 보일러, 스토카, 버너

규	격	단 위	기계설치공〔인〕	특별인부〔인〕
주철제보일러	1호(20~60 미만) 1,000〔kcal/hr〕	절	0.90	0.30
	2호(60~135 미만) 1,000〔kcal/hr〕	절	1.10	0.30
	3호(135~230 미만) 1,000〔kcal/hr〕	절	1.10	0.30
	4호(230~330 미만) 1,000〔kcal/hr〕	절	2.10	0.50
	5호(330~640 미만) 1,000〔kcal/hr〕	절	3.0	0.70
	6호(640~1,180 미만) 1,000〔kcal/hr〕	절	4.5	0.70
강판제 보일러		증발톤	1.2	0.8
패키지형 수관식 보일러		증발톤	6.0	2.0
스 토 카	0.75〔kw〕	대	1.5	0.4
	1.5〔kw〕	대	1.8	1.3
	2.2〔kw〕	대	1.8	1.4
	3.7〔kw〕	대	2.0	1.9
	5.5〔kw〕	대	2.0	1.9
건타입 오일버너	0.75〔kw〕	대	4.2	2.0
	1.5〔kw〕	대	4.6	2.2
(전자동방식)	2.2〔kw〕	대	5.0	2.5
	3.7〔kw〕	대	6.0	3.0

주 : ① 조립, 설치, 수압시험 및 시운전 등을 포함한다.

② 각 보일러 품은 지면과 동일한 평면에 설치하는 경우이며, 운반 자동차가 설치 위치까지 들어가지 못할 때에는 하차장에서의 반입비는 별도 가산한다.

③ 산업용 보일러 설치는 기계설치공사 품셈에 준한다.

④ 강판제 및 패키지형 보일러는 내화시설품이 포함되었다.

표 3-9 경유보일러

〔대당〕

규 격	단 위	배 관 공〔인〕	보통인부〔인〕
15,000〔kcal/h〕	대	1.00	0.39

주 : ① 소운반은 별도로 계상한다.

② 수압시험, 시운전을 포함한다.

표 3—10 가스보일러(가정용)

〔대당〕

규 격	단 위	배 관 공〔인〕	보통인부〔인〕
13,000〔kcal/h〕	대	0.69	0.28
16,000〔kcal/h〕	대	0.76	0.30
20,000〔kcal/h〕	대	0.83	0.33

주 : ① 소운반은 별도로 계상한다.
② 수압시험 및 시운전을 포함한다.
③ 본품은 바닥설치형 기준이며 벽걸이형은 본품에 20% 가산한다.
④ 연도용 슬리브, 배기팬 설치 및 접속부의 기밀유지품 포함한다.

표 3—11 연탄보일러 설치

〔대당〕

구 분	배 관 공〔인〕	보통인부〔인〕
2구2탄	0.79	0.31
2구3탄	0.99	0.39
3구3탄	1.19	0.47

표 3—12 온풍난방기

항 목	단위	규 격	기계설치공〔인〕		비 고
온 풍 난 방 기					
(송풍기 별도설치형)	대	50×1,000〔kcal/h〕 이하	1.29	1식	버너부착 포함
(송풍기 별도설치형)	대	100×1,000〔kcal/h〕 이하	1.71	1식	버너부착 포함
(송풍기 별도설치형)	대	150×1,000〔kcal/h〕 이하	2.44	1식	버너부착 포함
(송풍기 별도설치형)	대	200×1,000〔kcal/h〕 이하	3.43	1식	버너부착 포함
(송풍기 별도설치형)	대	300×1,000〔kcal/h〕 이하	4.73	1식	버너부착 포함
온 풍 난 방 기					
(송풍기 내장입형)	대	50×1,000〔kcal/h〕 이하	1.94	1식	버너부착 포함
(송풍기 내장입형)	대	100×1,000〔kcal/h〕 이하	2.75	1식	버너부착 포함
(송풍기 내장입형)	대	150×1,000〔kcal/h〕 이하	3.29	1식	버너부착 포함
(송풍기 내장입형)	대	200×1,000〔kcal/h〕 이하	4.09	1식	버너부착 포함
(송풍기 내장입형)	대	300×1,000〔kcal/h〕 이하	5.16	1식	버너부착 포함
온 풍 난 방 기					
(송풍기 내장횡형)	대	100×1,000〔kcal/h〕 이하	2.66	1식	버너부착 포함
(송풍기 내장횡형)	대	150×1,000〔kcal/h〕 이하	5.16	1식	버너부착 포함
(송풍기 내장횡형)	대	200×1,000〔kcal/h〕 이하	7.08	1식	버너부착 포함
(송풍기 내장횡형)	대	300×1,000〔kcal/h〕 이하	9.36	1식	버너부착 포함

3-3-3 온열원기기의 부속기기

(1) 버너(burner)

보일러의 형식에 따라서 보일러 본체에 버너 가격이 포함되어 있는 경우도 있고, 그렇지 않은 경우도 있으므로 견적을 의뢰하거나 의뢰 받을 때에는 이를 유의해야 한다.

버너의 설치품은 표 3-3과 표 3-13을 적용하여 산출한다.

표 3-13 로터리오일버너

전동기전력 〔kw〕	로터리오일버너 (수동식)		로터리오일버너 (반자동식)		로터리오일버너 (전자동식) (on off)		로터리오일버너 (전자동식) (비례)	
	기계설치공 〔인〕	특별인부 〔인〕	기계설치공 〔인〕	특별인부 〔인〕	기계설치공 〔인〕	특별인부 〔인〕	기계설치공 〔인〕	특별인부 〔인〕
0.4 이하	2.5~3.0	1.0~1.2	4.2~5.0	1.4~1.7	5.0~6.0	1.7~2.0	5.9~7.1	2.0~2.4
0.55 이하	2.7~3.2	1.2~1.4	4.5~5.0	2.0~2.4	5.4~6.5	2.4~2.9	6.3~7.6	2.8~3.4
0.75 이하	3.0~3.6	1.4~1.7	5.0~6.0	2.3~2.8	6.0~7.2	2.7~3.2	7.0~8.4	3.2~3.8
1.5 이하	3.3~4.0	1.5~1.8	5.5~6.6	2.5~3.0	6.6~7.9	3.0~3.6	7.7~9.2	3.5~4.2

주 : ① 수동식에는 유량조절기, 오일풀리히터, 2차공기주입구, 철물 등을 포함한다.
② 반자동식에는 수동의 부속품 조작기, 압력스위치 또는 광전관 저수위 스위치 등을 포함한다.
③ 전자동식 ON-OFF에는 반자동의 부속품, 착화장치, 댐퍼컨트롤러 등을 포함하고 비례제어에는 전자동 ON-OFF의 부속품의 모터컨트롤, 비례압력, 조절기품 등을 포함한다.

(2) 지하저유조

① 저유조의 본체

저유조 본체의 가격은 용량과 부속품의 종류를 제조업체에 제시하여 견적을 받지만 이러한 저유조를 설치하는 데 필요한 설치비용은 일본의 경우 다음의 표 3-14를 적용하고 있다.

표 3-14에는 콘크리트 구체, 슬리브, 건조사, 저유조 외부보호 및 주유구, 저유조 뚜껑 등의 부속품 설치에 관한 것은 포함되어 있지 않다.

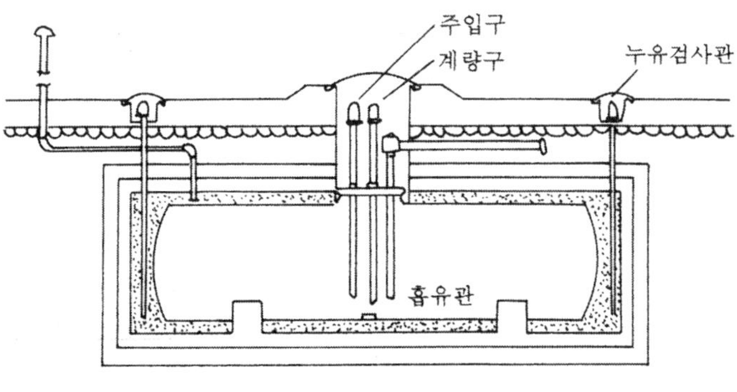

그림 3-15 지하저유조

표 3—14 저유조 설치

항 목	단위	규	격	기계설치공〔인〕		비 고
저 유 조	대	TO	1.0	2.11	1식	
	대	TO	1.5	2.23	1식	
	대	TO	1.9	2.84	1식	
	대	TO	3	3.45	1식	
	대	TO	4	4.05	1식	
	대	TO	5	4.86	1식	
	대	TO	6	5.27	1식	
	대	TO	7	5.68	1식	
	대	TO	8	8.11	1식	
	대	TO	10	9.73	1식	
	대	TO	12	12.47	1식	
	대	TO	13	12.89	1식	
	대	TO	15	14.61	1식	
	대	TO	18	15.47	1식	
	대	TO	20	17.19	1식	
	대	TO	25	20.41	1식	
	대	TO	30	22.43	1식	

② 지하저유조의 부속품

저유조 뚜껑, 주유구, 저유조에 부속되어 납입되는 것, 유량계, 지시계 등의 설치비용에 대하여 일본에서는 표 3—15와 같이 적용하고 있다.

표 3—15 지하저유조 부속품 설치

세 목	단 위	규 격	배관공〔인〕		비 고
저 유 조 뚜 껑	조	WPM 450 φ	0.35	1식	
	조	WPM 500 φ	0.38	1식	
	조	WPM 600 φ	0.46	1식	
	조	WPM 700 φ	0.55	1식	
누 유 검 지 관 (제 수 구 박 스)	개		0.16	1식	
급유구벽 매입 박스	개		0.21	1식	
복 식 스 트 레 이 너 (기 름 용)	개	25^A	0.12	1식	
	개	32	0.14	1식	
	개	40	0.17	1식	
	개	50	0.21	1식	

세 목	단 위	규 격	배관공(인)		비 고
주강제게이트밸브	조	25^A	0.11	1식	
(기 름 용)	조	32	0.13	1식	
	조	40	0.15	1식	
	조	50	0.18	1식	
오 일 유 량 계	조	20^A	0.32	1식	
	조	25	0.35	1식	
	조	32	0.40	1식	
	조	40	0.45	1식	
원 격 유 량 지 시 계	조		1.59	1식	전기배관배선 포함
건 모 래	m^3		0.32	1식	
주 유 구	개	50^A	0.17	1식	
(스트레이너 부착)	개	65	0.21	1식	
계 량 구	개	32^A	0.32	1식	
체 크 밸 브	개	25^A	0.11	1식	
	개	32	0.12	1식	
	개	40	0.14	1식	
	개	50	0.17	1식	
통 기 금 물	개	32^A	0.12	1식	
(스트레이너 부착)	개	40	0.14	1식	
	개	50	0.17	1식	
누 유 검 사 관	개	32^A	0.12	1식	

단위 : mm

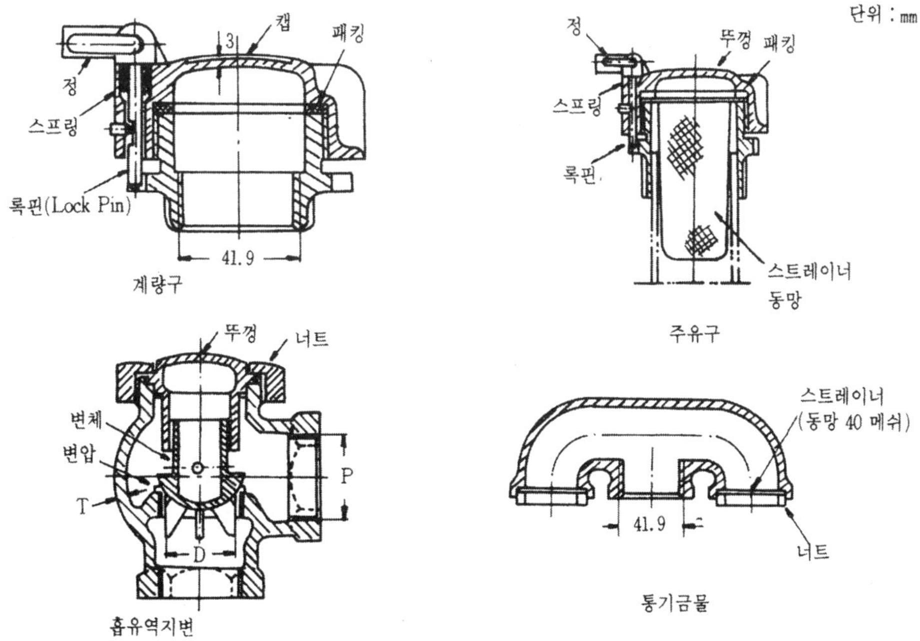

그림 3-16 지하저유조의 부속품

(3) 오일 서비스 탱크(oil service tank)

① 구성

탱크본체, 송유관, 배유관, 오버플로관, 통기관, 증기관, 환수관 등의 접속구와 온도조절용 감온통, 유면제어장치, 유면계, 온도계 등이 설치된다.

다만, 경유와 등유용은 가열장치와 이에 관련되는 부속품은 제외된다.

② 견적

견적을 의뢰할 경우는 가열원의 종류, 가열능력, 용량, 부속품 그리고 가대를 포함한 가격으로 한다.

③ 설치비

설치비는 표 3-16에 의한다.

표 3-16 오일서비스탱크 설치

탱 크 용 량〔ℓ〕	배 관 공〔인〕	보 통 인 부〔인〕
100	0.75	0.90
200	0.98	1.05
300	1.13	1.28
400	1.50	1.50
500	1.50	1.50
750	2.10	2.10
1,000	2.63	2.63

주 : 상기 공량에는 가대설치품이 포함되어 있다.

(4) 헤더(header)

① 헤더의 가격은 직경, 길이, 밸브설치관의 치수와 개수, 사용압력, 유체의 종류, 보온두께, 보온재 그리고 보온 마감상태 등을 제조업체에 제시하여 견적을 의뢰한다.

② 설치비는 국내품셈의 경우 이에 대한 적용기준은 없지만 일본의 경우 헤더의 직경과 길이에 따라 표 3-17에 의한다.

표 3-17 헤더설치

〔대당〕

항 목	단 위	규 격	기계설치공〔인〕		비 고
헤 더	기	200φ×1,200	0.54	1식	가대 포함
	기	250φ×2,500	0.92	1식	가대 포함
	기	300φ×3,000	1.19	1식	가대 포함
	기	350φ×4,000	1.57	1식	가대 포함

(5) 열교환기

열교환기의 종류와 형식이 다양하지만 일반적으로 원통다관형(円筒多管形)이 많다. 원통다관형 열교환기의 재질은 다음과 같으며, 관은 열매조건에 적당한 것이어야 하고, 코일부는 용이하게 분리할 수 있는 구조로 한다.

① 동체의 재질 : 강판제용접가공 또는 강관제

② 관(코일)의 재질 : 동관 또는 핀(fin)붙이동관, 보일러 및 열교환기용 탄소강관, 스테인리스관

견적을 의뢰하는 경우는 사용열매의 종류, 사용압력, 교환열량, 보온 및 마감상태를 제시하고 가대를 포함한 것으로 한다.

또한 열교환기의 부속품으로 압력계, 온도계, 안전밸브, 온도조절밸브 등은 별도로 적산한다.

(6) 팽창탱크

팽창탱크는 밀폐형과 개방형이 있으며, 철판용접가공이 많고 사용압력과 내면의 방청처리의 정도에 따라 가격이 달라진다.

밀폐형은 안전밸브, 수면계, 압력계 등의 부속품에 대해서는 별도로 적산한다.

(7) 강판제 연도

강판제 연도는 일반구조용 압연강재(KS D 3503) 4.5〔mm〕 이상의 두께를 갖는 강판으로 제작하며, 시공시 유의사항은 다음과 같다.

① 주요부분은 부착과 분리에 편리한 플랜지이음으로 한다.

② 연도의 이음에는 석면사 또는 두께 2.8〔mm〕 이상의 패킹을 삽입하여 기밀을 유지한다.

③ 수평연도는 길이에 따라 신축이음을 한다.

④ 연도는 각 이음마다 또는 길이에 따라 브래킷 또는 가대로 지지한다.

또한 연도에는 청소구, 폭발문, 각종 측정용 점검구를 설치한다.

(8) 오일펌프

오일펌프의 가격은 시방서 제원을 제조업체에 통지하여 견적을 의뢰하며, 서비스 탱크의 부속으로서 함께 견적을 의뢰하기도 한다.

(9) 전동진공급수펌프와 전동응축수펌프

① 전동진공급수펌프

전동진공급수펌프의 가격은 복식 또는 단식인가를 명확히 하고 시방에 준해서 제조업체에 견적을 의뢰한다.

설치비는 표 3-7 펌프신설(1)을 적용하여 산출한다.

② 전동응축수펌프

전동응축수펌프는 전동진공급수펌프의 항에 준한다.

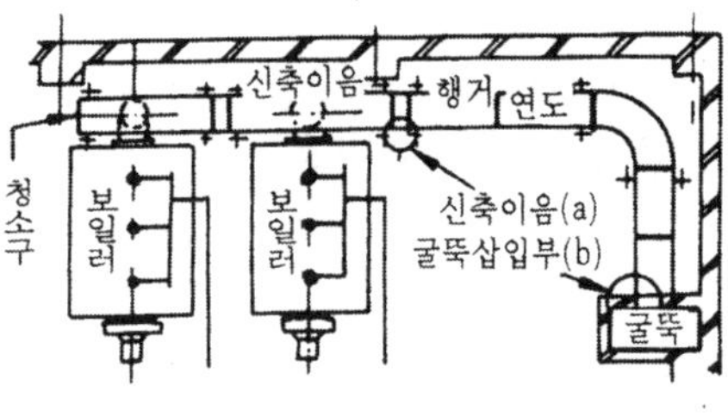

(일반적 연도시공법)

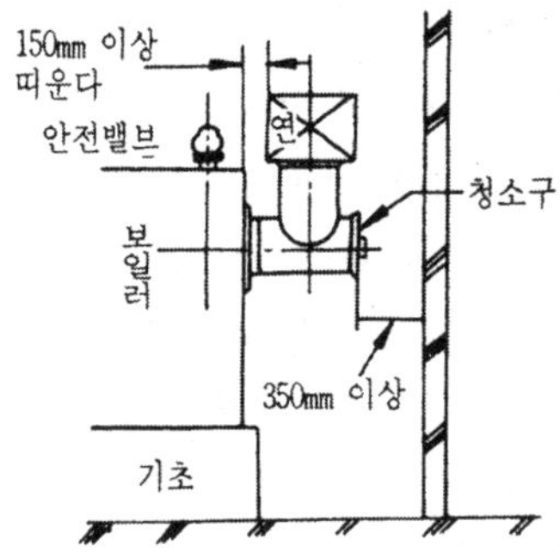

(연도와 벽과의 거리)

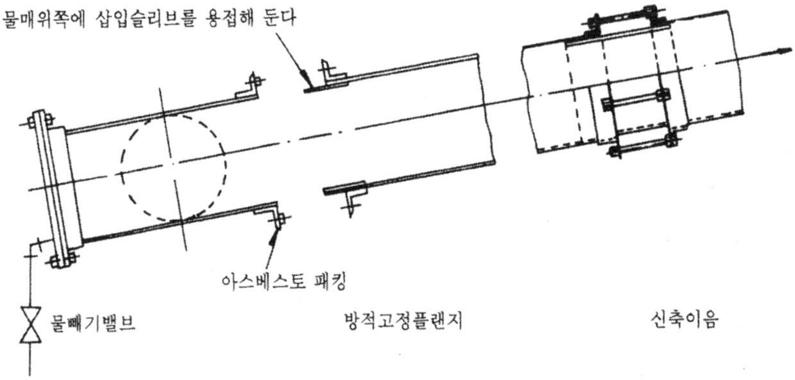

(수적방지 연도시공법)

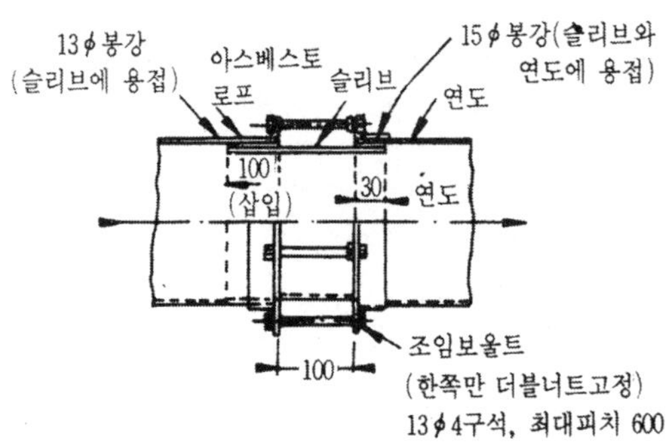

(연도의 신축이음)

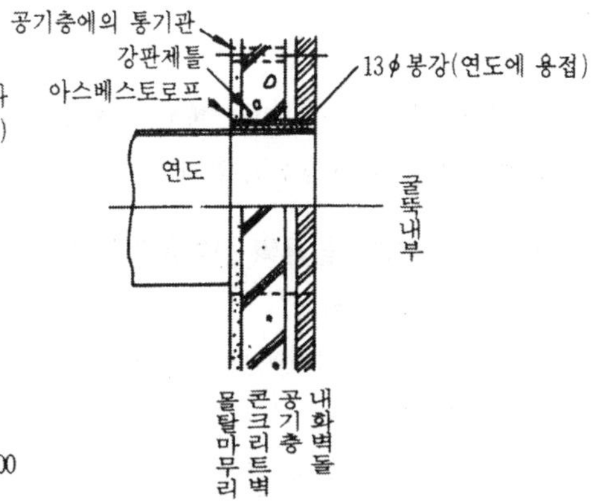

(굴뚝삽입부)

그림 3—17 보일러 연도시공

【문제 3-2】 기계실에 다음과 같은 온열원 장비를 설치하고자 할 때 이에 필요한 노무비를 산출하시오

• 온열원장비목록

장 비 명 칭	규 격	수 량	비 고
주철제 보일러	150,000〔kcal/h〕	1〔대〕	0.75〔kw〕 건타입 오일버너 부착
패키지형 수관식 보일러	2〔Ton/h〕	1〔대〕	0.55〔kw〕 반자동식 로터리오일버너 부착
	3〔Ton/h〕	1〔대〕	0.75〔kw〕 반자동식 로터리오일버너 부착
오일 서비스 탱크	750〔ℓ〕	1〔대〕	

• 직종별 노임단가

직 종	배 관 공	기계설치공	특 별 인 부	보 통 인 부
노임단가〔원〕	15,950	16,800	15,050	11,050

【풀 이】 표 3-8 보일러, 스토커, 버너설치와 표 3-16 오일서비스탱크를 이용하여 다음과 같이 공량을 산출한다.

1) 공량산출

장 비 명	직 종 명	공 량 산 출〔인〕	비 고
주철제 보일러	기계설치공 특 별 인 부	1.1〔인/대〕×1〔대〕=1.1 0.3〔인/대〕×1〔대〕=0.3	주철제 3호에 해당됨
패키지형 수관식 보일러	기계설치공 특 별 인 부	6〔인/ton〕× {2〔ton〕+3〔ton〕} =30 2〔인/ton〕× {2〔ton〕+3〔ton〕} =10	증발 〔ton〕당 기계설치공=6인 특별인부=2인
오일서비스탱크	배 관 공 보 통 인 부	2.1〔인/대〕×1〔대〕=2.1 2.1〔인/대〕×1〔대〕=2.1	표 3-16
건타입 오일버너	기계설치공 특 별 인 부	4.2〔인/대〕×1〔대〕=4.2 2.0〔인/대〕×1〔대〕=2.0	노무량의 최소치를 적용시
반자동식 로터리오일버너	기계설치공 특 별 인 부	4.5〔인/대〕×1〔대〕+5.0〔인/대〕×1〔대〕=9.5 2.0〔인/대〕×1〔대〕+2.3〔인/대〕×1〔대〕=4.3	노무량의 최소치를 적용시
계	기계설치공=44.8〔인〕, 특별인부=16.6〔인〕, 배관공=2.1〔인〕, 보통인부=2.1〔인〕		

2) 노무비 산출(공량노임단가)

기계설치공 : 44.8〔인〕×16,800〔원/인〕= 752,640〔원〕
특 별 인 부 : 16.6〔인〕×15,050〔원/인〕= 249,830〔원〕
배 관 공 : 2.1〔인〕×15,950〔원/인〕= 33,495〔원〕
보 통 인 부 : 2.1〔인〕×11,050〔원/인〕= 23,205〔원〕

계 =1,059,170〔원〕

3–3–4 공기조화기기 및 방열기류

(1) 공기조화기(air handling unit)

공기조화기의 설치비는 표 3–18을 적용하여 산출한다. 품셈에는 가습기 등의 부속품을 취부하는 것이 포함되어 있지만, 공기토출과 흡입측에 연결되는 캔버스 이음의 설치비는 포함되어 있지 않다.

(2) 팬코일유닛(fan coil unit)

팬코일유닛은 코일, 배수팬, 송풍기, 전동기, 취출구, 공기여과기가 케이싱 내에 구성되어 있다. 그 종류는 바닥설치형과 천장설치형으로 구별하며, 그 각각에 대하여 노출형과 은폐형이 있다. 이에 대한 설치비는 표 3–18을 적용하여 산출한다.

그러나 품셈에는 은폐형의 취출구, 흡입구, 조작스위치, 본체와 조작스위치간의 배선·배관의 설치에 관한 것은 포함되어 있지 않기 때문에 이는 별도로 계상하여야 한다. 일반적으로 본체와 조작스위치간의 배관·배선의 견적은 전기설비공사에서 작성하는 것이 바람직하다.

또한 유량조절밸브와 플렉시블 배관이음쇠 등은 별도로 산출한다.

(3) 패키지형 공기조화기

패키지형 공기조화기에는 수랭식과 공랭식이 있으며, 각각에 대한 설치비는 표 3–18을 적용하여 산출한다.

본체 가격은 도면 및 시방서에 준하여 형식, 성능, 부속품 등을 명시, 제조업체에 견적을 의뢰한다.

(4) 룸에어컨(room air conditioner)

룸 쿨러의 형식으로는 실내기와 실외기의 분리유무에 따라 창문형(window type)과 분리형(seperate type)이 있다.

이에 대한 설치비는 표 3–18을 적용하여 산출한다.

표 3–18 공기조화기 신설

(대당)

규	격	기계설치공〔인〕	보통인부〔인〕
1) 수랭식 패키지형			
압축기전동기출력	0.75〔kw〕 이하	0.5	0.5
	1.1〔kw〕 이하	0.6	0.6
	1.5〔kw〕 이하	1.0	1.0
	2.2〔kw〕 이하	1.3	1.3
	3.7〔kw〕 이하	1.5	1.5
	10.8〔kw〕 이하	2.0	2.0
	30.0〔kw〕 이하	3.0	3.0
	37.0〔kw〕 이하	3.5	3.5

규 격		기계설치공[인]	보통인부[인]
2) 공랭식 패키지형			
압축기전동기출력	2.2[kw] 이하	1.0	1.0
	3.7[kw] 이하	1.3	1.3
	7.5[kw] 이하	1.5	1.5
3) 벽부형	0.4[kw] 이하	1.0	0.5
	0.55[kw] 이하	1.3	0.5
	0.75[kw] 이하	1.5	1.0
4) 팬코일유닛(바닥형)풍량	510[CMH] 이하	1.0	
〃	680[CMH] 이상	1.0	0.2
팬코일유닛(천장형)	510[CMH] 이하	1.5	0.5
〃	680[CMH] 이상	2.0	0.5
5) 공조기 전동기출력	7.5[kw] 이하	4.0	1.2
	15[kw] 이하	6.0	1.8
	15[kw] 이상	7.0	2.5

주 : ① 조립 및 부속품 설치품을 포함한다.
② 수배관 전기배관품은 포함하지 않았다.
③ 운반품 및 가대는 별도 계상한다.
④ 공조기 설치는 가열기 또는 냉각기 설치품이 제외되었다.
⑤ 철거는 신설의 50[%](재사용을 고려하지 않을 때)를 계상한다.

(5) 현장조립식 공기조화기

최근에는 현장 반입이 가능한 부분은 공장에서 제작하여 현장에서는 조립작업만을 하는 경우가 많다.

① 본체가격

덕트나 케이싱과 같이 강판, 앵글 등의 재료비와 가공·조립에 필요한 노무비를 산출하여 집계한다. 방수, 방청, 단열공사의 시방에 따라 가격이 크게 변동하기 때문에 시공범위를 명확히 해야 한다.

② 공기가열 및 냉각코일

공기가열 및 냉각코일에 관해서는 다음의 (6)항을 참조한다.

③ 부속품

부속품으로는 점검구, 온도계, 풍압계, 램프 등이 있으며, 이에 대해서는 제조업체에 견적을 의뢰하든지 물가시세표 등에 의한다.

④ 엘리미네이터

엘리미네이터는 두께 0.6[mm] 이상의 아연도철판형이며, 여섯번접이로 하고 피치는 30[mm]로 분리가 가능한 것으로 한다.

(6) 가열 및 냉각코일

코일의 가격은 핀(fin) 및 튜브(tube)의 재질, 튜브의 단수(段數), 열수(列數), 핀피치, 유효길이 그리고 사용열매 등을 제조업체에 통지하여 견적을 받는다.

코일의 설치비는 표 3−19를 적용한다.

표 3−19 공기가열기, 공기냉각기, 공기여과기 신설

〔대당〕

규	격	기계설치공〔인〕	보통인부〔인〕
유 효 길 이	610〔mm〕	2.0	0.60
	762〔mm〕	2.5	0.75
	914〔mm〕	3.0	0.90
	1,067〔mm〕	3.5	1.00
	1,219〔mm〕	4.0	1.20
	1,372〔mm〕	4.5	1.30
	1,524〔mm〕	5.0	1.50
	1,676〔mm〕	5.5	1.60
	1,829〔mm〕	6.0	1.80
	1,981〔mm〕	6.5	1.90
	2,134〔mm〕	7.0	2.10
	2,286〔mm〕	7.5	2.20
	2,438〔mm〕	8.0	2.40
	2,591〔mm〕	8.5	2.50
	2,875〔mm〕	10.0	3.00
	3,048〔mm〕	11.0	3.30

주 : ① 직접 팽창식(디스트리뷰터 포함)은 본 공량에 30〔%〕를 가산한다.

② 헤더 분리형은 본 공량에 50〔%〕를 가산한다.

③ 연결 케이싱은 납땜 시공한다.

④ 풍압이 특히 높을 경우에는 별도 할증 가산한다.

⑤ 에로핀, 플레이트핀 및 핀피치에 상관없이 핀치수 18본 1~3열 기준(W 254mm×H 737mm)한 것이다.

⑥ 튜브의 본수에 의한 증감

2본 감할 때마다 4〔%〕 감한다.

2본 증할 때마다 5〔%〕 증한다.

⑦ 철거는 신설의 50〔%〕(재사용을 고려하지 않을 때)를 계상한다.

(7) 공기여과기(air filter)

공기여과기의 종류는 여러 가지가 있지만, 일반적으로 공조설비용 여과기로 사용되는 것으로는 유닛형 공기여과기, 자동감기형 공기여과기, 자동감기형 전기집진기가 있다.

국내에서는 표 3−19와 같이 여과기의 형식을 구분하지 않지만, 일본에서는 표 3−20과 같이 각 형식과 처리풍량에 따른 설치비를 계상하고 있다.

표 3-20 공기청정장치의 설치(일본기준)

(개당)

세 목	단 위	규 격	기계설치공[인]		비 고
자동권취형 여과기 (여과재유전형 여과기)	대	150[m^3/min]이하	1.35	1식	
	대	175	1.38	1식	
	대	200	1.41	1식	
	대	225	1.43	1식	
	대	250	1.45	1식	
	대	275	1.48	1식	
	대	300	1.51	1식	
	대	325	1.54	1식	
	대	350	1.57	1식	
	대	375	1.59	1식	
	대	400	1.61	1식	
	대	450	1.65	1식	
	대	500	2.15	1식	
	대	550	2.21	1식	
	대	600	2.26	1식	
	대	650	2.29	1식	
	대	700	2.31	1식	
	대	750	2.36	1식	
	대	800	2.42	1식	
전기집진기 (여과재 병용형)	대	167	1.73	1식	
	대	250	2.21	1식	
	대	333	2.46	1식	
	대	500	3.06	1식	
	대	667	3.56	1식	
	대	1,000	5.08	1식	
	대	1,667	7.61	1식	
판넬형 여과재	매	500×500×50[t]	0.05[인]	1식	
	매	500×500×100[t]	0.06[인]	1식	
절입형 여과재	매	610×610	0.10[인]	1식	

(8) 전열교환기

최근에는 공기조화설비의 에너지절약 수단으로 전열교환기가 많이 사용되고 있지만 국내에서는 아직 이에 대한 설치비가 품셈에 제정되어 있지 않다. 다음의 표 3-21은 일본에서 적용하고 있는 설치비를 나타낸 것이다.

전열교환기의 형식은 구동장치의 유무에 따라 회전형과 정지형으로 크게 구분한다.

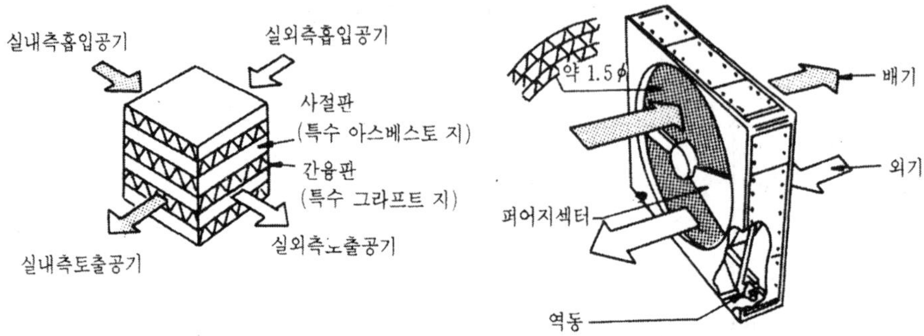

(정지형 전열교환기) (회전형 전열교환기)

그림 3-18 전열교환기

표 3-21 전열교환기 설치(일본기준)

세 목	단 위	규 격	기계설치공(인)		비 고
회전형전열교환기	대	10[m³/min] 이하	0.68	1식	
	대	25[m³/min] 이하	0.99	1식	
	대	40[m³/min] 이하	1.22	1식	
	대	65[m³/min] 이하	1.67	1식	
	대	90[m³/min] 이하	2.12	1식	
	대	125[m³/min] 이하	2.70	1식	
	대	190[m³/min] 이하	3.83	1식	
	대	270[m³/min] 이하	5.86	1식	
정지형전열교환기	대	바닥설치 1,000[m³/h]	1.31	1식	
(단 체)	대	2,000[m³/h]	1.59	1식	
	대	3,000[m³/h]	1.90	1식	
	대	4,000[m³/h]	2.16	1식	
	대	5,000[m³/h]	2.53	1식	
	대	7,500[m³/h]	3.24	1식	
	대	10,000[m³/h]	3.82	1식	
	대	15,000[m³/h]	5.54	1식	
	대	20,000[m³/h]	6.69	1식	
	대	25,000[m³/h]	8.40	1식	
정지형전열교환기	대	바닥설치 100[m³/h]	1.01	1식	
(유 닛 형)	대	300[m³/h]	1.25	1식	
	대	500[m³/h]	1.44	1식	
	대	1,000[m³/h]	1.98	1식	
	대	2,000[m³/h]	3.06	1식	
	대	4,000[m³/h]	4.95	1식	
	대	6,000[m³/h]	6.85	1식	
	대	10,000[m³/h]	11.17	1식	
	대	15,000[m³/h]	15.50	1식	

(9) 방열기 및 그 부속품

① 방열기

직접난방의 방열체로 사용되는 방열기의 형식으로는 주철제방열기, 강판제방열기, 베이스보드 방열기, 컨벡터 등이 있다.

방열기 신설에 필요한 설치비는 표 3-22을 적용하여 산출한다.

표 3-22 방열기 신설

규 격	단 위	배 관 공	보통인부
주철제 바닥설치 20절 이하	조	1.10	0.10
주철제 바닥설치 21절 이상	조	1.50	0.10
주철제 벽걸이 3절 이상	조	1.60	0.20
주철제 천장달기 3절	조	2.50	0.50
주철제 1[m] 길이	본	0.70	0.10
컨벡터 길이 1[m] 미만	조	0.80	0.10
컨벡터 길이 1[m] 이상	조	1.10	0.10
베이스보드 1단형 길이 2[m] 미만	단	1.90	0.20
베이스보드 1단형 길이 2[m] 이상	단	2.40	0.20

주 : ① 본체, 밸브, 트랩류 등 지주철물 설치품을 포함한다.
② 벽걸이 3절 이상은 1절 증가마다 15[%] 증가한다.
③ 컨벡터 및 베이스 보드는 1단 증가마다 20[%] 증가한다.
④ 철거는 신설의 50[%](재산용을 고려치 않을 때) 계상한다.
⑤ 소운반품은 별도 가산한다.
⑥ 판넬라디에이터는 컨벡터품에 준한다.
⑦ 철판제 및 알루미늄제 방열기는 본품에 10[%] 감한다.

② 방열기 부속품

방열기 부속품으로는 방열기밸브, 방열기트랩, 공기빼기밸브, 벽걸이철물과 받침대 등이 있다.

부속품 설치비는 표 3-23과 표 3-24를 적용하여 산출한다.

표 3-23 밸브콕류 설치

(개당)

규 격		배 관 공[%]	보통인부[%]
구 경	15~50[mm]	0.07	—
	65~100[mm]	0.25	—
	125~150[mm]	0.50	0.20
	200~250[mm]	1.00	0.30
	300[mm]	1.50	0.50

주 : ① 지지철물 설치품 포함(100mm 이상시)한다.
② 철거는 신설의 50[%](재사용을 고려하지 않을 때) 계상한다.

표 3-24 트랩 및 유량계 설치

(조당)

품 명	규 격(mm)	배 관 공(인)	보통인부(인)
트랩 및 유량계	15	0.7	0.10
	20	1.0	0.10
	25	1.0	0.20
	32	1.5	0.30
	40	1.5	0.30
	50	2.0	0.30

주 : ① 트랩 1(flow meter 1), 게이트 밸브 1, 글로브 밸브 3, 스트레이너 1, 기타 바이패스 배관조립 및 설치품을 포함한다.
② 트랩 및 유량계 설치 경우 상기 공량을 각각 적용한다.
③ 철거는 신설의 50(%)(재사용을 고려하지 않을 경우) 계상한다.
④ 50(mm) 이상 공량은 비례 가산한다.
⑤ 본 공량은 고압 버킷 및 저압 벨로즈형 트랩을 포함한다.

【문제 3-3】 사무소 건물에 다음과 같은 형식과 규격의 팬코일유닛을 설치하려고 할 때, 이에 필요한 공량을 산출하시오.

• 팬코일유닛의 규격 및 수량

형 식	규 격	수량(대)	형 식	규 격	수량(대)	비 고
바닥설치형	FCU-2(200)	10	천장설치형	FCU-3(300)	20	FCU-200, 300…800은
	FCU-4(400)	80		FCU-6(600)	40	팬코일유닛의 풍량으로
	FCU-8(800)	80		FCU-8(800)	40	단위는 CFM

【풀 이】 표 3-18 공기조화기 신설을 적용하여 다음과 같이 산출한다.

형 식	규 격	수량(대)	기계설치공(인)	보통인부(인)
바닥설치형	510CMH 이하	10	10(대)×1.0(인/대)=10	-
	680CMH 이상	80+80=160	160(대)×1.0(인/대)=160	160(대)×0.2(인/대)=32
천장설치형	510CMH 이하	20	20(대)×1.5(인/대)=30	20(대)×0.5(인/대)=10
	680CMH 이상	40+40=80	80(대)×2.0(인/대)=160	80(대)×0.5(인/대)=40
계			360	82

주 : 1CFM(ft^3/min)≒1.7CMH(m^3/hr) 이므로 FCU-300은 510CMH, FCU-400은 680-CMH에 해당한다.

【문제 3-4】 다음과 같은 종류와 규격의 공기조화기기를 설치하려고 할 때, 이에 필요한 공량을 산출하시오.

공기조화기기의 종류와 규격

기기명칭	수량(대)	규 격	기기명칭	수량(대)	규 격
수랭식 패키지에어컨	2	20(USRT)×15(kw)	에어핸들링 유닛	10	10,000CMH×60(mmAq)×3.75(kw)
공냉식 패키지에어컨	4	10(USRT)×7.5(kw)		6	20,000CMH×50(mmAq)×7.5(kw)
룸 에어컨(창문형)	6	1500(kcal/h)×0.55(kw)		4	50,000CMH×60(mmAq)×20(kw)

【풀 이】 표 3-18 공기조화기 신설을 적용하여 다음과 같이 산출한다.

기기명칭	규 격	수량〔대〕	기계설치공〔인〕	보통인부〔인〕
1) 수랭식 패키지에어컨	30.0〔kw〕 이하	2	2〔대〕×3.0〔인/대〕=6	2〔대〕×3.0〔인/대〕=6
2) 공랭식 패키지에어컨	7.5〔kw〕 이하	4	4〔대〕×1.5〔인/대〕=6	4〔대〕×1.5〔인/대〕=6
3) 룸 에어컨(창문형)	0.55〔kw〕 이하	6	6〔대〕×1.3〔인/대〕=7.8	6〔대〕×0.5〔인/대〕=3
4) 에어핸들링 유닛	7.5〔kw〕 이하	16	16〔대〕×4.0〔인/대〕=64	16〔대〕×1.2〔인/대〕=19.2
	15〔kw〕 이하	4	4〔대〕×7.0〔인/대〕=28	4〔대〕×2.5〔인/대〕=10
계			111.8	44.2

【문제 3-5】 난방배관 평면도를 보고 방열기의 대수를 산출한 결과가 다음과 같을 때, 방열기 신설에 필요한 공량을 산출하시오.

방열기 종류와 수량

종 류	규 격	수량〔조〕	종 류	규 격	수량〔조〕
주철제방열기	5C-650, 24절	20	베이스보드	2Row-1.6〔m〕	10
(바닥설치형)	5C-650, 18절	10	히터	1Row-2.4〔m〕	20

【풀 이】 표 3-22 방열기 신설을 적용하여 다음과 같이 산출한다.

종 류	규 격	수량〔조〕	배 관 공 〔인〕	보 통 인 부 〔인〕	비 고
주철제방열기	20절 이상	20	20〔조〕×1.5〔인/대〕=30	20〔조〕×0.1〔인/대〕=2	
(바닥설치형)	20절 이하	10	10〔조〕×1.1〔인/대〕=11	10〔조〕×0.1〔인/대〕=1	
베 이 스 보 드	2단형, 2m 미만	10	10〔조〕×1.9〔인/대〕	10〔조〕×0.2〔인/대〕	1단증마다
			×120〔%〕=22.8	×120〔%〕=2.4	20〔%〕증
히 터	1단형, 2m 이상	20	20〔조〕×2.4〔인/대〕=48	20〔조〕×0.2〔인/대〕=4	
계			111.8	9.4	

3-3-5 기기의 보온공사 및 도장공사

(1) 보온(保温)공사

건축설비공사 표준시방서(1991년 건설부 제정)에서는 기기에 관한 보온시공 방법을 표 3-25와 같이 제시하고 있다.

(2) 도장공사

도장공사는 표 3-27~표 3-32까지를 적용하여 복합단가(일위대가)를 작성해 두면 편리하다.

표 3-25 기기의 보온시공

사 용 구 분	재 료 및 시 공 순 서	비 고
공기조화기 및 송풍기 (냉 풍 기)	1) 리 벳 2) 보온판 3) 강판틀 4) 아연철판	외측보온재로서 불연재 보드라이닝을 시공하는 경우에는 특기시방에 따른다.
냉 동 기	1) 리벳 또는 접착제 2) 보온판 3) 아스팔트 펠트 4) 아연철선 5) 아연철판	알루미늄판 또는 스테인리스 강판 시공으로 마감할 때도 있다.
보일러 및 강판제연도	1) 스폿용접 2) 보온판 3) 메탈라스 4) 아연철선 5) 아연철판	알루미늄판 또는 스테인리스판 시공으로 할 때도 있다.
냉·온수 헤더 냉·온수 펌프 냉수조 및 환수조	1) 리벳 또는 접착제 2) 보온판 3) 아스팔트 펠트 4) 아연철선 5) 아연철판	알루미늄판 또는 스테인리스판 시공으로 할 때도 있다.
열교환기 및 팽창수조	1) 보온판 2) 메탈라스 3) 아연철선 4) 아연철판	
강 판 제 탱 크	1) 리 벳 2) 보온재 3) 아스팔트 펠트 4) 아연철선 5) 아연철판	
마감이 복잡한 부분	1) 리 벳 2) 보온재 3) 아스팔트 펠트 4) 메탈라스 5) 하드 및 시멘트 모르타르	

3-3-6 기초 및 가대

(1) 기 초

1) 기초공사 수량

① 각 기기의 기초치수로 부터 콘크리이트 용적〔m^3〕을 계산한다.

② 각 기기의 기초치수의 측면면적으로부터 거푸집 면적〔m^2〕을 계산한다.

③ 철근 콘크리트 기초의 경우, 환봉의 직경별 길이를 산출하고 이를 중량〔ton〕으로 환산한다. 이때 중복되는 부분의 여유는 약 20〔%〕 정도를 가산한다.

④ 기초의 바닥 위에 노출되어 있는 부분중 눈에 보이는 몰탈면적〔m^2〕을 산출한다.

2) 복합단가

위에서 구한 각 수량에 표 3－26에서 복합단가를 산출한다.

표 3－26 콘크리트 기초공사

명 칭	적 요	단위	재료		노무		비 고
			품 명	수 량	직 종	품〔인〕	
무근콘크리트 (1：3：6)	현장조합	〔m^3〕	시멘트 모 래 자 갈	5.6〔포대〕 0.5〔m^3〕 0.9〔m^3〕	콘크리트공 보통인부	0.85 0.82	인력비빔 타설기준
무근콘크리트 (1：4：4)	현장조합	〔m^3〕	시멘트 모 래 자 갈	5.6〔포대〕 0.6〔m^3〕 0.6〔m^3〕	위와 동일	위와 동일	인력비빔 타설기준
모르타르바르기 (1：3)		〔m^3〕	시멘트 모 래	510〔kg〕 1.1〔m^3〕	보통인부	1	
합판거푸집	펌프 등의 기초용	〔m^2〕	합 판 각 재 철 선 못 박리제	0.48〔m^2〕 0.018〔m^3〕 0.13〔kg〕 0.1〔kg〕 0.09〔ℓ〕	형틀목공 보통인부	0.14 0.12	합판거푸집을 3회 사용기준 12〔mm〕내수 합판 기준

표 3－27 도장면적환산

구 분	소요면적 계산	비 고
철 판 및 형 강 류	작은부재：55～60〔m^2/T〕 보통부재：33～50〔m^2/T〕 큰 부 재：23～26.4〔m^2/T〕	두께가 4～4.5〔t〕인 철판 및 형강구조 두께가 5～8〔t〕인 철판 및 형강구조 두께가 9～11〔t〕인 철판 및 형강구조
기 기 류 (표 면)	소형 tank 및 heater：13〔m^2/T〕 compressor 및 pump：6〔m^2/T〕 fan류：10〔m^2/T〕 motor류：6〔m^2/T〕	

표 3—28 바탕만들기

(m² 당)

구 분	자재			공량	
	규 격	단 위	수 량	계 령 공	보통인부
shot	steel shot	[kg]	0.215		
blast	1φ(mm) 기준		0.415	0.0375	0.0125
sand blast	규사함유량 80(%)	(m²)	0.0508	0.0329 (모래분사공)	0.036
power tool	동 력 brush	(개)	0.03	0.1	
wire	gasoline	(ℓ)	0.05		0.05
brush	wire brush	(개)	0.016		

주 : ① 본 표에는 모래의 현장 소운반 shot의 소운반 및 회수가 포함되어 있다.
② 모래 및 shot의 수량은 녹의 정도 및 회수조건에 따라 조정 적용한다.
③ 모래의 채집, 적사, 운반, 굵기는 채집조건에 따라 별도 계상한다.
④ 장비 및 기구손료 소모자재는 별도 계상한다.
⑤ 소형 형강(100mm 미만)구조일 경우 50(%) 할증한다.

표 3—29 녹막이 페인트칠

(m² 당)

구 분	단 위	1 회	2 회	3 회
녹막이페인트	(ℓ)	0.080	0.161	0.182
시 너	(ℓ)	0.004	0.008	0.012
연 마 지	(매)	0.050	0.050	0.050
도 장 공	(인)	0.019	0.030	0.046

1. 본 표에는 재료의 할증율 및 소운반품이 포함되어 있다.
2. 바탕만들기를 위한 재료 및 품은 "바탕만들기"에 준하여 별도 계상한다.
3. 기구손료는 품의 2(%)를 가산한다.
4. 천장칠을 할 때에는 재료 및 품을 20(%) 가산한다.
5. 소모재료는 필요에 따라 "조합페인트칠"에 준하여 별도 가산한다.
6. 비계사용시에는 높이 6~9(m)까지는 품을 15(%) 증가하고 높이 9(m) 이상은 매 3(m) 증가마다 품을 5(%)씩 비례 가산한다.

주 : ① 본 표에서 2회 및 3회의 재료량 및 품은 각 횟수의 재료량 및 품을 합산한 누계수치이다.
② 본 품은 붓으로 칠할 때의 품이다.

표 3-30 조합페인트칠

(m² 당)

바탕별 \ 재료명 \ 구분		단위	칠수량 1회	칠수량 2회	칠수량 3회	도장공〔인〕 1회	도장공〔인〕 2회	도장공〔인〕 3회
철재면	조합페인트	〔ℓ〕	0.081	0.166	0.246	0.023	0.046	0.065
	시너	〔ℓ〕	0.004	0.008	0.012			
	퍼티	〔kg〕	0.080	0.080	0.080			
	연마지	〔매〕	0.050	0.100	0.150			
회플반라죽스및틱	조합페인트	〔ℓ〕	0.139	0.229	0.338	0.027	0.055	0.079
	시너	〔ℓ〕	0.020	0.030	0.040			
	퍼티	〔kg〕	0.006	0.006	0.006			
	연마지	〔매〕	0.250	0.500	0.500			
합석면	조합페인트	〔ℓ〕	0.115	0.201		0.013	0.030	0.097
	시너	〔ℓ〕	0.012	0.023				
	연마지	〔매〕	0.250	0.500				

1. 본 표에는 재료의 할증률 및 소운반품이 포함되어 있다.
2. 바탕만들기를 위한 재료 및 품은 "바탕만들기"에 준하여 별도 계상한다.
3. 기구손료는 품의 2〔%〕를 가산한다.
4. 천장칠을 할 때에는 재료 및 품을 20〔%〕 가산한다.
5. 비계사용시에는 높이 6~9〔m〕까지는 품을 15〔%〕 증가하고 높이 9〔m〕 이상은 매 3〔m〕 증가마다 품을 5〔%〕씩 비례 가산한다.
6. 철재면 및 함석면의 바탕처리가 필요한 때에는 재료 및 품을 별도 가산한다.
7. 소모재료비는 필요에 따라 다음을 표준으로 하여 별도 계상한다.

(m² 당)

넝마〔kg〕	가솔린〔ℓ〕
0.01	0.05

주 : ① 본 표에서 2회 및 3회의 재료량 및 품은 각 횟수의 재료량 및 품을 합산한 누계수치이다.
② 연마지 치수는 KSL 6003의 22.8〔cm〕×28〔cm〕를 기준한 것이다.
③ 외벽에서 층을 구분할 수 없을 때에는 층고를 3.6〔m〕로 기준하여 층수를 환산하고, 내벽 높이에서도 3.6〔m〕를 기준하여 환산 적용한다.
④ 본 표의 품은 붓으로 칠할 때의 경우이며, 뿜칠을 할 때에는 분무기 1회 뿜기에 도장공 0.003〔인/m²〕를 기준으로 한다.

표 3-31 알루미늄 페인트칠

(m² 당)

재료명 \ 구분	단위	수량 1회	수량 2회	수량 3회
녹막이페인트	〔ℓ〕	0.077		

재료명 \ 구분	단위	수량 1회	2회	3회
알루미늄페인트	〔ℓ〕		0.063	0.126
시너	〔ℓ〕	0.004	0.008	0.012
퍼티	〔kg〕		0.080	0.080
연마지	〔매〕		0.125	0.125
도장공	〔인〕	0.019	0.054	0.085

1. 본 표에는 재료의 할증률 및 소운반품이 포함되어 있다.
2. 바탕만들기를 위한 재료 및 품은 "바탕만들기"에 준하여 별도 계상한다.
3. 기구손료는 품의 2〔%〕를 가산한다.
4. 본 표는 솔칠일 때이고, 뿜칠로 할 때는 희석제를 별도 가산한다.
5. 소모재료는 필요에 따라 "조합페인트칠"에 준하여 별도 가산한다.
6. 지상 6~9〔m〕까지는 품을 15〔%〕 가산하고 높이 9〔m〕 이상은 3〔m〕초과마다 5〔%〕씩 비례 가산한다.
7. 천장인 경우에는 재료 및 품을 20〔%〕 가산한다.

注 : 본 표에서 2회 및 3회의 재료량 및 품은 각 횟수별 재료량 및 품을 합산한 누계수치이다.

表 3—32 난방설비 페인트칠

(m^2당 1회칠)

구분	물량〔ℓ〕	도장공〔인〕	용도
알루미늄페인트(은분)	0.146	0.054	난방용 노출관 및 방열기용
광명단	0.132	0.038	파이프탱크덕트 방청칠
용해아연페인트 및 색페인트	0.132	0.038	파이프탱크덕트 끝매기칠
용해아연페인트 및 색페인트	0.165	0.054	보온 후 끝매기칠
수성도료(내부용)	0.309	0.054	보온마포칠
내산도료	0.255	0.054	파이프, 탱크, 덕트 내 상용
콜타르(보통 아스팔트)	0.346	0.054	옥외 보온마포질
보일류	0.064	—	광명단 색페인트 용해용

注 : ① 2회칠은 1회칠 품에 60〔%〕 증감한다.
② 특수도료칠은 별도 계상한다.
③ 바닥처리의 재료 및 품은 가산한다.
④ 지상 6~9〔m〕까지 품은 15〔%〕 가산하고 9〔m〕 이상은 3〔m〕 초과마다 5〔%〕씩 비례 가산한다.
⑤ 천장인 경우 20〔%〕 가산하고 거친 바탕품은 30〔%〕 가산한다.

표 3-33 수성페인트(합성수지 에멜션페인트)

가. 롤러칠 (m²당)

재 료 명 \ 구분		칠 수 량			도 장 공 〔인〕		
	단위	1 회	2 회	3 회	1 회	2 회	3 회
에멀션페인트	ℓ	0.098	0.197	0.296	0.021	0.046	0.071
연 마 지	매	—	0.125	0.250			

1. 본 표에는 재료의 할증률 및 소운반품이 포함되어 있다.
2. 바탕만들기를 위한 재료 및 품은 "바탕만들기"에 준하여 별도 계상한다.
3. 착색제는 필요에 따라 별도 가산한다.
4. 기구손료는 품의 2〔%〕를 가산한다.
5. 천장칠을 할 때에는 재료 및 품을 20〔%〕 가산한다.
6. 소모재료는 필요에 따라 "조합페인트칠"에 준하여 별도 가산한다.
7. 지상 6~9〔m〕까지는 품을 15〔%〕 가산하고, 높이 9〔m〕 이상은 매 3〔m〕 초과마다 5〔%〕씩 비례 가산한다.
8. 본 품에는 보조 붓칠이 포함된 것이다.

注 : 본 표에서 2회 및 3회의 재료량 및 품은 각 횟수의 재료량 및 품을 합산한 누계수치이다.

나. 붓칠 (m² 당)

재 료 명 \ 구분		칠 수 량			도 장 공 〔인〕		
	단위	1 회	2 회	3 회	1 회	2 회	3 회
에멀션페인트	ℓ	0.098	0.197	0.296	0.028	0.061	0.094
연 마 지	매	—	0.125	0.25			

1. 본 표에는 재료의 할증률 및 소운반품이 포함되어 있다.
2. 바탕만들기를 위한 재료 및 품은 "바탕처리에"에 준하여 별도 계상한다.
3. 착색제는 필요에 따라 별도 가산한다.
4. 기구손료는 품의 2〔%〕를 가산한다.
5. 천장칠을 할 때에는 재료 및 품을 20〔%〕 가산한다.
6. 소모재료는 필요에 따라 "조합페인트칠"에 준하여 별도 가산한다.
7. 비계사용시에는 높이 6~9〔m〕까지는 품을 15〔%〕 증가하고 높이 9〔m〕 이상은 매 3〔m〕 증가마다 품을 5〔%〕씩 비례 가산한다.

注 : 본 표에는 2회 및 3회의 재료량 및 품은 각 횟수별 재료량 및 품을 합산한 누계수치이다.

(2) 가대

통상 전문업체에 견적을 의뢰하거나 그렇지 못할 경우에는 표 3-34 각종 잡철물 제작설치를 적용하여 견적한다.

표 3-34 각종 잡철물 제작설치

(철물 ton당)

구 분		단위	물 공 량 표 준			비 고
			철물제작	철물설치	제작설치	
1. 재료	용 접 봉	kg	15.71	2.77	18.48	
	산 소	ℓ	5.355	945	6.300	
	아세틸렌	kg	2.4	0.4	2.8	
	유 지	ℓ	(0.17)	—	(0.17)	필요할 때 계상
	볼 트	개	(0.46)	—	(0.46)	필요할 때 계상
2. 품	철 공	인	21.80	5.85	27.65	사용소재에 따라 철판공이
	비 계 공	인	(4.0)	(0.71)	(4.71)	필요할 때 계상
	인 부	인	0.56	0.10	0.66	
	용 접 공	인	2.21	0.39	2.60	
	특별인부	인	0.63	0.11	0.74	
3. 기타	용접기손료	시간	17.71	3.12	20.83	
	전력소요량	kwh	107.1	18.9	126	

1. 본 품은 일반철재류 잡철물 제작설치에 대한 일반적 기준이며 주자재(철판, 앵글, 파이프 등)는 별도 계상한다.
2. 본 품은 간단한 구조를 기준한 것이므로 용접개소, 형상, 경량철재 등에 따라 재료 및 품을 다음의 범위 내에서 계상한다.

간 단	보 통	복 잡
100[%]	120[%]	140[%]

3. 본 품은 각종 철물을 제작할 때의 품으로서 특수철물 제작 및 설치시는 별도 계상할 수 있다.
4. 철물 제작설치에 있어서 비계매기 또는 장애물처리에 필요한 비계공은 필요할 때만 계상하며 강판의 가공설치에는 철공 대신 철판공을 적용한다.
5. 설치용 장비가 필요한 경우에는 별도 계상할 수 있다.
6. 철물설치는 제작된 철물을 반입 현장에 설치하는 것으로 필요한 때 계상한다.
7. 본 품은 소운반이 포함된 것이며, 기타 기계·기구 손료는 인건비의 3[%]이다.

主 : ① 잡철물의 구조별 구분은 다음과 같다.
- 간단구조 : 자재수나 용접개소가 많지 않고 간단히 제작설치하는 잡철물류
- 보통구조 : 자재수나 용접개소가 보통이거나 경량철재 또는 박판으로서 절단, 절곡, 용접 등 제작설치가 복잡하지 않는 잡철물류
- 복잡구조 : 자재수나 용접개소가 많고 형상이 복잡하거나 경량철재 또는 박판으로서 절단, 절곡, 용접 등 제작설치가 복잡한 잡철물류

② 본 품에서 잡철물의 예를 들면 다음과 같다.
- 피트 및 맨홀뚜껑류
- 계단 및 난간 철물류 등
- PD문, DC문, 환기구철물 등 간이창호류
- 체크무늬 철판, 그물철망 등
- 기타 철골공사에 해당되지 않는 철제품의 제작 및 설치

3-3-7 운반비, 반입비, 설치비

공조설비의 내역서에는 운반비, 반입비, 설치비의 3가지 항목이 기재되어 있지만, 이것들은 서로 관련이 있기 때문에 일부 혼동하여 누락, 중복될 수 있으므로 주의한다.

(1) 운반비

일반적으로 기기의 운반비는 본체가격에 포함되는 경우가 많고 견적서에 운반비가 포함되어 있지 않더라도 인수장소가 현장으로 되어 있으면 별도로 운반비를 계상할 필요가 없다.

그러나 외자재로 수입하는 경우 인도 장소에 따라 자국 내의 지정장소에서 현장까지의 운반비는 특기한 사항이 없는 한 별도로 계상해야 하기 때문에 적산시에는 인도 장소의 한계를 명확히 해두는 것이 필요하다.

(2) 반입비

반입비는 현장부지 내에 운반된 기기류를 지정된 설치장소까지 운반하는 비용을 말하며, 경우에 따라서는 설치장소의 기초 위에 올려 놓는 비용까지를 포함하기도 한다.

(3) 설치비

설치비는 기기가 설치장소까지 반입된 후 그 기기가 종합조정작업을 실시할 수 있기 전까지의 기기 설치작업에 필요한 비용을 말한다.

설치비의 내용은 기기를 기초 위에 완전히 고정, 정착시킴과 동시에 수평, 조립, 뒷정리 등의 작업에 필요한 경비를 말한다.

(4) 반입비의 산출방법

반입비는 산출하는 기기의 설치장소(층), 중량(분할 가능한 것은 개개의 중량), 용적을 조사하여 다음과 같이 산출한다.

반입비＝기준단가×반입비 할증률×반입기기 중량

3-3-8 기기설비 공사의 세목내역(예)

기기설비의 각 세목별 공사 내역의 예제는 다음의 표 3-35~3-37을 참조한다.

표 3-35 냉동기 및 부속기기 설비공사의 세목내역(예)

번호	품목	규격	수량	단위	산출법			비고
					견적의뢰	수량품셈	(%)	
①	터보 냉동기	용량 ○○[USRT]	○	대	○			기기, 부속품 1식, 시운전, 설치, 조정까지 포함
②	왕복동 냉동기	용량 ○○[USRT]	○	대	○			기기, 부속품, 1식 시운전, 설치, 조정까지 포함

번호	품 목	규 격	수량	단위	산출법 견적의뢰	산출법 수량품셈	산출법 〔%〕	비 고
③	냉 각 탑	○○형, ○○〔RT〕	○	대	○			부속품 1식
④	냉각수 순환펌프	○φ×○○〔ℓ/min〕×○〔m〕×○〔kw〕	○	대	○			부속품 1식
⑤	기초공사	(기기설치대 공사)	1	식		○		복합단가(별지내역서 작성)
⑥	보랭공사		1	식		○		복합단가(별지내역서 작성)
⑦	도장공사		1	식		○		복합단가(별지내역서 작성)
⑧	소모품 및 잡재료		1	식			○	〔③+④〕×0.3~0.5〔%〕
⑨	반입 및 설치비	(공임)	1	식		○		
⑩	운 반 비		1	식		○	△	
	소 계	①~⑩						

표 3-36 보일러 및 부속기기 설비공사의 세목내역(예)

번호	품 목	규 격	수량	단위	산출법 견적의뢰	산출법 수량품셈	산출법 〔%〕	비 고
①	강제보일러	○○식, 상용압력 ○〔kg/cm²〕, 증발량 ○〔kg/h〕	○	대	○			보일러, 버너, 기타 1식, 반입설치, 시운전까지 포함
②	주철제보일러	상용압력 ○〔kg/cm²〕 정격출력 ○○〔kg/h〕	○	대	○			보일러, 버너, 기타 1식, 반입설치, 시운전까지 포함
③	강판제연도	○〔mmt〕	1	식	△	○		제작설치 포함
④	전동급수펌프	○〔φ〕×○〔m³/h〕×○〔m〕×○〔kw〕	○	대	○			부속품 1식
⑤	전동진공급수펌프	○○형 ○○〔m²〕(EDR)	○	대	○			부속품 1식
⑥	기동급수펌프	○×○×○ 증기압력 ○〔kg/cm²〕	○	대	○			부속품 1식
⑦	전동응축수 펌프	○○형 ○○〔m²〕(EDR)	○	대	○			부속품 1식
⑧	냉온수순환펌프	○〔φ〕×○〔m³/h〕×○〔m〕×○〔kw〕	○	대	○			부속품 1식
⑨	기름펌프	○〔φ〕×○〔ℓ/h〕×〔kw〕 토출압 ○〔kg/cm²〕	○	대	○			부속품 1식
⑩	배수펌프(수동)	○〔φ〕, 위와 동일	○	대	○			부속품 1식
⑪	응축수조(수수조)	용량 : ○○〔ℓ〕 크기 : ○×○×○	○	대	○	△		
⑫	오일서비스탱크	용량 : ○○〔ℓ〕 크기 : ○〔φ〕×○〔L〕	○	대	○	△		부속품 1식

번호	품목	규격	수량	단위	산출법			비고
					견적의뢰	수량품셈	[%]	
⑬	열교환기	가열량 : ○○[kcal/h] 크기 : ○[ϕ]×○[L]×○[mmt]	○	대	○	△		앵글가대 포함
⑭	스팀헤더	○[ϕ]×○[L]×○[mmt]	○	대	○	△		앵글가대 포함
⑮	팽창탱크	○×○×○[H]×○[mmt]	○	대	○	△		앵글가대 포함
⑯	저유조	용량 ○○[m^3] 크기 ○[ϕ]×○[H]×○[mmt]	○	대	○	△		부속품 1식
⑰	건조사		○	m^3		○		
⑱	위의 기름탱크실	콘크리트조	1식			○		건축공사일 때는 제외
⑲	기초공사	기기설치대공사	1식			○		복합단가(별지내역서 작성)
⑳	보온공사		1식			○		복합단가(별지내역서 작성)
㉑	도장공사		1식			○		복합단가(별지내역서 작성)
㉒	소모품잡재료		1식				○	[③~⑮]×0.3~0.5[%]
㉓	쪼아내기 보수비		1식			○		복합단가
㉔	노무비	(반입 및 설치공사)	1식			○		별지내역서 작성
㉕	운반비		1식			○	△	반입비를 포함(별지내역서작성)
	계							

표 3-37 공기조화기 설치공사의 세목내역(예)

번호	품목	규격	수량	단위	산출법			비고
					견적의뢰	수량품셈	[%]	
①	송풍기	○○형, No○ ○[m^3/h]×○[mmAq]×○[kw]	○	대	○			부속품1식
②	배풍기	〃	○	대	○			부속품1식
③	자동권취형 공기여과기	○[m^3/h]×○[kw]	○	대	○			(유닛형일 경우 ○×○, 개)
④	전기집진기	○[m^3/h]×○[kw]	○	대	○			
⑤	온도계	○○형	○	개	○			
⑥	연결케이싱	○[mmt]	1	식		○		복합단가
⑦	패키지형 공기조화기	○○형(P.A.C) ○○[kcal/h]×○[kw]	○	대	○			부속품1식
⑧	유닛형 공기조화기	○○형(A.H.U) ○[m^3/min]×○[mmAq]×○[kw]	○	대	○			부속품1식
⑨	팬코일유닛	○○형(F.C.U) ○○[m^3/min]×○[kw]	○	대	○			부속품1식
⑩	기기용 방진장치		1	식		○		

3—4 덕트 설비

3—4—1 덕트의 적산방법

(1) 덕트공사의 내역

덕트공사의 내역은 대략 다음의 표 3—38과 같은 항목으로 분류되어 이들의 각 항목에 대해서 순차적으로 적산을 한다.

표 3—38 덕트공사의 총괄내역서

명 칭	수 량	단 위	금 액	
덕 트	1	식		
취 출 구, 흡 입 구 류	1	식		
댐 퍼 류	1	식		
챔 버 류	1	식		
소 음 장 치	1	식		
보 온 공 사	1	식		
도 장 공 사	1	식		
쪼아내기및보수기타공사	1	식		
운 반 비	1	식		
합 계				

(2) 덕트의 철판두께

덕트의 철판두께는 각형덕트에서는 장변의 길이, 원형덕트에서는 직경에 따라 결정되며, 특기하지 않는 한 다음의 표 3—39를 기준으로 한다.

표 3—39 덕트의 철판두께

구 분 / 두께(mm)	각 형 덕 트(장변 mm)		원 형 덕 트(직경 mm)	
	저 속	고 속	저 속	고 속
0.5	450 이하	—	450 이하	200 이하
0.6	451～750	—	451～750	201～600
0.8	751～1,500	450 이하	751～1,000	601～800
1.0	1,501～2,250	451～1,200	1,001 이상	801～1,000
1.2	2,251 이상	1,201 이상	—	—

주 : ① 후드, 에어챔버(air chamber)의 철판두께는 저속 각형덕트에 준하다.

② 연결케이싱의 철판두께는 1.2〔mm〕를 표준으로 한다.

③ 스파이럴 원형덕트의 두께는 고속 원형덕트에 준한다.

④ 배연덕트의 철판두께는 고속덕트에 준한다.

(3) 철판의 소요면적

1) 각형덕트

설계도면에서 철판의 소요면적을 산출하는 방법은 단면적(장변×단변)이 동일한 덕트별로 그 덕트의 중심선에서 특정한 길이를 다음의 표 3-40, 표 3-41 또는 이에 준하는 양식의 '덕트수량산출용지'에 기입한다.

이 경우 동일용지에 다음과 같은 사항을 기입함으로써 보온 및 도장 공사 그리고 기타 수량적산작업이 편리하게 된다.

① 층별, 계통별로 분류(입상, 환기, 급기, 외기, 배기 등)

② 용도의 분류 : 공기조화 및 환기, 배연설비의 구분

③ 노출, 은폐, 다습(多濕)개소, 옥외 등의 구분(보온, 도장 공사에 필요)

④ 각종 댐퍼류 및 기기류 산출

상기의 산출작업 결과 덕트의 표면적이 구해지면, 이에 시임(seam)이나 플랜지 부분에서 접혀지는 것과 절단에 의한 손실 등을 고려하여 재료의 할증률(품셈에서는 덕트용 금속판의 재료할증률은 28〔%〕)을 적용하여 실제 소요면적을 구한다.

또한 산출된 덕트면적을 이를 제작하는 데 필요한 (3′×6′ 크기의) 철판매수로 산출하려면 다음과 같이 한다.

$$\text{소요철판매수}(3'\times6') = \frac{\text{덕트산출표면적}〔m^2〕}{1.3}$$

(철판 1매의 크기=0.914〔m〕×1.829〔m〕=1.67〔m^2〕, 1.67/1.3≒1.28=128〔%〕)

2) 원형덕트

설계도면에서 원형덕트의 직경별로 직관부와 부속류를 산출하며, 직관부는 절단이나 접속 등에 의한 손실을 고려하여 10〔%〕 정도 가산하는 것이 바람직하다.

표 3-40 수량산출용지(1)

덕트크기	노출	은폐	둘레길이 (장변+단변) ×2	길 이	길이계	덕트둘레길이×길이=표면적〔m^2〕					댐 퍼			기 타 부속품
						0.5〔mm〕 (~450)	0.6〔mm〕 (460~750)	0.8〔mm〕 (760~1500)	1.0〔mm〕 (1510~2250)	1.2〔mm〕 (2260~)	F.D	V.D	F.V.D	
×				…+…+…+…+…										
×														
×														
×														
×														
×														
×														

덕트크기	노출	은폐	둘레길이 (장변+단변) ×2	길 이	길이 계	덕트둘레길이×길이=표면적〔m²〕 0.5〔mm〕 (~450)	0.6〔mm〕 (460~750)	0.8〔mm〕 (760~1500)	1.0〔mm〕 (1510~2250)	1.2〔mm〕 (2260~)	댐 퍼 F.D	V.D	F.V.D	기 타 부속품
×														
×														
×														
×														
×														
×														
					계						노 출		은 폐	
										〔m²〕		〔m²〕		〔m²〕

표 3-41 덕트수량산출용지(2)

계통 노출·은폐

댐 퍼 F.D	V.D	F.V.D M.D	덕트크기		길 이	길이 계	둘레길이	〔m³〕 #26 (~450)	#24 (~750)	#22 (~1500)	#20 (~2250)	#18 (2260~)
						계						
						합 계		노출·은폐			〔m²〕	

(4) 덕트의 제작 및 설치

덕트에서 사용하는 아연도철판 1〔m^2〕당 소요되는 노무비와 보조재료는 덕트의 이음, 보강법, 그리고 구조에 따라 다르지만 일반적으로 다음과 같다.

① 노무비

각형 및 원형덕트의 단위면적 1〔m^2〕당 제작 및 설치에 필요한 노무량은 표 3－42, 표 3－43을 기준으로 하여 산출한다.

또한, 스파이럴덕트와 플렉시블덕트의 설치에 필요한 노무량은 각각 표 3－43과 표 3－44를 기준으로 하여 산출한다.

表 3－42 덕트 제작 및 설치

가. 각형덕트(인력덕트)

(m^2당 덕트공)

규	격		제 작	설 치	제작 및 설치
아 연 철 판 (피츠버그접수)	호칭두께 〔mm〕	0.5	0.24	0.20	0.44
		0.6	0.26	0.21	0.47
		0.8	0.28	0.22	0.50
		1.0	0.33	0.27	0.60
		1.2	0.37	0.31	0.68
		1.6	0.48	0.39	0.87

나. 각형덕트(기계덕트)

(m^2당 덕트공)

규	격		제 작	설 치	제작 및 설치
아 연 철 판	호칭두께 〔mm〕	0.5	0.18	0.20	0.38
		0.6	0.19	0.21	0.40
		0.8	0.21	0.22	0.43
		1.0	0.24	0.27	0.51
		1.2	0.27	0.31	0.58
		1.6	0.36	0.39	0.75

다. 원형덕트(인력덕트)

(m^2당 덕트공)

규	격		제 작	설 치	제작 및 설치
아 연 철 판 (피츠버그접수)	호칭두께 〔mm〕	0.5	0.25	0.21	0.46
		0.6	0.27	0.21	0.48
		0.8	0.28	0.23	0.51
		1.0	0.31	0.26	0.57
		1.2	0.37	0.31	0.58

주 : ① 상기 공량에는 제작 및 설치에 필요한 형강, 동리벳, 볼트너트, 티, 엘보 등의 시공, 각종 나사내기품이 포함되어 있다.

② 상기 공량에는 운반, 쪼아내기, 보수 및 교정, 정리 잡품이 포함되지 않은 공량이므로 상기 공량의 17~25〔%〕를 추가한다.

③ 덕트의 설치높이가 바닥면에서 3m 이상일 경우에는 가설물 손료를 가산한다.

④ 각형덕트(기계덕트)는 중규모 이상의 건축물로 기계를 사용하는 데 적용한다.

⑤ 기계덕트 제작에 필요한 기계(만곡기, 절단기 등)의 사용료는 제작공임에 포함되어 있다.

⑥ 계산 예

각형덕트 호칭두께 0.5〔mm〕, 설계면적 100〔m^2〕 경우

0.44×100(1.17~1.25)=51.48~55공

② 보조재료

각형 및 원형덕트의 단위면적 〔m^2〕당 제작 및 설치에 필요한 각종 보조재료는 표 3-45를 기준으로 하여 산출하며, 플렉시블덕트의 설치에 필요한 덕트용 테이프는 표 3-44를 기준으로 하여 산출한다.

한편 각형 및 원형 덕트의 경우는 이를 제작 설치하는 데 필요한 보조재료의 종류가 많기 때문에, 이를 각각 나열하여 산출 및 내역하기보다는 이에 필요한 복합단가표(일위대가표)를 작성하는 것이 편리하다.

표 3-43 스파이럴덕트 신설

(m당 덕트공)

철판두께〔mm〕	규 격〔φ〕	스파이럴덕트설치〔인〕	홀인앵커설치〔인〕
0.5	구경 800~150	0.125	0.063
	160	0.156	0.063
	175~180	0.176	0.063
	200	0.188	0.063
0.6	225	0.206	0.063
	250	0.219	0.063
	275	0.238	0.063
	300	0.270	0.063
	350	0.312	0.063
	400	0.394	0.063
	450	0.425	0.125
	500	0.469	0.125
	550	0.550	0.125
	600	0.562	0.125
0.8	650	0.625	0.125
	700	0.656	0.125

철판두께(mm)	규 격(ϕ)	스파이럴덕트설치(인)	홀인앵커설치(인)
1.0	750	0.708	0.125
	800	0.750	0.125
	850	0.780	0.125
	900	0.832	0.125
	950	0.864	0.125
	1,000	0.940	0.125

주 : ① 계수, 보조재의 제작 및 설치품을 포함한다.
② 보조재라 함은 테이프, 땜납, 피스, 접착제, 볼트, 리벳 및 패킹 등을 말한다.
③ 본 품은 높이 3.5(m)를 기준한 것이다.
④ 운반비는 별도 계상한다.
⑤ 높이 3.5(m) 이상일 때에는 가설물 손료를 별도 계상할 수 있다.

표 3—44 플렉시블 덕트 설치

(1개소당 3m까지)

구 경	폭 50(mm) 덕트용 테이프(m)	덕 트 공
100	1.3	0.05
125	1.6	0.06
150	1.8	0.08
175	2.2	0.09
200	2,5	0.10
225	2.8	0.11
250	3.1	0.12
275	3.5	0.14
300	3.8	0.17
350	4.4	0.21
400	5.0	0.25

주 : ① 기타 잡품비는 본 품에 포함되어 있다.

표 3—45 덕트용 재료

가. 각형덕트(인력덕트용)

(m^2당)

품 명	규 격	단위	0.5	0.6	0.8	1.0	1.2	1.6
앵글(형강)	25×25×3	kg	2.7	2.9				
	30×30×3	kg			3.1			
	40×40×3	kg				4.2		
	40×40×5	kg					6.6	
	50×50×3	kg						8.6
리 벳	4.0(ϕ)	본	38	38	38	38	38	

품 명	규 격	단위	0.5	0.6	0.8	1.0	1.2	1.6
볼트너트	6〔φ〕×20〔ℓ〕	본	15	15				
	8〔φ〕×20〔ℓ〕	본			15	15		
	8〔φ〕×25〔ℓ〕	본					15	15
패 킹 재	25〔폭〕×3〔두께〕	m	1.1	1.1				
	30〔폭〕×3〔두께〕	m			1.1			
	40〔폭〕×3〔두께〕	m				1.1	1.1	
	50〔폭〕×3〔두께〕	m						1.1
환 강	9〔φ〕	kg	0.2	0.3	0.3	0.4		
	12〔φ〕	kg				(0.8)	0.9	1.1
강재방청 페 인 트		m^2	0.30	0.30	0.34	0.45	0.46	0.48
코 킹 재	피츠버그 접수용	g	42	46	51	56	61	70
소 모 품	철판 포함한 재료비의 2~5〔%〕							

주 : ① 아연철판 0.5, 0.6, 0.8, 1.0〔mm〕는 리벳 10〔ℓ〕를 사용하고, 1.2〔mm〕는 12〔ℓ〕를 사용한다.
② 코킹재(컴파운드) 대신 납땜을 사용할 경우는 40~50〔g〕을 별도로 사용한다.

나. 원형덕트(인력덕트용) (m^2당)

물 량	규 격	단 위	0.5	0.6	0.8	1.0	1.2
앵글(형강)	25×25×3	kg	1.5	1.7			
	30×30×3	kg			1.8		
	40×40×3	kg				2.5	
	40×40×5	kg					4.0
리 벳	4.5〔φ〕	본	23	23	27	27	27
평 강	3〔t〕×32	kg	0.9	0.9			
	3〔t〕×40	kg			1.1		
	3〔t〕×50	kg				1.5	1.8
볼트너트	6〔φ〕×20	본	11	11			
	8〔φ〕×20	본			14	14	
	8〔φ〕×25	본					14
패 킹 재	25〔폭〕×3〔두께〕	본	0.8	0.8			
	30〔폭〕×3〔두께〕	본			0.9		
	40〔폭〕×3〔두께〕	본				0.9	0.9
환 강	9〔φ〕	kg	02	0.3	0.3		
	12〔φ〕	kg				0.8	0.9
강재방청 페 인 트		m^2	0.16	0.17	0.26	0.30	0.34
코 킹 재	피츠버그 접수용	g	42	46	51	56	61
소 모 품		철판을 포함한 재료비의 2〔%〕					

주 : 각형덕트 해설준용

3-4-2 에어체임버, 소음상자, 댐퍼류

(1) 에어체임버, 소음상자

에어체임버는 덕트와 취출구 또는 흡입구 등과 접속시키는 것으로서 내부에 유리면 등이 내장되지 않으며 일반적으로 재질, 철판두께, 제작공법은 각형덕트와 동일하게 취급하고 있다. 그렇지만, 소음상자(sound absorb chamber)는 설계도면과 시방에 따라 제조업체에 견적을 의뢰하거나 물가시세표에서 단위면적당 단가를 조사한 후, 이에 소음상자 전체의 면적을 곱하여 금액을 산출한다. 그러므로 에어체임버와 소음상자를 도면이나 시방서에서 명확히 구분하지 않으면 공사비에서 큰 차이가 발생하기 때문에 이에 주의하여 물량을 산출하여야 한다.

(2) 연결케이싱

연결케이싱이란 공기조화기와 공기청정장치 등을 접속시키는 경우 사용되는 아연도철판제 테두리이다. 기류의 균일화를 조성하고 기기로부터의 진동에 충분히 견딜 수 있는 강도를 지닐 필요가 있기 때문에 연결케이싱의 철판두께는 1.2[mm]을 사용하고, 이에 대한 복합단가는 다음의 표 3-46과 같이 산출한다.

(3) 댐퍼류

댐퍼의 종류로는 풍량댐퍼(V.D.), 방화댐퍼(F.D.), 풍량 및 방화댐퍼(F.V.D.), 배연댐퍼(S.D.), 모터댐퍼(M.D.) 등이 있으며 이들의 가격은 댐퍼의 크기, 자동장치용 부속장치의 부착여부 그리고 특기사항 등을 고려하여 견적을 의뢰하거나 물가시세표에서 단가를 찾는다.

댐퍼류 설치에 필요한 노무비는 표 3-47을 적용하여 산출한다.

표 3-46 연결케이싱의 복합단가

(m^2당)

품 명	규 격	단 위	수 량	비 고
아연도철판	두께 1.2[mm]	m^2	1.38	현장조립형 케이싱의 경우에 해당됨
앵글(형강)	40×40×5	kg	12.9	
리벳	4.5[φ]×8[ℓ]	본	61	
볼트너트	8[φ]×25[ℓ]	본	31	
석면테이프	두께 3[mm]×폭 40	m	2.48	
땜납	4341 50Sn	kg	0.015	
소모품 및 잡재료	재료비×0.05	1식		
강재방청도장		m^2	1.14	
철판가공취부품	덕트공	인	0.76	
강재가공취부품	덕트공	인	0.50	
납땜품	덕트공	인	0.09	
운반비	재료비×0.05	1식		

표 3-47 흡입구 댐퍼류 신설

(개당)

규		격	덕 트 공〔인〕
1) 그릴(도어 그릴)			
흡입구 변길이		1〔m〕 이내	0.74
		1〔m〕 이상	1.20
2) 방화댐퍼면적		0.1〔m^2〕 이하	0.55
		0.1〔m^2〕초과마다	0.15가산
3) 풍량조절댐퍼(수동식)	면적	0.1〔m^2〕 이하	0.50
	면적	0.1〔m^2〕초과마다	0.12가산
4) 점검구(손이 들어갈 정도)			0.50
5) 후드 투영면적 〔m^2〕당			0.80
(2중) 〔m^2〕당			0.96
(그리스필터) 〔m^2〕당			0.86
(2중 그리스필터) 〔m^2〕당			1.00

주 : 높이 3.5〔m〕 이상일 경우 가설물손료는 별도 가산한다.

3-4-3 취출구, 흡입구, 그릴류

(1) 천장디퓨저

일반적으로 사용되는 천장디퓨저(Ceiling Diffuser)는 아네모형, 선형 및 팬형 등이 있다. 팬형은 아네모형의 코운 대신에 팬(pan)을 설치한 것으로 아네모형에 비하면 유인효과가 적고 바닥면적당 송풍량이 비교적 적은 곳에 사용된다.

(2) 노즐

노즐(Nozzle)은 원형개구부를 갖는 통형(筒刑)의 취출구로서 도달거리가 크고 비교적 소음이 적다.

일반적으로 고정식이 사용되지만 가동식으로 자유로이 취출방향을 변화시키는 것이 있는데 이를 펑커루버라 한다. 선박, 공장, 주방 등에서 국소적으로 송풍하는 데 사용한다.

(3) 격자(格子)

격자형 취출구에는 격자형태의 날개가 사용된다. 날개는 고정식과 취출방향을 변화시킬 수 있는 가동식이 있다. 또한 격자에 셔터를 붙인 것을 레지스터라고 한다. 외벽에 설치하는 배기구나 외기취입구에는 빗물의 침투를 방지하기 위한 구조의 흡배기루버(louver)가 사용된다.

(4) 슬롯형 취출구

종횡비가 큰 장방형의 취출구로 긴 방향에 몇 개의 날개를 갖는 것이 사용된다. 구조적으로는 그림과 같은 격자형이 있다.

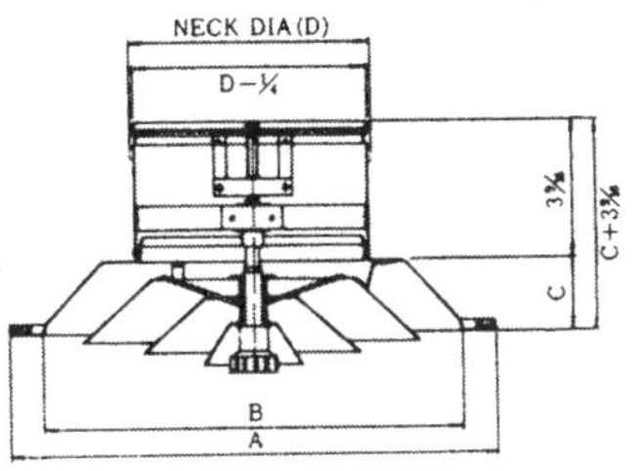

아네모형

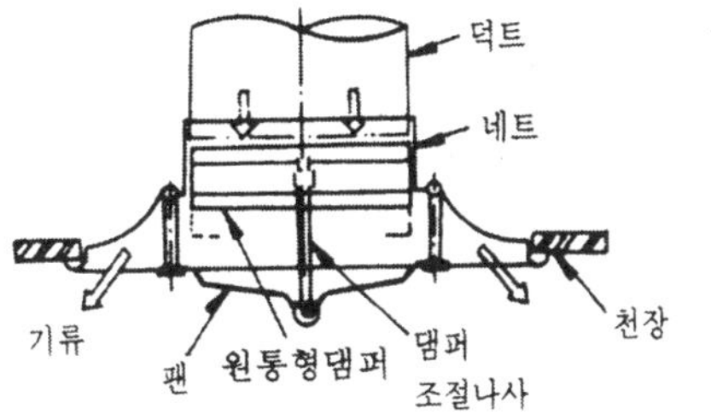

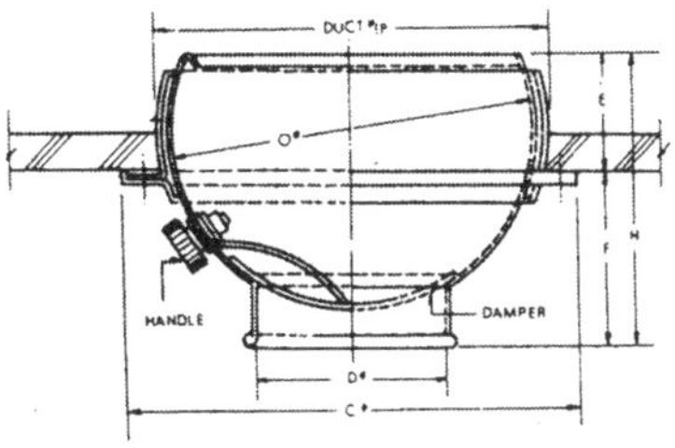

펑커루버형

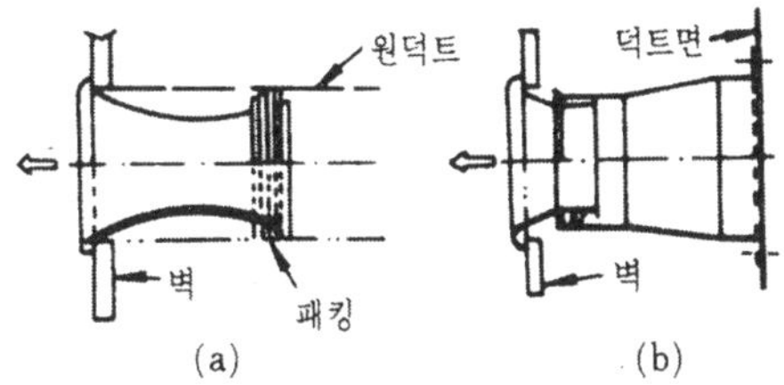

노즐형

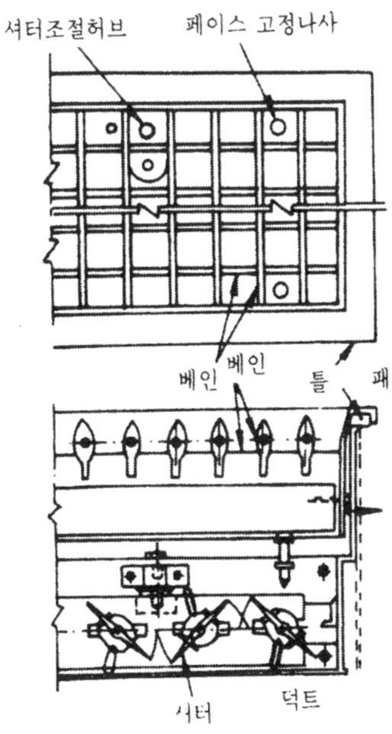

레지스터(유니버설형)

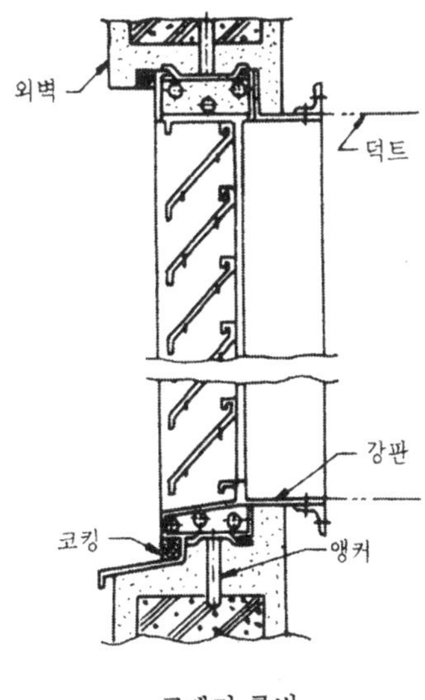

급배기 루버

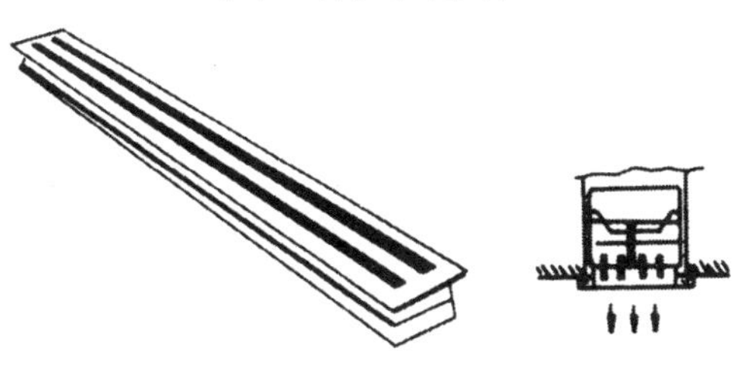

슬롯형

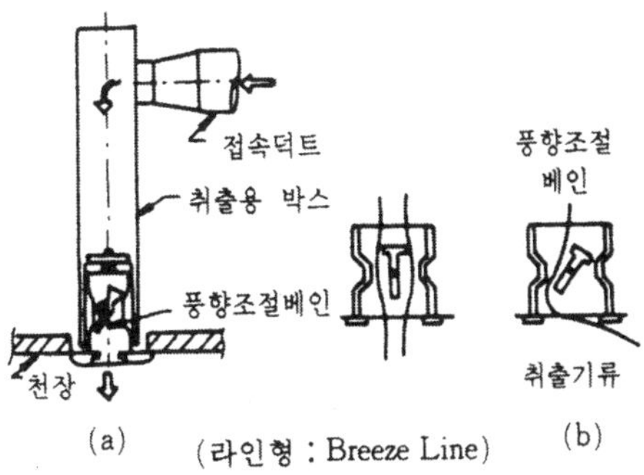

(라인형 : Breeze Line)

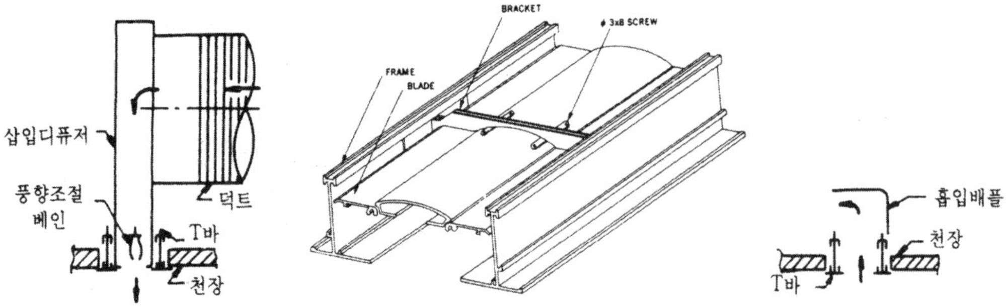

(a) (b) (c)

(라인형 : T Line)

그림 3-19 취출구의 형식

(5) 선형 취출구, 흡입구

가늘고 긴 선형으로 슬롯형과 구별하기가 어렵지만, 일반적으로 슬롯형보다 폭이 좁고, 가늘고 긴 것을 선형 디퓨저(line diffuser)라고 한다.

한편 덕트용 취출구 신설에 필요한 노무량은 표 3-48을 적용하여 산출한다.

표 3-48 취출구 신설

(개당)

규 격		덕 트 공〔인〕
1) 아네모스탯형 목지름〔mm〕	100	0.60
	125	0.70
	150	0.70
	200	0.70
	300	0.75
	350	0.75
	400	0.80
	450	0.80
	500	0.80
	550	0.85
	600	0.90
2) 유니버설형 변길이	1〔m〕 미만	0.46
	1〔m〕 이상	1.30
3) 펀칭메탈길이	1〔m〕 미만	0.30
	(셔터)	0.42
	1〔m〕 이상	0.85
	(셔터)	1.19
4) SL형 변길이	1〔m〕 미만	0.46
	1〔m〕 이상	1.30

주 : 높이 3.5〔m〕 이상일 경우 가설물손료는 별도 가산한다.

3-4-4 플렉시블조인트, 플렉시블덕트

(1) 플렉시블조인트(flexible joint)

플렉시블조인트(캔버스이음)는 송풍기 또는 공기조화기와 덕트의 접속부를 말하며, 이는 기기의 진동이 덕트에 전달되는 것을 감쇠하기 위한 목적으로 설치하며, 접속폭(플랜지 간격)은 150[mm] 정도로 한다.

또한 재질은 방화목적상 석면포 또는 내부에 피아노선이 삽입된 석면포를 2겹으로 사용한다.

플렉시블조인트의 석면포 면적은 다음과 같이 산출한다.

석면포 면적[m^2]=2×0.15[m]×(플랜지의 둘레길이, m)×1.3

여기서 2=2겹, 0.15=접속폭(플랜지간격), 1.3=여유율

석면포의 가격은 물가표에서 구하고 이에 대한 노무량은 표 3-49에서 산출한다.

표 3-49 플렉시블조인트 신설

(개당)

규 격		덕트공[인]	규 격		덕트공[인]
송 풍 기	#1½	0.17	송 풍 기	#6	1.10
	#2	0.25		#6½	1.23
	#2½	0.34		#7	1.70
	#3	0.42		#8	2.10
	#3½	0.54		#9	2.50
	#4	0.59		#10	3.00
	#4½	0.83			
	#5	0.92			
	#5½	1.00			

주 : 편 양흡입용 공히 준용한다.

(2) 플렉시블덕트(flexible duct)

플렉시블덕트는 아연도철판제덕트의 사용이 시공상 곤란한 장소에 사용하는 것으로서 이는 변형성이 우수하기 때문에 접속이 쉬운 장점이 있다. 일반적으로 가지덕트와 취출구 사이의 접속에 사용되며, 경우에 따라 취출구 위치가 변경되어도 시공성이 우수하지만 공기저항이 크기 때문에 주로 단거리 경로에만 사용한다.

종류에는 보온재가 부착된 것과 그렇지 않은 것이 있으며 보온의 유무에 따라 가격차가 크다. 이의 설치에 필요한 노무량과 보조재료량은 표 3-44를 기준으로 하여 산출한다.

【문제 3-6】 다음과 같이 주어진 재료 단가표 및 노임단가를 적용하여 각형덕트의 제작 및 설치(두께별 : 0.5mm ~1.2mm)에 관한 1[m^2]당 복합단가(일위대가표)를 작성하시오.(단, 인력덕트를 기준으로 한다.)

재료 단가표 및 노임단가

품　　명	규　　격	단위	단가(원)	품　　명	규　　격	단위	단가(원)
아 연 도 철 판	0.5(mmt)	m²	2,246	패　킹　재	폭 25×두께 3	m	230
	0.6(mmt)	m²	2,700		폭 30×두께 3	m	282
	0.8(mmt)	m²	3,353		폭 40×두께 3	m	330
	1.0(mmt)	m²	4,404	환　　강		kg	305
	1.2(mmt)	m²	5,107	강재방청페인트	재 료 비	m²	502
앵　　글		kg	260	(2 회 칠)	노 무 비	m²	520
리　　벳	4.0(φ)	본	10	코　킹　재		g	5
볼 트 너 트	6(φ)×20(ℓ)	본	8	노　무　비	덕 트 공	인	16,350
	8(φ)×20(ℓ)	본	12				
	8(φ)×25(ℓ)	본	14				

〈참고〉

금액의 단위표준

종　　목	단　위	지　　위	비　　고
설계서의 총액	원	1,000	이하 버림
설계서의 소계	원	1	미만 버림
설계서의 금액	원	1	미만 버림
일위대가표의 계금	원	1	미만 버림
일위대가표의 금액란	원	0.1	미만 버림

【풀　　이】 표 3－42 덕트 제작 및 설치에서, 표 3－45 덕트용 재료에서 부속재료를 찾아 다음과 같이 작성한다.

각형덕트 제작 및 설치

(m²당)

품　　명	규　　격	단위	단가	0.5(mm)		0.6(mm)		0.8(mmm)		비　고
				수량	금액	수량	금액	수량	금액	
재　료　비					4,846		5,543		6,614	
아 연 철 판	0.5(mm)	m²	2,246	1.28	2,874.8					
	0.6(mm)	m²	2,700			1.28	3,456			
	0.8(mm)	m²	3,353					1.28	4,291.8	
앵　　글	25×25×3	kg	260	2.7	702	2.9	754			접합보강 지지용강재
	30×30×3	kg	260					3.1	806	접합보강 지지용강재
리　　벳	4.5(φ)×18	본	10	38	380	38	380	38	380	후렌지 및 보강설치용
볼 트 너 트	6(φ)×20	본	8	15	120	15	120			후렌지접합용
볼 트 너 트	8(φ)×20	본	12					15	180	
패　킹　재	폭 25×3	m	230	1.1	253	1.1	253			
	30×3	m	282					1.1	310.2	
환　　강	9(φ)	kg	305	0.2	61	0.3	91.5	0.3	91.5	지지금물
강재방청페인트칠	2회칠	m²	502	0.3	150.6	0.3	150.6	0.34	170.7	

품 명	규 격	단위	단가	0.5[mm]		0.6[mm]		0.8[mmm]		비 고
				수량	금액	수량	금액	수량	금액	
코 킹 재		g	5	42	210	46	230	51	255	
잡 소 모 품	재료비의 2[%]	식		1	95	1	108.7	1	129.7	철판포함한 재료
노 무 비					7,350		7,840		8,351	비의 2~5[%]
덕 트 공		인	16,350	0.44	7,194	0.47	7,684	0.5	8,175	제작 및 설치
강재방청페인트칠	2회칠	m^2	520	0.3	156	0.3	156	0.34	176.8	
계					12,196		13,383		14,965	

품 명	규 격	단위	단 가	1.0[mm]		1.2[mm]	
				수 량	금 액	수 량	금 액
재 료 비					8,541		10,185
아 연 철 판	1.0[mm]	m^2	4,404	1.28	5,637.1		
아 연 철 판	1.2[mm]	m^2	5,107			1.28	6,536.9
앵 글	40×40×3	kg	260	4.2	1,092		
앵 글	40×40×5	kg	260			6.6	1,716
리 벳	4.5[ϕ]×18	본	10	38	380	38	380
볼 트 너 트	8[ϕ]×20	본	12	15	180		
볼 트 너 트	8[ϕ]×25	본	14			15	210
패 킹 재	40×3	m	330	1.1	363	1.1	363
환 강	12[ϕ]	kg	305	0.8	244	0.9	274.5
강재방청페인트	2회칠	m^2	502.4	0.45	226	0.46	231.1
코 킹 재		g	4.5	56	252	61	274.5
잡 소 모 품	재료비의 2[%]	식		1	167.5	1	199.7
노 무 비					10,044		11,357
덕 트 공		인	16,350	0.60	9,810	0.68	11,118
강재방청페인트	2회칠	m^2	520.5	0.45	234.2	0.46	239.4
계					18,585		21,543

주 : ① 아연도철판의 수량 1.28은 품셈 재료의 할증률 항목에서 덕트용 금속판의 할증률 28[%]를 적용하였다.
② 공량 할증은 적용하지 않았다.

[문제 3-7] 덕트공사의 수량산출집계가 다음과 같을 때 이를 제작 및 설치하는 데 필요한 공량을 산출하시오.

철판두께별 덕트면적 집계표

덕트형태	두께[mm]	덕트면적[m^2]	덕트형태	두께[mm]	덕트면적[m^2]	비 고
각 형 덕 트	0.5	200	원 형 덕 트	0.8	200	공량 할증은 21
(피츠버그접수용)	0.6	300	(피츠버그접수용)	1.0	100	[%] 추가하는
	0.8	100		1.2	50	것을 기준

【풀 이】 표 3-42 덕트 제작 및 설치를 적용하여 다음과 같이 산출한다.

덕트형태	규격〔mm〕	수량〔m22〕	덕 트 공 〔인〕	계
각형덕트	0.5	200	200〔m^2〕×0.44〔인/m^2〕=88	472〔인〕×121〔%〕
	0.6	300	300〔m^2〕×0.47〔인/m^2〕=141	≒571〔인〕
	0.8	100	100〔m^2〕×0.50〔인/m^2〕=50	
원형덕트	0.8〔mm〕	200〔m^2〕	200〔m^2〕×0.51〔인/m^2〕=102	
	1.0〔mm〕	100〔m^2〕	100〔m^2〕×0.57〔인/m^2〕=57	
	1.2〔mm〕	10〔m^2〕	10〔m^2〕×0.68〔인/m^2〕=34	

【문제 3-8】 덕트공사 중 흡입구와 댐퍼류의 수량산출집계가 다음과 같을 때 이를 설치하는 데 필요한 공량을 산출하시오.

명 칭	규격〔mm×mm〕	수량〔개〕	명 칭	규격〔mm×mm〕	수량〔개〕
방 화 댐 퍼	1,000×400	10	도 어 그 릴	400×200	20
(F.D)	500×400	20	(Door Grille)	1,200×400	5
풍량조절댐퍼	600×300	30	점 검 구	—	120
(V.D)	300×200	60			

【풀 이】품셈 3-47 흡입구 댐퍼류 신설을 적용하여 다음과 같이 산출한다.

명 칭	규 격	수 량	덕 트 공 〔인〕
방 화 댐 퍼	0.4〔m^2〕	10〔개〕	10×(0.55+0.15×3)=10
(F.D)	0.2〔m^2〕	20〔개〕	20×(0.55+0.15×1)=14
풍량조절댐퍼	0.18〔m^2〕	30〔개〕	30×(0.5+0.12×1)=18.6
(V.D)	0.06〔m^2〕	60〔개〕	60×0.5=30
도 어 그 릴	1〔m〕 이내	20〔개〕	20×0.74=14.8
(D.G)	1〔m〕 이상	5〔개〕	5×1.2=6
점 검 구	—	120	120×0.5=60
계	덕트공	인	153.6

【문제 3-9】 덕트공사 중 취출구류의 수량산출집계가 다음과 같을 때 설치에 필요한 공량을 산출하시오.

취출구 종류와 규격

종 류	규 격	수량〔개〕	종 류	규 격	수량〔개〕
아네모스탯형	ND=200〔ϕ〕	30	T-라인	1,200〔L〕×20〔W〕	100
	ND=300〔ϕ〕	40	디 퓨 저	800〔L〕×15〔W〕	50
레 지 스 터	800×400	20	브리즈라인	1,200〔L〕×25〔W〕	80
	1,200×800	10	디 퓨 저	800〔L〕×20〔W〕	40

【풀 이】 품셈 3-48 취출구 신설을 적용하여 다음과 같이 산출한다.

종 류	규 격	수량〔개〕	덕 트 공 〔인〕	비 고
아 네 모 스 탯 형	ND=200〔φ〕	40	30〔개〕×0.7〔인/개〕=21	
	ND=300〔φ〕	30	40〔개〕×0.75〔인/개〕=30	
레 지 스 터	1〔m〕 이내	20	20〔개〕×0.46〔인/개〕=9.2	유니버설형 적용
	1〔m〕 이상	10	10〔개〕×1.30〔인/개〕=13	
T-라 인 디 퓨 저	1〔m〕 이내	50	50〔개〕×0.46〔인/개〕=23	SL형 적용
	1〔m〕 이상	100	100〔개〕×1.30〔인/개〕=130	
브리즈라인디퓨저	1〔m〕 이내	40	40〔개〕×0.46〔인/개〕=18.4	SL형 적용
	1〔m〕 이상	80	80〔개〕×1.30〔인/개〕=104	

3-4-5 덕트의 보온(保温), 도장공사

덕트의 보온과 도장공사비는 덕트의 철판면적을 산출한 용지에서 시방별로 구분한 보온면적 및 도장면적을 산출한 후, 보온과 도장의 복합단가를 적용하여 견적한다.

(1) 덕트의 보온공사

표준시방서에 의하면 다음과 같은 부분은 보온을 요하지 않는다.

① 환기용 덕트(return duct)

② 외기도입 덕트(outdoor intake duct)

③ 배기덕트(exhaust duct)

④ 보온효과가 있는 흡음재를 내부에 부착한 덕트 및 체임버(chamber)

⑤ 공조되어 있는 실의 2중천장 속 환기덕트

공조덕트에 관한 설계도면에서 덕트 철판면적을 산출하는 경우는 반드시 덕트의 용도별, 사용장소별로 구분하여 산출함으로써 이를 근거로 하여 보온면적의 산출과 보온방법의 구분이 쉽다.

덕트가 설치되는 장소별 보온시공법을 표준시방서에서는 표 3-50, 3-51과 같이 제시하고 있다.

표 3-50 각형덕트의 보온시공

사 용 구 분	옥 내 노 출	옥 내 은 폐	옥외노출 및 욕실, 주방 등
보온재 및 보온두께	유리면 보온판 24〔K〕 또는 암면보호판 1호, 25〔mm〕		
시 공 법	1) 스플릿 리벳 2) 보온판 3) 코너 비드 4) 접착제 5) 유리직포	1) 리벳 2) 보온판 3) 알루미늄 박판 4) 메탈라스	1) 리벳 2) 보온판 3) 아스팔트펠트 4) 아연도철판

표 3-51 원형덕트의 보온시공

사 용 구 분	옥 내 노 출	옥 내 은 폐	옥외노출 및 욕실 등의 다습한 곳
보온재 및 보온두께	유리면 보온판 24〔K〕 또는 암면보호판 1호, 25〔mm〕		
시 공 법	1) 보온판 또는 보온대 2) 아연도철선 3) 정형용 원지 4) 접착제 5) 유리직포	1) 보온판 또는 보온대 2) 아연도철선 3) 알루미늄 박판 4) 알루미늄 유리직포	1) 보온판 및 보온대 2) 아연도철선 3) 아스팔트펠트 4) 아연도철선 5) 아연도철판

표 3-52 덕트보온

<table>
<tr><td colspan="9">각 형 덕 트 보 온 (1m²당)</td></tr>
<tr><td colspan="2" rowspan="2">덕 트 보 온 사 양</td><td>보온의 종별</td><td colspan="6">보 온 의 시 공 순 서</td></tr>
<tr><td></td><td colspan="6">클립+보온판+접착제+은박지</td></tr>
<tr><td rowspan="2">보 온 면 적</td><td rowspan="2">보 온 두 께</td><td colspan="4">재 료</td><td rowspan="3">잡 재 료</td><td rowspan="2">보 온 공</td><td rowspan="3">운 반</td></tr>
<tr><td>클립</td><td>유리면 또는 암면 보온판 및 보온대</td><td>접착제</td><td>은박지</td></tr>
<tr><td>〔m²〕</td><td>〔mm〕</td><td>〔본〕</td><td>〔m²〕</td><td>〔kg〕</td><td>〔m²〕</td><td>〔인〕</td></tr>
<tr><td>1.0</td><td>25</td><td>12</td><td>1.2</td><td>0.1</td><td>1.3</td><td>1식</td><td>0.53</td><td>1식</td></tr>
<tr><td>1.0</td><td>50</td><td>24</td><td>1.2</td><td>0.1</td><td>1.3</td><td>1식</td><td>0.58</td><td>1식</td></tr>
</table>

<table>
<tr><td colspan="8">원 형 덕 트 보 온 (1m²당)</td></tr>
<tr><td colspan="2" rowspan="2">덕 트 보 온 사 양</td><td>보온의 종별</td><td colspan="5">보 온 의 시 공 순 서</td></tr>
<tr><td></td><td colspan="5">보온대+철선+접착제+은박지</td></tr>
<tr><td rowspan="2">보 온 면 적</td><td rowspan="2">보 온 두 께</td><td colspan="3">재 료</td><td rowspan="3">잡 재 료</td><td rowspan="2">보 온 공</td><td rowspan="3">운 반</td></tr>
<tr><td>유리면 또는 암면 보온판 및 보온대</td><td>접착제</td><td>은박지</td></tr>
<tr><td>〔m²〕</td><td>〔mm〕</td><td>〔m²〕</td><td>〔kg〕</td><td>〔m²〕</td><td>〔인〕</td></tr>
<tr><td>1.0</td><td>25</td><td>1.3</td><td>0.1</td><td>1.3</td><td>1식</td><td>0.53</td><td>1식</td></tr>
<tr><td>1.0</td><td>50</td><td>1.3</td><td>0.1</td><td>1.3</td><td>1식</td><td>0.58</td><td>1식</td></tr>
</table>

주 : ① 잡재료는 철선 코너 비드 기타 소모품을 포함하여 보온재 값의 5〔%〕를 가산한다.
② 본 품셈은 옥내은폐덕트의 보온공사를 기준하였다.
③ 덕트보온에 따른 함석작업이 필요한 경우에는 이에 따른 품은 별도 계상할 수 있다.

다음은 덕트보온에 필요한 보조재료와 노무량은 표 3-52를 기준으로 하여 산출한다.

【문제 3-10】 다음과 같이 주어진 재료단가표와 노임단가를 적용하여 각형덕트와 원형덕트의 1〔m²〕당 보온에 필요한 복합단가(일위대가표)를 작성하시오.

재료단가표 및 노임단가

품 명	규 격	단위	단가[원]	품 명	규 격	단위	단가[원]
암면 보온판	25[mm], #100	m^2	1,520	클 립	—	본	4
	50[mm], #100	m^2	3,040	접 착 제	—	kg	1,200
유리면 보온판	25[mm], (40K)	m^2	830	은 박 지		m^2	184.8
	50[mm], (40K)	m^2	1,660	노 무 비	보 온 공	인	15,800

[풀 이] 표 3-52 덕트보온을 적용하여 보온재의 종류와 두께에 따른 복합단가를 다음과 같이 작성한다.

① **덕트보온**(각형덕트) (m^2당)

품 명	규 격	단위	단가	암면사용시 25[m/m]		암면사용시 50[m/m]		유리면사용시 25[m/m]		유리면사용시 50[m/m]	
				수량	금 액	수량	금 액	수량	금 액	수량	금 액
재 료 비					2,323		4,286		1,454		2,520
암면보온판	25[mm] #100	m^2	1,520	1.2	1,824						
	50[mm] #100	m^2	3,040			1.2	3,648				
유리면보온판	25[mm](40K)	m^2	830					1.2	996		
	50[mm](40K)	m^2	1,660							1.2	1,992
클 립		본	4	12	48	24	96	12	48	24	96
접 착 제		kg	1,200	0.1	120	0.1	120	0.1	120	0.1	120
은 박 지		m^2	184.8	1.3	240.2	1.3	240.2	1.3	240.2	1.3	240.2
잡 재 료	보온재의 5[%]	식			91.2	1	182.4	1	49.8	1	99.6
노 무 비					8,374		9,164		8,374		9,164
보 온 공		인	15,800	0.53	8,374	0.58	9,164	0.53	8,374	0.58	9,164
계					10,697		13,450		9,828		11,684

② **덕트보온**(원형덕트) (m^2당)

품 명	규 격	단위	단가	암면사용시 25[m/m]		암면사용시 50[m/m]		유리면사용시 25[m/m]		유리면사용시 50[m/m]	
				수량	금 액	수량	금 액	수량	금 액	수량	금 액
재 료 비					2,435		4,509		1,493		2,626
암면보온판	25[mm] #100	m^2	1,520	1.3	1,976						
	50[mm] #100	m^2	3,040			1.3	3,952				
유리면보온판	25[mm](40K)	m^2	830					1.3	1,079		
	50[mm](40K)	m^2	1,660							1.3	2,158
접 착 제		kg	1,200	0.1	120	0.1	120	0.1	120	0.1	120
은 박 지		m^2	184.8	1.3	240.2	1.3	240.2	1.3	240.2	1.3	240.2
잡 재 료	보온재의 5[%]	식		1	98.8	1	197.6	1	53.9	1	107.9
노 무 비					8,374		9,164		8,374		9,164
보 온 공		인	15,800	0.53	8,374	0.58	9,164	0.53	8,374	0.58	9,164
계					10,809		13,673		9,867		11,790

(2) 덕트의 도장공사

도장은 덕트의 보온외장면 또는 보온하지 않은 덕트의 외면에 실시하는 것으로서 표준시방서에서는 표 3-53과 같이 일반적 도장시방을 제시하고 있다.

표 3-53 도장개소별 도장재 및 도장횟수

도 장 부 분			도료의 종별	도 장 횟 수			비 고
부 재		상태		초벌칠	재벌칠	정벌칠	
보온외장	면 포	노출	조합페인트, 알루미늄페인트	1	1	1	초벌칠은 방청페인트
		은폐	방청페인트	1	–	1	
	유리직포	노출	건축용 방화도료	1	1	1	
			염화비닐수지 에나멜 또는 염화고무제 도료	1	1	1	
	아연도금판	노출	조합페인트	–	1	1	도장전 에칭 프라이머 처리함
덕 트 (아연도철판)		노출	합성수지페인트 및 조합 페인트	–	1	1	
		내면	무광페인트	–	1	1	
덕 트 (강 판 재)		노출	합성수지 페인트 및 조합페인트	1	1	1	초벌칠은 방청페인트
		내면	방청페인트	1	–	1	

3-4-6 소모품 및 잡재료비, 구멍뚫기

(1) 소모품 및 잡재료비

덕트설비공사의 소모품 및 잡재료비는 대개 패킹(packing), 납땜, 연료비, 볼트 등으로 그 금액은 일반적으로 철판을 포함한 재료비의 2~5[%]를 적용한다.

(2) 구멍뚫기

구멍뚫기 및 보수비는 신축 건물과 기존 건물에 따라 많은 금액차이가 발생한다.

① 신축 건물에서는 덕트용 슬리브(sleeve), 인서트(insert), 상자넣기 등이 건축본체공사에 포함되는 경우가 많다. 그러나 시공시 변경으로 인하여 덕트공사 금액의 1~3[%]를 구멍뚫기 보수비로 계상하기도 한다.

② 기존 건물에서는 관통개소의 위치, 개수가 확실한 경우는 관통부의 면적과 두께에 따라 1개소당 구멍뚫기에 필요한 노무량을 표 3-54를 적용하여 산출한다.

표 3-54 구멍뚫기

면 적 [m²]	단 위 (활석공)	콘 크 리 트 두 께 [mm]				비 고
		120~150 정도	200 정도	300 정도	400 정도	
0.1	인	0.4	0.5	1.1	1.3	
0.2	인	0.6	0.7	1.4	1.8	
0.3	인	0.8	1.0	1.9	2.4	
0.4	인	0.9	1.1	2.2	2.6	
0.5	인	1.0	1.2	2.25	2.9	
0.6	인	1.1	1.25	2.4	3.0	
0.7	인	1.15	1.3	2.6	3.1	
0.8	인	1.2	1.4	2.7	3.2	
0.9	인	1.5	1.6	3.6	4.4	

주 : ① 본 기준은 손으로 파내는 작업의 경우이며, 철근 절단, 장내 소운반품은 포함된 것이나 현장 밖으로의 반출품은 포함되지 않은 것이다.
② 콘크리트 블록벽의 경우에는 본 기준의 50[%]를 감한다.
③ 쪼아내기의 보수비로서 본 기준의 10~20[%] 정도를 별도 계상할 수 있다.

3-4-7 덕트적산의 실제

(1) 사용철판의 수량계산

아연도철판은 덕트의 크기에 따라 두께가 다르기 때문에 이를 도면에서 산출할 때에는 크기별로 길이를 측정하고, 지정된 크기별로 철판의 표면적을 계산하여 두께별로 정리한다.

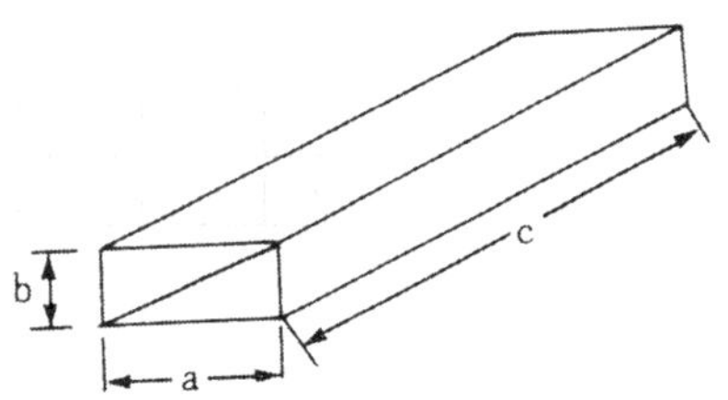

덕트의 표면적 : A[m²]
덕트의 장변 : a[m]
덕트의 단변 : b[m]
덕트의 길이 : c[m]

덕트의 표면적, A[m²]=2(a+b)×c

덕트의 표면적을 계산하여 덕트제작에 필요한 철판소요면적을 구하지만, 실제로는 덕트 접속부분에서의 겹침, 플랜지의 꺾어돌리기, 그리고 절단에 의한 손실 등을 고려하여 실제 철판소요수량은 다음과 같이 구한다.

실제 철판소요면적[m²]=계산철판소요면적[m²]×금속판의 할증률(1.28)

현재 표준품셈에서는 금속판의 할증률을 28[%]로 적용하고 있다. 덕트의 길이산출은 직선부에서는 큰 문제가 없으나, 곡부(曲部)에서는 아래 그림과 같이 각 부분으로부터 덕트의 중심부까지의 길이를 측정한다.

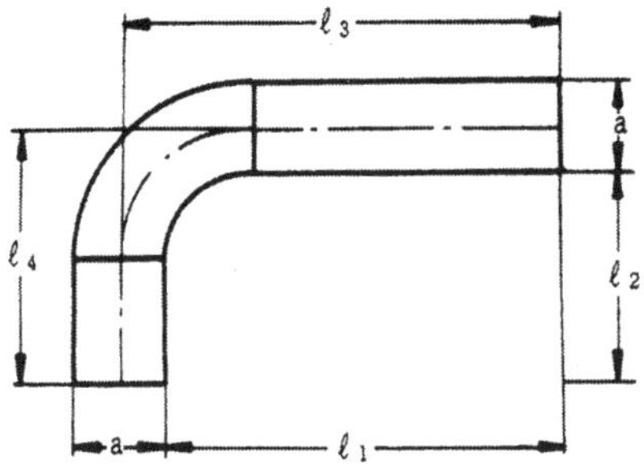

구하는 전체덕트길이 L

$L\ \ell_3+\ell_4$

$\ell_3=\ell_1+a/2$

$\ell_4=\ell_2+a/2$

3—4—8 덕트설비공사의 세목내역(예)

덕트공사의 세목별 공사내역의 예제는 다음의 표 3—55와 같다.

표 3—55 덕트설비공사의 세목내역(예)

번호	품명	규격	수량	단위	산출법 견적의뢰	산출법 수량품셈	산출법 [%]	비고
①	덕트공사용 아연도철판	○[mm] THK	○	m^2		○		복합단가(재+노)
②	스파이럴 덕트	○[mm]×○[ϕ]	○	m		○		복합단가(재+노)
③	외기취입루버(F.A.I.L)	○○제, ○×○	○	개	○			
④	배기그릴(E.A.G.)	○×○	○	개	○			
⑤	취출구	○○형 ○×○ 또는 ND○[ϕ]	○	개	○			
⑥	흡입구	○○형, ○×○	○	개	○			
⑦	풍량조절댐퍼	V.D. 또는 F.V.D	1	식	○			별지내역서 작성
⑧	방화댐퍼	F.D. 또는 S.F.D	1	식	○			벽지내역서 작성
⑨	점검구	○○W×○○H	1	식	○			별지내역서 작성
⑩	소음상자	○○형, ○[W]×○[H]×○[L]	1	식	○	○		별지내역서 작성
⑪	플렉시블이음		1	식		○		별지내역서 작성
⑫	소음공사	흡음엘보 및 기타 흡음	1	식		○		복합단가(별지내역서 작성)
⑬	보온보랭공사		1	식		○		복합단가(별지내역서 작성)
⑭	도장공사		1	식		○		복합단가(별지내역서 작성)
⑮	덕트용 슬리브재료		1	식		○		건축공사일 경우는 제외
⑯	소모품 잡재료		1	식			○	[③~⑪]×약 3[%]
⑰	쪼아내기 보수비		1	식		○		복합단가
⑱	노무비		1	식		○		별지내역서 작성
⑲	운반비		1	식		○	△	
	소계							

【문제 3-11】 다음 그림과 같은 저속 덕트 평면도를 보고 ① 덕트 제작 및 설치(인력덕트), ② 취출구 신설, ③ 댐퍼류 설치에 필요한 공량을 산출하시오.

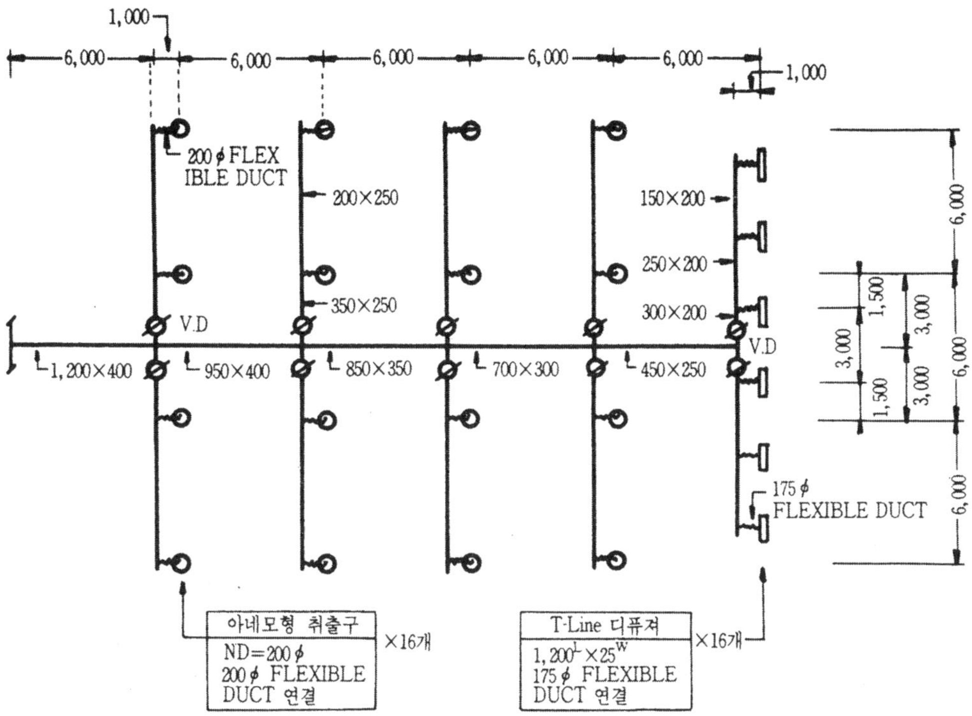

【풀 이】 1) 수량산출

① 각형덕트 면적산출

크 기 [mm×mm]	둘 레 길 이 [m]	길 이 [m]	면 적 [m²]	비 고 [mm]
1,200×400	2×(1.2+0.4)=3.2	6	19.2	0.8
950×400	2×(0.95+0.4)=2.7	6	16.2	0.8
850×350	2×(0.85+0.35)=2.4	6	14.4	0.8
700×300	2×(0.7+0.3)=2.0	6	12.0	0.6
450×250	2×(0.45+0.25)=1.4	6	8.4	0.5
350×250	2×(0.35+0.25)=1.2	3×8=24	28.8	0.5
300×200	2×(0.3+0.2)=1.0	1.5×2=3	3.0	0.5
250×200	2×(0.85+0.2)=1.0	3×2=6	5.4	0.5
200×250	2×(0.2+0.25)=0.9	6×8=48	43.2	0.5
150×200	2×(0.15+0.2)=0.7	3×2=6	4.2	0.5
계	0.8[mm]=49.8[m²], 0.6[mm]=12.0[m²], 0.5[mm]=93.0[m²]			

② 플렉시블 덕트 길이산출

200[ϕ] : 16개소(1m)

175[ϕ] : 6개소(1m)

③ 댐퍼류 산출

풍량조절 댐퍼(V.D) : 350×250=8개, 300×200=2개

(0.0875m^2)　　(0.06m^2)

④ 취출구류 산출

- 아네모형 취출구(ND=200ϕ)=16개
- T라인디퓨저(1,200L×25W)=6개

2) 공량산출

① 각형덕트 제작 및 설치(표 3-42의 가)

규	격		산출면적 [m^2]	[m^2]당 덕 트 공	덕 트 공 [인]	계 [인]
아연도철판 (피츠버그접수용)	호칭두께 [mmt]	0.5	93	0.44	93×0.44×121[%]≒49.5	86.4
		0.6	12.0	0.47	12.0×0.47×121[%]≒6.8	
		0.8	49.8	0.50	49.8×0.50×121[%]≒30.1	

주 : 해설 ②항에서 공량할증을 17~25[%] 범위 내에서 추가할 수 있으므로 범위 내의 중간값인 21[%]를 적용하여 산출하는 경우로 하였다.

② 플렉시블 덕트 설치(표 3-44 플렉시블 덕트 설치 적용)

200[ϕ] : 16[개소]×0.1[인/개소]=1.6[인]

175[ϕ] : 6[개소]×0.09[인/개소]≒0.5[인]

계　　　≒2.1[인]……덕트공

③ 풍량조절 댐퍼설치(표 3-47 흡입구 댐퍼류 신설 적용)

댐퍼면적 0.1[m^2] 이하 : 10[개]×0.50[인/개]=5[인]……덕트공

④ 취출구 설치(표 3-48 취출구 신설 적용)

아네모형 취출구 목지름 200[mm] : 16[개]×0.70[인/개]=11.2[인]

SL형 변길이 1[m] 이상　　: 6[개]×1.30[인/개]= 7.8[인]

계　　　=19[인] ……덕트공

⑤ 전체공량 합계

86.4(덕트 제작 및 설치)+2.1(플렉시블 덕트 설치)+5.0(풍량댐퍼 설치)+19.0(취출구 설치)=112.5[인]

【문제 3−12】 아래와 같은 저속 덕트 계통을 보고 이 공사에 필요한 공량을 산출하시오.(공조장비 포함)

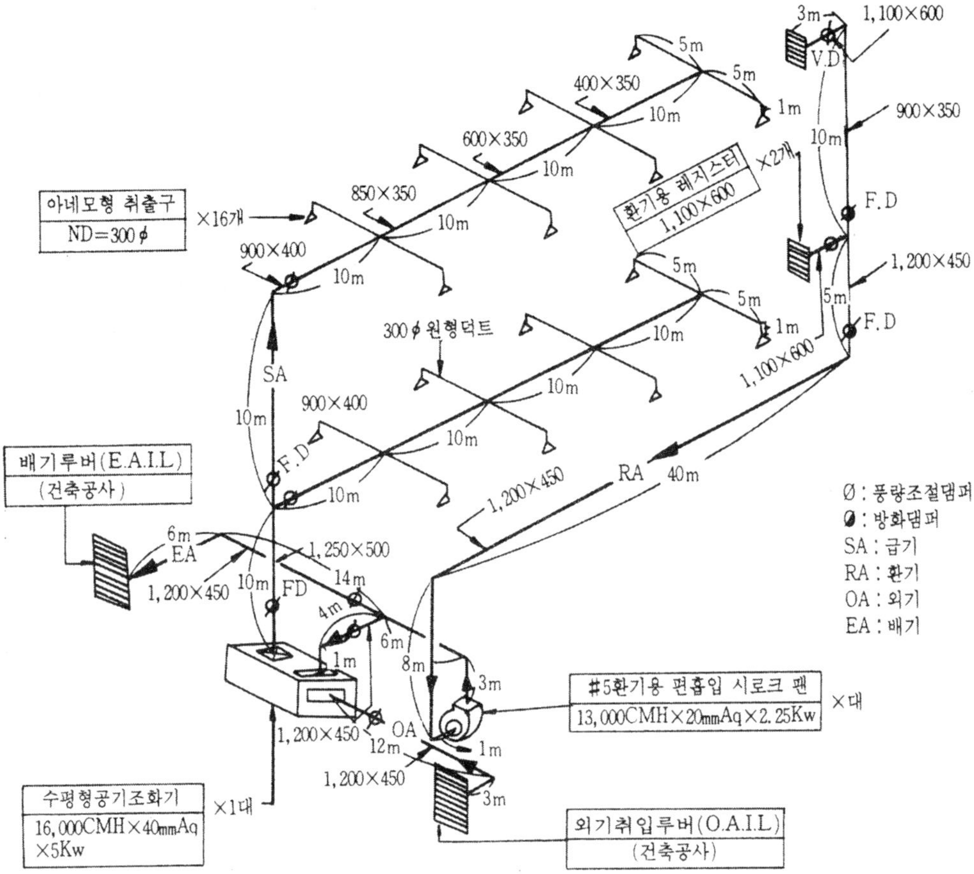

【풀　　이】 ① 공기조화기 설치(표 3−18 공기조화기 신설 적용)

- 전동기출력 7.5〔kw〕 이하 : 1〔대〕×4.0〔인/대〕=4〔인〕……기계설치공

  1〔대〕×1.2〔인/대〕=1.2〔인〕……보통인부

② 송풍기 설치(표 3−85 송풍기 신설 적용)

다익형 송풍기 #5(편흡입) : 1〔대〕×4.6〔인/대〕=4.6〔인〕……기계설치공

③ 송풍기에 연결되는 캔버스이음 설치(표 3−49 플렉시블조인트 신설 적용)

- #5 송풍기 : 1〔대〕×0.92〔인/대〕=0.92〔인〕……덕트공

④ 취출구류 설치(표 3−48 취출구류 신설 적용)

- 아네모형 목지름 300〔mm〕 : 16〔개〕×0.75〔인/개〕=12〔인〕 ……덕트공
- 유니버설형 변길이 1〔m〕 이상 : 2〔개〕×1.30〔인/개〕= 2.6〔인〕……덕트공

  소계 =14.6〔인〕

⑤ 댐퍼류 설치(표 3−47 흡입구 댐퍼류 신설 적용)

명 칭	규 격 (mm)	면 적 (m²)	수 량 (개)	덕 트 공 (인)	계
풍량조절댐퍼 (V.D.)	900×400	0.36	2	2×(0.5+0.12×3)=1.72	12.21
	1,100×600	0.66	2	2×(0.5+0.12×6)=2.44	
	1,200×450	0.54	3	3×(0.5+0.12×5)=3.30	
방 화 댐 퍼 (F.D.)	900×350	0.315	1	1×(0.55+0.15×3)=1.00	
	900×400	0.36	1	1×(0.55+0.15×3)=1.00	
	1,200×450	0.54	1	1×(0.55+0.15×5)=1.30	
	1,250×500	0.625	1	1×(0.55+0.15×6)=1.45	

⑥ 각형덕트의 제작 및 설치(표 3-42 덕트 제작 및 설치 적용)

가. 덕트면적계산

구 분	크 기 (mm)	둘레길이 (m)	길 이 (m)	면 적 (m²)	철판두께 (mm)
급기덕트 (SA)	1,250×500	3.5	10	35	0.8
	900×400	2.6	10+10+10=30	78	0.8
	850×350	2.4	10+10=20	48	0.8
	600×350	1.9	10+10=20	38	0.6
	400×350	1.5	10+10=20	30	0.5
환기덕트 (RA)	1,100×600	3.4	3+3=6	20.4	0.8
	900×350	2.5	10	25	0.8
	1,200×450	3.3	5+40+8+1+3+6+4+1=68	224.4	0.8
배기덕트 (EA)	1,200×450	3.3	14+6=20	66	0.8
외기덕트 (OA)	1,200×450	3.3	15	49.5	0.8

注 : 저속 각형덕트의 크기별 철판두께

450 이하=0.5(mm), 451～750=0.6(mm), 750～1,500=0.8(mm)

나. 공량산출

규 격		덕 트 면 적 (m²)	(m²)당덕트공 (인)	공량할증	덕 트 공 (인)
아연도철판 (피츠버그 접수용)	0.5(mmt)	30	0.44	21(%)적용 (17～25% 사이)	≒16.0
	0.6(mmt)	38	0.47		≒21.6
	0.8(mmt)	35+78+48+20.4+25+224.4 +66+49.5=546.3	0.50		≒330.5
					소계=368.1

⑦ 원형덕트의 제작 및 설치(표 3-42의 덕트 제작 및 설치 적용)

가. 덕트면적계산

$\pi \times 0.3 \times (5+1) \times 16 \fallingdotseq 90.5$(m²)

나. 공량산출(저속 원형덕트는 450ϕ까지 철판두께 0.5mm)

90.5〔m^2〕×0.46〔인/m^2〕×1.21(공량할증)≒50.4〔인〕……덕트공

⑧ 덕트보온(표 3-52 덕트보온 적용)

가. 각형덕트(보온두께 25mm 기준)

229〔m^2〕×0.53〔인/m^2〕≒121.3〔인〕……보온공

※ 표준시방에 의할 경우 급기덕트(SA)만 보온

나. 원형덕트(보온두께 25mm 기준)

90.5〔m^2〕×0.53〔인/m^2〕≒48.0〔인〕……보온공

⑨ 덕트공사 공량산출집계

〔인〕

공 사 세 목	기계설치공	보통인부	덕 트 공	보 온 공
1) 공기조화기 설치	4	1.2	—	—
2) 송풍기 설치	4.6	—	—	—
3) 플렉시블조인트 설치	—	—	0.92	—
4) 취출구 설치	—	—	14.6	—
5) 댐퍼류 설치	—	—	12.21	—
6) 각형덕트 제작 및 설치	—	—	368.1	—
7) 원형덕트 제작 및 설치	—	—	50.4	—
8) 덕트보온	—	—	—	169.3
계	8.6	1.2	446.23	169.3

주 : ① 해당공사에 적용할 수 있는 품셈종류는 파악한다.(예 : 덕트 제작 및 설치, 취출구 신설, 댐퍼류 설치 등)

② 해당품셈에서는 기본공량을 적용할 수 있는 단위를 파악한다.(예 : 면적당, 길이당, 개소당 등)

③ 해당품셈에 관련된 표준시방 또는 특기시방을 파악한다.(예 : 덕트크기별 철판두께, 보온부분, 보온두께 등)

④ 기본공량에 적용시킬 수 있는 단위로 수량을 집계한다.

【문제 3-13】 재료단가와 노임단가가 다음과 같을 때 문제 3-12 덕트공사의 직접재료비와 직접노무비를 산출하시오.(공조장비 포함)

재료단가 및 노임단가

품 명	규 격	단 위	단가〔원〕
공 기 조 화 기	1,6000〔CMH〕×40〔mmAq〕×5〔kw〕	대	5,717,000
송 풍 기	#5시로코 편흡입	대	744,000
각형덕트제작 및 설치	0.5〔mm〕	m^2	4,823
	0.6〔mm〕	m^2	5,521
	0.8〔mm〕	m^2	6,590
원형덕트제작 및 설치	0.5〔mm〕	m^2	4,461
원 형 디 퓨 저	알루미늄제	cmϕ	700

품명	규격	단위	단가〔원〕
T-라인 디퓨저	알루미늄제	cm	450
레지스터	알루미늄제	cm^2	17
방화댐퍼	각형(아연도)	cm^2	13
풍량조절댐퍼	각형(아연도)	cm^2	12
각형덕트보온	유리면, 25〔mm〕	m^2	1,454
원형덕트보온	유리면, 25〔mm〕	m^2	1,493
직종별노무비	기계설치공	인	16,800
	보통인부	인	11,050
	덕트공	인	16,350
	보온공	인	15,800

주 : 각형과 원형 덕트의 제작 및 설치 재료비에는 재료할증률이 포함된 단가이다.

【풀 이】

덕트공사내역서

품명	규격	단위	수량	단가		금액	
				재료비	노무비	재료비	노무비
공기조화기	1,600〔CMH〕×40〔mmAq〕×5〔kw〕	대	1	5,717,000		5,717,000	
송풍기	#5시로코 편흡입	대	1	744,000		744,000	
각형덕트 제작 및 설치	0.5〔mm〕	m^2	30	4,823		144,690	
	0.6〔mm〕	m^2	38	5,521		209,798	
	0.8〔mm〕	m^2	546.3	6,590		3,600,117	
원형덕트 제작 및 설치	0.5〔mm〕	m^2	90.5	4,461		403,720	
각형덕트보온	유리면, 25〔mm〕	m^2	229	1,454		332,966	
원형덕트보온	유리면, 25〔mm〕	m^2	90.5	1,453		131,496	
아네모형취출구	알루미늄제, ND=300〔φ〕	개	16	21,000		336,000	
레지스터	알루미늄제, 1,100×600	개	2	112,200		224,400	
풍량조절댐퍼	각형, 900×400	개	2	43,200		86.400	
	1,100×600	개	2	79,200		158,400	
	1,200×450	개	3	64,800		194,400	
방화댐퍼	각형, 900×350	개	1	40,950		40,950	
	900×400	개	1	46,800		46,800	
	1,200×450	개	1	70,200		70,200	
	1,200×500	개	1	78,000		78,000	
기계설치공	—	인	8.6		16,800		144,480
보통인부	—	인	1.2		11,050		13,260
덕트공	—	인	446.23		16,350		7,295,860
보온공	—	인	169.3	〃	15,800		2,674,940
계						12,519,357	10,128,540

주 : ① 덕트 제작 및 설치와 덕트보온은 [m^2]당 재료단가와 노무단가를 복합단가(일위대가표)로 작성하여 적용하는 것이 편리하고 일반적이다. 단, 복합단가 작성시 재료 및 노임 할증률에 관한 사항이 포함되어 있는지의 여부를 확인하여야 하며, 그렇지 않은 경우는 내역서 수량에 할증률을 적용한 수량을 기재해야 한다.

② 단가표의 단위와 수량산출단위가 일치하지 않을 경우의 재료단가는 다음과 같이 환산하여 적용한다.

예) 풍량조절댐퍼의 규격 : 900[mm]×400[mm]=90[cm]×40[cm]=3,600[cm]

∴ 풍량조절댐퍼의 단가=3,600[cm^2]×12[원/cm^2]=43,200[원]

3-4-9 덕트 일위대가

덕트적산시 아연도철판 물량이 산출되면 일위대가를 이용하여 쉽게 공사비를 산출할 수 있다. 일위대가는 각기 덕트의 종류와 철판 두께별로 작성이 되어져 있으며, 그 예는 다음과 같다.

(1) 각형덕트 제작설치 0.5[m/m]t

([m^2]당)

품 명	규 격	단위	수량	재료비		노무비		비 고
				단 가	금 액	단 가	금 액	
앵 글	25×25×3	kg	2.7					
리 벳	4.0[φ]×10[ℓ]	본	38					동
볼 트 너 트	6[φ]×20[ℓ]	본	15					
패 킹 재	25폭×3두께	m	1.1					
환 강	9[φ]	kg	0.2					
녹막이페인트	2회칠	m^2	0.30					14-3
코 킹 재	피츠버그 접수용	g	42					
잡 자 재 비	재료비의 3[%]	식	1					
덕 트 공		인	0.53					
공 구 손 료	품의 3[%]	식	1					

(2) 원형덕트제작설치 0.5[m/m]t

([m^2]당)

품 명	규 격	단위	수량	재료비		노무비		비 고
				단 가	금 액	단 가	금 액	
앵 글	25×25×3	kg	1.5					
리 벳	4.5[φ]	본	23					동
평 강	3[t]×32	kg	0.9					
볼 트 너 트	6[φ]×20[ℓ]	본	11					
패 킹 재	25폭×3두께	m	0.8					
환 강	9[φ]	kg	0.2					
녹막이페인트	2회칠	m^2	0.16					14-3
코 킹 재	피츠버그 접수용	g	42					
잡 자 재 비	재료비의 3[%]	식	1					
덕 트 공		인	0.56					
공 구 손 료	품의 3[%]	식	1					

3-5 배관설비

3-5-1 적산순서

배관설비의 적산시에는 설계도면과 시방서를 준비하고, 다음과 같은 순서로 수량적산을 한다.

① 배관계통도를 보고 계통을 파악한다.

② 시방서를 참고하여 보고 배관종류별 재질을 명확히 구분한다.

③ 시방서를 보고 배관계통별 보온, 보냉, 도장 부분을 구분한다.

④ 각 계통별로 옥내은폐, 옥내노출, 옥외노출, 바닥밑 배관 등으로 구분하여 배관길이를 산출한다. 또한 옥내배관에서는 기계실과 일반실과는 공량이 다르기 때문에 이를 구분하여 길이를 산출한다.

⑤ 수량의 단위는 일반적으로 관경별로 길이를 산출하지만 경우에 따라서는 중량으로 배관물량을 산출하기도 하기 때문에 이런 경우는 산출된 배관길이를 중량으로 환산한다.

3-5-2 배관계통과 배관종류

(1) 배관계통의 분류

공기조화설비에서 사용되는 배관을 계통별로 구분하면 다음과 같다.

① 냉각수배관 계통

② 냉수배관 계통

③ 냉온수배관 계통(예 : 2관식 팬코일용배관)

④ 온수배관 계통

⑤ 증기배관 계통

⑥ 응축수배관 계통

⑦ 오일배관 계통

⑧ 냉매배관 계통

⑨ 보급수배관 계통

⑩ 배수배관 계통

(2) 관종별(管種別)

위의 배관계통에 적합한 배관재료는 경우에 따라 다르겠지만 특수한 경우를 제외하고는 일반적으로 표 3-2와 같다. (3-2-5를 참조)

배관계통에 따른 배관재료의 결정은 건물의 용도, 시스템 압력, 내구성, 시공성, 경제성 등을 종합적으로 검토하여 신중히 결정한다. 최근에는 대기오염 및 수질관리의 결합으로 인하여 냉각수배관에도 부식현상이 발생하므로 냉각수배관재로 비닐라이닝강관이나 스테인리스관을 사용하기도 한다.

3-5-3 수량적산기준

(1) 수량산출근거서의 작성

설계도 및 시공도에서 배관수량을 산출하여 다음 순서로 배관공사산출용지(표 3-56 참조)에 기입한 후 이를 다시 배관공사수량집계표(표 3-57 참조)에 정리하여 작성한다.

① 배관수량을 산출할 때는 건물동별, 층별, 계통별, 규격별, 시공장소별(옥외, 옥내, 기계실) 등으로 구분하여 산출한다.

② 수량산출근거서는 차후에 검토가 쉽도록 정리한다.

③ 수량을 산출할 때는 보온, 방로, 도장 공사 등의 수량도 함께 검토할 수 있도록 정리한다.

(2) 관의 소요수량

관의 소요수량은 도면에서 산출한 수량(설계수량)에 실제 시공시의 절단손실 등을 고려한 할증률을 가산한 것으로 한다.

표 3-56 배관공사산출용지(예)

																								합계
강관, 중량 67.7[kg/m]	350A																						350	
53.0	300																						300	
42.0	250																						250	
30.0	200																						200	
19.0	150																						150	
15.0	125																						125	
12.2	100																						100	
8.8	80																						80	
7.5	65																						65	
5.3	50																						50	
3.9	40																						40	
3.4	32																						32	
2.4	25																						25	
1.7	20																						20	
1.3	15																						15	

번호 ______ 공사명 ______ (강관, Sch, 동) (흑, 백, 라이닝) __________

표 3—57 배관공사수량집계표(예)

층 계통 관재료 공사명

관경	GV	CV	BT	총계	은 폐	옥내노출	옥외노출	바닥밑 배관	지하배설	콘크리트매설
15										
20										
25										
32										
40										
50										
65										
80										
100										

소요수량=설계수량×할증률(>1)

품셈에서 적용하고 있는 금속재료 할증률은 표 3-58과 같다.

표 3-58 재료의 할증률

가. 금 속 재

종 류	할 증 률[%]
원 형 철 근	5
이 형 철 근	3
일 반 볼 트	5
고 장 력 볼 트 (H. T. B)	3
강 판	10
강 관	5
대 형 형 강	7
소 형 형 강	5
경 량 형 강, 각 파 이 프	5
봉 강	5
평 강 대 강	5
리 벳 제 품	5
스 테 인 리 스 강 판	10
스 테 인 리 스 강 관	5
동 판	10
동 관	5
덕 트 용 금 속 판	28
프 레 스 접 합 식 스 테 인 리 스 강 관 이 음 부 속 류	5

주 : ① 강관, 스테인리스강관의 할증률[%]은 옥외공사를 기준한 것이며, 옥내공사용 재료의 할증률은 10[%] 이내로 한다.
② 형강의 대형구분은 10[m/m] 이상을 말한다.

3-5-4 관이음재료, 관지지물, 접합재료, 밸브류

(1) 관이음재 및 관지지물

관이음재 및 관지지물은 설계수량에 따르는 것이 원칙이지만 설계도면만으로는 정확하게 수량을 산출하는 것이 곤란하다. 그렇기 때문에 관이음재와 관지지물의 가격은 관재료비에 일정비율을 적용하여 산출하는 것이 일반적이다.

그렇지만 이렇게 적용되는 비율은 건물의 규모, 배관재료, 시공장소, 설비시스템의 등급 등 여러 요인에 따라 다르기 때문에 경우에 따라 융통성 있게 적용한다.

표 3-59에서는 강관배관재를 사용하는 경우 이에 대한 관이음재 및 관지지물의 산정요율을 건물의 용도, 규모, 배관계통별로 구분하여 다음과 같이 적용하고 있다.

표 3-59 강관배관의 부자재 산정요율

가. 일반업무용 건물 (강관금액에 대한 %)

항목 / 시공부위별 \ 건물규모별	관이음부속 소	관이음부속 중	관이음부속 대	관지지물 소	관지지물 중	관지지물 대
가. 냉온수배관						
• 기계실	75	70	65	30	15	15
• 옥내일반	45	45	45	40	25	25
나. 냉각수배관						
• 기계실	75	75	75	7	7	7
• 옥내일반	70	55	40	9	9	9
다. 증기배관						
• 기계실	75	65	50	30	30	30
• 옥내일반	45	45	45	30	30	30
라. 급수·급탕배관						
• 기계실	80	80	80	15	15	15
• 옥내일반	60	60	60	15	15	15
마. 보일러급유배관	50	50	50	15	15	15
바. 통기배관	30	30	30	10	10	10
사. 소화배관						
• 옥내소화전	65	55	50	10	10	10
• 스프링클러	70	70	70	15	15	15

주 : ① 상기 요율은 일반업무용 건물의 배관재로 사용하는 일반 탄소강관 금액에 대한 관이음부속 및 관지지물의 금액비율이다.

② 건물 규모별 소, 중, 대는 다음과 같다.

소 : 연면적 5,000[m²] 이하의 건물

중 : 연면적 5,000[m²] 초과 30,000[m²] 미만의 건물

대 : 연면적 30,000[m²] 이상의 건물

③ 관이음부속류는 엘보, 티, 리듀서, 유니온, 소켓, 캡, 플러그, 니플, 붓싱, 플랜지 등을 말한다.

④ 관이음부속류에는 각종 밸브장치, 증기트랩장치, 바이패스(bypass)관 장치 및 계량기장치의 관이음부속과 각종 펌프토출측의 연결용 플랜지는 제외되었다.

⑤ 관지지물류는 크레비스행어, 보온용 크레비스행어, 파이프클램프, 롤러행어, 행어볼트, U-볼트, 파이프앵커, 턴버클, 나비밴드 등을 말한다.

⑥ 관지지물에는 단열지지대 및 관지지가대가 제외되어 있으므로 별도 가산한다.

⑦ 증기배관의 관지지물에는 ⑥항 및 롤러, 새들, 보온재보호판이 제외되어 있으므로 별도 가산한다.

⑧ 통기배관의 요율은 환상통기식이므로 각개통기 방식일 때는 별도 계상할 수 있다.

⑨ 상기 부자재 산정요율 계산방식과 도면에 의한 물량산출 방식을 병행사용할 수 있다.

⑩ 참고 :

강관배관에 대한 주요 관이음 부속의 소요금액 비율가중치

〔%〕

시공부위별	건 물 규모별	일반강관 구성비율		관이음부속 합 계	관이음부속 구성비율			접 합 용 너 트
		구경 50이하	구경 50초과		나사식	용접식	플랜지	
가. 냉·온 수 배 관								
•기 계 실	소	30	70	77.4	9.29	23.03	36.22	8.86
	중	10	90	73.0	3.75	29.74	31.97	7.54
	대	3	97	63.0	1.55	29.66	27.10	6.24
•옥 내 일 반	소	90	10	46.1	41.6	2.20	2.0	0.3
	중	70	30	46.1	37.1	3.2	4.8	1.0
	대	60	40	46.1	31.6	5.5	7.4	1.6
나. 냉 각 수 배 관								
•기 계 실	소	1.5	98.5	76.9	2.4	24.3	43.0	7.2
	중	1.0	99.0	76.9	2.0	32.4	36.0	6.5
	대	0.5	99.5	76.9	1.5	40.4	30.0	5.0
•옥 내 일 반	소	·	100	68.5	1.6	23.5	36.9	6.5
	중	·	100	54.0	1.08	18.42	29.7	4.8
	대	·	100	38.6	0.46	13.38	22.54	2.22
다. 증 기 배 관								
•기 계 실	소	50	50	73.6	19.54	10.88	36.51	6.67
	중	45	55	62.6	14.90	10.20	30.5	7.0
	대	40	60	51.6	10.87	9.13	24.10	7.5
•옥 내 일 반	소	90	10	43.1	37.25	1.85	3.30	0.70
	중	80	20	43.1	30.70	4.30	6.60	1.50
	대	70	30	43.1	25.80	5.10	10.0	2.20
라. 급수·급탕 배관								
•기 계 실	소	55	45	79.5	46.0		30.0	3.5
	중	35	65	79.5	41.0	·	35.0	3.5
	대	20	80	79.5	36.0	·	40.0	3.5
•옥 내 일 반	소	85	15	60.0	48.8	·	10.0	1.20
	중	60	40	60.0	48.8	·	10.0	1.20
	대	50	50	60.0	48.8	·	10.0	1.20
마. 보일러급유배관								
	소	65	35	51.0	38.6	12.4	·	·
	중	65	35	51.0	38.6	12.4	·	·
	대	65	35	51.0	38.6	12.4	·	·
바. 통 기 배 관								
	소	70	30	32.4	17.0	15.4	·	·
	중	60	40	32.4	17.0	15.4	·	·
	대	50	50	32.4	17.0	15.4	·	·

시공부위별	건 물	일반강관 구성비율		관이음부속	관이음부속 구성비율			접 합 용
	규모별	구경 50이하	구경 50초과	합 계	나사식	용접식	플랜지	너 트
사. 소 화 배 전								
• 옥내소화전	소	45	55	63.8	20.9	18.9	20.0	4.0
	중	30	70	55.8	13.97	17.23	21.0	3.60
	대	15	85	47.8	6.53	15.72	22.29	3.26
• 스프링클러	소	60	40	69.7	43.2	19.6	5.8	1.10
	중	60	40	69.7	43.2	19.6	5.8	1.10
	대	60	40	69.7	43.2	19.6	5.8	1.10

注 : 상기 금액비율은 강관과 강관이음 부속류의 가격구성비로서, 앞으로 이들 품목간의 가격변동이 클 경우 이를 조정하는 데 참고하기 위한 것이며, 품목별 단가는 물가자료 '87. 8월호를 기준으로 한 것이다.

병원건물 (강관금액에 대한 %)

시 공 부 위 별	관이음부속	관 지 지 물
가. 냉·온 수 배 관		
• 기 계 실	80	50
• 옥내일반	40	30
나. 증 기 배 관		
• 기 계 실	55	20
다. 급수·급탕 배관		
• 기 계 실	70	15
• 옥 내 일 반	50	40
라. 통 기 관	30	8
마. 소 화 배 관		
• 옥내소화전배관	45	10
• 스프링클러배관	75	20

注 : ① 상기 요율은 병원건물의 배관재로 사용하는 일반 탄소강관 금액에 대한 관이음부속 및 관지지물의 금액비율이다.

② 관이음 부속류는 엘보, 티, 리듀서, 유니온, 소켓, 캡, 플러그, 니블, 붓싱, 플랜지 등을 말한다.

③ 관이음 부속류에는 각종 밸브장치, 증기트랩장치, 바이패스관 장치 및 계량기 장치의 관이음부속과 각종 펌프, 토출측의 연결용 플랜지는 제외되어 있다.

④ 관지지물에는 단열지지대 및 공동구내관지지대, 롤러스탠드 새들, 보온재 보호판 등은 제외되어 있다.

⑤ 소화배관 요율에는 소화펌프의 토출측 밸브류 방진이음용 플랜지 유니온은 제외되어 있다.

⑥ 수직관은 2개층마다 플랜지 또는 유니온을 적용하였다.

⑦ 참고 :

강관금액에 대한 주요 관이음부속의 소요금액 비율 가중치 〔%〕

시공부위별	일반강관 구성비율		관이음부속	관이음부속 구성비율			접합용 볼트
	구경 50이하	구경 50초과	합 계	나사식	용접식	플랜지	너 트
가. 냉·온 수 배 관							
•기 계 실	9	91	81.8	3.07	45.71	28.14	4.94
•옥 내 일 반	100	•	39.5	39.5	—	—	—
나. 증 기 배 관							
•기 계 실	48	52	53.1	17.69	13.14	19.14	3.15
다. 급수·급탕 배관							
•기 계 실	36	64	71.1	14.10	21.50	30.73	4.81
•옥 내 일 반	100	○	49.5	47.19	—	1.97	0.38
라. 통 기 배 관	100	○	27.7	27.71	—	—	—
마. 소 화 배 관							
•옥 내 소 화 전	53	43	43.4	20.33	23.11	—	—
•스 프 링 클 러	53	47	73.8	36.93	32.74	3.55	0.61

주 : 상기 금액비율은 강관과 강관이음 부속류의 가격구성비로서, 앞으로 이들 품목간의 가격변동이 클 경우 이를 조정하는 데 참고하기 위한 것이며, 품목별 단가는 물가자료 '87. 8월호를 기준으로 한다.

(2) 특수관이음재

특수관이음재로는 신축이음(expansion joint), 방진이음(flexible joint) 등이 있으며, 이들은 모두 설계도면에서 수량을 산출한다.

신축이음재는 단식과 복식을 구별하고 또한 형식(벨로스, 슬리브, 볼조인트 등)을 구분하여야 한다. 방진이음재는 재질 (합성고무, 인청동, 스테인리스 등), 내압 등을 검토하여 가격을 찾는다.

신축이음재의 설치에 필요한 노무량은 표 3-60을 적용하여 산출한다.

표 3-60 신축이음장치

(개당)

규 격〔mm〕	배 관 공〔인〕	보통인부〔인〕
슬리브형 및 벨로스형		
15	0.7	0.1
20	0.7	0.1
25	0.9	0.1
32	0.9	0.1
40	1.0	0.2
50	1.1	0.2
65	1.3	0.2
80	1.6	0.4
90	2.0	0.4

규 격(mm)	배 관 공(인)	보통인부(인)
100	2.5	0.4
125	3.3	0.7
150	4.5	1.0
200	6.5	1.3

주 : ① 지지철물 설치품을 포함한다.
② 본 품은 고정을 요할 경우의 기준(단식기준)이다.
③ 고정을 요하지 않을 경우는 20(%) 감한다.
④ 철거는 신설의 50(%)(재사용을 고려하지 않을 때) 계상한다.

(3) 소모재료

소모재료 내용은 표 3-61과 같으며, 표준품셈에서는 이에 대한 비용을 주재료비의 2~5(%)까지 적용하도록 하고 있다.

표 3-61 소모품류의 내용

강 관 용	주 철 관 용	연 관 용
• 톱 날	탄(炭), 코크스, 석탄	• 땜 납
• 유류(절삭유, 구리스 등)	• 양	• 페이스트 및 염산
• 마(麻)	• 납	• 가솔린
• 페인트류	• 콜타르	• 해트, 수지, 붕사
• 패킹류		
• 기타 용접용 소모품		

(4) 밸브류

공기조화설비에 사용하는 밸브류에는 일반밸브류(게이트, 글로브, 체크, 볼, 버터플라이 등)와 특수밸브류(감압밸브, 자동온도조절밸브, 전동밸브 등)가 있다.

1) 일반용 밸브

일반용 밸브는 설계도면에서 산출하고 이에 대한 재질, 압력, 형식 등은 시방서 등을 참조하여 명확히 구별한다.

2) 특수 밸브 및 장치

특수밸브는 설계도면에서 수량을 산출하고 그 가격은 개개마다 적산하는 경우와 이들 특수밸브와 바이패스관, 부속밸브류, 온도계, 압력계, 배관부속류등을 조합하여 1식으로 적산하기도 한다.

이와 같이 1식으로 적산하는 것은 다음과 같다.

① 트랩장치

② 감압장치

③ 온도조절장치

④ 전동밸브장치

⑤ 전자밸브장치

위 장치의 조합도는 그림 3-20~그림 3-23과 같다.

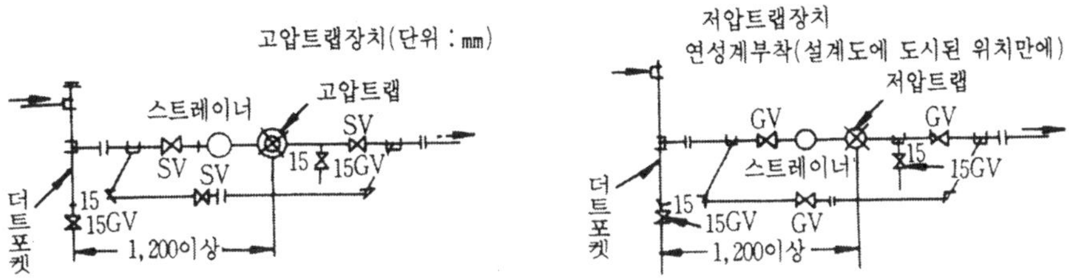

(주)BY-PASS관은 동일경 (주)BY-PASS관은 동일경

그림 3-20 트랩장치

① BALANCE관을 필요로 하지 않는 감압장치 ② BALANCE관을 필요로 하는 감압장치

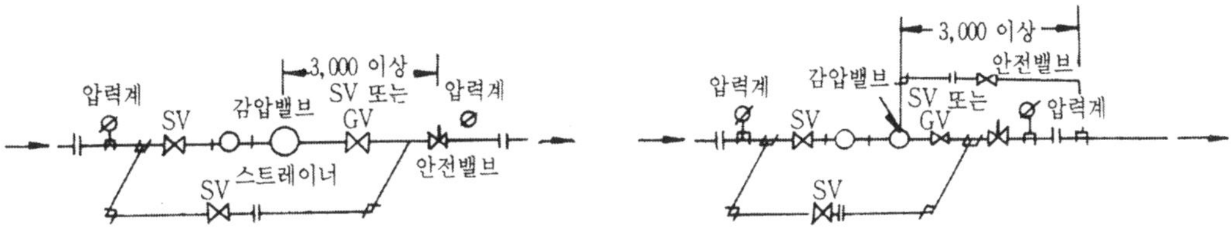

(주) BY-PASS의 구경은 일차측 관경의 1/2 (주)BY-PASS의 구경을 일차측 관경의 1/2

그림 3-21 감압 밸브장치

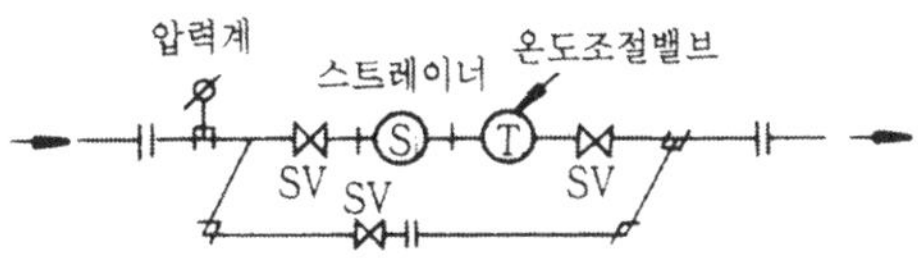

(주) BY-PASS의 구경은 일차측의 관경과 같음

그림 3-22 온도조절장치

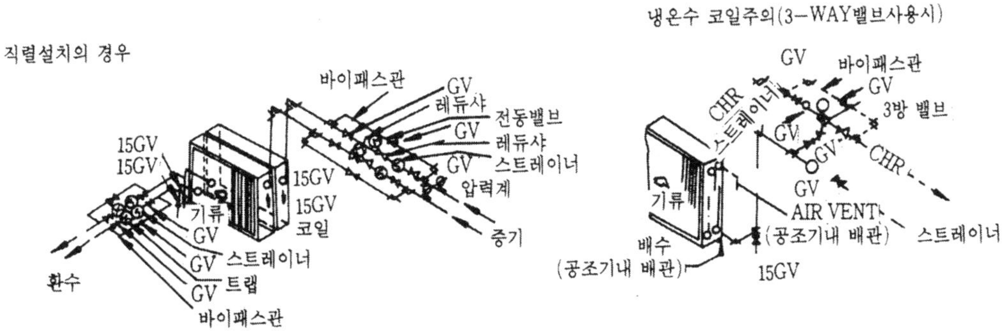

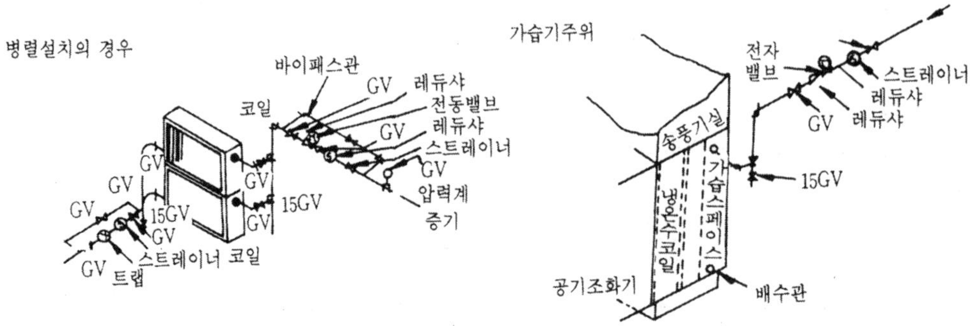

그림 3—23 전동밸브 및 전자밸브 장치

설계도면에는 간략한 기호로 표시하는 경우가 많기 때문에 위와 같은 장치는 상세도(또는 표준도)에서 나타내고 있는 밸브류, 배관부속품을 포함하여 1식의 복합단가(일위대가표)를 작성하고, 여기에 수량을 곱하여 금액을 산출하는 것이 편리하다.

상기 밸브류 및 특수밸브장치의 설치에 필요한 노무량 산출은 표 3—23~표 3—24, 표 3—62~표 3—65까지를 적용한다.

표 3—62 감압밸브장치 신설

(조당)

규 격〔mm〕	배 관 공〔인〕	보통인부〔인〕
15~20	3.0	0.2
25~40	4.0	0.2
50	5.5	0.4
65	8.0	0.5
80	9.0	0.6
90	9.0	0.6
100	9.5	0.7
125	10.0	0.8
150	12.0	0.9

주 : ① 밸런스관을 필요로 하지 않을 경우를 기준한 것이다.
② 밸런스관을 필요로 할 경우에는 30〔%〕 증가한다.
③ 온도조절장치도 본 품에 준한다.
④ 철거는 신설의 50〔%〕(재사용을 고려하지 않을 때) 계상한다.

표 3—63 자동온도조절밸브장치

(개소당)

규 격〔m/m〕	배 관 공〔인〕	계 장 공〔인〕	내선전공〔인〕
25ϕ 이하	0.07	0.37	0.6

주 : ① 상기 공량은 옥내배관설치기준이다.
② 소운반, 자동온도조절밸브설치, 실내온도감지기 설치, PVC 전선관 배관, 4각콘크리트박스 설치품이 포함된 공량이다.
③ 자동온도조절밸브를 온수헤더에 설치시에는 상기 공량 중 배관공량은 제외한다.

표 3-64 스팀트랩장치

(조당)

품 명	규 격[m/m]	배 관 공[인]	보통인부[인]
트랩 및 flowmeter	15ϕ	0.7	0.10
트랩 및 flowmeter	20ϕ	1.0	0.10
트랩 및 flowmeter	25ϕ	1.0	0.20
트랩 및 flowmeter	32ϕ	1.5	0.30
트랩 및 flowmeter	40ϕ	1.5	0.30
트랩 및 flowmeter	50ϕ	2.0	0.30

주 : ① 트랩 1(flowmeter 1), 스톱밸브 1, 슬리브밸브 3, 스트레이너 1, 기타 바이패스 배관조립 및 설치품 포함
② 트랩 및 flowmeter 설치 경우 상기 공량을 각각 적용한다.
③ 철거는 신설의 50[%](재사용을 고려하지 않을 경우) 계상한다.
④ 50[m/m] 이상의 공량은 비례 가산한다.
⑤ 본 공량은 고압버킷 및 저압벨로스형 트랩을 포함한다.

표 3-65 적산열량계

(대당)

규 격[m/m]	배 관 공[인]	내선전공[인]	계 장 공[인]
25ϕ 이하	0.91	0.75	0.16

주 : ① 상기 공량은 옥내배관설치기준이다.
② 소운반, 적산열량계 설치, 인디케이터 설치, PVC 전선관배관, 비닐전선배관, 4각콘크리트박스, 밸브, 스트레이너 및 배관조립 설치품이 포함된 공량이다.

3-5-5 배관공사의 품셈

배관공사의 노무비는 설계수량을 기준으로 공량을 계획하고 이에 노임단가를 적용하여 산출한다. 주의할 점은 소요수량이 아닌 설계수량에 의해 공량을 산출해야 한다. 배관공사의 공량은 배관종류, 접합방식, 시공장소에 따라 다르다.

품셈에 포함되는 것은 가공길이의 측정, 절단, 나사내기, 이음재의 접합, 지지철물의 부착, 수압, 통기, 소운반 등이지만, 흙파기나 되메우기 공사는 포함되지 않는다.

다음의 표 3-66은 강관배관, 표 3-67은 스테인리스배관, 표 3-68은 동관배관, 표 3-69는 PP-C배관, 표 3-70은 가교화폴리에틸렌배관, 표 3-71은 입상배관의 방진가대 설치에 대한 품셈이다.

表 3—66 강관배관

(m당)

규 격〔mm〕	배 관 공〔인〕	보 통 인 부〔인〕
15	0.106	0.026
20	0.116	0.028
25	0.147	0.037
32	0.183	0.045
40	0.200	0.056
50	0.248	0.063
65	0.328	0.082
80	0.372	0.092
100	0.485	0.121
125	0.568	0.142
150	0.700	0.175
200	0.977	0.244
250	1.275	0.320
300	1.525	0.382
350	1.793	0.500

주 : ① 상기 공량은 옥내일반배관기준이며 냉온수관, 통기, 소화관, 공기관, 기름관, 가스관, 급탕관, 배수관, 증기관, 급수관, 냉각수관에 적용한다.

② 먹줄치기, 상자넣기, 인서트, 지지철물설치, 절단, 나사·용접 접합, 수압 또는 통기 시험, 소운반 공량 등을 포함한다.

③ 기계실, 변소배관은 상기 공량에 20〔%〕 더한다.

④ 옥외배관(암거내)은 상기 공량에 10〔%〕 뺀다.

⑤ 옥내배관(바닥난방배관분 제외)에서 벽을 깎고 이의 보수작업이 필요한 경우에는 공량에 10〔%〕 범위 내에서 증가할 수 있다.

⑥ 밸브류 설치품은 "밸브콕류 설치" 참조하고, 배관부속품(엘보, 플랜지 기타) 등의 품은 본 공량에 포함되었다.

表 3—67 스테인리스배관

가. 프레스접합식

(m당)

규 격	외 경〔mm〕	두 께〔mm〕	배 관 공〔인〕	특별인부〔인〕
13SU	15.88	0.8	0.0280	0.0400
20SU	22.22	1.0	0.0320	0.0400
25SU	28.58	1.0	0.0360	0.0500
30SU	34.0	1.2	0.0625	0.0590
40SU	42.7	1.2	0.0800	0.0760
50SU	48.6	1.2	0.1020	0.0775
60SU	60.5	1.5	0.1320	0.0790

주 : ① 상기 공량은 프레스접합식 스테인리스강관의 옥내일반배관 기준공량이다.
② 먹줄치기, 상자넣기, 인서트, 지지철물설치, 절단접합, 소운반, 통수 등 배관시험은 공량을 포함한다.
③ 기계실, 변소배관은 상기 공량에 20[%] 더한다.
④ 옥외배관(암거내)은 상기 공량에 10[%] 뺀다.
⑤ 부설은 상기 공량에 30[%] 뺀다.
⑥ 옥내배관(바닥난방배관분 제외)에서 벽을 깎고 이의 보수작업이 필요한 경우에 상기공량의 10[%] 범위 내에서 더할 수 있다.
⑦ 관부설을 위한 터파기, 되메우기, 잔토처리 등은 별도 계상한다.
⑧ 굳힘 가공이 필요한 경우에는 별도 공량 계상한다.

나. 용접식 (m당)

규 격[mm]	용 접 공	배 관 공[인]	보통인부[인]
6(1/8)	0.060	0.019	0.019
8(1/4)	0.069	0.022	0.022
10(3/8)	0.079	0.026	0.026
15(1/2)	0.095	0.031	0.031
20(3/4)	0.111	0.036	0.036
25(1)	0.137	0.044	0.044
32(1 1/4)	0.169	0.055	0.055
40(1 1/2)	0.188	0.061	0.061
50(2)	0.236	0.076	0.076
65(2 1/2)	0.304	0.097	0.097
80(3)	0.354	0.113	0.113
90(3 1/2)	0.406	0.126	0.126
100(4)	0.470	0.145	0.145
125(5)	0.575	0.176	0.176
150(6)	0.716	0.218	0.218
200(8)	1.053	0.301	0.301
250(10)	1.460	0.394	0.394
300(12)	1.839	0.493	0.493

주 : ① 상기 공량은 용접식 스테인리스강관의 옥내일반배관 기준공량이다.
② 먹줄치기, 상자넣기, 인서트, 지지철물설치, 절단접합, 소운반, 통수 등 배관시험은 공량을 포함한다.
③ 기계실, 변소배관은 상기 공량에 20[%] 더한다.
④ 옥외배관(암거내)은 상기 공량에 10[%] 뺀다.
⑤ 부설은 상기 공량에 30[%] 뺀다.
⑥ 옥내배관(바닥난방배관분 제외)에서 벽을 깎고 이의 보수작업이 필요한 경우에 상기 공량에 10[%] 범위 내에서 더할 수 있다.
⑦ 관부설을 위한 터파기, 되메우기, 잔토처리 등은 별도 계상한다.
⑧ 굳힘(bending)가공이 필요한 경우에는 별도 공량 계상한다.

다. 용접식 스테인리스관 배관의 소모자재 (개소당)

관 경	용 접 봉[kg]	Argon[ℓ]
15(1/2″)	0.007	64
20(3/4″)	0.013	95
25(1″)	0.020	129
40(1 1/2″)	0.040	191
50(2″)	0.055	256
65(2 1/2″)	0.168	343
80(3″)	0.213	430
90(3 1/2″)	0.257	565
100(4″)	0.313	699
125(5″)	0.443	1,098
150(6″)	0.601	1,285
200(8″)	1.007	2,170
250(10″)	1.455	3,060
300(12″)	2.070	3,945

라. 난방용 스테인리스 주름관 (m당)

규 격	배 관 공[인]	보 통 인 부[인]
15φ	0.024	0.045

주 : ① 상기 공량은 옥내바닥난방배관기준이다.
② 먹줄치기, 상자넣기, 인서트, 지지철물설치, 절단·접합, 소운반, 통수 등 배관시험은 공량을 포함한다.

표 3—68 동관배관('94년 보완)

(m당)

호칭지름[m/m][inch]	배 관 공[인]	보 통 인 부[인]
φ6(1/8)	0.019	0.019
φ8(1/4)	0.022	0.022
φ10(3/8)	0.026	0.026
φ15(1/2)	0.031	0.031
φ20(3/4)	0.036	0.036
φ25(1)	0.044	0.044
φ32(1 1/4)	0.055	0.055
φ40(1 1/2)	0.061	0.061
φ50(2)	0.076	0.076
φ65(2 1/2)	0.097	0.097
φ80(3)	0.113	0.113
φ100(4)	0.193	0.131
φ125(5)	0.290	0.185
φ150(6)	0.364	0.194
φ200(8)	0.537	0.232

주 : ① 상기 공량은 옥내배관기준이다.

② 먹줄치기, 상자넣기, 인서트, 지지철물설치, 절단, 소운반, 통수 등 배관시험 공량을 포함한다.

③ 변소배관은 상기 공량에 20[%], 기계실배관은 상기 공량에 30[%] 더한다.

④ 옥외배관(암거내)은 상기 공량에서 10[%] 뺀다.

⑤ 동관부설은 상기 공량에 배관공은 30[%]감, 보통인부는 50[%] 감한다.

⑥ 옥내배관(바닥난방배관분 제외)에서 벽을 깎고 이의 보수작업에 필요한 경우에 상기 공량에 10[%] 범위 내에서 증할 수 있다.

⑦ 200세대 이상의 아파트세대에 바닥난방코일배관을 공장제작하여 시공할 경우 상기공량에 10[%] 감소한다.

⑧ 용접접합에 필요한 공량과 재료는 아래와 같으며 플랜트공사 등 용접개소가 복잡한 경우는 적의계상할 수 있다.

Brazing (용접개소당)

규격[m/m][inch]	용 접 공	용접봉[g]	플럭스[g]	산 소[ℓ]	아세틸렌[g]
φ6(1/8)	0.026	0.3	0.05	2.5	3.8
φ8(1/4)	0.030	0.5	0.08	4.0	4.5
φ10(3/8)	0.034	0.8	0.11	5.4	5.9
φ15(1/2)	0.041	1.2	0.15	7.5	8.0
(5/8)	0.044	1.8	0.22	10.8	11.4
φ20(3/4)	0.047	2.5	0.32	15.8	16.5
φ25(1)	0.058	4.0	0.49	19.0	20.2
φ32(1 1/4)	0.071	5.2	0.65	27.2	28.6
φ40(1 1/2)	0.078	6.9	0.86	35.0	37.0
φ50(2)	0.098	11.2	1.40	45.8	48.6
φ65(2 1/2)	0.126	15.4	1.92	57.9	61.3
φ80(3)	0.146	21.0	2.62	80.8	85.4
φ100(4)	0.206	36.6	4.58	127.8	135.0
φ125(5)	0.256	56.3	7.02	158.8	167.7
φ150(6)	0.362	78.9	9.89	254.0	268.3
φ200(8)	0.606	173.5	13.25	615.7	650.5

Soldering (용접개소당)

규격[mm](inch)	용 접 공[인]	용 접 봉[g]	플 럭 스[g]	LPG[g]
φ15(1/2)	0.032	1.41	0.25	3.55
φ20(3/4)	0.037	2.16	0.41	4.47

표 3-69 PP-C관 배관

가. 급수급탕용 (m당)

규 격[m/m]	배 관 공[인]	보 통 인 부[인]
φ15	0.048	0.048
φ20	0.054	0.054

주 : ① 상기 공량은 옥내급수, 급탕용 배관을 기준한 것이다.
② 먹줄치기, 상자넣기, 인서트, 지지철물설치, 절단·접합, 소운반, 통수 등 배관시험 공량이 포함된 것임.

나. 난방용 (m당)

규　격(m/m)	배 관 공(인)	보통인부(인)	비　고
15φ	0.036	0.036	

주 : ① 상기 공량은 옥내바닥, 난방배관을 기준한 것이다.
② 먹줄치기, 상자넣기, 인서트, 지지철물설치, 절단, 접합, 소운반, 통수 등 배관시험 공량이 포함된 것임.

표 3-70 가교화 폴리에틸렌관 배관(난방용)

(m당)

규　격(m/m)	배 관 공(인)	보통인부(인)	비　고
15φ	0.035	0.035	

주 : ① 상기 공량은 옥내바닥, 난방배관을 기준한 것이다.
② 먹줄치기, 상자넣기, 인서트, 지지철물설치, 절단·접합, 소운반, 통수 등 배관시험 공량이 포함된 것임.

표 3-71 입상관 방진가대('93년 신설)

(조당)

규　격(mm)	배 관 공(인)	용 접 공(인)
φ50	0.093	0.093
φ65	0.093	0.093
φ80	0.109	0.109
φ100	0.125	0.125
φ125	0.125	0.125
φ150	0.140	0.140
φ200	0.156	0.156
φ250	0.197	0.197
φ300	0.239	0.239
φ350	0.281	0.281

주 : ① 상기 공량은 옥내기준, 입상관 방진가대 설치공량으로 지지판넬 가대설치는 제외된 것이다.
② 볼트체결, 클램프체결, 클램프와 강관이음매용접, 소운반 및 조정이 포함된 것이다.

【문제 3-14】 온수배관에 설치되는 신축이음장치의 수량산출 결과가 다음과 같을 때 이를 설치하기 위한 공량을 산출하시오.

품　명	규　격	수　량(개)	품　명	규　격	수　량(개)
벨로스형 신축이음쇠	단식, 40(φ)	8	슬리브형 신축이음쇠	100(φ)	4
	단식, 80(φ)	4		150(φ)	4
	단식, 100(φ)	2		200(φ)	4

【풀 이】 표 3-60 신축이음장치를 적용하여 다음과 같이 산출한다.

품 명	규 격	수량(개)	배 관 공(인)	보 통 인 부(인)	계
벨로스형 신축이음쇠	단식, 40(φ)	8	8(개)×1.0(인/개)=8	8(개)×0.2(인/개)=1.6	• 배관공 =73.4(인)
	단식, 80(φ)	4	4(개)×1.6(인/개)=6.4	4(개)×0.4(인/개)=1.6	
	단식, 100(φ)	2	2(개)×2.5(인/개)=5	2(개)×0.4(인/개)=0.8	
슬리브형 신축이음쇠	단식, 100φ	4	4(개)×2.5(인/개)=10	4(개)×0.4(인/개)=1.6	• 보통인부 =14.8(인)
	단식, 150φ	4	4(개)×4.5(인/개)=18	4(개)×1.0(인/개)=4	
	단식, 200φ	4	4(개)×6.5(인/개)=26	4(개)×1.3(인/개)=5.2	

【문제 3-15】 기계실 공조배관의 산출집계가 다음과 같을 때 이를 설치하기 위한 공량을 산출하시오.

품 명	규격	단위	수량	비 고	품 명	규격	단위	수량	비 고
백 강 관	100(φ)	m	80	냉각수관	스테인리스강관 (용 접 식)	100(φ)	m	80	냉수관
	150(φ)	m	60			150(φ)	m	40	
스테인리스강관 (용 접 식)	50(φ)	m	40	냉수관	동 관	40(φ)	m	60	판 넬 배 관
	80(φ)	m	60			50(φ)	m	20	

【풀 이】 강관은 표 3-66 강관배관, 스테인리스관은 표 3-67 스테인리스배관, 동관은 표 3-68 동관배관을 적용하여 다음과 같이 산출한다.

품 명	규격	단위	수량	배 관 공(인)	보 통 인 부(인)	용 접 공(인)
백 강 관	100(φ)	m	80	80(m)×0.485(인/m)=38.8	80(m)×0.121(인/m)=9.68	
	150(φ)	m	60	60(m)×0.700(인/m)=42	60(m)×0.175(인/m)=10.5	
스테인리스관 (용 접 식)	50(φ)	m	40	40(m)×0.076(인/m)=3.04	40(m)×0.076(인/m)=3.04	40(m)×0.236(인/m)=9.44
	80(φ)	m	60	60(m)×0.113(인/m)=6.78	60(m)×0.113(인/m)=6.78	60(m)×0.354(인/m)=21.24
	100(φ)	m	80	80(m)×0.145(인/m)=11.6	80(m)×0.145(인/m)=11.6	80(m)×0.470(인/m)=37.6
	150(φ)	m	40	40(m)×0.218(인/m)=8.72	40(m)×0.218(인/m)=8.72	40(m)×0.716(인/m)=28.64
동 관	40(φ)	m	60	60(m)×0.061(인/m)=3.66	60(m)×0.061(인/m)=3.66	
	50(φ)	m	20	20(m)×0.076(인/m)=1.52	20(m)×0.076(인/m)=1.52	
계				116.12×120(%)≒139	55.5×120(%)≒66	96.92×120(%)≒116

주 : 기계실 배관의 경우 20(%) 증

3-5-6 보온(保温) 및 도장 공사

(1) 보온(保温)공사

배관의 보온시방은 열매의 온도, 관의구경, 주위온도 등에 따라 보온재의 종류, 보온두께, 외부마감이 달라진다.

표준시방서에서는 다음과 같은 배관, 밸브 및 플랜지 부분에는 보온을 필요로 하지 않는다.

① 난방되는 방의 난방용 수직관 및 분기관

② 방열기 주위배관
③ 증기관, 온수관, 온수공급관 기름배관에서 옥내 및 피트 내의 신축이음 및 플랜지
④ 가열하지 않는 기름배관
⑤ 냉동기의 냉각수배관

보온공사시에는 보온재(표 3-72참조), 외장재(표 3-73참조), 보강재 및 보조재(표 3-74참조)를 각 경우에 적합하게 선정하며, 특히 다음과 같은 사항을 유의하여 시공한다.

표 3-72 보온재의 종류

재료명	규격 및 내용	최고사용온도	비고
암면보온재	KS F 4701~4706에 규정한 보온판, 통, 대(帶), 블랭킷 펠트	보온판, 보온대 및 펠트는 400[℃], 블랭킷은 600[℃]	불연성
유리면보온재	KS L 9102(유리면 보온재)에 규정된 보온판, 보온통	300[℃]	불연성
폴리스틸렌폼 보온재	폴리스틸렌폼 보온판 및 보온통	70[℃]	자소성 (自消性)
펄라이트보온재	KS F 3701(펄라이트)의 재질로 된 보온통	650[℃]	불연성
규조토보온재	KS F 3502(규조토 보온재)에 규정한 석면혼합 규조토 보온재)	500[℃]	불연성
규산칼슘보온재	KS L 9101(규산칼슘보온재)에 규정한 보온판, 보온통	650[℃]	불연성
기타보온재			불연성

표 3-73 외장재의 종류

재료명	규격내용	비고
유리직물	KS L 2508(유리직물)에 규정된 평직유리직물	불연성
알루미늄박판	KS D 6705(알루미늄박판)에 규정된 판에 크라프트지를 붙인 것	불연성(알루미늄의 용융점 659℃)
아스팔트크라프트지	KS A 1503(아스팔트 크라프트 방습지)에 규정된 테이프형의 것	가연성
비닐테이프	두께 0.2[mm] 이상의 부점착성테이프	가연성
면포	직포중량 115[g/m²]의 테이프형의 것	가연성
아연도철판	KS D 3506(아연도강판)에 의하여 보온외경 250[mm] 이하일 때에는 두께 0.27[mm], 기타는 0.4[mm], 아연표준부착량 244 [g/m²] 이상으로 한다.	불연성
알루미늄판	KS D 6701(알루미늄 및 알루미늄 합금판 및 조)에 규정된 두께 0.4~1.0[mm]의 것	불연성
하드시멘트	중량비 배합으로 무기질분말 75[%], 무기질섬유 3[%], 시멘트 22[%]	불연성
시멘트모르타르	제1장 2-4-3의 모르타르 바르기에 따른다.	불연성

表 3-74 보강재 및 보조재

재 료 명	규 격 내 용	비 고
정 형 용 원 지	판지잡종 370〔g/m²〕 이상의 것	가 연 성
알루미늄박정형용원지	두께 0.02〔mm〕의 알루미늄박에 370〔g/m²〕 이상의 원지를 접착시킨 것	가 연 성
아 스 팔 트 루 핑	KS F 4902(아스팔트 루핑)의 제조방법에 의하여 제조된 권당 21〔kg〕 이상의 두루마리	가 연 성
아 스 팔 트 펠 트	KS F 4901(아스팔트 펠트)의 제조방법에 의한 것으로서 17〔kg〕 이상의 두루마리	가 연 성
아 연 철 선	KS D 3522〔철선(연강선)〕에 의한 지름 0.8〔mm〕(#22) 이상의 것	불 연 성
메 탈 라 스	KS F 4552(메탈라스)의 규정에 따른 것	불 연 성
비 닐 접 착 테 이 프	두께 0.02〔mm〕 이상의 것	가 연 성
리 벳(스 플 릿 핀)	도금강관에 보온재, 두께에 알맞는 길이의 못을 박은 것	불 연 성
땜 납	KS D 6704(땜납)에 규정된 것	불 연 성
접 착 제	해당재료의 접착에 알맞는 것	가 연 성
코 너 비 드	아연도철판 0.2〔mm〕 이상의 것	불 연 성

① 건축물의 방화구획, 방화벽 기타 법규에 지정된 칸막이벽 또는 칸벽을 관이 관통하는 부분은 필요한 내화성능을 갖는 불연재료로 시공한다.

② 내화구조의 건축물에 불연공법이 요구되는 곳에는 불연재 또는 준불연재 등 내화성이 있는 보온재, 외장재, 보강재 및 보조재를 사용하여 시공한다.

온수관, 증기관, 온수공급관 및 기름배관의 보온재 및 보온두께는 표 3-75, 그리고 냉수관, 냉온수관의 보냉재 및 보온두께는 표 3-76과 같이 표준시방서에서 제시하고 있다.

또한 배관의 설치장소에 따른 보온시공법은 표 3-77과 같다. 배관공사와 밸브보온에 필요한 노무량 및 보조재 산출은 표 3-78과 3-79를 적용한다.

表 3-75 온수관, 증기관, 온수공급관 및 기름배관의 보온재 및 보온두께

<table>
<tr><td>관 경〔A〕</td><td>15</td><td>20</td><td>25</td><td>32</td><td>40</td><td>50</td><td>65</td><td>80</td><td>100</td><td>125</td><td>150</td><td>200</td><td>250</td><td>300</td></tr>
<tr><td>보온두께〔mm〕①</td><td colspan="6">20</td><td colspan="4">25</td><td>30</td><td>40</td><td colspan="2">50</td></tr>
<tr><td>보온두께〔mm〕②</td><td colspan="2">20</td><td colspan="5">25</td><td colspan="3">30</td><td colspan="2">40</td><td colspan="2">50</td></tr>
<tr><td>보 온 재</td><td colspan="14">암면, 유리면, 펄라이트 보온통</td></tr>
<tr><td>비 고</td><td colspan="14">보온두께① : 관내온도 100〔℃〕, 주위온도 20〔℃〕 조건
보온두께② : 관내온도 150〔℃〕, 주위온도 20〔℃〕 조건</td></tr>
</table>

표 3-76 냉수관, 냉온수관의 보랭재 및 보온두께

<table>
<tr><td>관 경(A)</td><td>15</td><td>20</td><td>25</td><td>32</td><td>40</td><td>50</td><td>65</td><td>80</td><td>100</td><td>125</td><td>150</td><td>200</td><td>250</td><td>300</td></tr>
<tr><td>보온두께(mm)①</td><td colspan="4">30</td><td colspan="8">40</td><td colspan="2">50</td></tr>
<tr><td>보온두께(mm)②</td><td colspan="5">25</td><td colspan="6">30</td><td>40</td><td></td><td>50</td></tr>
<tr><td>보 온 재</td><td colspan="14">암면, 유리면, 포금폴리스틸렌 보온통</td></tr>
<tr><td>비 고</td><td colspan="14">보온두께① : 관내온도 5(℃), 주위온도 30(℃), 상대습도 85(%) 조건
보온두께② : 관내온도 10(℃), 주위온도 30(℃), 상대습도 85(%) 조건</td></tr>
</table>

표 3-77 배관의 보온시공

사 용 구 분	재 료 및 시 공 순 서		비 고
	온수관, 증기관, 온수공급관, 기름배관	냉수관, 냉온수관	
옥내노출배관	① 보온재 ② 아연철선 ③ 정형용원지 ④ 유리직포, 면포 또는 비닐테이프	① 보온재 ② 아연철선 ③ 아스팔트 펠트 ④ 정형용원지 ⑤ 유리 직포 또는 면포	
천 장 속, 샤 프 트 내	① 보온재 ② 아연철선 ③ 알루미늄 박지 ④ 메탈라스	① 보온재 ② 아연철선 ③ 아스팔트 펠트 ④ 알루미늄 박판	
바 닥 피 트 내	① 보온재 ② 아연철선 ③ 아스팔트 펠트 ④ 아스팔트 크라프트지	① 보온재 ② 아연철선 ③ 아스팔트 펠트 ④ 아스팔트 크라프트지	
옥외노출 및 다습한 곳	① 보온재 ② 아연철선 ③ 아스팔트 루핑 ④ 아연철선 ⑤ 알루미늄판 또는 아연철판	① 보온재 ② 아연철선 ③ 아스팔트 루핑 ④ 아연철선 ⑤ 알루미늄판 또는 아연철판	소구경에서는 ③을 아스팔트 펠트로 대체 가능

표 3-78 관보온(보온, 보냉, 방호)

(m당)

강 관 배 관 보 온					
보 온 통			마 감 재 (m²)	알루미늄밴드(m) (0.3×30)	보 온 공 (인)
규 격 (mm)	두 께 (mm)	수량 (m)			
φ15	20	1.05	0.27	0.23	0.04
	25		0.31	0.27	0.05
	40		0.44	0.39	0.07
	50		0.53	0.47	0.08

강 관 배 관 보 온					
보 온 통			마 감 재 〔m²〕	알루미늄밴드〔m〕 (0.3×30)	보 온 공 〔인〕
규 격	두 께	수량			
〔mm〕	〔mm〕	〔m〕			
φ20	20		0.29	0.25	0.05
	25		0.33	0.29	0.06
	40		0.46	0.41	0.08
	50		0.55	0.48	0.10
φ25	20		0.32	0.28	0.06
	25		0.36	0.32	0.07
	40		0.49	0.43	0.09
	50		0.58	0.51	0.11
φ32	20		0.36	0.31	0.07
	25		0.40	0.35	0.08
	40		0.53	0.47	0.10
	50		0.62	0.54	0.12
φ40	20		0.39	0.34	0.07
	25		0.43	0.37	0.08
	40		0.57	0.49	0.11
	50		0.65	0.57	0.12
φ50	20		0.44	0.38	0.07
	25		0.48	0.42	0.08
	40		0.62	0.53	0.11
	50		0.70	0.61	0.12
φ65	25		0.55	0.48	0.10
	40		0.69	0.59	0.13
	50		0.77	0.67	0.14
φ80	25		0.60	0.53	0.11
	40		0.74	0.64	0.14
	50		0.82	0.72	0.15
φ100	25		0.72	0.63	0.14
	40		0.86	0.74	0.17
	50		0.94	0.82	0.18
φ125	25		0.83	0.72	0.20
	40		0.97	0.84	0.24
	50		1.05	0.92	0.26
φ150	25		0.94	0.82	0.21
	40		1.08	0.94	0.25
	50		1.16	1.01	0.27
φ200	25		1.17	1.02	0.26
	40		1.31	1.13	0.29
	50		1.39	1.21	0.30

주 : ① 본 공량은 기계설비 배관보온에 적용하며 위생용 급수, 급탕, 환탕, 난방관 보온공사도 이 품에 준한다.
② 보온재 소운반이 포함되어 있으며 잡자재는 별도 가산한다.
③ 옥내 은폐(마루밑, 암거내, 콘크리트 내 등) 및 아스팔트 펠트 사용시는 10[%] 더한다.
④ 옥외 노출시는 본 품의 200[%]를 계상한다.
⑤ 높이는 3.5[m]를 기준하여 직관에 한한다.
⑥ 배관부속 및 밸브 등의 보온은 "파이프 보온" 참조 별도 계상한다. 단, 원자재상태의 함석을 가공하여 밸브보온 마감할 경우에는 표 3-79 함석마감 밸브보온을 적용한다.
⑦ 동관 및 스테인리스 강관의 보온규격은 외경을 기준한 품에 적용한다.
⑧ 배관의 용도, 관내유체의 온도, 주위의 온습도 조건 등에 따라 적정한 보온두께를 선정한다.
⑨ 마감재를 은박지 및 폴리머테이프로 시공할 경우 겹치는 부분의 할증을 가할 수 있다.
⑩ 보온재는 유리솜(KSL9102) 및 암면(KSF 4701) 제품이다.
⑪ 알루미늄밴드는 900[mm] 간격을 기준한 것이다.
⑫ 아스팔트 펠트의 양은 마감재와 동일하다.

표 3-79 함석마감 밸브보온(30~50t)

(개소당)

규 격[m/m]	함 석[m^2]	보 온 공[인]	함 석 공[인]
φ50 이하	1.21	0.194	0.653
φ65 이하	1.31	0.206	0.746
φ80 이하	1.51	0.219	0.840
φ100 이하	1.72	0.285	0.933
φ125 이하	2.06	0.311	1.028
φ150 이하	2.39	0.338	1.120
φ200 이하	3.16	0.379	1.306

주 : ① 본 공량은 보온재 소운반이 포함되었으며 잡자재는 별도 가산한다.
② 원자재상태의 함석을 가공하여 마감하는 공량이다.
③ 함석마감은 밸브의 보수가 용이한 개폐형을 기준으로 한 것이다.
④ 함석두께 0.4[mm]를 기준으로 한 것이다.

[문제 3-16] 다음과 같은 재료단가표와 노임단가를 적용하여 1m당 관보온(두께 40mm) 복합단가(일위대가표)를 100, 125, 150, 200[φ]까지 작성하시오.

품 명	규 격	단위	단가[원]	품 명	규 격	단위	단가[원]
유리솜 보온통	φ100, 40[mm]	m	1,913	은 박 지		m^2	184.8
	φ125, 40[mm]	m	2,085	알루미늄밴드	0.3×30	m	73.3
	φ150, 40[mm]	m	2,422	노 무 비	보온공	인	15,800
	φ200, 40[mm]	m	2,674				

【풀 이】 표 3－78 관보온을 적용하여 다음과 같이 작성한다.

(m당)

품 명	규 격	단위	단 가	φ100(m/m)		φ125(m/m)		φ150(m/m)		φ200(m/m)	
				수량	금 액	수량	금 액	수량	금 액	수량	금 액
재 료 비					2,221		2,429		2,811		3,132
유리솜보온통	φ100(m/m) 40(mmt)	m	1,913	1.05	2,008.6						
	φ125(m/m) 40(mmt)	m	2,085			1.05	2,189.2				
	φ150(m/m) 40(mmt)	m	2,422					1.05	2,543.1		
	φ200(m/m) 40(mmt)	m	2,674							1.05	2,807.7
은 박 지		m^2	184.8	0.86	158.9	0.97	179.2	1.08	199.5	1.31	242
알루미늄밴드	0.3×30	m	73.3	0.74	54.2	0.84	61.5	0.94	68.9	1.13	82.8
노 무 비					2,686		3,792		3,950		4,582
보 온 공		인	15,800	0.17	2,686	0.24	3,792	0.25	3,950	0.29	4,582
계					4,907		6,221		6,761		7,714

(2) 도장공사

배관의 도장공사는 나관(裸管)과 보온면 위의 도장으로 나누어지고, 더욱이 나관은 흑관, 백관 및 전선관으로, 보온면위의 도장은 면포(綿布)면과 아연도철판면의 도장으로 분류할 수 있다.

다음의 표 3－80은 표준시방서에서 제시하고 있는 도장의 종별을 나타낸 것이다. 도장공사에 필요한 노무량 및 보조재 산출은 표 3－27에서부터 표 3－33을 적용한다.

표 3－80 배관 및 보온외장의 도장종별

도장부분			도료의 종별	도장횟수			비 고
기기 및 부재		상태		초벌칠	재벌칠	정벌칠	
보온하는 금속면		－	방청페인트	1	－	1	
아연도강관 및 이음부속의 용도 표지		노출	합성수지 또는 조합페인트	－	1	1	은폐부에서는 나사 부분에 방청페인트 4회 칠
흑강관 및 이음부속의 용도표지		노출	합성수지 또는 조합페인트, 알루미늄 페인트	1	1	1	초벌칠은 방청페인트
		은폐	방청페인트	1	－	1	수지코팅을 실시한 부속은 제외
주철제 방열기		－	알루미늄 페인트	1	1	1	초벌칠은 방청페인트
보온외장	면 포	노출	조합페인트	1	1	1	
		은폐	방화성 초벌칠 페인트	1	－	1	
	유리직포	노출	건축용 방화도료	1	1	1	
			염화비닐수지 에나멜 또는 염화고무계 도료	1	1	1	
	아연도금판	노출	조합페인트	－	1	1	도장 전 에칭프라이머 처리함

【문제 3-17】 20매짜리 주철제 방열기 100조에 알루미늄 페인트칠(초벌칠은 방청페인트, 그리고 재벌, 정벌칠)을 하려고 한다. 이 경우 아래에 주어진 재료단가와 노임단가를 적용하여 도장공사비(재료비와 노무비)를 산출하시오.(단, 방열기 1매당 도장면적은 0.26m²이다.)

재료단가 및 노임단가

품 명	규 격	단위	단가〔원〕	품 명	규 격	단위	단가〔원〕
녹막이페인트	KSM 5311-2	ℓ	3,532	퍼 티		kg	2,210
알루미늄페인트	은 분	ℓ	1,822	연 마 지	#80	매	90
시 너		ℓ	1,640	노 무 비	도장공	인	17,350

【풀 이】 ① 표 3-31 알루미늄 페인트칠을 적용하여 도장면적 1m²당 복합단가를 아래와 같이 작성한다.

품 명	규 격	단위	단가〔원〕	수량	재료비〔원〕	노무비〔원〕	비 고
녹막이페인트	KSM 5311-2	ℓ	3,532	0.077	271.9		① 시너수량은 0.004+0.012=0.016
알루미늄페인트	은 분	ℓ	1,822	0.126	229.5		
시 너		ℓ	1,640	0.016	26.2		② 도장공 0.019+0.085=0.104
퍼 티		kg	2,210	0.08	176.8		
연 마 지	#80	매	90	0.125	11.2		③ 기구손료는 노무비의 2〔%〕
도 장 공		인	17,350	0.104		1,804.4	
기 구 손 료		1식			36.0		
계					751	1,804	

② 도장면적 계산

20〔매/조〕×0.26〔m²/매〕×100〔조〕=520〔m²〕

③ 도장공사비

- 재료비 : 520〔m²〕×715〔원/m²〕=371,800〔원〕
- 노무비 : 520〔m²〕×1,840〔원/m²〕=956,800〔원〕

3-5-7 쪼아내기 및 보수공사

신축건물에서 쪼아내기 공사가 있어서는 안되지만 실제로는 슬리브, 인서트 공사의 정도(精度)나 변경 및 추가공사 등으로 인하여 이러한 쪼아내기 공사가 필요하다. 그러므로 일반적으로는 배관공사 노무비의 10〔%〕를 쪼아내기 공사비로 계상하고 있다.

한편 개수 및 철거공사에서는 쪼아내기 및 보수공사가 당연히 계상된다. 쪼아내기 개소를 산출할 때에는 구경, 벽체의 종류, 벽체의 두께에 따라 표 3-81을 적용하여 필요한 노무량을 산출한다. 쪼아낸 부스러기를 현장 밖으로 반출하는 것은 별도로 적산한다.

表 3—81 구멍뚫기

가. 배관을 위한 구멍뚫기

구 경 〔mm〕	단 위 〔활석공〕	콘크리트두께〔mm〕				비 고
		120~150 정도	200 정도	300 정도	400 정도	
50	인	0.13	0.21	0.42	0.52	
75	인	0.15	0.23	0.46	0.59	
100	인	0.18	0.26	0.51	0.67	
150	인	0.20	0.30	0.59	0.76	
200	인	0.24	0.34	0.65	0.88	
250	인	0.26	0.37	0.73	0.98	
300	인	0.31	0.43	0.84	1.15	
350	인	0.36	0.48	0.98	1.31	
400	인	0.41	0.54	1.05	1.52	
450	인	0.48	0.63	1.24	1.74	
500	인	0.55	0.71	1.38	1.99	

주 : ① 본 기준은 손으로 파내는 작업의 경우이며 철근절단, 장내 소운반품은 포함된 것이나 현장 밖으로의 반출품은 포함되지 않는다.

② 콘크리트 블록벽의 경우에는 본 기준의 50〔%〕를 감한다.

③ 신설공사에 있어서 슬리브, 인서트, 상자넣기 등이 건축공사에 포함되어 있는 경우에는, 본 기준을 적용하지 않고 배관 혹은 덕트 공사의 노무비의 10〔%〕를 쪼아내기 및 보수공사비로 계상할 수 있다.

나. 덕트설치를 위한 구멍뚫기

면 적 〔m^2〕	단 위 〔활석공〕	콘크리트두께〔mm〕				비 고
		120~150 정도	200 정도	300 정도	400 정도	
0.1	인	0.4	0.5	1.1	1.3	
0.2	인	0.6	0.7	1.4	1.8	
0.3	인	0.8	1.0	1.9	2.4	
0.4	인	0.9	1.1	2.2	2.6	
0.5	인	1.0	1.2	2.25	2.9	
0.6	인	1.1	1.25	2.4	3.0	
0.7	인	1.15	1.3	2.6	3.1	
0.8	인	1.2	1.4	2.7	3.2	
0.9	인	1.5	1.6	3.6	4.4	

주 : ① 본 기준은 손으로 파내는 작업의 경우이며 철근절단, 장내 소운반품은 포함된 것이나 현장 밖으로의 반출품은 포함되지 않는다.

② 콘크리트 블록벽의 경우에는 본 기준의 50〔%〕를 감한다.

③ 쪼아내기의 보수비로서 본 기준의 10~20〔%〕 정도 별도 계상할 수 있다.

3—5—8 배관적산의 실제

(1) 관의 소요수량

관의 수량은 배관공사의 기준이 되는 것으로서 설계도면에서 그 길이를 정확히 산출해 내는 것이 중요하다. 수량을 산출할 때에는 평면도를 보고 하기 때문에 평면도에 나타나지 않는 입체적 부분이나 표기를 간략화한 부분에 대해서는 수량산출을 누락하는 경우가 많다.

예를 들어 그림 3—24와 같은 증기난방 배관평면도를 보고 각 방열기에 연결되는 배관길이와 엘보 수량을 산출하는 경우 평면도상에 나타난 배관길이와 엘보(각 방열기당 4개)만을 산출해서는 실제 소요수량과 커다란 차이가 생긴다.

즉, 그림 3—25와 같이 평면도상에는 나타나 있지 않지만, 신축을 고려한 스위블조인트(신축이음의 종류)를 고려하여 방열기 1대당 6~8개의 엘보를 산출하며 이에 따른 배관길이의 추가와 입상배관 길이를 고려하여 방열기 1대당 배관길이를 산출한다. 만약 이러한 방열기가 많이 설치된다면 전 배관길이 및 전 부속류의 수량은 커다란 오차가 발생된다.

또한 평면도상에서 Ⓣ 라고 간략하게 표현되어 있는 관말트랩도 트랩 하나로만 수량을 산출한다면 이도 커다란 수량차이가 생긴다. 즉, 트랩을 설치하기 위해 그림 3—20과 같은 각 부속 및 밸브류 그리고 바이패스회로에 필요한 배관물량 및 이를 조합하는 데 필요한 노무량이 모두 누락된다.

그러므로 평면도를 보고 물량을 산출할 때에는 도면에 표현되지 못한 부분과 간략하게 표현된 부분에 대한 상세를 고려하여 수량을 산출하는 것이 중요하다.

한편 위에서 언급된 사항을 고려하여 설계수량을 산출하였다 하더라도 실제 소요수량은 여러 가지의 손실을 가산한 수량으로 산출한다. 즉, 계측오차 및 가공손실 그리고 현장여건의 변화를 고려하여 실제 소요수량은 설계수량에 5~15[%] 정도를 가산한 수량으로 적용한다.

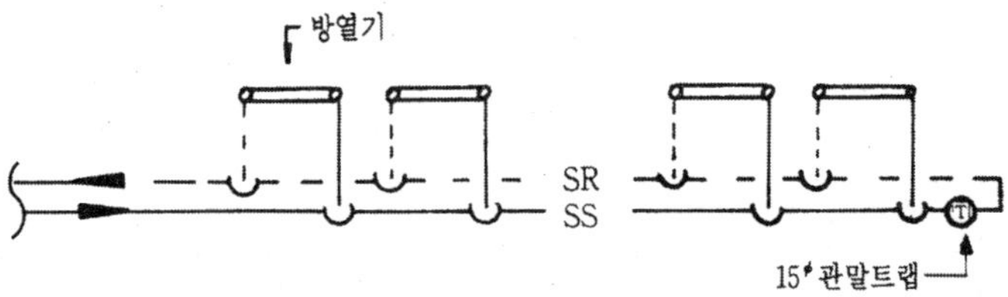

그림 3—24 증기 난방배관 평면도

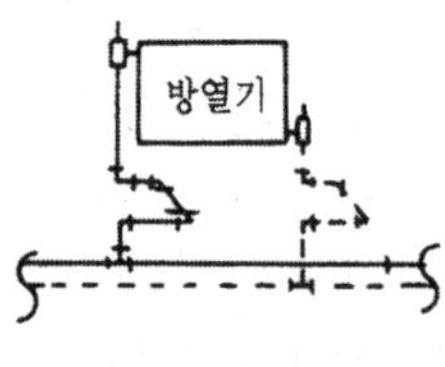

그림 3—25 방열기 주위 배관 연결 상세도

(2) 배관부속류

그림 3-26과 같은 펌프 주위 배관평면도를 보고 물량을 산출할 때는 배관길이를 정확히 산출하는 것도 중요하지만 이보다 중요한 것은 그림 3-27과 같이 펌프흡입 토출측에 일반적으로 부착되는 밸브의 종류와 수량을 정확히 산출하는 것이 필요하다.

경우에 따라서는 이러한 필수부속류의 표현이 미처 도면에 표기되어 있지 않더라도 이를 염두에 두어 산출해야 할 때도 있다. 이를 위해서는 우선 도면에 표현되어 있는 범례를 파악하며, 다음은 입면도 또는 입체도를 참조하여 배관의 단면변화와 수직길이 등을 정확히 산출한다.

펌프의 흡입측 배관에는 게이트밸브, 스트레이너, 플렉시블조인트 토출측에는 플렉시블조인트, 체크밸브, 게이트밸브를 반드시 설치하고 필요에 따라 흡입측에는 연성계, 토출측에는 압력계를 그리고 필요에 따라 온도계와 유량계를 부착하기도 한다.

또한 냉동기, 냉각탑, 공조기 등과 같은 진동체에 연결되는 배관에는 이러한 기기의 진동이 연결된 배관계로 전달되는 것을 감쇠 또는 차단하기 위해 플렉시블조인트를 설치하며 필요에 따라 온도계 및 압력계를 부착한다(그림 3-28~29를 참조).

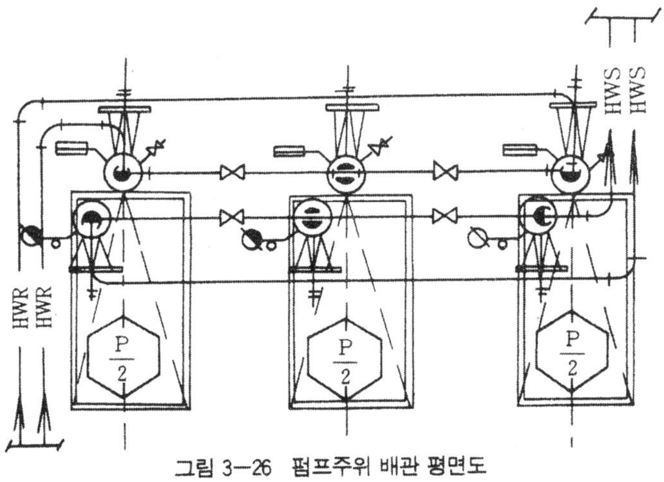

그림 3-26 펌프주위 배관 평면도

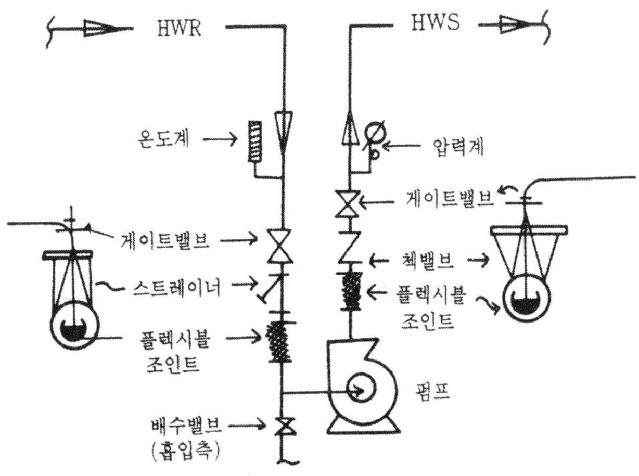

그림 3-27 펌프 주위 밸브류 부착 계통도

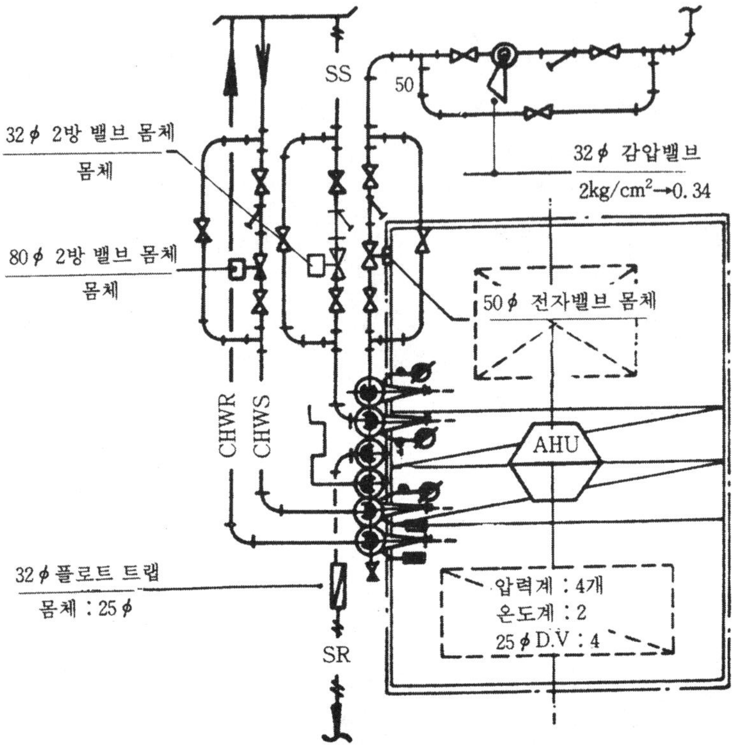

그림 3—28 공조기 주위 배관 평면도

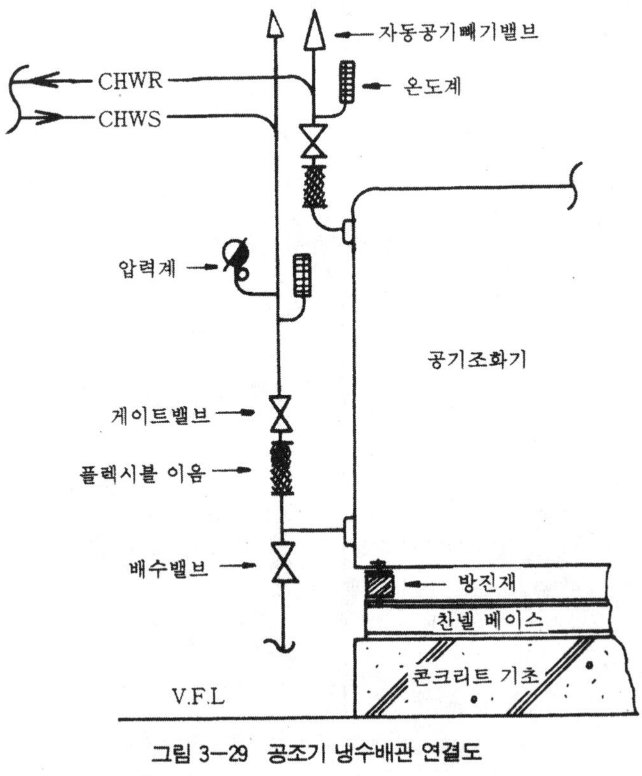

그림 3—29 공조기 냉수배관 연결도

3—5—9 배관공사의 세목내역(예)

배관설비공사에 있어서 세목별 공사내역의 예제는 표 3—82, 3—83을 참조한다.

표 3—82 냉각수 배관공사의 세목내역(예)

번호	품명	규격	수량	단위	산출법			비고
					견적의뢰	수량품셈	%	
①	아연도강관(백)	KS, ○[φ]	○	m		○		
②	상기관의 부속재료	티, 엘보, 부싱, 플러그, 니플, 소켓, 유니온, 플랜지, 기타	1	식		○	△	
③	게이트밸브	○[φ]×○[kg/cm²]	○	개		○		
④	온도계	○○형	○	개		○		
⑤	배수용백강관	○	○	m		○		
⑥	상기관의 부속재료		1	식		○	△	
⑦	게이트밸브	○[φ]×○[kg/cm²]	○	개		○		
⑧	보급수용 백강관	○[φ]	○	m		○		
⑨	상기관의 부속재료		1	식		○	△	
⑩	게이트밸브	○[φ]×○[kg/cm²]	○	개		○		
⑪	스트레이너	○○형, ○[φ]×○[kg/cm²]	○	개		○		
⑫	방진이음	○[φ]×○길이	○	개		○		
⑬	관지지철물, 기타		1	식		△	○	
⑭	보랭공사		1	식		○		복합가격(별지내역서 참조)
⑮	도장공사		1	식		○		복합가격(별지내역서 참조)
⑯	소모품잡재료		1	식			○	(①~⑪)×2~5[%]
⑰	쪼아내기 보수비		1	식		○	△	
⑱	누무비		1	식		○		(별지내역서 참조)
⑲	운반비		1	식		○	△	재료비의 약 2~3[%]
	소계							

표 3—83 기타 배관공사의 세목내역(예)

번호	품명	규격	수량	단위	산출법			비고
					견적의뢰	수량품셈	%	
①	냉온수용 백강관	○[φ], KS	○	m		○		Air Vent용 및 팽창관을 포함
②	상기관의 부속재료		1식			○	△	
③	게이트 밸브	○[φ]×○[kg/cm²]	○	개		○		
④	체크밸브	○[φ]	○	개		○		

번호	품 명	규 격	수량	단위	산 출 법			비 고
					견적의뢰	수량품셈	%	
⑤	신축이음	○○형, ○[φ]	○	개		○		
⑥	온도계	○○형, ○[φ]	○	개		○		
⑦	2-방 밸브장치 3-방 밸브장치	주관 2, 3방 밸브 ○[φ]×○[φ]	○	조	○	△		2, 3방 밸브는 자동제어기기에 포함한다.
⑧	방진이음	○[φ]×○길이	○	개	○	△		
⑨	증기배관용 흑강관	○[φ], KS	○	m		○		환수관을 포함
⑩	상기관의 부속재료		1식			○	△	
⑪	게이트밸브	○[φ]×○[kg/cm²]	○	개		○		
⑫	글로브밸브	○[φ]×○[kg/cm²]	○	개		○		
⑬	체크밸브	○[φ]×○[kg/cm²]	○	개		○		
⑭	솔레노이드 밸브 장치	주관 S.V. ○[φ]×○[φ]	○	조	○	△		S.V는 자동제어기기에 포함시킨다.
⑮	온도조절장치	주관 A.T.R ○[φ]×○[φ]	○	조	○	△		조단가 (별지내역서 참조)
⑯	감압장치	감압밸브 1차측, 2차측 ○[φ]×○[φ]×○[φ]	○	조	○	△		조단가 (별지내역서 참조)
⑰	고압트랩장치	○[φ], ○○형	○	조				조단가 (별지내역서 참조)
⑱	저압트랩장치	○[φ], ○○형	○	조	○	△		조단가 (별지내역서 참조)
⑲	관말트랩장치	○[φ], ○○형	○	조	○	△		조단가 (별지내역서 참조)
⑳	다량트랩장치	○[φ], ○○형	○	조	○	△		조단가 (별지내역서 참조)
㉑	신축이음	○○형, ○[φ]	○	개	○			
㉒	압력계	압력 ○[kg/cm²], ○[φ]	○	개	○			
㉓	배수용 백강관	○[φ], KS	○	m		○		
㉔	상기관의 부속재료		1	식		○	△	
㉕	게이트밸브	○[φ]×○[kg/cm²]	○	개		○		
㉖	보급수용 백강관	○[φ], KS	○	m		○		
㉗	상기관의 부속재료		1	식		○	△	
㉘	게이트밸브	○[φ]×○[kg/cm²]	○	개		○		
㉙	스트레이너	○○형, ○[φ]	○	개		○		
㉚	감압 및 트랩장치용 가대		1	식		○		별지내역서 참조
㉛	관지지철물, 기타		1	식			○	신축이음용 앵카도 포함
㉜	보온보랭공사		1	식		○		복합단가 (별지내역서 참조)

번호	품명	규격	수량	단위	산출법			비고
					견적의뢰	수량품셈	%	
㉝	도장공사		1	식		○		복합단가 (별지내역서 참조)
㉞	소모품잡재료		1	식			○	(①~㉙)×약 2~5[%]
㉟	배관용슬리브활좌금		1	식		○	△	
㊱	쪼아내기 보수비		1	식		○	△	
㊲	노무비		1	식		○		별지내역서 참조
㊳	운반비		1	식		○	△	재료비의 2~3[%]
	소계							

주 : 상기 산출법의 표기 중 ○표는 우선하여 산출하는 것을 의미하고 △표는 경우에 따라 이차적 방법으로 산출할 수 있다는 것을 의미한다.

【문제 3-18】 다음과 같은 온수난방배관 평면도를 보고 이를 시공하는 데 필요한 재료의 설계수량을 산출하시오.

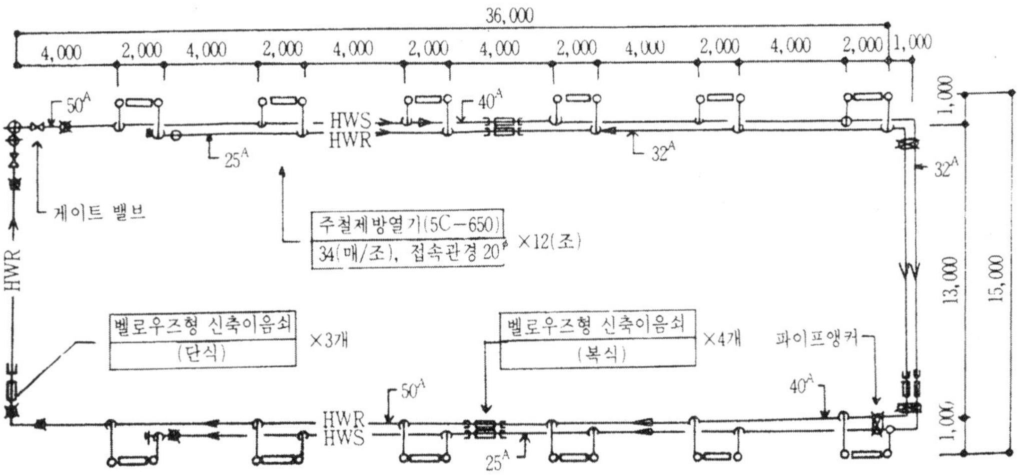

〈조 건〉

① 난방배관 재료는 백강관을 사용한다.

② 방열기 1대당 가지관의 길이는 입상길이까지 포함하여 6m로 한다.

③ 방열기 1대당 앵글밸브는 1개로 한다.

【풀 이】

품명	규격	단위	수량
주철제 방열기	5C~650	매	12[조]×34[매/조]=408[매]
방열기용앵글밸브	20[φ]	개	12[조]×1[개/조]=12[개]
게이트 밸브	50[φ]	개	2[개]
벨로스형 신축이음	복식 40[φ]	개	2[개]

품 명	규 격	단위	수 량
	복식 25〔φ〕	개	2〔개〕
	단식 50〔φ〕	개	1〔개〕
	단식 32〔φ〕	개	2〔개〕
배관부속류 (리듀서, 티, 엘보)		개	(리듀서) (티) (엘보) 50〔φ〕=2〔개〕 50〔φ〕=3+3=6〔개〕 50〔φ〕=1〔개〕 40〔φ〕=2〔개〕 40〔φ〕=3+3=6〔개〕 32〔φ〕=4〔개〕 32〔φ〕=2〔개〕 32〔φ〕=3+3=6〔개〕 20〔φ〕=96〔개〕 (플러그) 25〔φ〕=3+3=6〔개〕 25〔φ〕=2〔개〕
백 강 관	50〔φ〕	m	16+29=45〔m〕
	40〔φ〕	m	18+18=36〔m〕
	32〔φ〕	m	29+29=58〔m〕
	25〔φ〕	m	18+18=36〔m〕
	20〔φ〕	m	12〔대〕×6〔m/대〕=72〔m〕

주 : 주관에서 방열기에 접속되는 지관에는 스위블조인트를 사용하여 연결하기 때문에 공급관, 환수관에 각각 4개의 엘보가 있는 것으로 하여 방열기 1대당 엘보수를 8개로 하였다.

【문제 3-19】 25, 32, 40, 50〔A〕 온수배관의 1〔m〕당 보온공사에 필요한 복합단가를 다음의 재료단가 및 노임단가를 적용하여 작성하시오.

품 명	규 격	단위	단가〔원〕	품 명	규 격	단위	단가〔원〕
유리솜보온통	25〔A〕, 25〔mmt〕	m	512	은 박 지		m^2	184.8
	32〔A〕, 25〔mmt〕	m	584	알루미늄밴드	0.3×30	m	73.3
	40〔A〕, 25〔mmt〕	m	635	노 무 비	보온공	인	15,800
	50〔A〕, 25〔mmt〕	m	738				

【풀 이】 표 3-78 관보온을 적용하여 다음과 같이 작성한다.

품 명	규 격	단위	단가	25〔A〕		32〔A〕		40〔A〕		50〔A〕	
				수량	금 액	수량	금 액	수량	금 액	수량	금 액
재 료 비					627		712		773		894
유리솜보온통	25〔A〕, 25〔mmt〕	m	512	1.05	537.6						
	32〔A〕, 25〔mmt〕	m	584			1.05	613.2				
	40〔A〕, 25〔mmt〕	m	635					1.05	666.7		
	50〔A〕, 25〔mmt〕	m	738							1.05	774.9
은 박 지		m^2	184.8	0.36	66.5	0.40	73.9	0.43	79.4	0.48	88.7
알루미늄밴드		m	73.3	0.32	23.4	0.35	25.6	0.37	27.1	0.42	30.7
노 무 비					1,107		1,264		1,264		1,264
보 온 공		인	15,800	0.07	1,106	0.08	1,264	0.08	1,264	0.08	1,264
계					1,733		1,976		2,037		2,158

【문제 3-20】 문제 3-18의 온수난방 배관공사에 필요한 공량을 산출하시오.

【풀 이】 ① 주철제 방열기 설치공량(표 3-22 방열기 신설을 적용)

규 격	단위	수 량	배 관 공〔인〕	보통인부〔인〕
주철제, 바닥설치, 20절 이상	조	12〔조〕	12〔조〕×1.5〔인/조〕=18	12〔조〕×0.1〔인/조〕=1.2

② 온수배관 설치(표 3-66 강관배관을 적용)

규격〔mm〕	단위	수량〔m〕	배 관 공〔인〕	보통인부〔인〕
20	m	72	72〔m〕×0.116〔인/m〕=8.35	72〔m〕×0.028〔인/m〕=2.02
25	m	36	36〔m〕×0.147〔인/m〕=5.29	36〔m〕×0.037〔인/m〕=1.33
32	m	58	58〔m〕×0.183〔인/m〕=10.61	58〔m〕×0.045〔인/m〕=2.61
40	m	36	36〔m〕×0.200〔인/m〕=7.2	36〔m〕×0.056〔인/m〕=2.02
50	m	45	45〔m〕×0.248〔인/m〕=11.16	45〔m〕×0.063〔인/m〕=2.84
계			42.6〔인〕	10.8〔인〕

③ 밸브설치(표 3-23 밸브콕류 설치를 적용)

규 격	단위	수 량	배 관 공〔인〕
구경 15〔mm〕~50〔mm〕	개	2〔개〕	2〔개〕×0.07=0.14〔인〕

④ 신축이음쇠 설치(표 3-60 신축이음장치를 적용)

규 격		단위	수 량	배 관 공〔인〕	보통인부〔인〕
슬리브 및	25〔mm〕	개	2	2〔개〕×0.9〔인/개〕=1.8	2〔개〕×0.1〔인/개〕=0.2
벨로스형	32〔mm〕	개	2	2〔개〕×0.9〔인/개〕=1.8	2〔개〕×0.1〔인/개〕=0.2
	40〔mm〕	개	2	2〔개〕×1.0〔인/개〕=2.0	2〔개〕×0.2〔인/개〕=0.4
	50〔mm〕	개	1	1〔개〕×1.1〔인/개〕=1.1	1〔개〕×0.2〔인/개〕=0.2
계				6.7	1.0

⑤ 배관보온(표 3-78 관보온을 적용)

규격〔mm〕	단위	수 량	보 온 공〔인〕	비 고
25	m	36	36〔m〕×0.07〔인/m〕=2.52	주철제 방열기에 접속되는 20〔ϕ〕 가지 배관은 보온하지 않음.(표준시방서 참조)
32	m	58	58〔m〕×0.08〔인/m〕=4.64	
40	m	36	36〔m〕×0.08〔인/m〕=2.88	
50	m	45	45〔m〕×0.08〔인/m〕=3.60	
계			13.6	

⑥ 전체공량집계

공 사 세 목	배 관 공〔인〕	보통인부〔인〕	보 온 공〔인〕
1) 주철제 방열기 설치	18	1.2	—
2) 온수배관설치	42.6	10.8	—

공 사 세 목	배 관 공[인]	보통인부[인]	보 온 공[인]
3) 밸브설치	0.14	—	—
4) 신축이음쇠설치	6.7	1.0	—
5) 온수배관보온	—	—	13.6
계	67.4	13.0	13.6

【문제 3—21】 문제 3—18의 온수난방 배관공사의 직접공사비와 직접재료비를 다음의 재료단가와 노임단가를 적용하여 계산한다.

재료단가 및 노임단가

품 명	규 격	단위	단가[원]
주철제방열기	5C—650	매	5,300
앵글밸브	20[A], 5[kg/cm²]	개	3,730
게이트밸브	50[A], 5[kg/cm²]	개	10,215
벨로스형 신축이음	복식, 40[A]	개	53,010
	복식, 25[A]	개	41,040
	단식, 50[A]	개	37,620
	단식, 32[A]	개	23,080
리 듀 서(백)	50[A]	개	840
	40[A]	개	525
	32[A]	개	440
티(백)	50[A]	개	1,626
	40[A]	개	1,111
	32[A]	개	830
	25[A]	개	602
엘 보(백)	50[A]	개	1,245
	32[A]	개	668
	20[A]	개	270
플 러 그	25[A]	개	704
백 강 관	20[A]	m	806
	25[A]	m	1,146
	32[A]	m	1,384
	40[A]	m	1,597
	50[A]	m	2,185
노임단가	배 관 공	인	15,900
	보통인부	인	11,050
	보 온 공		15,800

注 : ① 보온재 및 보조재 가격은 문제 3—19의 단가를 적용

② 관지지철물 가격은 강관금액의 25[%]를 적용

③ 배관보온은 문제 3—19에서 작성된 복합단가를 적용

[풀 이]

난방배관공사의 내역서

품 명	규 격	단위	수량	단가 재료비	단가 노무비	금액 재료비	금액 노무비
주철제 방열기	5C−650, 34〔매〕	조	12	180,200		2,162,400	
방열기용 앵글밸브	20〔A〕	개	12	3,730		44,760	
게이트밸브	50〔A〕	개	2	10,215		20,430	
벨로스형 신축이음	복식, 40〔A〕	개	2	53,010		106,020	
	복식, 25〔A〕	개	2	41,040		82,080	
	단식, 50〔A〕	개	1	37,620		37,620	
	단식, 32〔A〕	개	2	23,080		46,160	
리 듀 서(백)	50〔A〕	개	2	840		1,680	
	40〔A〕	개	2	525		1,050	
	32〔A〕	개	2	440		880	
티(백)	50〔A〕	개	6	1,626		9.756	
	40〔A〕	개	6	525		3,150	
	32〔A〕	개	6	830		4,980	
	25〔A〕	개	6	602		3,612	
엘 보(백)	50〔A〕	개	1	1,245		1,245	
	32〔A〕	개	4	668		2,672	
	20〔A〕	개	96	270		25,920	
플 러 그(백)	25〔A〕	개	2	704		1,408	
백 강 관	50〔A〕	m	49	2,185		107,065	
	40〔A〕	m	39	1,597		62,283	
	32〔A〕	m	63	1,384		87,192	
	25〔A〕	m	39	1,146		44,694	
	20〔A〕	m	79	806		63,674	
관지지철물	강관금액의 25〔%〕	1	식			91,227	
배관보온	50〔A〕	m	45	894	1,264	40,230	56,880
	40〔A〕	m	36	773	1,264	27,828	45,504
	32〔A〕	m	58	712	1,264	41,296	73,312
	25〔A〕	m	36	627	1,106	22,572	39,816
노 무 비	배 관 공	인	67.4		15,900		1,071,660
	보통인부	인	13.0		11,050		143,650
계						3,143,884	1,430,822

注 : ① 주철제 방열기 1조당 단가 5,300〔원/매〕×34〔매/조〕=180,200〔원/조〕

② 백강관의 수량은 설계수량 재료의 할증률(10% 증가)을 한 실제 소요수량

3-5-10 배관공사 일위대가

배관공사 중 진행되는 공사종목 중 용접, 절단, 접합, 플랜지설치, 행어설치, 슬리브설치, 보온공사, 밸브장치 조립설치 등은 각기 종목별로 일위대가가 작성되어져 물량산출 후 일위대가에 대입하여 계산하면 쉽게 공사비의 산출이 가능하다.

일위대가 중 밸브장치에 대한 예는 다음 표와 같다.

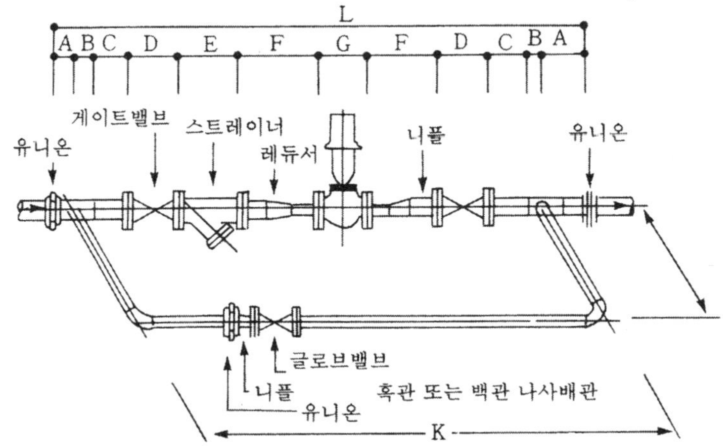

그림 3-30 이방밸브 장치 주위배관도(15φ ~50φ)

〔mm〕

(A)	A	B	C	D	E	F	G	F	D	C	B	A	J	K	L
20	200	32	100	70	100	40	105	40	70	100	32	200	200	970	1089
25	200	38	100	80	115	50	115	50	80	100	38	200	220	1030	1166
32	200	46	100	100	125	50	130	50	100	100	46	200	220	1120	1247
40	200	48	100	110	145	65	150	65	110	100	48	200	250	1210	1341
50	200	57	99	135	195	76	150	76	135	99	57	200	250	1310	1479

표 3-84 밸브장치 조립설치 20×15×20(흑관)

(개소)

품 명	규 격	단위	수량	재 료 비		노 무 비		비고
				단 가	금 액	단 가	금 액	
흑파이프	20〔φ〕	m	1.5					
게이트밸브	20〔φ〕	개	2					
글로브밸브	20〔φ〕	개	1					
스트레이너	20〔φ〕	개	1					
흑 티	20×20〔φ〕	개	2					
흑 엘 보	20〔φ〕	개	2					
흑리듀서	20×15〔φ〕	개	2					

품 명	규 격	단위	수량	재료비		노무비		비고
				단 가	금 액	단 가	금 액	
혹 니 플	20〔φ〕	개	10					
	15〔φ〕	개	2					
혹유니온	20〔φ〕	개	5					
잡재료비	강관의 3〔%〕	식	1					
관 보 온	25〔t〕×20〔φ〕	m	1.3			1,854	2,410	보온
배 관 공		인	3.0			33,500	100,500	
보통인부		인	0.2			21,200	4,240	
공구손료	품의 3〔%〕	식	1		3,412			
소 계								
이방밸브	15〔φ〕	개	1					
온도조절밸브	15〔φ〕	개	1					
전자밸브	15〔φ〕	개	1					
합 계								
이방밸브장치							107,150	28-1-1
온도조절밸브장치							107,150	28-1-2
전자밸브장치							107,150	28-1-3

주 : ① 첨부된 도면을 기준으로 산출하였다.

② 이방밸브, 온도조절밸브, 전자밸브는 사용되는 밸브 부분에 가격을 적용한다.

③ 조절밸브가 자동제어 공사에 포함되어 있을시 비고란에 "자동제어공사에 포함"이라고 명기할 것

3-6 환기설비

3-6-1 송풍기설비

(1) 송풍기의 가격

다익형(sirocco), 리밋로드형(limit load), 에어포일형(air foil) 송풍기는 설계도면 및 시방서에서 편흡입(single suction) 또는 양흡입(double suction)별로 전동기의 형식과 성능을 확인하고 풀리(pulley), V벨트, 강제(鋼製)공통가대, 벨트커버를 포함하여 송풍기제작업체에 견적을 의뢰한다.

전동기의 형식은 설치장소, 기동방식, 전압 등에 따라 다르며 또한 가격차이도 크기 때문에 주의가 필요하다.

축류형(axial) 송풍기는 전동기직결형과 벨트구동형이 있으며 프로펠러형 배풍기는 자동셔터(shutter)나 고정루버(louver) 등의 부속품 부착 유무를 고려한다.

(2) 송풍기의 설치비

다익형, 리밋로드형, 에어포일형 송풍기의 설치품셈은 표 3－85를 적용하며, 벽걸이형 배기팬은 표 3－86을 적용하여 산출한다.

표 3－85 송풍기 신설

(대당 기계설치공)

규격		편흡입	양흡입	규격		편흡입	양흡입
다익형 송풍기	#1	1.1	1.8	다익형 송풍기	#6	5.4	8.6
	#1½	1.3	2.1		#6½	5.8	9.3
	#2	1.7	2.7		#7	6.8	10.9
	#2½	2.0	3.2		#8	7.5	12.0
	#3	2.8	4.5		#9	8.4	13.4
	#3½	2.9	4.6		#10	10.0	16.0
	#4	3.8	6.1		#11	11.0	17.6
	#4½	4.2	6.7		#12	12.5	20.2
	#5	4.6	7.4		#13	16.7	26.7
	#5½	5.0	8.0		#15	21.0	33.6

주 : ① 전동기 공동가대, V벨트, 벨트커버, 방진용 코르크 및 본체 설치품을 포함한다.
② 시운전을 포함한다.
③ 리밋로드식 송풍기로서 다익식 송풍기와 유사한 것은 이 품을 준용한다.
④ 정압이 특히 높은 것은 별도 할증 가산한다.
⑤ 철거는 신설의 50〔%〕(재사용을 고려하지 않을 때) 계상한다.
⑥ 천장 가설시 100〔%〕(높이 3.5m일 때) 증가한다.
⑦ 산업용 송풍기 설치는 기계설치공사 표준품을 적용한다.

표 3－86 벽걸이 배기팬

(대당)

규격		기계설치공	규격		기계설치공
임펠러직경	200〔mm〕	0.3	셔터	200〔mm〕	0.4
	300〔mm〕	0.4		300〔mm〕	0.5
	400〔mm〕	0.5		400〔mm〕	0.6
	600〔mm〕	0.8		600〔mm〕	0.9

주 : ① 전동기 직결형 기준이다.
② 형틀 설치는 별도 계상한다.

(3) 송풍기의 반입비

송풍기 반입비의 계산이 필요할 때에는 표 3-87, 3-88을 적용하여 산출한다.

표 3-87 송풍기 및 전동기 반입(지하 및 층별 반입)

반입과정		1 회			2 회		1 회		
층별 / 공종		지하 1층	지하 2층	지하 3층	지하 2층	지하 3층	2층	3층	5층
번수	반입대수	인공계	인공계	인공계	인공계	인공계	인공계	인공계	인공계
#1 이하	20	17	18	19	34	36	17	18	22
#2 이하	15	17	18	19	34	36	17	18	22
#3 이하	8	17	18	19	34	36	17	18	22
#4 이하	5	17	18	19	34	36	17	18	22
#5 이하	4	17	18	19	34	36	17	18	22
#6 이하	3	17	18	19	34	36	17	18	22
#7 이하	2	17	18	19	34	36	17	18	22
#8 이하	1	9	10	12	19	22	9	12	14
#9 이하	1	12	13	14	24	27	12	14	16
#10 이하	1	19	20	22	39	41	19	22	24

주 : ① 인공계는 2 : 1=비계공 : 특별인부이다.

② 본 품은 반입시 사용되는 장비의 사용료 등을 포함한 품임

③ 기계 반입개구를 무상으로 사용할 수 있으며 기계실 또는 창구로 용이하게 반입할 수 있는 것으로 본다.

④ 기계 반입개구를 이용하지 못하고 계단으로 반입시는 다음과 같은 할증을 본다.

2층까지는 20[%]증, 5층까지는 40[%]증, 9층까지는 60[%]증

표 3-88 송풍기 및 전동기 반입(옥상 반입)

건물별		5층 건물인 경우					9층 건물인 경우				
반입과정		1 회			2 회		1 회			2 회	
공종층별		옥 상	탑옥1층	탑옥3층	탑옥1층	탑옥3층	옥 상	탑옥1층	탑옥3층	탑옥1층	탑옥3층
번수	반입대수	인공계	인공계	인공계	인공계	인공계	인공계	인공계	인공계	인공계	인공계
#1	20	19	20	26	27	28	22	23	24	29	31
#2	15	19	20	26	27	28	22	23	24	29	31
#3	8	19	20	26	27	28	22	23	24	29	31
#4	5	19	20	26	27	28	22	23	24	29	31
#5	4	19	20	26	27	28	22	23	24	29	31
#6	3	19	20	26	27	28	22	23	24	29	31
#7	2	19	20	26	27	28	22	23	24	29	31
#8	1	12	13	14	19	21	14	15	16	22	23
#9	1	14	15	16	22	23	17	18	19	24	26
#10	1	22	23	24	29	31	24	25	26	32	33

주 : ① 인공계는 2 : 1=비계공 : 특별인부이다.

② 송풍기 및 전동기 반입품은 No 1에 준한다.

3-6-2 덕트설비

덕트설비는 3-4 덕트설비의 항목을 참조

3-6-3 환기설비공사의 세목내역(예)

환기설비의 세목별 공사내역의 예제는 다음의 표 3-89를 참조한다.

표 3-89 환기설비공사의 세목내역(예)

번호	품명	규격	수량	단위	산출법			비고
					견적의뢰	수량품셈	[%]	
①	송풍기	○ ○ 형, No ○ × ○ [m^3/min] × ○ [mmAq] × ○ [kw]	○	대	○			부속품 1식
②	배풍기	○ ○ 형, No ○ × ○ [m^3/min] × ○ [mmAq] × ○ [kw]	○	대	○			부속품 1식
③	상기용 방진기초		1	식		○		(별지내역서 참조)
④	공기여과기	○○형, 효율 0[%](○측정법)	○	개, 대	○			
⑤	푸드(FOOD)		1	식		○		(별지내역서 참조)
⑥	외기취입루버(F.A.I.L)	○×○, ○○제	○	개	○			
⑦	배기그릴(E.G.)	○×○, ○○제	○	개	○			
⑧	취출구	○○형, ○×○	○	개	○			
⑨	흡입구	○○형, ○×○	○	개	○			
⑩	풍량조절댐퍼(V.D)	○×○, ○[ϕ]	1	식		○		(별지내역서 참조)
⑪	방화댐퍼(F.D, S.F.D)	○×○, ○[ϕ]	1	식		○		(별지내역서 참조)
⑫	점검구	○×○, ○○제	1	식		○		(별지내역서 참조)
⑬	소음(消音) 상자	○×○×○	1	식	○	○		(별지내역서 참조)
⑭	플렉시블조인트		1	식		○		(별지내역서 참조)
⑮	덕트가공아연도철관	○공법, ○[mm]	○	m^2		○		복합단가
⑯	스파이럴덕트	○[mm]×○[ϕ]	○	m		○		복합단가
⑰	소음(消音)공사		1	식		○		(별지내역서 참조)
⑱	도장공사		1	식		○		(별지내역서 참조)
⑲	소모품잡재료		1	식			○	[①~⑭]×약 3~5[%]
⑳	쪼아내기 보수비		1	식		○	△	복합단가
㉑	노무비	(반입, 설치, 취부공사)	1	식		○		(별지내역서 참조)
㉒	운반비		1	식		○	△	
	소계							

3-7 배연설비

배연설비는 건축물의 방화 피난상 및 구조의 내력, 위생 등의 안전성을 확보하고, 화재로부터 인간의 생명 및 재산을 보호하기 위한 최저기준을 법에서 정하고 있으며, 최근 일반의 인식과 그 중요성이 날로 증대하고 있다.

따라서 배연설비에 대한 설계, 제작, 시공, 지도사항 등이 충분히 요구되고 있는 실정이다.

3-7-1 적산순서

(1) 설치장소 및 계통의 구분

배연설비가 설치된 장소 및 그 계통을 구분하여 수량적산을 하기 전에 충분히 숙지할 필요가 있으며, 대개 그 계통을 분류해 보면 다음과 같다.

① 건축물의 거실, 통로 등의 부분(방화구획된 부분)

② 특별피난계단의 전실

③ 비상용 승강기 로비

④ 소방법에 규정된 사항(방화구획된 부분을 관통하는 덕트나 개구부에 방화댐퍼의 시설)

⑤ 옥내 주차장의 배연설비

(2) 별도 적산 항목의 결정

적산에 착수하기 전에 관련공사(전기공사 및 공조공사)와 적산범위를 확실히 구분할 필요가 있다.

보통 관련공사와의 구분은 다음의 표 3-90과 같이 할 수 있다.

표 3-90 관련공사와의 구분

공 사 항 목	배연공사	공조덕트	전기공사	비 고
배연장치용 기기류	○			배연팬, 배연구, 급기구, 방화댐퍼, 방연벽, 방화물 등
배연덕트공사		○		덕트의 제작, 설치 및 보온, 도장 공사를 포함
제수속 및 조정비	○			기기의 시운전 및 조정과 관청수속비를 포함
관통슬리브 및 기초		○		구조체를 통과하는 덕트 및 기기의 기초
방화댐퍼(퓨즈용)		○		덕트에 사용하는 일반 퓨즈용 댐퍼
매입박스 및 와이어보호배관공사			○	
예비전원기기 및 전원 1차측배관배선공사			○	연기감지기에 의한 탐지설비 및 방재센터의 신호조작 및 제어용 배관배선도 포함
2차측기기결선공사	○			각 배연기기류와의 연결작업을 말함
기타 쪼아내기 및 보수공사		○		

(3) 일반사항

설계도면 및 시방서를 근거로 하고 상기 (1)항, (2)항의 구분을 명확히 한 후 각 기기류 및 덕트배관 배선 등의 수량적산을 한다.

3-7-2 기기설비

배연설비에서 사용하는 기기류는 아직까지는 일반화되어 있지 않으므로 전문제조업체에 문의하여 견적을 의뢰하는 것이 바람직하다. 이하 각 기기의 설명과 참고도를 그림 3-31, 3-32, 3-33에 나타낸다.

(1) 배연기

배연을 효과적으로 처리하기 위하여 각 계통별로 강제 배연하는 송풍기로서, 도면 및 시방에 따른 내열온도 및 규격, 재질, 구동장치 및 필요부속품 등을 명시하여 제조업체에 견적을 의뢰한다.

(2) 방화문 폐쇄장치

방화문에는 여러가지 마무리 상태가 있으므로 그 관리방법이나 설치위치 및 폐쇄장치의 조정 가능 범위 등과 규격 및 시방에 따라 제조업체에 견적을 의뢰한다.

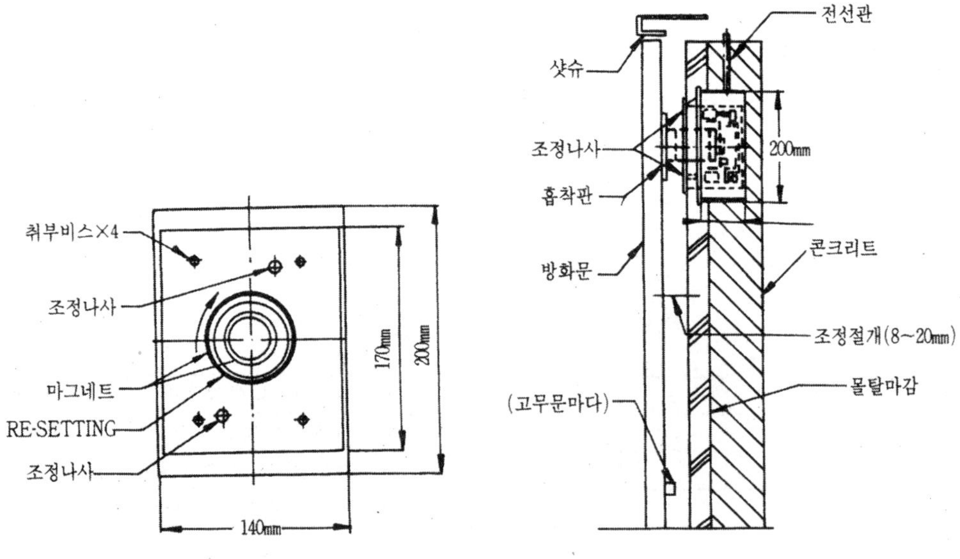

그림 3-31 방화문 폐쇄장치

(3) 방화·배연 댐퍼

방화·배연 댐퍼는 방화구획을 관통하는 부분에 설치하고, 연기감지기와 연동하여 설치하는 것과 온도 휴즈가 붙은 것으로 구별할 수 있으며, 규격, 재질, 댐퍼 구동장치 및 형식, 작동 시험 등을 명시하여 제조업체에 견적을 의뢰한다.

① 슬리브를 관통할 경우(각형 댐퍼의 예)

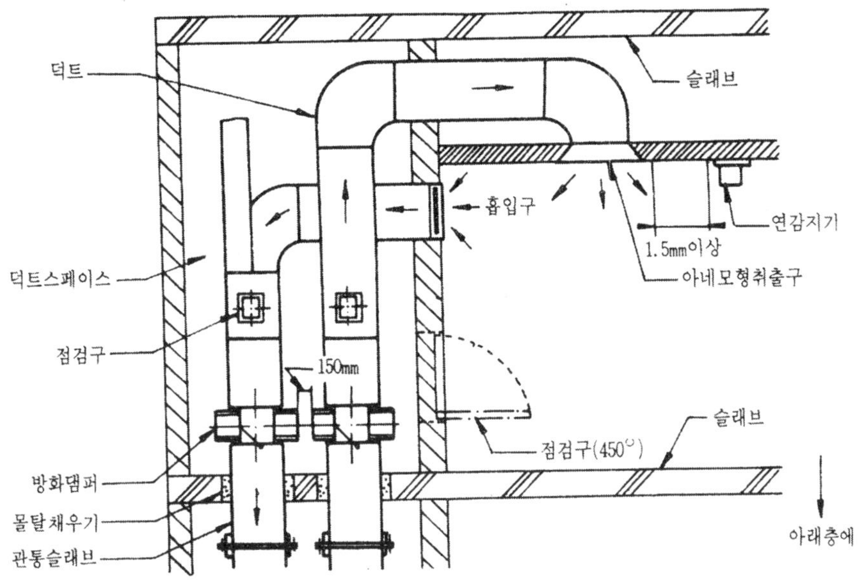

② 벽을 관통할 경우(각형 댐퍼의 열린상태의 예)

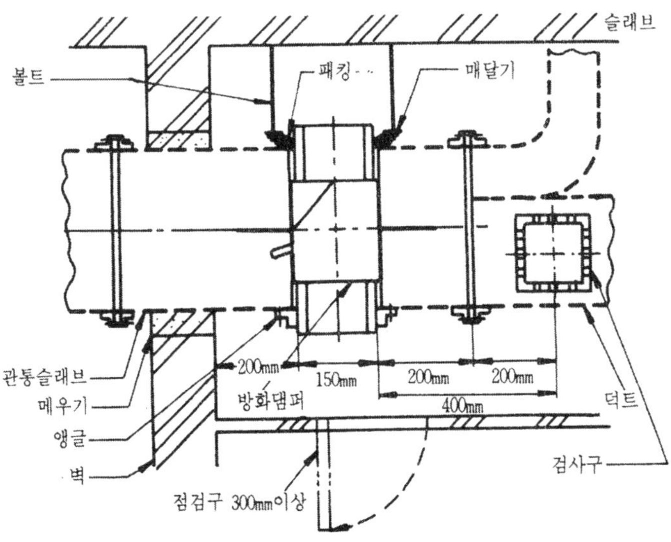

그림 3-32 방화, 배연댐퍼의 설치 수동개폐장치

(4) 배연구

배연구의 크기 및 형상, 부착 위치의 명시 및 슬릿(slit)의 부착 여부와 수동개폐장치의 방법 및 위치, 자동구동장치 등의 상세한 시방을 첨부하여 제조업체에 견적을 의뢰하여야 하며 수량산출 전에 공조덕트설비 관계자와 충분히 협의할 필요가 있다.

다음에 참고로 배연구의 설치위치 및 수동개폐장치의 참고도를 첨부한다.

① 천장에 설치할 경우(다익식의 예)

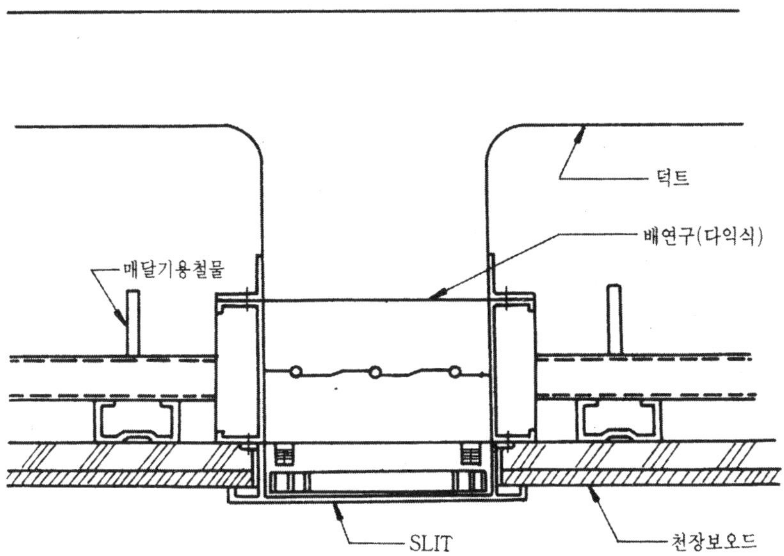

② 벽에 설치할 경우(다익식의 예)

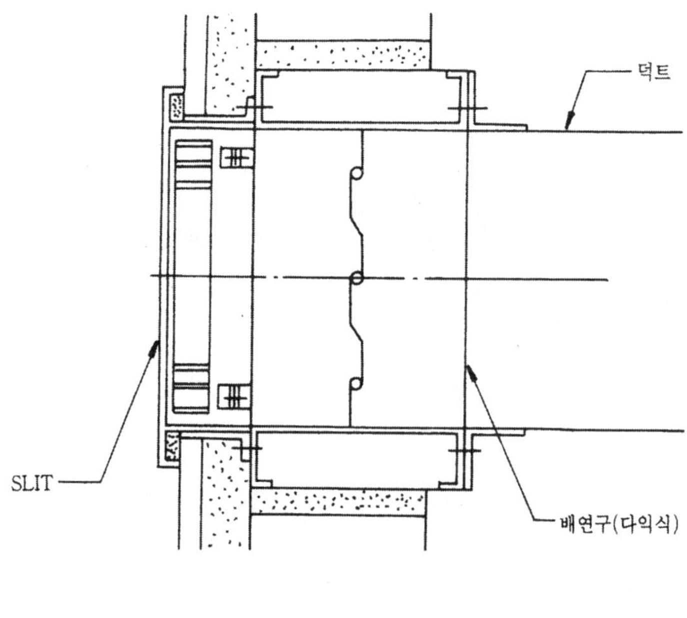

③ 수동개폐장치의 설치(다익식 배연구)

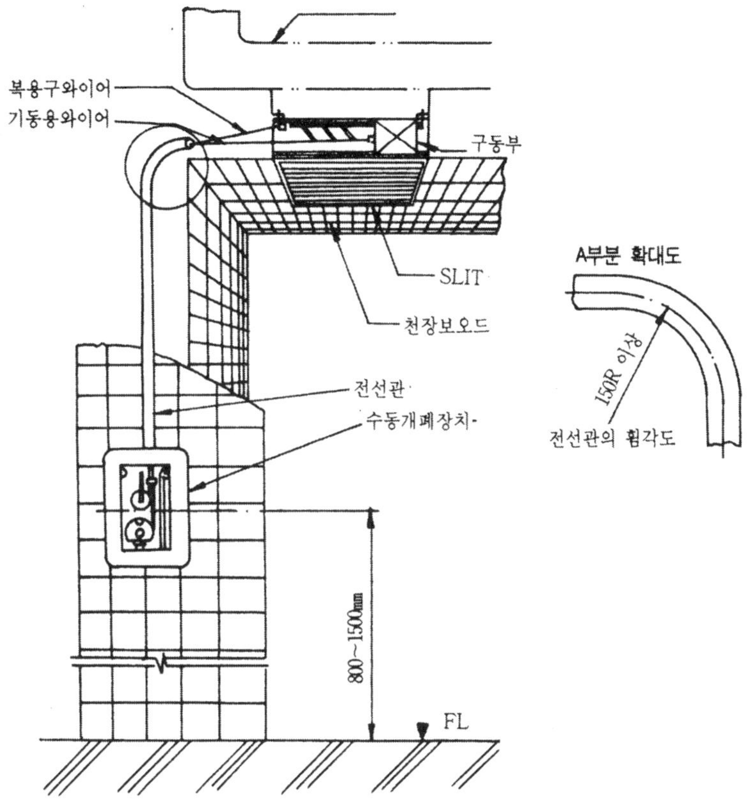

그림 3—33 배연구 및 수동개폐장치의 설치

(5) 배연기기의 설치비

각 기기류의 설치비는 표 3—91의 품셈에 의해 산출한다.

표 3—91 배연기기류의 설치품셈

작업종별		단위〔개〕	공 량〔인〕	비 고
연감지기	노출형	1	0.3	천장높이는 4〔m〕를 기준해서 1〔m〕 증가할 때 마다 10〔%〕를 가산한다.
이온·광전	매입형	1	0.5	
방화문폐쇄기	벽부형	1	0.5	
방화문폐쇄기	압거형	1	0.5	
방화문폐쇄기	벽매입형	1	0.8	
방화방연댐퍼		1	2.0(0.9m^2 이하)	0.3〔m^2〕 증가마다 0.1〔인〕씩 증
배연구		1	2.0(0.9m^2 이하)	
비상구개방장치		1	0.8	시방에 따른다.
배연창		1	0.8	
방연수직벽		1		

<table>
<tr><td>작 업 종 별</td><td>단위(개)</td><td colspan="2">공 량(인)</td><td colspan="4">비 고</td></tr>
<tr><td>수 동 조 작 박 스</td><td>1</td><td colspan="2">1.0</td><td colspan="4" rowspan="5"></td></tr>
<tr><td>직 접 수 동 장 치</td><td>1</td><td colspan="2">0.5</td></tr>
<tr><td>Release Wire</td><td>1</td><td colspan="2">0.3</td></tr>
<tr><td>확 인 등</td><td>1</td><td colspan="2">0.2</td></tr>
<tr><td>리 밋 스 위 치</td><td>1</td><td colspan="2">0.02</td></tr>
<tr><td rowspan="3">방 재 연 동 제 어 반</td><td colspan="4">기 초 공 사</td><td colspan="3">1회선의 추가공사</td></tr>
<tr><td colspan="2">설 치</td><td colspan="2">결 선</td><td colspan="2">설 치</td><td>결 선</td></tr>
<tr><td colspan="2">2.5</td><td colspan="2">2.5</td><td colspan="2">0.12</td><td>0.12</td></tr>
<tr><td>표 시 기</td><td colspan="2">1.5</td><td colspan="2">1.5</td><td colspan="2">0.05</td><td>0.05</td></tr>
<tr><td>방재제어반(1회선용)</td><td colspan="7">3.0</td></tr>
<tr><td>연 동 기</td><td colspan="2">1대당</td><td colspan="5">0.5</td></tr>
<tr><td>로 컬 릴 레 이</td><td colspan="2">1대당</td><td colspan="5">0.3</td></tr>
<tr><td>순 송 장 치</td><td colspan="2">1대당</td><td colspan="5">1.0</td></tr>
<tr><td rowspan="4">지 구 함</td><td colspan="2" rowspan="4">기 초
설 치
공 수
1.5</td><td colspan="3">연 동 기</td><td colspan="2">1대당 추가공사 0.5</td></tr>
<tr><td colspan="3">로 컬 릴 레 이</td><td colspan="2">1대당 추가공사 0.3</td></tr>
<tr><td colspan="3">순 송 장 치</td><td colspan="2">1대당 추가공사 1.0</td></tr>
<tr><td colspan="3">단 자 접 속</td><td colspan="2">1대당 추가공사 0.05</td></tr>
</table>

(6) 부대비 산출기준

배연설비에서 적용되는 부대비 산출은 특기사항이 없는 한 다음과 같이 계산하다.

잡재료 및 소모품＝기기·재료비×0.03

관청협의 및 입회 시험비＝기기설치공량×0.10(최하 3인)

조정비＝기기설치 총 공량×0.30

3—7—3 덕트설비

배연덕트의 재질 및 두께는 시방서에 준하되 특히 명시되어 있지 않을 경우, 재질은 아연도철판이나 일반구조용 강판으로 하고 3—4—1의 덕트 설비 항목의 고속덕트시방에 준한 판두께를 적용한다.

또한 철판수량의 산출방법 및 품셈과 단열보온 및 도장공사의 품셈도 3—4—5의 덕트설비공사의 해당 품셈에 준하여 산출한다.

3—7—4 배연설비공사의 세목내역(예)

배연설비에 있어서 각 세목별 공사내역의 실예제는 다음의 표 3—92를 참조하기로 한다.

표 3-92 배연설비공사의 세목내역(예)

번호	품명	규격	수량	단위	산출법			비고
					견적의뢰	수량품셈	(%)	
①	배연기	○○형, No○×○ (m^3/min)○(mmAq)×○(kW)	○	대				
②	연감지기	○○식	○	개	별도			전기공사에 포함
③	배연구	다익식, 솔레노이드방식, ○W×○H 또는 ○DIA	○	조	○			수동개방장치 포함
④	배연구	다익식, 솔레노이드방식, ○W×○H 또는 ○DIA	○	조	○			수동개방장치 포함
⑤	방화·방연댐퍼	솔레노이드방식, ○W×○H 또는 ○DIA	○	조	○			
⑥	방화문폐쇄장치		○	조	○			
⑦	비상구개정장치		○	조	○			
⑧	배연창		○	조	○			
⑨	방연수직벽		○	m	○			복합단가 및 시방별
⑩	방배제어함		1	식	○			
⑪	급기구	○식, ○○방식 ○W×○H	○	조	○			배연구와 연동
⑫	검사구		1	식		○		
⑬	배연덕트공사		1	식		○		별지내역서 참조
⑭	배관배선공사	(2차측의 기기결선공사)	1	식		○		1차측은 전기공사
⑮	보온·도장 공사		1	식		○		
⑯	소모품 및 잡재료		1	식			○	(①~⑪)×3~5%
⑰	쪼아내기 보수비		1	식		○	△	
⑱	노무비	(반입, 설치, 조정)	1	식		○		
⑲	운반비		1	식		○	△	재료비×2~3%
	소계							

3-8 자동제어설비

3-8-1 자동제어기기

(1) 자동제어기기의 가격

공기조화설비에서 사용하는 자동제어기기의 가격은 전문제조업체의 가격표, 또는 '물가시세표'의 가격을 채택하면 되지만, 특수한 형식의 것은 제조업체에 견적을 의뢰한다.

자동제어기기의 가격표는 대개 다음과 같이 분류된다.

① 전기식

온도조절기, 습도조절기, 압력조절기

② 전자식

온도조절기, 검출기, 원격설정기, 습도조절기, 검출기

③ 공기식

온도조절기, 습도조절기, 압력조절기, 댐퍼 및 밸브 조작기, 소형밸브, 대형밸브, 릴레이

④ 전동조작기 및 부품

⑤ 제어밸브

2방 밸브(2-way valve), 3방 밸브(3-way valve)

⑥ 대형전동밸브

⑦ 전자밸브 (솔레노이드밸브)

⑧ 관리계기 및 관련기기

⑨ 보조기기, 보조부품

(2) 자동제어기기의 설치비

제어기기의 설치비는 표 3-93에 의해 산출한다.

표 3-93 자동제어 기기의 설치

(1) 자동제어기기 설치

구분	규격	단위	계장공
실내온도조절기	전기전자식	개	0.22
실내온도조절기	공기식	개	0.29
삽입식온도조절기	덕트용	개	0.43
삽입식온도조절기	배관용	개	0.90
습도조절기	전기전자식	개	0.22
습도조절기	공기용	개	0.29
습도조절기	덕트용	개	0.41
댐퍼용모터		조	0.48
자동조절밸브용모터		조	0.22
압력조정기		조	0.10
스텝컨트롤러		조	0.48
수동조작기		개	0.38
온습도지시계		개	1.90
기록계		개	1.90
액면지시계류		개	1.90
전자식판넬		개	0.95
릴레이류		개	0.38

구 분	규 격	단 위	계 장 공
현 장 반	벽 붙 이 용	면	2.85
현 장 반	스 탠 드 형	면	6.65
공 업 용 압 력 발 신 기		개	1.90
공 업 용 압 력 발 신 기		개	1.90

주 : 본 공량에는 소운반이 포함되어 있다.

(2) 계기반

명 칭	규 격	단 위	계 장 공	보통인부
분 전 반	W 800×H 500×D300 이하	대	4.2	2.8
조 작 반	W 800×H 500×D300 이하	대	4.2	2.8
계기반(자 립 개 방)	W1,200×H2,100×D800 이하	면	6.72	4.48
계기반(자 립 밀 폐)	W1,200×H2,100×D800 이하	면	8.4	5.6
계기반(현 장)	W 900×H 900×D600 이하	면	5.88	3.92
계기반(현 장)	W1,000×H1,800×D600 이하	면	8.82	5.88
계기반(현 장)	W1,300×H2,000×D700 이하	면	9.88	6.58
계기반(현 장)	W1,400×H2,000×D700 이하	면	10.64	7.09
계기반(발신기수납장)	1대용(800×1,600×900)	대	2.0	1.33
계기반(발신기수납장)	2대용(1,000×1,600×900)	대	2.4	1.60
계기반(발신기수납장)	3대용(1,200×1,600×900)	대	2.8	1.86
계기반(발신기수납장)	4대용(1,400×1,600×900)	대	3.2	2.13
계기반(발신기수납장)	5대용(1,600×1,600×900)	대	3.6	2.39
계기반(발신기수납장)	6대용(1,800×1,600×900)	대	4.0	2.65

주 : ① 본 품은 완제품 설치기준, 이면 반이 있을 경우 150[%]
② 포장해체, 청소, 내부결선, 소운반 Channel Base 및 기초공사를 포함한다.
③ 제어 Cable 배선 및 결선은 제외한다.
④ 철거 40[%](재사용)
⑤ 이설 140[%]
⑥ 완제품이 아닐 경우는 본 품의 65[%]를 적용하고 계기설치는 별도 계상한다.
⑦ 완제품인 경우 계기반에 취부된 계기의 시험조정시는 플랜트계기품(2-5-3)의 25[%]를 가산한다.

3-8-2 배관배선공사

(1) 기구류의 소요수량

배관·배선 기구류의 수량은 설계도면에서 산출하고, 표 3-95에 따라 공량을 산출한다.

수량을 산출할 때의 주의사항은 다음과 같다.

① 전선을 산출할 때는 층고를 고려하고 올리고 내리는 양 또는 기기, 반 등의 접속 여유를 감안하여 적산한다.

② 사용전선은 A급 제품으로 적산한다.

③ 전선관은 규격마다 전 길이를 〔m〕로 산출한다. 또한 본수로 표시할 때는 전 길이를 3.6으로 나눈다.

④ 각종 배관 및 배선류에 관한 재료할증은 표 3－94에 따라 계산한다.

표 3－94 배관·배선류의 할증

명 칭	단 위	수 량 적 산 기 준	비 고
전선	m	실측수×1.1	
전선관	본	실측수×1.1	
전선관이음재료	1식	전선관금액×(0.15～0.2)	커플링, 부싱, 노멀밴드류
동관·강관	m	실측수×1.1	
동관·강관부속류	1식	동관·강관금액×(0.15～0.2)	접수1식
폴리에틸렌관	m	실측수×1.1	
폴리에틸렌관이음재료	1식	폴리에틸렌튜브금액×0.2	
아우트렛박스	개	실측수	
콘크리트박스	개	실측수	
풀박스	개	실측수	
플렉시블및커넥터	m	실측수	
배선덕트	m	실측수×1.01	
케이블랙	m	실측수×1.01	
동관랙	m	실측수×1.01	
메탈몰류	본	실측수×1.1	1〔본〕=1.8〔m〕
지지철물	1식		
소모품잡재료	1식	재료비합계×0.02	압착단자, 테이프, 비스너트보수재
운반비	1식		

(2) 기구류의 단가

① 전선, 전선관의 부속품

'물가시세표'나 제조업체 가격표에 의한다.

② 아우트렛박스, 콘크리트 박스

상기 ①항에 준한다.

③ 풀박스류

풀박스에는 내립형, 노출형이 있고, 노출형은 소부 도장 마감되어 있는 것과 방청 도장만으로 되어 있는 종류가 있으며 가격은 제작사의 견적에 의한다.

④ 와이어링 덕트, 케이블 랙

치수, 형상을 제조업체에 통지하여 가격을 알아낸다.

⑤ 서모플레이트, 멀티 서모케이스

실내형 서모스탯, 휴미디 스탯을 여러 개 설치할 때 필요하며 제조업체의 가격표에 의한다.

(3) 배관·배선의 노무비

배관·배선 공사의 노무비는 表 3−95, 表 3−96에서 구한다. 한편 배관·배선 기구재료 단가와 노무인수에 의해서 배관·배선 공사의 복합단가(일위대가표)를 작성하여 도면수량에 복합단가를 곱함으로써 곧 공사비가 산출되므로 편리하다.

表 3−95 배관·배선의 품셈

<table>
<tr><th>명 칭</th><th>규 격</th><th>단위</th><th>전공(인)</th><th colspan="4">비 고</th></tr>
<tr><td>• 비닐전선(Ⅳ)</td><td>5.5[mm²] 이하</td><td>m</td><td>0.010</td><td colspan="4">관내배선기준 천장금속덕트 내 공사시는 200[%], 바닥붙임덕트 내 공사시는 150[%], 금속 및 목재 몰딩 배선 130[%]</td></tr>
<tr><td>• 비닐절연 비닐</td><td>1.6[mm]−2C</td><td>m</td><td>0.026(0.01)</td><td colspan="4">• 콘크리트부분에 새들 고정</td></tr>
<tr><td>시스케이블</td><td>2.0[mm]−2C</td><td>m</td><td>0.033(0.013)</td><td colspan="4">• ( )는 천장과 피트 내 배선</td></tr>
<tr><td>(VVF)</td><td>2.6[mm]−2C</td><td>m</td><td>0.042(0.017)</td><td colspan="4">• 저압케이블 전공</td></tr>
<tr><td>/(쉴드선)</td><td>1.6[mm]−3C</td><td>m</td><td>0.033(0.013)</td><td colspan="4"></td></tr>
<tr><td></td><td>2.0[mm]−3C</td><td>m</td><td>0.041(0.017)</td><td colspan="4"></td></tr>
<tr><td></td><td>2.6[mm]−3C</td><td>m</td><td>0.051(0.021)</td><td colspan="4"></td></tr>
<tr><td>• 동축케이블</td><td>매입용</td><td>개</td><td>0.08</td><td colspan="4">통신내선공</td></tr>
<tr><td>(직렬유닛 케이</td><td>5C−2V</td><td>m</td><td>0.018</td><td colspan="4">통신설비공</td></tr>
<tr><td>블 포설)</td><td>7C−2V</td><td>m</td><td>0.022</td><td colspan="4">통신설비공</td></tr>
<tr><td></td><td>10C−2V</td><td>m</td><td>0.032</td><td colspan="4">통신설비공</td></tr>
<tr><td>• 제어용 케이블</td><td>1C−2[mm²](3.5mm²)</td><td>m</td><td>0.010(0.0111)</td><td colspan="4">• 저압케이블 전공</td></tr>
<tr><td></td><td>2C−2[mm²](3.5mm²)</td><td>m</td><td>0.014(0.016)</td><td colspan="4">• ( )는 3.5[mm²]임</td></tr>
<tr><td></td><td>3C−2[mm²](3.5mm²)</td><td>m</td><td>0.019(0.022)</td><td colspan="4">• 쉴드케이블 120[%]</td></tr>
<tr><td></td><td>4C−2[mm²](3.5mm²)</td><td>m</td><td>0.026(0.029)</td><td colspan="4">• P.V.C 및 고무절연외장 컨트롤 케이블에 적용</td></tr>
<tr><td></td><td>5C−2[mm²](3.5mm²)</td><td>m</td><td>0.032(0.034)</td><td colspan="4"></td></tr>
<tr><td></td><td>6C−2[mm²](3.5mm²)</td><td>m</td><td>0.035(0.038)</td><td colspan="4"></td></tr>
<tr><td></td><td>7C−2[mm²](3.5mm²)</td><td>m</td><td>0.039(0.042)</td><td colspan="4"></td></tr>
<tr><td></td><td>8C−2[mm²](3.5mm²)</td><td>m</td><td>0.042(0.046)</td><td colspan="4"></td></tr>
<tr><td></td><td>10C−2[mm²](3.5mm²)</td><td>m</td><td>0.048(0.052)</td><td colspan="4"></td></tr>
<tr><td></td><td>12C−2[mm²](3.5mm²)</td><td>m</td><td>0.053(0.058)</td><td colspan="4"></td></tr>
<tr><td></td><td>14C−2[mm²](3.5mm²)</td><td>m</td><td>0.059(0.064)</td><td colspan="4"></td></tr>
<tr><td>• 폴리에틸렌</td><td>0.65[mm]× 5P 이하</td><td>km</td><td></td><td colspan="2">직 매</td><td colspan="2">가 공</td></tr>
<tr><td>절연 비닐시</td><td>0.65[mm]× 10P 이하</td><td>km</td><td></td><td>통신케이블공</td><td>보통인부</td><td>통신케이블공</td><td>보통인부</td></tr>
<tr><td>스케이블</td><td>0.65[mm]× 20P 이하</td><td>km</td><td></td><td>11.30</td><td>65.50</td><td>10.00</td><td>8.00</td></tr>
<tr><td></td><td>0.65[mm]× 25P 이하</td><td>km</td><td></td><td>11.30</td><td>65.50</td><td>10.00</td><td>8.00</td></tr>
<tr><td></td><td>0.65[mm]× 30P 이하</td><td>km</td><td></td><td>12.30</td><td>66.60</td><td>10.50</td><td>9.00</td></tr>
<tr><td></td><td>0.65[mm]× 50P 이하</td><td>km</td><td></td><td>14.30</td><td>68.60</td><td>11.50</td><td>9.50</td></tr>
<tr><td></td><td>0.65[mm]×100P 이하</td><td>km</td><td></td><td>14.30</td><td>68.60</td><td>12.00</td><td>10.00</td></tr>
<tr><td></td><td></td><td></td><td></td><td>14.30</td><td>68.60</td><td>13.20</td><td>10.80</td></tr>
<tr><td></td><td></td><td></td><td></td><td>17.10</td><td>74.30</td><td>21.20</td><td>16.90</td></tr>
</table>

명 칭	규 격	단위	전공〔인〕	비 고
• 전선관	15〔mm〕	m	0.05	• 박강
	19〔mm〕	m	0.06	• 콘크리트매입기준
	25〔mm〕	m	0.08	• 천장속, 마루밑 공사 130〔%〕
	31〔mm〕	m	0.10	• 내선전공
	39〔mm〕	m	0.13	
	51〔mm〕	m	0.19	
	63〔mm〕	m	0.28	
	75〔mm〕	m	0.37	
	16〔mm〕	m	0.08	• 후강전선관
	22〔mm〕	m	0.11	• 콘크리트매입기준
	28〔mm〕	m	0.14	• 천장속, 마루밑 공사 130〔%〕
	36〔mm〕	m	0.20	• 내선전공
	42〔mm〕	m	0.25	
	54〔mm〕	m	0.34	
	70〔mm〕	m	0.44	
	82〔mm〕	m	0.54	
	92〔mm〕	m	0.60	
	104〔mm〕	m	0.71	
• 풀박스설치	400× 400×150	개당	0.35(0.66)	• 천장면설치시
	700× 700×150	개당	0.66(0.95)	• ( )는 벽면설치시
	1,000×1,000×150	개당	0.95(1.23)	• 내선전공
	1,200×1,200×150	개당	1.30(1.56)	
	1,500×1,500×250	개당	2.50(3.00)	
	2,000×2,000×300	개당	4.70(5.64)	
• 배선반 단자함	10P 이하 단자함	개당	0.55(0.45)	• 통신케이블공
	50P 이하 단자함	개당	0.65(0.45)	• ( )은 보통인부
	100P 이하 단자함	개당	0.69(0.49)	
	150P 이하 단자함	개당	0.78(0.54)	
	200P 이하 단자함	개당	0.82(0.59)	
	10P 이하 배선함	개당	0.65(0.45)	
	50P 이하 배선함	개당	0.72(0.45)	
• 금속덕트	60× 30〔mm〕 이하	m	0.15	• 내선전공
	100× 50〔mm〕 이하	m	0.2	
	150× 60〔mm〕 이하	m	0.3	
	200× 75〔mm〕 이하	m	0.4	
	300×100〔mm〕 이하	m	0.5	
	400×150〔mm〕 이하	m	0.6	
	500×185〔mm〕 이하	m	1.4	
	600×280〔mm〕 이하	m	1.9	
	700×370〔mm〕 이하	m	2.3	

명 칭	규 격	단위	전공[인]	비 고
	1,000×400[mm] 이하	m	3.0	
• 케이블 랙	200[mm] 이하	m	0.225(0.158)	• 철제
	300[mm] 이하	m	0.285(0.20)	• ( )는 알루미늄제
	400[mm] 이하	m	0.335(0.249)	
	500[mm] 이하	m	0.445(0.312)	
	600[mm] 이하	m	0.520(0.364)	
	800[mm] 이하	m	0.590(0.413)	
	1,000[mm] 이하	m	0.73 (0.511)	
• 컨트롤공기 배관	밸브 1개당	m	0.15(0.20)	• 나식 계장공 • ( )는 용접식 계장공
• 동관배관 (압축공기제어용)	6[φ]× 1C	m	0.07	• 피복동관
	6[φ]× 4C	m	0.13	• 계장공
	6[φ]× 7C	m	0.21	
	6[φ]× 8C	m	0.23	
	6[φ]×12C	m	0.28	
	6[φ]×19C	m	0.42	
	6[φ]×20C 이상	m	0.44	
	8[φ]× 1C	m	0.08	
	8[φ]× 4C	m	0.16	
	8[φ]× 7C	m	0.24	
	8[φ]× 8C	m	0.26	
	8[φ]×12C	m	0.37	
	8[φ]×19C	m	0.55	
	8[φ]×20C 이상	m	0.57	
	6[φ]	m	0.10	• 나동관
	8[φ]	m	0.12	• 계장공
	10[φ]	m	0.14	
	12[φ]	m	0.21	
	20[φ]	m	0.28	
	22[φ]	m	0.35	
• 박스설치	8각 콘크리트 박스	개	0.12	• 콘크리트매설기준
	4각 콘크리트 박스	개	0.12	• 박스 위치의 먹줄치기, 구멍뚫기, 첨부커버 포함
	8각 아우트렛 박스	개	0.20	• 아파트공사의 8각 및 4각 콘크리트박스품은 0.11
	중형 4각 아우트렛 박스	개	0.20	인, 중형 4각 아우트렛 박스 및 1개용 스위치박스
	대형 4각 아우트렛 박스	개	0.20	품은
	1개용 스위치 박스	개	0.20	0.18인 적용
	2~3개용 스위치 박스	개	0.20	
	4~5개용 스위치 박스	개	0.25	
	노출형 박스	개	0.29	
	플로어 박스	개	0.20	

표 3-96 압축공기 발생장치 및 공기관 배관

명 칭	규 격	단 위	계 장 공	보통인부
압 축 공 기 발 생 장 치	5[kg/cm²] 이하	조당	1.40	0.40
	10[kg/cm²] 이하	조당	2.90	0.90
	30[kg/cm²] 이하	조당	8.50	2.50
주 공 기 탱 크	500[ℓ] 이하	조당	2.60	0.80
	700[ℓ] 이하	조당	3.0	1.5
	700[ℓ] 이상	조당	4.5	2.5
유 니 온 엘 보	20~25[mm]	개당	0.25	0.05
유 압 실 린 더	60[K]	대	0.7	
	90[K]	대	0.8	
	130[K]	대	1.0	
오 일 펌 프	1[HP]	대	1.5	
	2[HP]	대	1.6	
	3[HP]	대	1.7	
	4[HP]	대	1.8	
에 어 실 린 더	100[φ] 이하	대	1.0	
	100[φ] 이상	대	1.2	
에 어 컴 프 레 서	소 형	대	1.5	
	대 형	대	2.0	
제 습 기		대	1.5	
공 기 압 축 기 시 험		조당	1.0	1.0
조 작 함 (설 비 물)	분전반, 계기, 스위치 기타	조당	2.0	1.0

(4) 배관·배선에 따른 쪼아내기공사 및 도장공사

쪼아내기공사 및 도장공사의 품셈은 다음의 표 3-97에 의해 산출하고 전선관은 노출부분에만 칠을 한다.

표 3-97 쪼아내기공사 및 도장공사의 품셈

공 사 종 별		쪼아내기공사	도 장 공 사
관 경[φ]	단 위	쪼아내기공[인]	도 장 공[인]
19	m	0.10	0.012
25	m	0.14	0.016
31	m	0.18	0.020
39	m	0.25	0.025
51	m	0.35	0.035
63	m	0.50	0.040
비 고		천장은 50[%] 증가, 벽은 10[%] 증가	색페인트 2회 칠한다.

3-8-3 자동제어기기의 조정비

조정비가 자동제어기기의 가격에 포함되어 있는 경우도 있지만, 포함되어 있지 않은 경우에는 대개 다음의 표 3-98에 의해 조정비를 계상한다.

표 3-98 자동제어기기의 조정비

제어기기가격	전기식〔%〕	전자식〔%〕	공기식〔%〕	비 고
25만원 이하	11.5	—	—	• 제어기기 가격에는 제어반류 및 배관·배선 공사의 가격은 포함하지 않는다.
25~50	9.5	10.0	—	
50~100	9.0	9.0	—	
100~125	8.6	8.2	4.8	• 공기식 가격에는 에어컴프레서의 가격을 포함한다.
125~175	8.5	8.0	5.2	
175~250	8.2	7.8	5.5	
250~350	8.0	7.6	5.6	
350~450	8.0	7.5	5.8	• 제어기기 가격에는 제어반류 및 배관·배선 공사의 가격은 포함 하지 않는다.
450~550	7.8	7.4	6.0	
550~650	7.8	7.4	6.2	• 공기식 가격에는 에어컴프레서의 가격을 포함한다.
650~750	7.8	7.4	6.2	
750~950	—	7.3	6.2	
950~1,150	—	7.3	6.2	
1,150~1,350	—	—	6.3	
1,350~1,550	—	—	9.3	
1,550~1,750	—	—	6.4	
1,750~1,950	—	—	6.4	

3-8-4 자동제어 설비공사의 세목내역(예)

자동제어 설비공사의 각 세목별 공사내역의 예제 및 산출법은 다음의 표 3-99를 참조한다.

표 3-99 자동제어공사의 세목내역(예)

번호	명 칭	규 격	수량	단위	산 출 법			비 고
					견적의뢰	수량품셈	〔%〕	
(1)	자동제어기기							
	① 보일러관계계장품	(계통, 시방, 구경별)	○	개	○			
	② 냉동기관계계장품	(상동)	○	개	○			
	③ 공조관계계장기	(상동)	○	개	○			
	④ 덕트관계계장품	(상동)	○	개	○			
	⑤ 배관계통계장품	(상동)	○	개	○			
	⑥ 환기계통계장품	(상동)	○	개	○			

번호	명　　칭	규　　격	수량	단위	산출법			비　　고
					견적의뢰	수량품셈	〔%〕	
(2)	제어반류							
	① 현장반	(시방별)W×H×D	○	면	○			
	② 중앙감시	(시방)	○	면	○			
	③ 반류설치공사		1	식	△	○		
(3)	배관·배선 공사							
	① 전선관	(시방, 구경별)	○	m		○		
	② 상기 부속품		1	식			○	①×30~40〔%〕
	③ 상기 지지금물류		1	식			○	①×10~15〔%〕
	④ 전선	(시방별)	○	m		○		실수량×1.15
	⑤ 소모품잡재료		1	식			○	〔①+④〕×3~5〔%〕
	⑥ 배관·배선 공임		1	식		○		
	⑦ 기기설치공임		1	식		○		
	⑧ 기타 공사		1	식		○		
	합　　계							

第 4 章 衛生設備

4.1 적산의 개요 및 공사범위

4.2 공사별 항목 및 적산개요

4.3 위생기구설비

4.4 배관설비

4.5 기기설비

4.6 품셈적용의 문제점

第4章 衛生設備

4-1 적산의 개요 및 공사범위

4-1-1 적산의 개요

급배수·위생 설비 공사는 다른 공사와 달리 배관재료의 종류가 많고 부속류 산출에도 주의를 요하지만 기본적인 내용을 익히고 설계자의 취지, 재료의 구분, 시공방법 등 세심한 곳까지 정확히 검토한 후 작업을 진행하면 큰 어려움은 없다.

급배수·위생 설비의 목적은 사람이 거주, 근무, 노동하는 장소에 위생적으로 처리된 물을 공급하고 동시에 사용한 물과 오수를 건물 밖으로 배출하여 거주자의 보건위생 향상을 목적으로 한다.

따라서 이 장에서는 위에서 기술한 기능을 만족시키기 위한 일반적 설비에 대하여 설명하기로 하며, 세탁, 의료, 중수설비, 오수처리 등의 특수설비에 대하여는 생략한다.

4-1-2 공사범위와 별도공사

위생설비의 적산작업 전 설계도면, 시방서 및 현장설명서를 충분히 이해하고 별도공사의 구분을 명확히 하여야 한다. 이는 위생설비공사의 경우 건축공사와 깊은 관련이 있기 때문에 내용을 명확히 구분하여 중복 또는 누락되지 않도록 관련공사의 공사구분표를 작성하여 발주자의 승인을 받도록 한다.

본 위생공사의 범위에 속하는 내용을 공사항목별로 분류하면 다음과 같다.

① 위생기구설치공사

② 급수설비공사

③ 급탕설비공사

④ 배수·통기 설비공사

⑤ 소화설비공사

⑥ 가스설비(LPG, 도시가스 설비)공사

⑦ 기타 설비공사로 건물용도에 따라,

병원 : 세탁, 주방, 소각로, 폐수처리, 의료가스, 송기관 설비

호텔 : 세탁, 주방, 소각로, 수영장, 분수, 진공청소, 중수(中水) 설비

공장 : 유틸리티설비

상기 공사 이외에는 별도공사로 관련 건축 및 기타 공사와 공사구분을 명확히 하여 견적에서 누락

되는 일이 없도록 한다. 이와 관련된 내용은 다음과 같다.

① 급수, 하수, 가스의 본 건물 내 인입 및 접속 공사
② 옥외 배수, 우수 설비공사
③ 지하저수조, 배수조 등의 콘크리트조 축조공사
④ 맨홀공사, 배수피트설치공사
⑤ 옥상배수 및 입상관과 배수맨홀까지 접속배관공사
⑥ 배관용 트렌치, 공동구공사
⑦ 배관관통구멍의 철골 보강, 가공 공사
⑧ 장비기초 및 장비구조체 보강공사
⑨ 장비반입구 및 개폐장치
⑩ 각종 점검구
⑪ 싱크대, 화장대, 거울 등의 제작설치공사

기타 내용은 3장 공기조화설비 항목을 참조한다.

4-2 공사별 항목 및 적산개요

급배수·위생 설비의 공사구성은 분류 및 정리 방법이 통일되어 있지 않아 지금까지 사용한 분류방식은 전항의 공사범위에서 기술한 공사항목으로 적산항목을 구분한 방식과 각 계통별로 항목을 분류하고 각 계통의 장비류(펌프, 탱크, 기기류 등)를 모아서 별도의 항목으로 하는 방법으로 사용되어 왔다.

근래에는 계통의 분류가 많아져 각 계통별 적산항목을 분류하여 정리하는 것이 알기 쉽고, 공사구분도 분명하게 되기 때문에 앞서 분류한 공사범위의 내용에 준하여 적산에 대한 내용을 정리하기로 한다.

4-2-1 위생기구 설비공사

위생기구라 함은 건축물에 있어서 급수, 급탕 및 배수를 필요로 하는 장소에 설치하는 기구로서 분류하면 다음과 같다.

① 급수 급탕을 공급하는 기구
② 급수 급탕을 받는 기구
③ 배수기구
④ 부속기구

여기에서 설명하는 위생기구 설비공사는 기구류의 설치에 관한 공사를 견적하는 것이며, 위생기기류의 본체와 액세서리를 포함한 조(set)의 수량과 복합단가로 계상하는 것과 각개의 수량으로 단가에 의해 산출하는 것이 있다.

(1) 위생기구의 단가

위생기구는 도면에 제조회사의 모델규격번호 또는 KS규격으로 기재되어 있으며, 부속품의 내용이 나타나 있지 않은 경우가 있다. 이때에는 관련된 부속기기의 내용을 파악하여 1조당의 복합단가로써 견적하여야 한다.

같은 종류의 위생기구에서도 고급정도, 급수방식 등에 따라 부속기기의 종류와 금액의 차이가 많으므로 시방서 등의 자료를 정확히 파악하여 적산한다.

단가는 제조회사의 카탈로그와 단가표 또는 물가시세표에 의해 계산한다.

(2) 급배수 철물 및 화장대

위생기구류의 부속품으로서 계상하는 것을 제외하고 종류별로 수도꼭지, 배수철물, 화장대, 거울, 수건걸이 등은 수량과 단위를 조사하여 금액을 산출한다.

수도꼭지는 손잡이의 고급정도, 혼합방법 등으로 구별하고 용도, 형식, 제조회사에 따라 가격차가 크기 때문에 시방 내용에 주의한다.

(3) 위생기구 설비공사의 분류내역

위생기구 설비공사의 각 세목별 공사내역의 예 및 산출법은 다음의 표 4-1과 같다.

표 4-1 위생기구설비공사의 세부내역(예)

번호	품 목	규 격 (부속품 포함)	수량	단위	산 출 법			비 고
					견적의뢰	수량품셈	[%]	
1	서양식 대변기	플래시밸브식	○		○			단가/조
2	서양식 대변기	로탱크식	○	조	○			단가/조
3	동양식 대변기	플래시밸브식	○	조	○			단가/조
4	동양식 대변기	하이탱크식	○	조	○			단가/조
5	소변기	플래시밸브식	○	조	○			단가/조
6	소변기	하이탱크식	○	조	○			단가/조
7	세면기	수도꼭지, 트랩	○	조	○			단가/조
8	수세기	수도꼭지, 트랩	○	조	○			단가/조
9	소제싱크	수도꼭지, 트랩	○	조	○			단가/조
10	음수기	금구	○	조	○			단가/조
11	욕 조	수도꼭지, 배수철물	○	조	○			단가/조
12	거울·화장대류		○	개	○			
13	수전류		○	개	○			
14	소모품·잡재료			식			○	(1~14)×3~5(%)
15	구멍뚫기 보수비			식		○	△	복합단가
16	노무비	설치비		식		○		별지내역서 작성
17	운반비			식		○	△	
	소 계							

주 : 상기 표의 산출법 표기 중 ○표는 우선하여 산출하는 것을 의미하고, △표는 경우에 따라 2차적으로 적산하는 방법을 의미한다.

4-2-2 급수설비공사

(1) 설비 개요

급수설비는 건물 내외에 존재하는 수원의 배수관으로부터 수전까지 용수를 공급하는 설비로서 옥내급수설비와 옥외급수설비로 나누어지며 공급방식별로 분류하면 다음과 같다.

1) 수도직결식

수도본관에서 수도관을 분지하여 건축물 내의 필요한 곳에 급수하는 방식이다. 이 방식은 수도본관의 수압을 그대로 이용하므로 대개 소규모 건물 또는 2층 정도의 주택에 이용된다.

2) 고가수조방식

양수펌프에 의해서 건물의 옥상 또는 그 밖의 높은 곳에 설치한 고가수조에 양수하고, 중력배관에 의해서 건물 내의 필요한 곳에 급수하는 방식이다.

이 방식은 단수 혹은 정전시에도 고가수조의 용량에 따라 일정시간 범위 내에서 급수가 가능하며 수도본관의 수압과는 관계없이 항상 일정한 수압으로 급수가 가능하다.

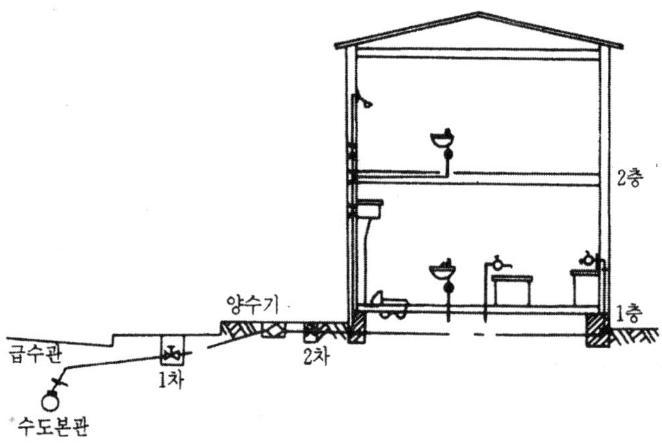

그림 4-1 수도직결식 급수법

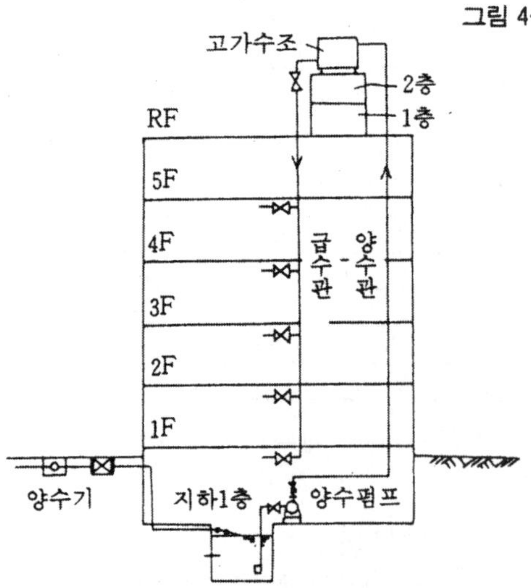

그림 4-2 고가수조방식

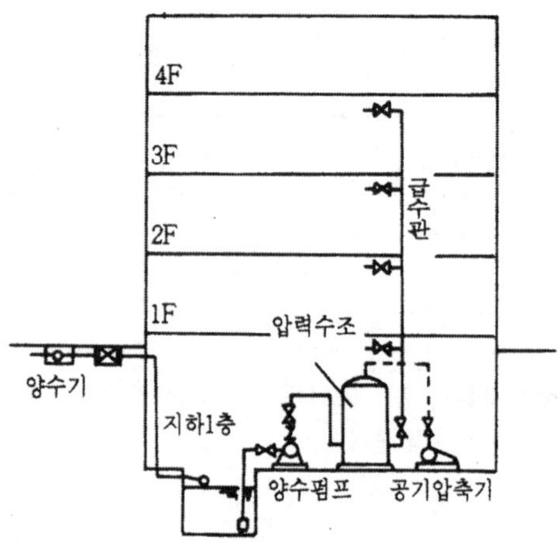

그림 4-3 압력수조방식

3) 압력수조방식

이 방식은 고가수조 대신에 압력수조를 사용하고 펌프에 의해 물을 수조 내에 압입함으로써 수조 내의 압축된 공기의 힘을 이용하는 것이다. 즉, 밀폐수조인 압력수조에 물을 압입시키면 수조 내의 공기는 상부로 압축되므로 물에 수압이 걸리고 그 힘으로 필요한 높이까지 급수하는 방식이다.

이 방식은 건물의 구조상 혹은 외관상 등의 이유로 고가수조를 설치할 수 없는 경우에 사용되고 있으나, 내부구조를 내압구조로 한다든가 또는 수압이 수시로 변하는 단점이 있다. 수조 내의 공기는 물에 녹아 감소되어 공기압이 저하되므로 공기압축기 등에 의한 공기 보급장치를 필요로 하며 고가수조방식보다 펌프의 용량이 크고 작동횟수도 많아 이로 인한 고장이 잦다.

4) 펌프직송방식

최근 외국의 고층건물에 많이 이용하는 방식으로서 물을 수조에 저장한 후 펌프를 자동제어하여 배관 내의 압력을 일정하게 유지하면서 급수하는 방식이다. 이 펌프직송방식(tankless booster)은 단수시에도 일정시간 동안에는 급수가 가능하고 수압도 일정하지만, 정전시에는 급수가 불가능하며, 관련장비류의 국산화가 이루어지지 않았기 때문에 설비비가 고가이다. 그러나 이 방식은 앞으로 많이 쓰여질 전망이다.

(2) 상세견적

1) 펌프류

위생설비에 소요되는 펌프류는 양수용, 오배수용, 지하수용이 주종이며 양수용은 원심펌프계통의 터빈펌프 또는 볼류트펌프로서 단단식 또는 다단식으로 사용된다.

오배수용은 수중형, 수직형이 있으며 지하수용은 수중전동펌프(submarine motor pump), 자동압력펌프가 주로 사용되며 견적방법은 다음과 같다.

① 설계도면의 실수량으로서 형식, 사양에 의해 계상한다.

② 설계도면 및 사양에 의해 제조회사로부터 견적을 받아 단가를 결정한다.

③ 펌프의 본체, 모터, 방진가대, 부속품 등을 포함한다.

부속품의 내용으로서 공통가대, 취부볼트. 물주입깔대기, 에어콕 등의 것은 기본적으로 포함되며 계기류, 밸브류 등은 별도로 포함 여부를 결정하여 제조회사에 의뢰한다.

배관공사에서 밸브류 등을 산출할 때 중복 또는 누락되지 않도록 주의한다.

2) 탱크류

현재 사용되는 탱크류는 강판, 스테인리스, FRP, 콘크리트로 제작되어진 것이 주로 사용되고, 옥상고가수조, 압력수조, 지하저수조 등이 있으며 견적방법은 다음과 같다.

① 설계도면과 시방서의 사양에 따라 제조회사로부터 견적을 받으며 소규모의 표준품은 물가시세표에서 금액을 산출한다.

② 본체 외의 부속품으로 맨홀, 배관접속구, 내부사다리 등을 포함하며 강판제는 내외부의 방청도장 사양에 주의한다.

또한 대형의 일체구조 탱크인 경우 현장까지 수송비, 반입설치비를 고려하여 비용을 산출한다.

3) 배관공사

급수설비에 있어 배관공사의 각 항목에 대하여 옥외, 옥내, 시수, 정수, 중수 등 각 계통별로 수량을 산출하여 적산을 하며 상세한 내용은 4-4, 4-5 항목을 참조하기로 한다.

(3) 급수설비공사의 항목별 내역

급수설비공사의 옥외, 옥내별 각 항목별 내역의 예는 다음 표 4-2, 4-3과 같다.

표 4-2 옥외급수 설비공사의 세부내역(예)

번호	품 목	규 격	수량	단위	산 출 법			비 고
					견적의뢰	수량품셈	(%)	
1	수도용 주철직관	관경별	1	식		○		
2	수도용 주철이형관		1	식		○	△	별지내역서 작성
3	주철관 접합재료		1	식		○	○	
4	수도용 백강관	KS D 3507	○	m		○		
5	백강관 부속재료		1	식		○	△	
6	매설밸브	관경×(kg/cm^2)	○	조	○			단가/조
7	수도꼭지	관경	○	조		○		단가/조
8	소모품·잡재료		1	식			○	
9	도장공사		1	식		○		별지내역서 작성
10	흙 파기 및 되메우기		1	식		○		별지내역서 작성
11	노무비		1	식		○		별지내역서 작성
12	운반비		1	식		○	△	
13	수도관 인입공사	관경	1	식	○			수도국 납부금
	소 계							

표 4-3 옥내급수 설비공사의 세부내역(예)

번호	품 목	규 격	수량	단위	산 출 법			비 고
					견적의뢰	수량품셈	(%)	
1	양수펌프류	형식, ϕ ×LPM×양정(m)×모터(kw)	0	대	○			부속품 일식
2	수조류	재료명 용량	0	기	○	△		별지내역서 작성
3	기기가대, 기초		1	식		○		
4	수도용 백강관	KS D 3507	0	m		○		
5	백강관 부속재료		1	식		○		
6	게이트밸브	관경×(kg/cm^2)	0	개		○		
7	수도꼭지	관경	0	개		○		
8	수도꼭지	관경	0	조		○		
9	양수기	관경	0	개	○			

번호	품 목	규 격	수량	단위	산 출 법			비 고
					견적의뢰	수량품셈	〔%〕	
10	볼탭	관경	0	개	○			
11	관지지철물 기타		1	식			○	
12	소모품·잡재료		1	식			○	{1+2}×0.3~0.5〔%〕+ {4~10}×0.2~0.5〔%〕
13	보온공사		1	식		○		복합가격 별지내역서 작성
14	도장공사		1	식		○		별지내역서 작성
15	쪼아내기 보수비		1	식		○		
16	노무비		1	식		○		별지내역서 작성
17	운반비		1	식		○		
	소 계							

【예제 4—1】 그림과 같은 원통형 온수저장탱크가 있다. 규조토를 사용하여 두께 40〔mm〕가 되도록 보온하고자 한다. 이때 소요되는 재료의 양 및 노무량을 산출하시오.(단, 표준품셈은 다음과 같다.)

규조토 : 25〔kg/m²〕

보온공 : 0.538〔인/m²〕

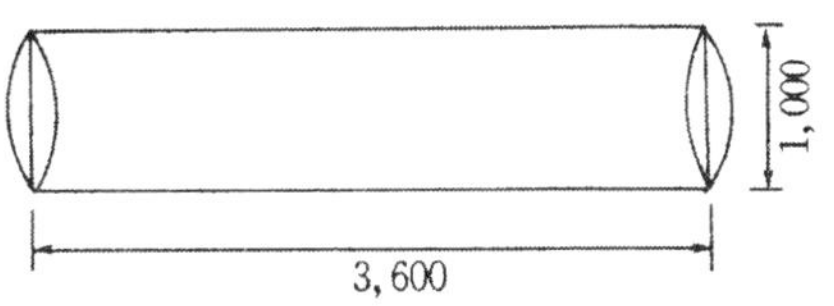

【해 답】 1) 보온면적 : S

$$S=2\times\frac{\pi D^2}{4}+\pi DL$$

$$=2\times\frac{3.14\times1^2}{4}+3.14\times1\times3.6=12.87〔m^2〕$$

2) 표준품셈 적용

규조토 25〔kg/m²〕×12.87〔m²〕=321.75〔kg〕

보온공 0.538〔인/m²〕×12.87〔m²〕=6.924〔인〕

4—2—3 급탕설비공사

(1) 설비 개요

급탕설비는 필요한 곳에 온수를 공급하는 설비로서, 그 방식을 분류하면 다음과 같다.

1) 국소급탕방식

온수가 필요한 곳에 탕비기를 설치하여 온수를 공급하는 방식으로, 열원으로는 가스, 전기, 증기 등이 사용되며 그 형식에 따라 다음과 같이 2종류로 분류된다.

① 순간식 탕비기

급수관의 일부를 가스 혹은 전기로 가열하여 얻어진 온수를 직접 급탕하는 방식으로 주택이나 아파트의 욕실, 부엌, 싱크대, 이발소, 미용실, 사무소 등 항상 소량의 온수를 필요로 하는 장소에 적당하다.

② 저탕식 탕비기

가열된 온수를 일시 수조 내에 저장하고 여기에서 필요한 곳으로 공급하는 방식으로 저탕조 내의 유량 또는 온도를 자동으로 일정하게 유지할 수 있다.

급탕량 및 사용개소가 비교적 많은 주택, 학교, 공장, 기숙사 등에 널리 사용된다.

2) 중앙식 급탕방식

중앙식 급탕법은 기계실에 가열장치, 저탕조 순환펌프 등을 설치하고 이것으로부터 배관에 의해 필요한 곳에 급탕하는 방법이다. 열원으로는 중유, 가스, 석탄, 증기 등이 이용되며 사무소, 호텔, 병원등과 같은 대규모 건축에 적합하다.

① 직접가열방식

온수보일러로 가열시킨 온수를 저탕조를 거쳐 각 층의 필요장소에 급탕하는 방법이다. 열효율은 높지만 보급수가 직접 보일러로 들어가기 때문에 보일러의 수명이 단축되며, 건물 높이에 상당하는 수압이 보일러에 작용하기 때문에 대규모 설비에는 부적당하다.

② 간접가열방식

저탕조 내에 가열코일을 설치하고 이 코일에 증기 또는 고온수를 보내어 조 내의 물을 간접적으로 가열시켜서 그것을 각 층의 필요장소에 공급하는 방법이다.

③ 기수혼합방식(silencer)

보일러에서 제조한 증기를 냉수 속에 직접 분사하여 온수를 발생시키는 방식으로 열효율은 높지만 소음이 발생하는 결점이 있다.

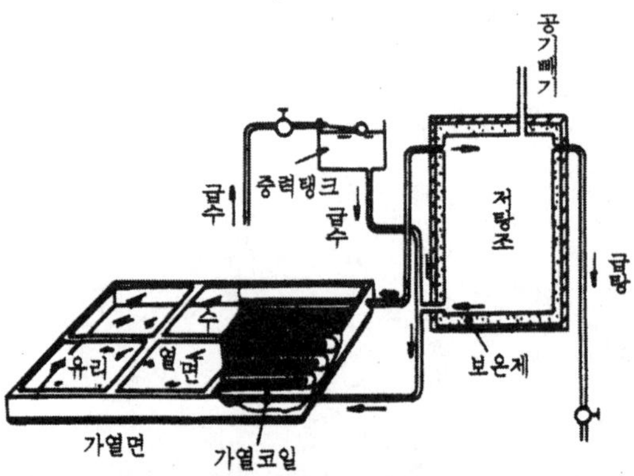

그림 4-4 태양열 온수기

3) 태양열 온수기

태양열을 이용하여 급탕하는 가열장치로서, 근래에 널리 사용되고 있으며 그 전형적인 배관계통은 그림 4-4와 같다.

즉, 물은 저탕조에서 가열면에 유입되고 가열면 상부에서 태양열에 의해 가열되어 저탕조로 들어가며 저장되어진 온수를 사용개소에 공급하는 방식이다.

(2) 상세견적

급탕설비의 상세견적은 급탕방식에 따라 크게 다르지만 견적방법은 3장의 공기조화 설비공사의 보일러 및 부속기기 설비공사, 배관설비공사 항목과 유사하다.

주의하여야 할 사항은 난방용 보일러, 급수설비 등과의 견적구분에 유의한다. 여기서는 가장 많이 사용되는 중앙식 급탕방식의 주요 견적내용에 대하여 검토하기로 한다.

1) 급탕용 보일러

일반적으로 난방용과 겸용으로 사용하며 전용보일러의 경우에도 같은 내용이기 때문에 3장에서의 보일러 및 부속기기 항목을 참고한다.

2) 순환펌프

급탕용으로 사용되는 펌프는 대개 배관에 설치하는 라인펌프(line pump)이고 대용량의 경우 원심펌프도 사용될 수 있으며 그 견적방법은 다음과 같다.

① 실제수량으로 형식, 사양별로 계상한다.

② 설계도면 및 시방서에 의해 제조회사로부터 견적을 받아 계상한다.

③ 펌프 본체, 부속품 및 가대 등을 모두 포함한다.

3) 저탕조

보통 강판제로 제작하여 내부에 방청제를 처리하여 사용하며 스테인리스제품이 사용되기도 한다. 스테인리스제품인 경우 용접부 응력부식에 주의한다. 견적법은 다음과 같다.

① 설계수량으로 정확한 사양을 조사하여 계상한다.

② 도면 및 시방서에 의해 제조회사로부터 견적을 받으며 부속품이 누락하지 않도록 한다.

급탕설비공사의 각 항목별 내역의 예는 표 4-4와 같다.

표 4-4 급탕설비공사의 세부내역(예)

번호	품목	규격	수량	단위	산출법			비고
					견적의뢰	수량품셈	(%)	
1	급탕보일러	(kcal/h)	○	기	○			보일러 및 버너, 기타 부속품 일체
2	저탕조	lit, (φ)×L	○	기	○	△		가대 및 설치 포함
3	팽창탱크	W×L×H	○	기	○	△		가대 및 설치 포함
4	온수순환펌프		○	대	○			부속품 일체

번호	품 목	규 격	수량	단위	산 출 법			비 고
					견적의뢰	수량품셈	[%]	
5	가스탕비기	형식, lit	○	대	○			부속품 일체
6	기기설치대		1	식		○		
7	수도용 백강관	KS D 3507[φ]	○	m		○		
8	백강관 부속재료		1	식		○	○	
9	동관	종류	○	m		○		
10	동관용 부속재료		1	식			○	
11	게이트밸브(GV)	[φ]×[kg/cm²]	○	개		○		
12	신축접수	(단식 또는 복식)×[φ]	○	개		○		
13	수도꼭지류	[φ]	○	개		○		
14	관지지철물·기타		1	식			○	
15	소모품, 잡재료		1	식			○	{1~5}×0.3~0.5[%]+ {7~13}×0.2~0.5[%]
16	보온공사		1			○		
17	도장공사		1			○		
18	쪼아내기 보수비		1			○	△	
19	노무비		1			○		
20	운반비		1	식		○	△	
	소 계							

4-2-4 배수·통기 설비

(1) 설비 개요

배수설비는 건물 내에 설비한 위생기구에서 사용이 끝난 오배수를 하수본관에 유출시키는 설비이며, 통기설비는 배수설비의 배수작용을 원활하게 하고 동시에 각 위생기구의 봉수를 보호하여 유해가스, 해충류의 침입을 막아 위생효과를 높이는 설비로서 이에 대한 각 부분별 명칭 및 계통도의 예는 그림 4-6을 참조한다.

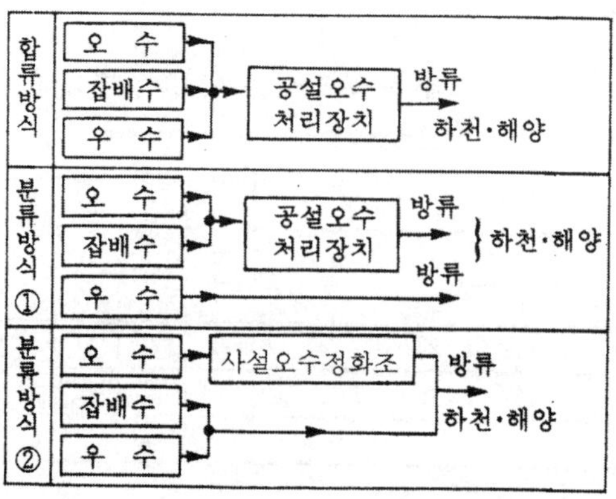

그림 4-5 배수방식의 분류

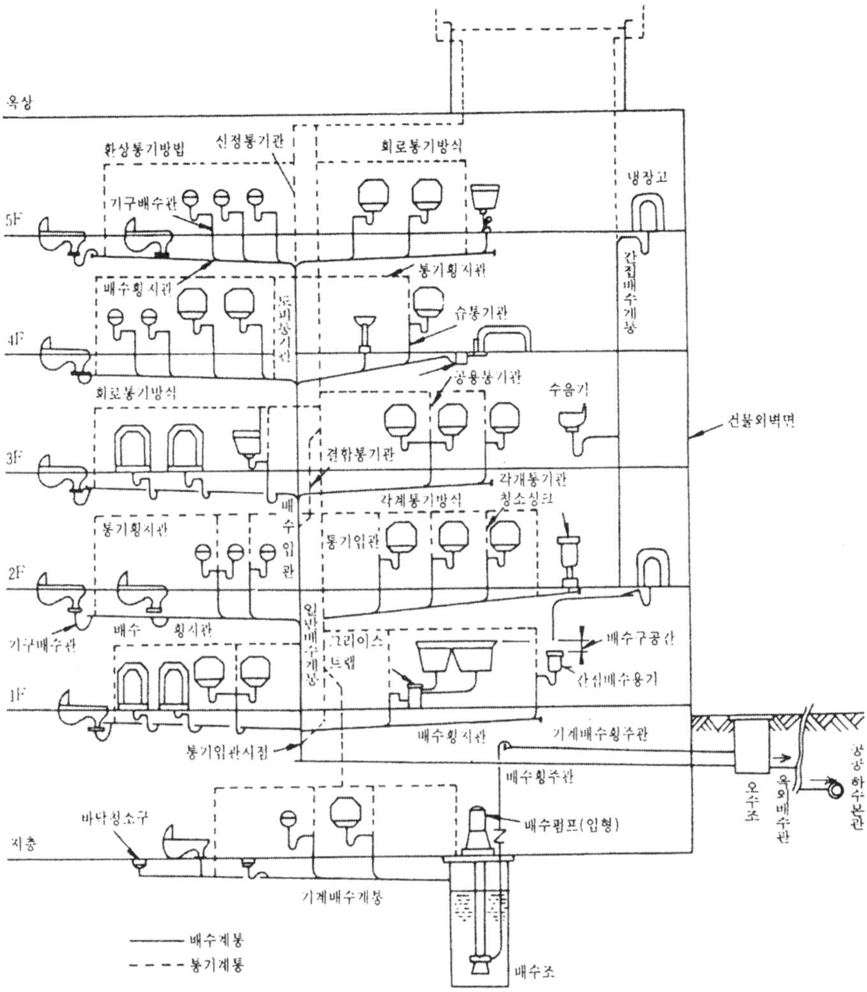

그림 4—6 배수·통기계통도

배수의 종류는 수세식 변소의 대·소변기에서 나오는 오수, 세면기·욕조·싱크류 등에서 나오는 일반배수, 건물의 옥상 및 마당에 떨어지는 빗물배수(雨水排水), 공장·병원·연구소 등에서 나오는 유독·유해물을 함유한 특수배수로 분류되며 배수방식의 구분은 그림 4—5와 같이 분류된다.

(2) 상세견적

배수계통을 설비내용에 따라 분류하면 다음과 같다.

① 잡배수

② 오배수

③ 우수배수

④ 특수배수

⑤ 통기관

⑥ 중수도배수

견적의 내용도 위의 분류에 따라 정리하여 작업하는 것이 바람직하며 각각 옥내·옥외 공사의 항목으로 나누어진다.

1) 배수펌프

배수에는 고형물질을 포함하므로 임펠러수가 적은 오픈타입(open type)으로 한다.

견적방법은 앞에서의 내용에 준하여 작업한다.

2) 배관공사

배수 및 통기관의 배관재료는 주철관, 염화비닐관, 강관, 연관, 흄관, 오지토관 등이 사용되고 있으며 기타 사항은 추후의 배관설비 항목을 참고한다.

表 4—5 옥외설비공사의 세부내역(예)

번호	품목	규격	수량	단위	산출법			비고
					견적의뢰	수량품셈	〔%〕	
1	배수용 주철관	〔φ〕, 길이별	0	본		○		
2	상기 관의 부속재료		1	식		○	○	
3	배수용 비닐관	〔φ〕	0	m		○		
4	상기용 부속재료		1	식		○	○	
5	흄 관	〔φ〕	0	m		○		
6	상기용 접합재		1	식			○	
7	오지토관 직관	〔φ〕	0	본		○		
8	오지토관 이형관	〔φ〕×〔φ〕	0	본		○		
9	상기용 접합재		1	식			○	
10	오수맨홀	W×L×H	0	개소		○		복합단가
11	잡배수맨홀	W×L×H	0	개소		○		복합단가
12	흙 파기 및 되메우기		1	식		○		
13	도장공사		1	식		○		
14	노무비		1	식		○		
15	운반비		1	식		△	○	
16	하수도 본관 접속비		1	식	○			하수도국납부금
	소계							

表 4—6 옥내설비공사의 세부내역(예)

번호	품목	규격	수량	단위	산출법			비고
					견적의뢰	수량품셈	〔%〕	
1	배수펌프	〔φ〕×LPM×〔m〕×〔kw〕	0	태				부속품 일체
2	기계설치대		1	식		○		
3	배수용 주철관지관		1	식		○		

번호	품 목	규 격	수량	단위	산출법			비 고
					견적의뢰	수량품셈	[%]	
4	배수용 주철관 이형관		1	식		○	△	
5	상기용 접합재		1	식		○	△	
6	배수용 백강관		0	m		○	○	
7	상기용 부속재료		1	식		○	○	
8	배수용 연관	[ϕ]	0	m		○		
9	상기용 접합재		1	식		○	△	
10	통기용 백강관	[ϕ]	0	m		○	○	
11	상기용 부속재료		1	식		○	○	
12	배수용 비닐관		○	m		○	○	
13	상기용 부속재료		1	식				
14	소제구	FCO, CO, [ϕ]	0	개	○			
15	바닥트랩	FD, [ϕ]	0	개	○			
16	배수철물	[ϕ]	0	개	○			
17	통기용 철물		0	개	○		○	
18	관지지철물, 기타		1	식			○	
19	소모품·잡재료		1	식				1×0.3~0.5[%]+{3~17}×0.2~0.5[%]
20	보온공사		1	식		○		복합단가
21	도로공사		1	식		○		복합단가
22	쪼아내기 보수비		1	식		○	△	복합단가
23	노무비		1	식		○		복합단가
24	운반비		1	식			○	복합단가
	소 계							

4-2-5 소화설비

(1) 설비 개요

건물에 대한 소화설비는 물과 그 외의 소화제를 기능적으로 화염에 방사하여 소방차가 도착하여 소화활동을 하기까지의 초기소화에 대응하여 설치된 것이다. 소화설비의 설치계획과 설계시공에 대하여는 소방법, 동시행령 및 시행규칙, 위험물에 관한 법규, 건축법, 각 도시와 지방의 특수사정을 고려하여 시공하는 것이 필요하다.

소화설비의 종류에는 일반건축물 및 공작물 등에 설비하는 것에 대해서는 소방법시행령 제13조에 소방시설의 종류로서 표 4-7에 분류하고 있다.

표 4—7 소방시설의 종류

구 분		소방용 설비 등의 종류
소방용에 준하는 설비	소화설비	1. 소화기 및 간이소화용구(소화약제에 의한 간이소화용구, 마른 모래, 팽창질석 또는 팽창진주암)
		2. 옥내소화전설비
		3. 스프링클러설비
		4. 물분무소화설비
		5. 포소화설비
		6. 이산화탄소소화설비
		7. 할로겐화합물소화설비
		8. 분말소화설비
		9. 옥외소화전설비
		10. 동력소방펌프설비
	경보설비	1. 자동화재탐지설비
		2. 누전경보설비
		3. 자동화재속보설비
		4. 비상경보설비(비상벨, 자동식 사이렌, 방송설비)
	피난설비	1. 미끄럼대, 피난사다리, 구조대, 완강기, 피난교, 기타의 피난기구
		2. 유도등 및 유도표시, 비상조명등
		3. 방열복, 공기호흡기, 인공소생기 등 인명구조기구
소방용수설비		방화수조 또는 이에 대신하는 저수지, 기타의 용수
소화활동상 필요한 설비		1. 제연설비
		2. 연결살수전설비
		3. 연결송수관설비
		4. 비상콘센트설비
		5. 무선통신보조설비

상기 소화설비 중 가장 일반적인 옥내소화전 설비의 구성을 보면 소화전, 배관, 펌프 및 수원으로 구성되며, 펌프는 화재경보기의 푸시버튼과의 연동 또는 소화전 개방에 의한 수압의 변화를 감지하여 압력스위치에 의해 기동한다. 소화전은 계단부근 등 소화활동에 편리하고 피난하기 쉬운 장소에 각 층마다 소화전을 중심으로 반경 25〔m〕 이하를 유효범위로 하여 건물의 각 부분을 방호할 수 있는 수량을 설치한다. 기타 소화설비에 대한 기술적 사항은 소방법시행규칙 또는 전문서적을 참고한다.

(2) 상세견적

소화설비의 종류는 상기 설비 개요에서와 같이 상당히 많지만 소화전(옥내, 옥외) 설비가 일반적으로 사용되고, 대규모 고층건물의 경우 스프링클러 설비가 필요하며 기계실, 주차장, 전기실 등 특수한 장소에는 물분무 소화설비와 불연성가스 소화설비 등을 설치한다.

여기서는 주로 옥내소화전 설비공사를 검토하기로 하며 옥외소화전설비, 연결송수관설비, 스프링클러설비 등 배관을 필요로 하는 설비는 같은 적산방법으로 진행한다.

불연성가스설비, 포말소화설비 등의 특수소화설비에 대하여는 설비공사 전체를 전문회사에게 견적을 의뢰하는 일이 많다.

일반적인 적산의 주의사항은 타 공종과의 공사구분을 명확히 하여야 하며 방법에 있어서는 급배수 항목과 비슷하고 주요한 사항을 정리하면 다음과 같다.

1) 소화용 펌프

일반적으로 원심식 다단펌프가 사용되며 적산방법은 앞장의 내용을 참조한다.

2) 소화전류

소화설비에 사용하는 소화전 종류의 적산방법은 다음과 같다.

① 실수량으로 형식, 시방별로 계상한다.
② 단가는 제조회사의 자료 또는 물가시세표를 참조한다.
③ 소화전류로서는 다음과 같은 것들을 들 수 있다.
　㉮ 옥내소화전(소화전함, 노즐, 호스, 호스걸이)
　㉯ 연결송수구
　㉰ 방수구(단구형, 쌍구형)
　㉱ 옥외소화전

3) 배관공사

소화설비의 배관공사에 있어 각 항목(배관재, 관부속류, 접합재료, 밸브류, 보온, 도장 등)에 대하여는 각 계통별로 수량을 산출하고 집계하여 적산하고 자세한 내용은 4—5절을 참조한다.

4) 소화설비공사의 항목별 내역

소화설비의 배관공사에서 가장 많이 사용하는 옥내소화전설비의 공사내역의 예는 표 4—8과 같다.

표 4—8 옥내설비공사의 세부내역

번호	품목	규격	수량	단위	산출법			비고
					견적의뢰	수량품셈	[%]	
1	소화펌프	[φ]×[ℓ/min]×[kw]	0	대	○			부속품 일체
2	기초 및 가대공사		1	식		○		
3	옥내소화전	[φ], FHC	0	조	○			
4	송수구	[φ]	0	개	○			
5	방수구	[φ]	0	개	○			
6	수도용 백강관	KSD 3507, [φ]	0	m		○		
7	상기관의 부속재료		1	식		○	○	
8	게이트밸브(G.V.)	[φ]×[kg/cm²]	0	개		○		
9	체크밸브(C.V.)		0	개		○		
10	관지지철물 기타		1	식			○	
11	소모품·잡재료		1	식			○	{1}×0.3~0.5%+{3~9}×0.2~0.5{%}
12	보온공사		1	식		○		

번호	품 목	규 격	수량	단위	산 출 법			비 고
					견적의뢰	수량품셈	[%]	
13	도장공사		1	식		○		
14	쪼아내기 보수비		1	식		○		
15	노무비		1	식		○		
16	운반비		1	식			○	
	소 계							

4-2-6 가스설비

(1) 설비 개요

가스설비는 건축물에서 조리, 급탕, 난방 등을 위하여 에너지원인 가스를 공급하기 위한 설비로서 관련법규와 시설규정에 의해 시공하여야 한다. 가스의 종류는 액화석유가스와 도시가스로 나누어지며 이에 대한 내용은 다음과 같다.

1) 액화석유가스(LPG : liquefied petroleum gas)

액화석유가스(이하 LPG라고 한다.)는 프로판·부탄을 주성분으로 하고 소량의 에틸렌·프로필렌·부틸렌을 함유하고 있으며 천연가스나 석유 정제과정에서 채취한 가스를 압축냉각하여 액화시킨 것이다. 상온상압하에서는 기체상태로서 저장이나 운반, 취급이 편리하며 발열량도 높으나 공기보다 무거워 누출되는 경우 인화폭발의 위험성이 크다. 따라서 기화시켜서 그대로 사용하는 것은 1차공기를 흡인하기 위하여 기구공급압력이 도시가스에 비하여 높다.

일반적으로 LPG는 가정용, 영업용, 자동차용 및 공업용 연료 등으로 사용되고 있으며 KS규격에는 1종과 2종으로 구분하여 1종은 가정용과 영업용, 2종은 공업용 연료 및 원료 그리고 자동차용 연료로 규정하고 있다.

LPG의 공급설비는 용기, 조정기, 배관 등으로 이루어지며 저장용기의 용량이 1[t] 이상인 설비는 특정공급설비로서 저장설비와 부속장치에 대하여 이격거리 등의 제한이 있다.

LPG는 많은 양의 가스를 발생시키는 데에는 용기에서의 증발량의 한계가 있기 때문에 열원을 사용하여 발생시키는 기화장치(vaporizer)를 이용한다. 용기에서 가스를 발생시키게 되면 비등점이 낮은 성분이 먼저 가스화되기 때문에 남은 양으로는 가스의 성분이 변하지만 기화장치는 용기에서 액을 빼내게 되므로 가스성분의 변동이 적다.

소규모 공급설비에는 자동절환조정기, 대규모 설비에는 액의 자동절체장치를 사용하게 되면 가스공급의 중단없이 용기 속에 있는 액을 완전히 소비할 수 있다.

일반적인 LPG는 40[%]에서 15.6[kg/cm^2] 이하이기 때문에 고압이므로 용기, 밸브, 조정기, 고압호스 등은 고압가스 안전관리법의 규정에 따라 선정해야 한다.

LPG의 배관은 가스가 발열량이 높기 때문에 도시가스에 비하여 관경이 가늘어서 도시가스로 교체하고자 할 때에는 배관을 교체해야 하므로 처음부터 겸용배관으로 설비해 두면 편리하다. LPG배관은 동관도 사용할 수 있으며 동관은 내후성이 있지만 암모니아 또는 산류에는 의외로 취약하므로 주의를 요한다. 저압부에는 고무호스가 기구와의 접속부에 사용되는데 반드시 LPG용 규격품을 사용하고 조정기와 저압배관의 중간에 설치하는 고무호스는 30〔cm〕 이상을 초과해서는 안 된다.

2) 도시가스

도시가스는 일반적으로 몇 종류의 단체가스의 혼합물이며, 그 조성은 원료 및 제조방법과 밀접한 관계가 있다. 도시가스의 주원료는 액화천연가스(LNG) 및 납사, 액화석유가스(LPG) 등의 석유제품이며, 기타 석탄가스가 포함된다.

일반적으로 도시가스는 다음과 같이 분류된다.

① 제조가스

석탄, 코크스, 원유, 납사, LPG 등을 원료로 사용해서 제조한 가스를 정제 혼합하여 소정의 발열량으로 조정한 것을 말한다.

② 천연가스

천연가스는 지하로부터 발생하는 메탄 등을 주성분으로 하는 가연성 가스이며, 습성 가스, 건성 가스 등으로 분류된다.

천연가스는 연료용에서 화학공업의 원료용에 이르기까지 다양하게 사용되고 있으며 도시가스로 사용되는 경우는 다음과 같다.

㉮ 천연가스를 직접 공급한다(9,000~9,500kcal/m^3).

㉯ 천연가스를 공기와 희석하여 공급한다(4,500~6,000kcal/m^3).

㉰ 천연가스를 LPG로 발열량을 증가시켜 공급한다(11,000kcal/m^3).

㉱ 제조가스와 혼합하여 공급한다.

천연가스는 메탄, 에탄, 프로판, 부탄 등의 탄화수소를 주성분으로 하며, 질소·탄산가스 등을 함유하고 있다.

3) 액화천연가스(LNG : liquefied natural gas)

액화천연가스(이하 LNG라고 한다.)는 천연적으로 산출하는 천연가스를 −162〔℃〕까지 냉각액화한 것을 말한다. 액화할 때에 탄산가스, 유화수소, 중탄화수소 등을 정제 제거하므로 기화된 LNG는 전혀 불순물을 함유하지 않는 가스이다.

천연가스의 주성분인 메탄은 1.4〔m^3/kg〕(0℃, 1기압) 정도이지만 1기압하에서 −162〔℃〕까지 냉각하면 그 체적은 약 1/580 정도로 된다.

한편 LNG의 조성, 물성치의 대표적인 예는 표 4−9와 같다.

표 4−9 LNG의 표준 조성, 물성치

항	목	알래스카 LNG	브루나이 LNG	아부다비 LNG	인도네시아 LNG
조 성 〔%〕	메 탄	99.8	88.8	75.1	89.96
	에 탄	0.1	5.6	23.1	8.40
	프 로 판	—	3.7	1.7	3.66
	질 소	0.1	0.1	—	0.06

항 목		알래스카 LNG	브루나이 LNG	아부다비 LNG	인도네시아 LNG
	기 타	–	0.8	0.1	0.92
가스비중(공기=1.0)		0.55	0.63	0.68	0.64
비 점 〔℃〕		−162	−162	−159	−159
액 밀 도 〔kg/ℓ〕		0.425	0.465	0.476	0.467
발열량	〔kcal/kg〕	13,300	13,100	13,000	13,017
	〔kcal/Nm³〕	9,500	10,800	11,400	10,894

(2) 상세 견적

가스설비의 적산은 설비시설기준에 의해 시공되기 때문에 이들 작업에 관련되어신 항목에 의해 진행되며 옥외 매립배관은 파이프, 배관부속, 가스용 밸브, 터 파기·되메우기, 공급관기밀시험, 에어후레싱, 가스관표시용 비닐설치, 라인마크설치, 가스밸브실설치에 대한 항목을 적산하며, 옥내배관은 파이프, 배관부속, 가스용 밸브, 가스미터, 배관용 슬리브설치, 배관기밀시험, 에어후레싱, 가스밸브함, 가스관 브라켓에 대하여 적산하여야 한다.

(3) 관련 품셈

가스설비 공사와 관련된 품셈은 다음과 같다.

표 4—10 가스배관공사

가. 구배조정 측량(내관 및 공급관)

구 분	구 경〔mm〕	시공측량기사	보 통 인 부
1호당	ϕ20～25	0.10	0.10
1〔m〕당	ϕ40～50	0.02	0.02

주 : ① 10호당 1조 기준 공량이다.
② 50〔m〕당 1조 기준 공량이다.

나. 가스관 표시용 비닐끼우기 (본당)

구 경〔mm〕	보 통 인 부	구 경〔mm〕	보 통 인 부
ϕ20～25	0.010	ϕ40	0.020
ϕ30	0.015	ϕ50	0.030

주 : ① 본 공량은 두께 0.12〔mm〕 적색비닐을 관에 끼우고 움직이지 않게 비닐끈으로 묶는 공량이다.
② 비닐은 별도 가산한다.
③ 본 공량은 3인 1개조(인부 3인) 작업공량이다.

다. 강관 부설 (본당)

구경(mm) \ 명칭	배 관 공	보통인부	비 고	구경(mm) \ 명칭	배 관 공	보통인부	비 고
φ 80	0.13	0.52	본당 6(m)	φ300	0.65	1.56	본당 6(m)
φ100	0.16	0.65	본당 6(m)	φ350	0.89	1.75	본당 6(m)
φ150	0.32	0.84	본당 6(m)	φ400	1.17	2.92	본당 6(m)
φ200	0.52	0.97	본당 6(m)	φ450	1.43	3.44	본당 6(m)
φ250	0.58	1.17	본당 6(m)				

주 : ① 본 공량은 소운반을 포함한 것이다.
② 강관전기용접은 별도 가산한다.
③ 강관부설시 터파기, 되메우기, 잔토처리 및 흙막이, 물푸기는 별도 계상한다.

라. 공급관 및 내관 (개소당)

구경(mm) \ 직종 / 단위	슬레트실테이프	컴파운드	배 관 공	보통인부
	(cm)	(g)	(인)	(인)
20	φ13(mm) 34.3	3.0	0.078	0.026
25	φ13(mm) 43.0	4.2	0.104	0.039
30	φ13(mm) 53.8	5.8	0.117	0.052
40	φ13(mm) 78.7	7.3	0.130	0.057
50	φ13(mm) 95.1	10.6	0.156	0.065

주 : ① 본 공량은 50(mm) 이하의 소구경관의 나사조임 접합 및 배관부설을 기준한 것이다.
② 본 공량은 소운반 현장가공이 포함된 공량이다.
③ 관로의 터파기, 되메우기, 잔토처리 및 물푸기, 기밀시험 구배 조정량은 별도 가산한다.

마. 도시가스용 강관(SPP) 접합 및 부설 (본당 6m)

규 격	배 관 공	보통인부	플랜트용접공	규 격	배 관 공	보통인부	플랜트용접공
D 15	0.03	0.15	0.15	D 100	0.17	0.67	0.66
D 20	0.04	0.16	0.17	D 125	0.26	0.74	0.70
D 25	0.05	0.22	0.22	D 150	0.34	0.88	0.77
D 32	0.06	0.26	0.27	D 200	0.47	1.23	1.07
D 40	0.07	0.33	0.34	D 250	0.62	1.61	1.40
D 50	0.09	0.37	0.38	D 300	0.74	1.92	1.67
D 65	0.12	0.49	0.50	D 350	0.87	2.51	2.19
D 80	0.14	0.55	0.56				

주 : ① 본 공량은 아파트 단지 내 옥외공사를 기준한 것으로 소운반비를 포함한 것이다.
② 강관부설시 터파기, 되메우기, 잔토처리 및 흙막이, 물푸기는 별도 계상한다.
③ 기구손료는 별도 계상한다.

표 4-11 부속기기설치

가. 분기공 (개소당)

구 분	구 경(mm)	배 관 공	보 통 인 부
T 관 분기	ϕ20~25	0.520	0.234
	ϕ40~50	0.715	0.357
분기관 분기	ϕ20	0.832	0.364
	ϕ25	1.053	0.468
	ϕ30	1.240	0.545
	ϕ40	1.378	0.606
	ϕ50	1.653	0.727

주 : 기계기구손료는 인건비의 2(%)로 한다.

나. 밸브설치 (개당)

명칭 / 구경	배 관 공	보통인부	명칭 / 구경	배 관 공	보통인부
ϕ 80	0.26	0.39	ϕ300	1.30	1.23
ϕ100	0.33	0.42	ϕ350	1.69	1.49
ϕ125	0.65	0.49	ϕ400	2.34	2.92
ϕ200	1.04	0.65	ϕ450	2.86	3.84
ϕ250	1.17	0.92			

주 : ① 본 공량은 소운반량이 포함된 것이다.
② 사용재료는 별도 가산한다.

다. 가스미터기 설치('94년 보완) (개소당)

구 경	슬레트실테이프	콤파운드	배 관 공	보통인부
ϕ15	45.7cm	4g	0.15인	0.15인
ϕ20~25	68.6cm	6g	0.3인	0.3인

주 : ① 본 공량은 소운반이 포함된 것임.
② ϕ15의 경우는 아파트 세대 내에 설치하는 것을 기준한 것임.

표 4－12 기밀시험

가. G형관 기밀시험 (구간당)

구 경	연 용 해 공 량			배 관 공	보통인부
(mm)	산소(ℓ)	카바이드(kg)	철공(인)	(인)	(인)
φ 80	142	0.92	0.049	1.20	2.46
100	179	1.16	0.061	1.20	2.46
150	250	1.62	0.067	1.20	2.58
200	320	2.09	0.098	1.20	2.70
250	402	2.76	0.110	1.20	2.82
300	503	3.27	0.135	1.80	3.07
350	579	3.76	0.159	1.80	3.32
400	655	4.26	0.196	1.80	3.56
450	733	4.76	0.200	1.80	3.81
500	1,061	6.16	0.220	1.80	4.05

주 : ① 본 공량은 기밀시험 및 시험 전후의 배관 내부에 오물 및 지하수 유입의 방지를 위한 맹관접합 및 철거공량이 포함됨.
② 재료대 맹관대 및 컴프레서 사용료는 별도 가산함.
③ 1구간은 100m 기준

나. 강관 기밀시험 (구간당)

구경(mm)	배 관 공	보통인부	구경(mm)	배 관 공	보통인부
φ 80	1.00	1.50	φ 300	1.50	2.30
100	1.00	1.50	350	1.80	3.00
150	1.20	1.80	400	1.80	3.00
200	1.20	1.80	450		
250	1.50	2.30			

주 : ① G형관 기밀시험해설 참조
② 1구간은 100m 기준

다. 내관 기밀시험 (호당)

규 격	구 경(mm)	배 관 공	보통인부
단 독 주 택	φ 20～25	0.20	0.20
집 단 아 파 트		0.10	0.10

주 : ① 단독주택 1호당 2회 시행하는 공량임.
② 집단아파트 1호당 2회 시행하는 공량임.
③ 기밀시험에 필요한 맹관 접합 및 맹제와 수주(水柱)기 손료는 별도 가산함.

라. 공급관 기밀시험 (구간당)

구 분	구 경	배 관 공	보통인부
지하매설 공급관	φ30~50	1.00	1.00
집단아파트 상승관	〃	0.50	0.50

주 : ① 1구간 지하매설공급관 공량은 100m당 2회 시행하는 공량임.
② 1구간 집단아파트 상승관 공량은 20m당 2회 시행하는 공량임.
③ 기밀시험에 필요한 맹관 접합 및 맹대와 수주기손료는 별도 가산함.

表 4-13 시험 점화

(호당)

구 분	배 관 공	보 통 인 부
단 독 주 택	0.10	0.10
집 단 아 파 트	0.05	0.05

주 : ① 본 공량은 단독주택 10호당 1조 및 집단아파트 20호당 1조 기준 공량이다.
② 본 공량은 관내부의 공기를 가스로 완전 치환하여 연소기구로서 점화상태를 시험하는 데 필요한 공량이다.
③ 기구손료는 인건비(연소기 및 호스)의 2[%]로 한다.

4-3 위생기구설비

위생기구(sanitary fixture)라 함은 건축물에 있어서 급수, 급탕 및 배수를 필요로 하는 장소에 설치하는 기구의 총칭이며, 그 밖에 이들에 부수해서 사용되는 소기구를 부속품이라 하는데, 이들도 위생기구에 포함된다.

위생기구의 재질로서 구비해야 할 조건은 다음과 같다.

① 흡수성이 적을 것
② 항상 청결을 유지할 수 있을 것
③ 내식성·내마모성이 있을 것
④ 제작 및 설치가 쉬울 것

위생기구의 적산은 도면에 표시되어진 실제 수량과 액세서리의 내용을 파악하여 단가를 곱하여 산출하며, 품셈의 내용에 따라 노무비를 산출한다.

4-3-1 위생기구의 종류

위생기구의 종류는 KSL 1551에 다음과 같이 분류되어 있으며, 용도 및 설치장소에 적합한 것을 선택하여 사용한다.

종 류	명 칭	형(크기)	기 호
대 변 기	동양식 씻겨 나오는 대변기	보 통 형	C 310
		플랜지형	C 316
	동양식 씻겨 나오는 양용변기	보 통 형	C 410
		플랜지형	C 416
	동양식 씻겨 나오는 바닥 위 급수대변기	보 통 형	C 311
		플랜지형	C 317
	동양식 씻겨 나오는 바닥 위 급수양용변기	보 통 형	C 411
		플랜지형	C 417
	유아용 동양식 씻겨 나오는 대변기	—	C 360
	서양식 씻겨 내리는 변기	—	C 710
	서양식 바닥 위 배수 씻겨 내리는 변기	—	C 730
	유아용 서양식 씻겨 내리는 대변기	—	C760
	서양식 사이폰 변기	—	C 910
	서양식 사이폰 제트 변기	—	C 1110
	서양식 탱크 밀결형 씻겨 내리는 변기	—	C 1200
	서양식 탱크 밀결형 사이폰 변기	A형	C 1210
		B형	C 1220
	서양식 탱크 밀결형 사이폰 제트 변기	—	C 1410
	서양식 벽걸이 씻겨 내리는 변기	—	C 1610
	서양식 벽걸이 사이폰 변기	—	C 1810
절 수 형 대 변 기	동양식 바닥 위 급수 씻겨 나오는 대변기	보 통 형	C 311 R
		플랜지형	C 317 R
	서양식 탱크 밀결형 씻겨 내리는 변기	A형	C 1200 AR
		B형	C 1200 BR
		C형	C 1200 CR
	서양식 탱크 밀결형 사이폰 변기	—	C 1210 R
	서양식 탱크 밀결형 사이폰 제트 변기	—	C 1410 R
소 변 기	씻겨 내리는 소변기	—	U 120
	벽걸이 소변기	—	U 220
	벽걸이 스톨 소변기	대	U 410
		소	U 420
	스톨 소변기	대	U 310
		중	U 320
		소	U 330
절 수 형 소 변 기	벽걸이 스톨 소변기	대	U 410 R
	스톨 소변기	대	U 310 R
		중	U 320 R
		소	U 330 R

종 류	명 칭		형(크기)	기 호
탱 크	대변기 세척용	평면붙임 로 탱크	15[ℓ]	T 115
			13[ℓ]	T 113
			11[ℓ]	T 111
		구석붙임 로 탱크	13[ℓ]	T 513
			11[ℓ]	T 511
		하이탱크	15[ℓ]	T 315
	소변기 세척용	하이 탱크	30[ℓ]	T 230
			22[ℓ]	T 222
			15[ℓ]	T 215
			11[ℓ]	T 211
절 수 형 탱 크	대변기 세척용	평면붙임 로 탱크	9[ℓ]	T 109
			8[ℓ]	T 108
		구석붙임 로 탱크	8[ℓ]	T 508
	소변기 세척용	하이 탱크	20[ℓ]	T 420
			16[ℓ]	T 416
			12[ℓ]	T 412
			8[ℓ]	T 408
세 면 기	평면붙임받이 없는 세면기		대	L 310
			소	L 320
	평면붙임 받이 달린 세면기		대	L 410
			소	L 420
	평면붙임 테두리 없는 세면기		대	L 510
			중	L 520
			소	L 530
	평면붙임 테두리 달린 세면기		대	L 610
			중	L 620
			소	L 630
	평면붙임 선반 달린 세면기		대	L 1010
			소	L 1020
	구석붙임 세면기		—	L 910
	원형 세면기		—	C 1040
	타원형 세면기		—	C 1050
수 세 기	평면붙임 수세기		대	L 710
			소	L 730
	구석붙임 수세기		대	L 810
			소	L 820
요 리 장 수 채	받이 없는 수채		대	K 110
			중	K 120
			소	K 130
			대	K 210

종　　류	명　　　　　칭	형(크기)	기　　호
	받이 달린 수채	중	K 220
		소	K 230
소 제 용	받이 없는 소제용 수채	—	S 110
수　　채	받이 달린 소제용 수채	—	S 210

(1) 대변기

수세식 대변기는 동양식과 서양식이 있으며 세척방식에 의한 분류를 하면 다음과 같다.

① 세출식(洗出式)

변기의 오물받이 부분에 물이 괴는 얕은 접시모양의 부분이 있어 여기에 오물을 일시 괴게 한 다음 세척시에 트랩으로 씻어내는 형식이다.

그림 4—7에서와 같이 오물을 받는 부분의 물괴임이 얕기 때문에 괸 오물이 물 밖으로 노출되어 냄새가 많이 발생한다.

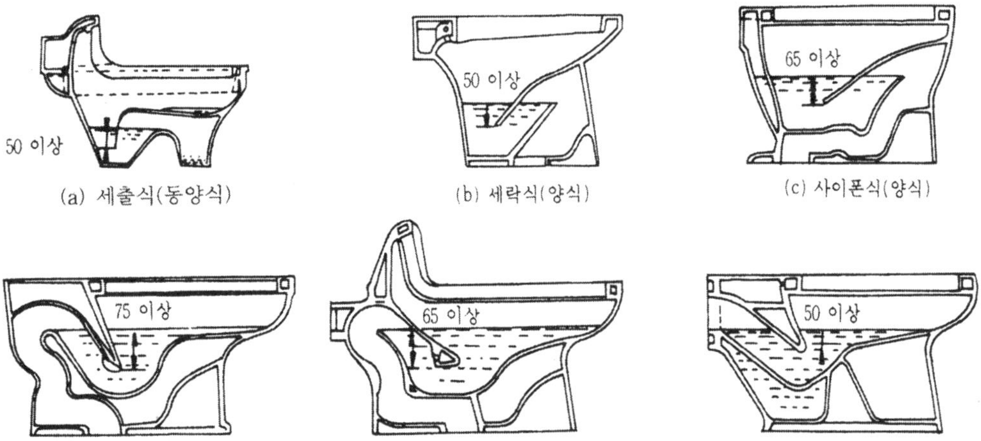

(a) 세출식(동양식)　(b) 세락식(양식)　(c) 사이폰식(양식)

(d) 사이폰 젯트식(서양식)　(e) 사이폰 젯트식(일식)　(f) 블로우아웃식(양식)

그림 4—7　대변기의 세정방식

② 세락식(洗落式)

오물은 직접 트랩의 수면에 떨어지고 주변에서 흘러나오는 세척물의 일부는 용기벽을 닦으며 내려와 오물을 배수관 속에 밀어 넣는다. 양식에서는 세출식, 세락식 모두 사용하지 않는다.

③ 사이폰식

구조는 세락식과 비슷하지만 트랩배수로에 굴곡이 많으므로 물의 저항이 커서 흐름이 완만하고 그로 인하여 세정수가 배수로에 가득 차서 흘러 사이폰작용이 일어나고 오물을 흡수해 가게 된다.

④ 사이폰제트식

이 방식은 사이폰작용을 빠르게 일어나게 하기 위하여 제트를 갖춘 것이며 사이폰 작용이 강하기 때문에 수면이 오물받이 부분 전체를 거의 덮고 봉수도 깊으며 배수관경도 크므로 현재의 수세식변기로는 가장 양호한 것이라 할 수 있다.

⑤ 블로아웃식(blow out)

작은 구멍에서 강력한 물을 분출하게 하여 그 작용으로 오수를 배수관으로 유출하여 불어내는 형식으로서 급수압력이 0.7 [kg/cm^2] 이상 이상 필요하며 수세시 소음도 크다.

(2) 소변기

소변기는 벽걸이형과 스툴형(stool)의 두 종류가 있으며 어떤 형식에서도 도기와 일체가 된 트랩이 붙어 있는 것과 트랩과 도기가 별도로 부착시키는 트랩이 없는 것이 있다.

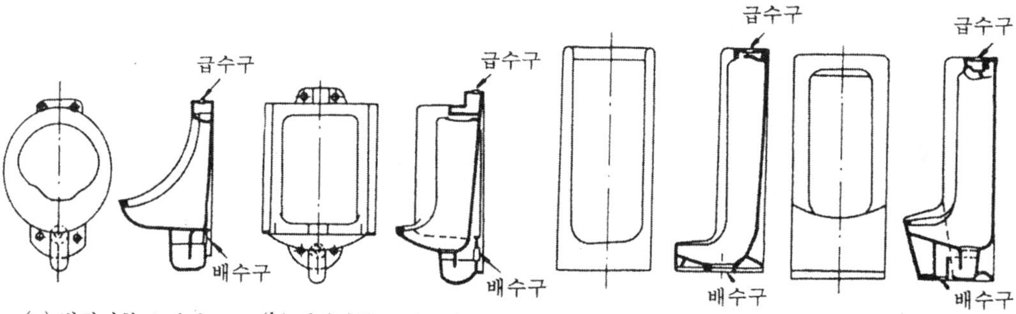

(a) 벽걸이형 소변기 (b) 벽걸이형 스툴소변기 (c) 스툴소변기 (d) 스툴소변기(트랩붙음)

그림 4—8 소변기

(3) 세면기·수세기

세면기와 수세기는 구별이 있는 것은 아니며, 다만 수세기는 소형세면기로 생각하면 된다. 세면기는 그 종류가 매우 다양하며, 그 형상도 원형, 타원형, 각형 등 여러가지이다.

설치방법에 따라 분류하면 나사못 고정식, 브래킷(bracket)식, 백행거(back—hanger)식, 카운터(counter)식으로 대별하며, 또 벽걸이형과 자립형으로 구분하기도 한다.

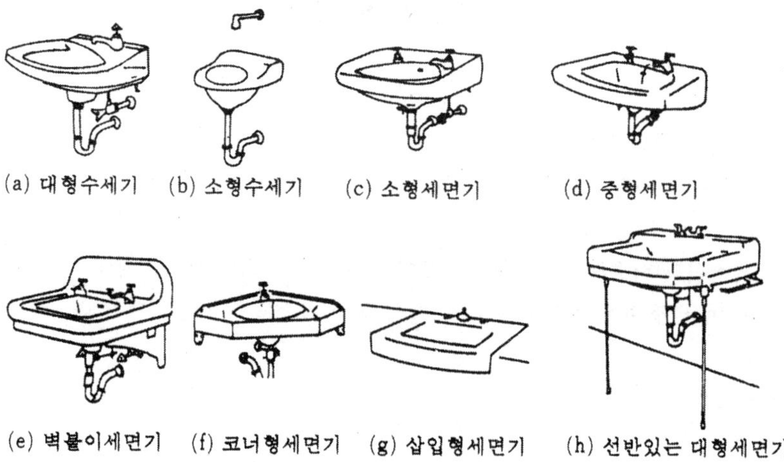

(a) 대형수세기 (b) 소형수세기 (c) 소형세면기 (d) 중형세면기

(e) 벽붙이세면기 (f) 코너형세면기 (g) 삽입형세면기 (h) 선반있는 대형세면기

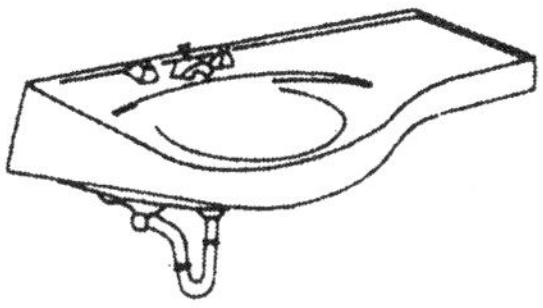

(i) 카운터형세면기

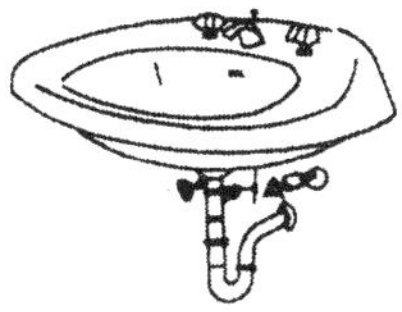

(j) 앞이 둥근 세면기

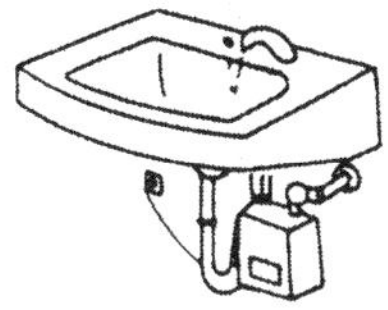

(k) 자동수건이 붙은 세면기

(l) 받침대부 세면기

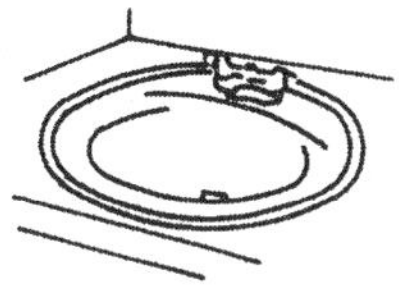

(m) 삽입형 세면기

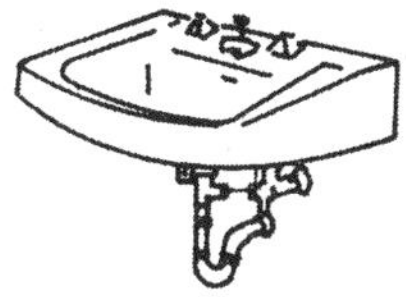

(n) 특수세면기

그림 4—9 세면기·수세기

(4) 기타 위생기구

① 싱크류(sink)

도기 외에 법랑철기, 스테인리스강, 인조마블류 등이 있는데, 사용 목적에 따라서 분류하면 부엌싱크, 세탁싱크, 청소싱크, 실험용 싱크 등이 있다.

② 욕조

욕조(bath tube)를 크게 구별하면 일식, 양식, 양식절충의 3가지가 있지만 설치방법에 따라 분류하면 그 종류는 다양하다. 또한 바닥과 징두리벽을 일체로 성형한 유닛형도 포함시킬 수 있으나 이것 또한 욕조의 구조와 기능에는 별 차이가 없다.

욕조를 재질에 의해 분류하면 FRP, 주철법랑, 강판법랑, 스테인리스, 인조마블 등이 있다.

③ 기타

위의 기구 외에 수음기(drinking fountain), 세발기, 비데(bidet) 등이 있다.

(5) 설비유닛

설비의 유닛화는 현장작업의 공정을 최소한으로 줄이고, 공사 전체의 능률 향상과 동시에 다음과 같은 특징이 있다.

① 시공의 정밀도가 향상된다.

② 공기가 단축되고 재료가 절약된다.

③ 위생상의 안전성이 확보된다.

④ 공장제작 및 현장시공이 단순해져, 숙련공을 필요로 하지 않게 된다.

⑤ 재료·공구의 정리, 작업의 안전성 등이 향상되어 현장관리가 편리하다.

⑥ 대량생산으로 인하여 획일적이고 개인의 기호를 충분히 받아들일 수 없는 단점이 있다.

설비 유닛의 종류에는 다음과 같은 것들이 있다.

① 욕실유닛

② 욕조, 변소, 세면장유닛
③ 주방유닛
④ 설비코아유닛

4-3-2 적산방법

위생기구는 도기류, 수전, 배수철물, 부착용 액세서리 등을 포함하며 단가에도 관련부속을 포함하여 정해진다.

적산시에는 위생기구의 제조회사, 제품번호, 색상, 급수배수철물의 종류 등에 따라 가격상의 큰 차이가 발생된다. 따라서 단가를 조사할 때는 위의 사항을 도면, 시방서에서 정확히 파악하여야 한다. 그 외에 거울, 수도꼭지류, 휴지걸이 등은 각기의 제품규격에 의한 수량 및 금액을 산출한다.

대표적인 위생기구의 부속 및 설치도면은 다음과 같다.

㉿ VC-310 하이탱크부 대변기

품 명	품 번	수 량	비 고
대 변 기	CC-12	1	㉿
하 이 탱 크		1	
가 로 형 볼 탭	FT 151B	1	㉿
하이탱크용사이폰	FT 151A	1	㉿
대 변 기 스 퍼 드	FC 111	1	
관붙이 앵글 밸브	FL 154	1	㉿
화 장 지 걸 이	FB 60C	1	

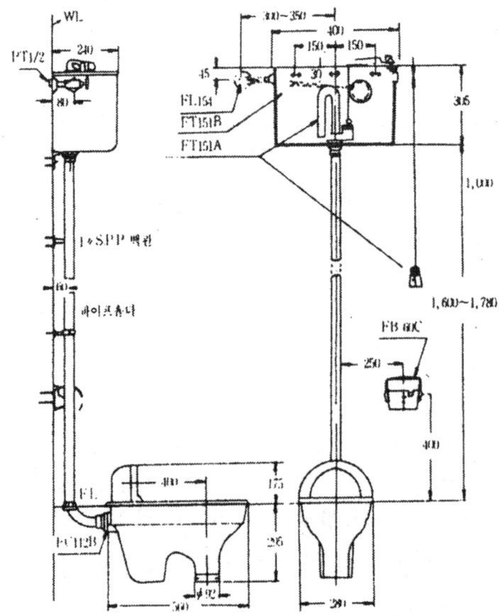

그림 4-10 VC-310 하이탱크부 대변기

㉿ VC−1410 사이폰제트 볼록형 서양식 대변기

품 명	품 번	수 량	비 고
대 변 기	CC−302	1	㉿
로탱크용 사이폰 및 볼탭	FT 106	1	사전 검사품
관 붙 이 앵 글 밸 브	FL 154	1	㉿
양 변 기 시 트	FC 401P	1	
대 변 기 바 닥 플 랜 지	FC 201	1	
화 장 지 걸 이	FB 60C	1	
탱 크 설 치 볼 트	FT 101E	1	

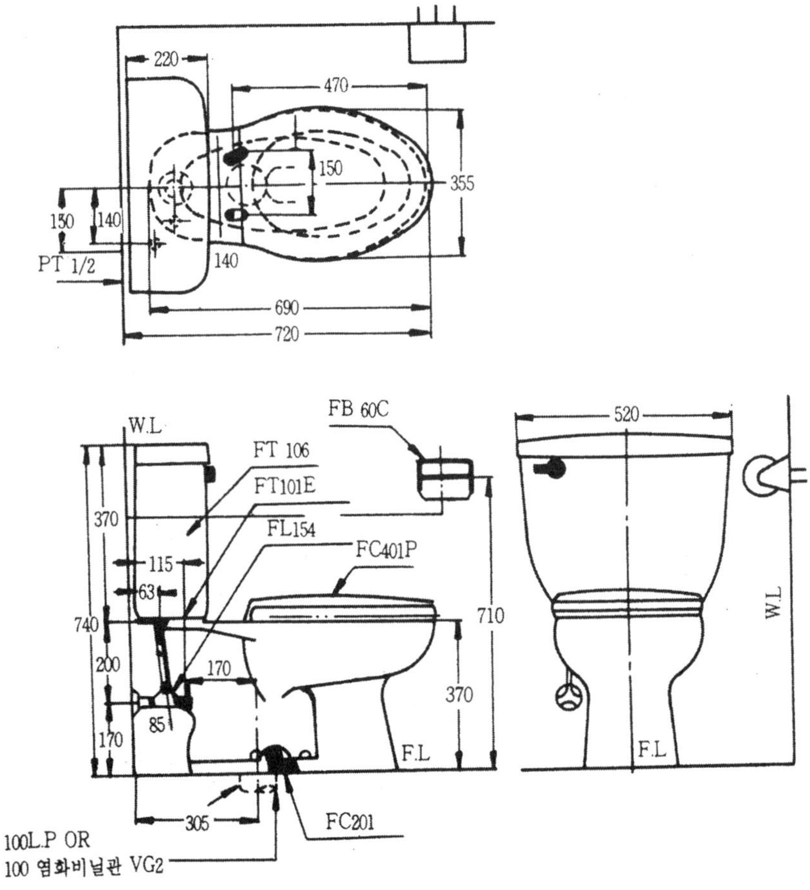

그림 4−11 VC−1410 사이폰제트 볼록형 서양식 대변기

㉿ VU—410 벽걸이 스톨 대형소변기

품 명	품 번	수 량	비 고
소 변 기	CU 301	1	㉿
소 변 기 세 척 밸 브	FU 101	1	
소 변 기 스 퍼 드	FU 111	1	
벽 플 랜 지	FU 202S	1	PT2강관용
	FU 202L	1	50연관용
소 변 기 설 치 볼 트	FU 2	4	

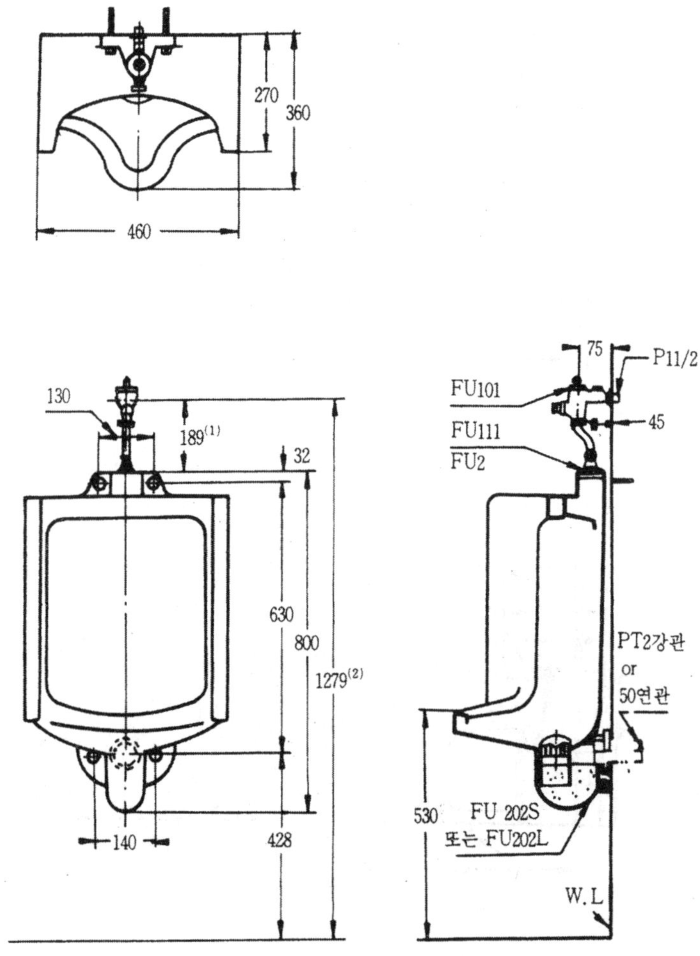

비고 : (1) 당사제품일 경우 1890이나 시공상오차로 150까지 설치가능
(2) 당사제품일 경우 1279이나 시공상오차로 1241까지 설치가능

그림 4—12 VU—410 벽걸이 스톨 대형소변기

㉿ VL—610 앞면이 둥근굽이 있는 세면기

품 명	품 번	수 량	비 고
세 면 기	CL—204	1	㉿
4″세면기용온·냉수혼합꼭지	FL 122	1	㉿
8″세면기용온·냉수혼합꼭지	FL 132	1	
폽 업	FL 231	1	
관 붙 이 앵 글 밸 브	FL 154	2	㉿
P 트 랩	FL 213	1	
S 트 랩	FL 222	1	
세 면 기 용 브 래 킷	FL 311	1	1조 2개
백 행 어	FL 316	1	1조 2개

주 : 백행어는 세면기용 브래킷을 사용하지 않을 때 사용한다. 실용량 6.5〔ℓ〕

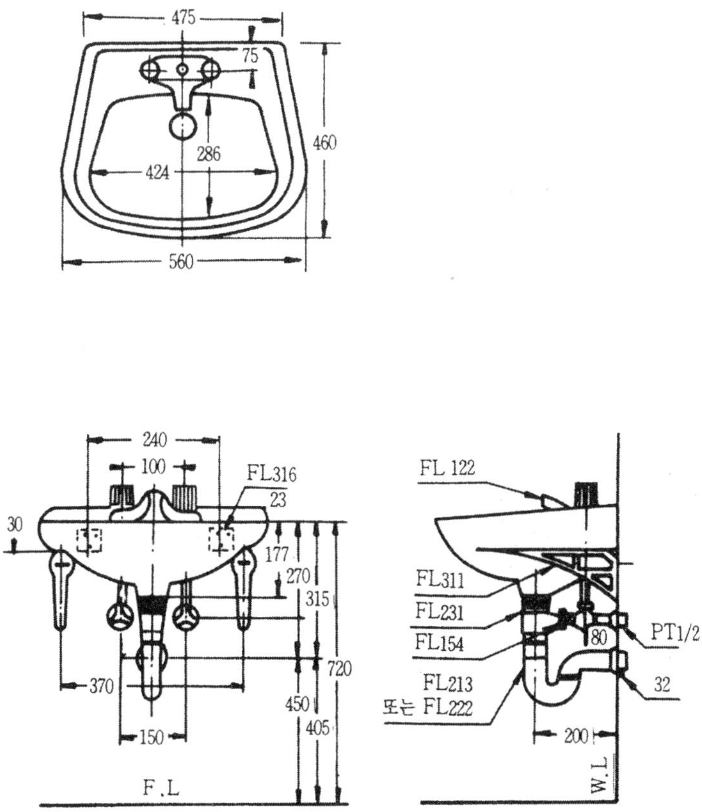

그림 4—13 VL—610 앞면이 둥근 굽이 있는 세면기

㉿ S—210 굽이 있는 청소용 수채

품　　　　명	품　번	수　량	비　고
청 소 용 수 채	CS—1	1	㉿
긴 몸 통 가 로 꼭 지	FS 101	2	㉿
배　수　금　구		1	
백　행　어	FL 316	2	

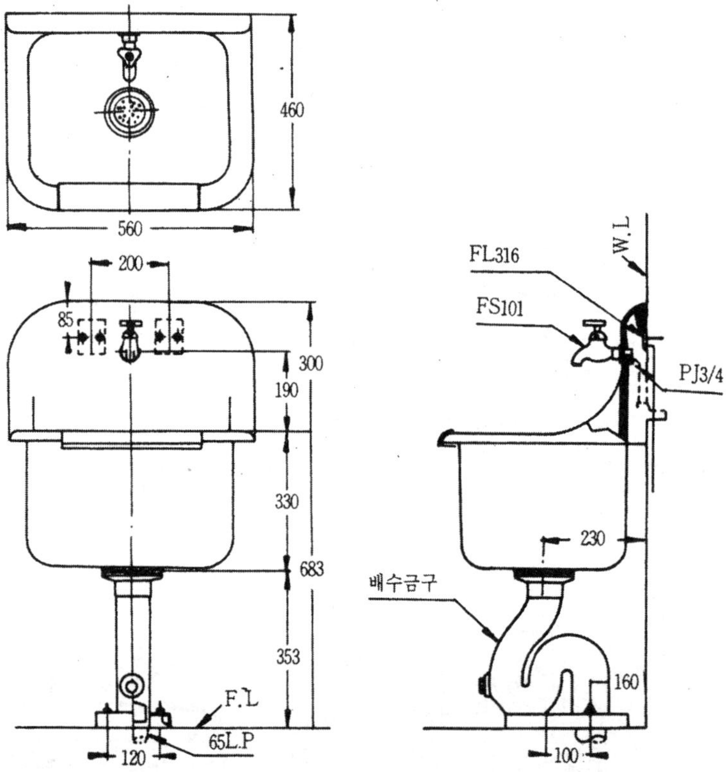

그림 4—14 S—210 굽이 있는 청소용 수체

위생기구 적산시 적용되는 품셈은 다음의 표 4-14와 같으며 기타 관련자료 표 4-15, 4-16을 참조한다.

표 4-14 위생기구 신설

(개당)

종 별	위 생 공	보 통 인 부
세면기	0.66	0.14
수음기(스탠드형)	2.43	0.47
수음기(벽붙이형)	1.81	0.36
수세기(일반)	0.29	0.05
수세기(수술용)	1.69	0.39
세발기(수건걸이 포함)	1.81	0.37
동양식 대변기(하이탱크용)	1.46	0.3
동양식 대변기(F·V용)	1.1	0.22
양식 대변기(로탱크용)	1.76	0.37
양식 대변기(F·V용)	1.17	0.29
소변기(보통)	0.70	0.10
소변기(중형 스톨)	2.0	0.5
살수전	0.20	
급수전	0.20	
샤워장치(매립형)	1.0	0.2
혼합샤워(호스형)	0.60	0.12
욕조(샤워 제외)	1.36	0.28
화장거울(450×600mm 기준)	0.24	
화장선반	0.16	
수건걸이	0.15	
휴지걸이	0.14	

주 : ① 지지철물 설치품을 포함한다.
② 본 공량에는 벽체에 구멍을 뚫고 목심을 박는 공량이 포함되어 있다.
③ 샤워장치(매립형)의 공량은 매립배관품이 포함되었다.
④ 소운반은 별도 가산함

【예제 4-2】 위생기구의 산출결과가 다음과 같을 때 노무량을 계산하시오.

기 구 명	수 량[조]	비 고
세면기(VL-520)	4	거울, 화장대, 수건걸이 포함
대변기(VC-1410)	4	로탱크, 휴지걸이 포함
소변기(EU-320)	2	

표준품셈

종 별	위 생 공	보통인부
세 면 기	0.66	0.14
서양식 대변기(로탱크형)	1.76	0.37
서양식 대변기(세척밸브용)	1.17	0.29
소 변 기(중형 스툴)	2.0	0.5
샤 워 장 치	1.0	0.2
화 장 거 울(450×600)	0.24	
화 장 선 반	0.16	
수 건 걸 이	0.15	
휴 지 걸 이	0.14	

【해 답】

구 분	수 량	위 생 공	보 통 인 부	비 고
세 면 기	4	0.66 / 2.64	0.14 / 0.56	
대 변 기	4	1.76 / 7.04	0.37 / 1.48	
소 변 기	2	2.0 / 4.0	0.5 / 1.0	중형 수툴
화 장 거 울	4	0.24 / 0.96		
화 장 대	4	0.16 / 0.64		
수 건 걸 이	4	0.15 / 0.6		
휴 지 걸 이	4	0.14 / 0.56		
소 계		16.44	3.04	

표 4—15 위생기구 설치 높이 표준

(1) 위생기구

기 구 명 칭	설치높이(mm)	비 고
동양식 변기	300	상·하 바닥면의 높이차
소 변 기	530	바닥면에서 리브 상단까지
벽걸이 및 스툴 소 변 기	530	바닥면에서 리브 상단까지

기 구 명 칭	설치높이〔mm〕	비 고
세면기 및 수세기	720	바닥면에서 기구의 물넘침 수위까지
수 세 기 (변소내의 수세전용)	760	바닥면에서 기구의 물넘침 수위까지
요리장 수채	800~850	바닥면에서 기구의 물넘침 수위까지
소제용 수채	800~850	바닥면에서 기구의 물넘침 수위까지
연합 수채	800~850	바닥면에서 기구의 물넘침 수위까지
음료 수채	850~920	바닥면에서 기구의 물넘침 수위까지
실험용 수채 (화 학 용)	760	바닥면에서 기구의 물넘침 수위까지
샤워(고정식)	850	바닥면에서 혼합밸브 또는 샤워밸브설치 중심까지
	1,670	바닥면에서 샤워헤드 설치위치 중심까지
핸 드 샤 워	850	바닥면에서 혼합밸브 또는 샤워밸브설치 중심까지
	1,650	바닥면에서 샤워헤드설치 훅 중심까지
하 이 탱 크 (줄당기기)	1,600 이상	바닥면에서 탱크까지
하 이 탱 크 (씨스턴 밸브식)	1,600 이상	바닥면에서 탱크까지
씨스턴 밸브	동양식 대변기 370~610 서양식 대변기 최소 100	바닥면에서 씨스턴 밸브 핸들까지 변기 상단에서 씨스턴 밸브 하단까지
세척용 하이탱크 (소변기용)	1,850 이상	바닥면에서 탱크바닥까지
세척용 로탱크	동양식 대변기 500 서양식 대변기 550	바닥면에서 탱크바닥까지 바닥면에서 탱크바닥까지(일체형은 제외함)
대변기용 세척밸브 (플러시 밸브)	최소 100	변기상변에서 세척밸브 또 그 하부에 설치하는 전공 브레이커 하단까지
소변기용 세척밸브 (플러시 밸브)	최소 75	변기 급수구에서 세척밸브 하단까지

(2) 단독 수도꼭지의 설치 높이

기 구 명 칭	설치높이〔mm〕	비 고
수 채		토수구 공간을 충분히 확보할 수 있는 위치
화학 수도꼭지		토수구 공간을 충분히 확보할 수 있는 위치
욕 조	150	욕조의 물넘침 수위에서 토수구까지
욕실용 수도꼭지		사용하는 용기의 상단에서 토수구 공간을 충분히 확보할 수 있는 높이

기 구 명 칭	설치높이(mm)	비 고
수 세 기	150	물넘침 수위에서 토수구까지
산수용 꼭지		사용하는 기구의 상단에서 토수구 공간을 충분히 확보할 수 있는 높이

(3) 장비품의 설치 높이

기 구 명 칭	설치높이(mm)	비 고
거 울	1,400~1,500	바닥면에서 거울 중심까지
화장용구함	최소 1,050	바닥면에서 용구함 하단까지
화 장 대	최소 1,050	바닥면에서 선반 윗면까지
휴 지 걸 이	동양식 대변기 380 서양식 대변기 710	바닥면에서 휴지걸이 중심까지 바닥면에서 휴지걸이 중심까지
수 건 걸 이	세면용 1,000 욕실용 1,100	바닥면에서 수건걸이 봉 중심까지 바닥면에서 수건걸이 봉 중심까지
비 누 상 자 (소변기용)	세면기용 1,000 욕실용 700	바닥면에서 중심까지 바닥면에서 중심까지
물 비 누 병 (벽설치용)	900	바닥면에서 벽 하단까지

표 4—16 위생기구별 접속관 관경

기 구 명	접 속 관 경
대 변 기 (세 척 밸 브)	25
대 변 기 (Tank)	15
소 변 기 (세 척 밸 브)	15
소 변 기 (Tank)	15
수 세 기	15
세 면 기	15
수 음 기	15
산 수 전	15 혹은 20
한 식 욕 조	15 혹은 20
양 식 욕 조	15 혹은 20
샤 워	15 혹은 20
요 리 장 수 채	15
부 엌 수 채	15
세 탁 수 채	15 혹은 20
소 제 용 수 채	15 혹은 20

4-4 배관설비

급배수 위생설비공사에서는 보통 다음의 계통별로 적산을 하며, 여기서는 이들 배관설비공사의 공통된 사항에 대하여 정리해 보기로 한다.

① 급수배관계통(옥내 및 옥외)
② 급탕배관계통
③ 배수통기배관계통(옥내 및 옥외 일부)
④ 소화배관계통
⑤ 가스배관계통(옥내 및 옥외)
⑥ 기타 특수배관계통

4-4-1 적산의 순서

① 설계도면, 시방서에 준하여 공사내용을 각 계통별로 파악하여 충분히 이해한다.
② 각 배관 계통별, 관의 종류별, 관경별로 관의 길이 또는 본수와 부속, 밸브류 등 자재를 설계도면으로부터 산출한다.
③ 산출물량을 기초로 부대공사(보온, 도장, 행거 등) 물량산출
④ 절단, 가공, 도면의 미비 등을 가안하여 할증을 하여 수량과 단위를 기입한다.
⑤ 단가는 물가시세를 나타내는 자료 또는 제조회사의 견적, 단가표를 참고로 하여 기입하고 수량에 단가를 곱한 금액을 산출하고 집계하여 마감한다.

4-4-2 배관재료의 종류

위생설비에 사용되는 관의 종류는 같은 용도라도 사용장소에 따라 다르고, 더욱이 급수용과 배수용의 구별이 있고 단가도 재질, 두께, 접속부의 구조 등에 따라 금액상의 차이가 생기기 때문에 설계도면이나 시방서에 따라 착오하지 않도록 주의하여 단가를 조사할 필요가 있으며, 일반적으로 위생설비에서 사용되는 관의 종류와 규격 및 용도를 건축설비공사 표준시방서에 의하면 다음 표 4-17과 같으며, 급수용은 건설시험연구소의 승인을 득한 제품을 사용하여야 한다.

표 4-17 용도별 사용관 종류 및 규격

구분	관종	명칭	규격	사용구분			비고
				급수용	급탕용	배수통기용	
금속	주철관	수도용 원심력 사형 주철관	KSD 4306	○			보통압력관
		배수용 주철관	KSD 4307			○	1종 및 2종
		수도용 원심력 덕타일 주철관	KSD 4311	○			
	강관	수도용 아연도금 강관	KSD 3537			○	백관(아연도)
		수도용 도복장 강관	KSD 3565				백관(아연도)
		배관용 탄소강 강관	KSD 3507			○	백관(아연도)
		압력배관용 탄소강 강관	KSD 3562				백관(아연도)

구분	관종	명칭	규격	사용구분 급수용	사용구분 급탕용	사용구분 배수통기용	비고
관	관	배관용 아크용접 탄소강 강관	KSD 3583				백관(아연도)
		배관용 스테인리스 강관	KSD 3576	○	○		
		경질염화비닐라이닝 강관	KSD 3761	○			
		수도용 에폭시수지 분체 내외면 코팅강관	KSD 3608	○			
		수도용 폴리에틸렌 분체라이닝 강관	KSD 3619	○			
비철금속관	연관	연관	KSD 6702			○	1종 및 2종
		수도용 연관	KSD 6703				1종 및 2종
		배수, 통기 및 세척용 연관	관련규격			○	
	동관	이음매 없는 동 및 동합금관 (인탈산 동관)	KSD 5301			○	K.L.M
비금속관	일라반스용틱플관	일반용 경질염화비닐관	KSM 3404			○	
		수도용 경질염화비닐관	KSM 3401	○			
		수도용 폴리에틸렌관	KSM 3408	○			
		가교화 폴리에틸렌관	KSM 3357	○	○		
		폴리프로필렌 공중합체관	KSM 3362	○	○		
	석면시멘트관	석면시멘트관	KSL 5116	○			1～4종 (옥외용)
	콘크리트관	철근콘크리트관	KSF 4401			○	
		원심력 철근콘크리트관	KSF 4403			○	보통압력관,
		진동 및 롤전압 철근콘크리트관	KSF 4402			○	압력관
		코어식 프리스트레스드	KSF 4405			○	압력관
		하수도용 철근 콘크리트관	관련규격			○	
	도관	도관(직관)	KSL 3208			○	배수용

급수설비의 옥내배관에는 동관, 스테인리스강관이 많이 사용되며, 옥외배관은 80[mm] 이상은 수도용 덕타일 주철관이 사용되며 그 이하에는 동관, 스테인리스관 코팅강관을 사용하고 있다.

배관의 접속은 배관재료의 종류에 따라 다르지만 일반적으로 강관류는 50[mm] 이하는 나사이음, 65[mm] 이상은 용접이음, 스테인리스강관은 압착식이음, 용접이음, 확관식 나사이음 등이 있으며 덕타일 주철관은 메커니컬 또는 타이튼 조인트로 한다.

4-4-3 수량적산

수량적산은 건물별, 층별로 다음과 같이 분류하여 산출한다.

① 배관계통별

② 관의 종류별
③ 규격(관의 크기)별
④ 시공장소별
㉮ 옥내, 옥외
㉯ 노출, 은폐
㉰ 지중, 콘크리트 매립
⑤ 보온·비보온별

배관의 산출은 강관류와 같이 총길이를 산출하는 것과 주철관류의 본수로 산출하는 것이 있다. 이러할 때는 1[본]보다 길이가 짧을 때 절단한 나머지는 사용할 수 없으므로 1[본]으로 해서 산출한다.

수량산출 작업시 누락 또는 중복을 피하기 위하여 색연필, 형광펜 등으로 작업이 끝난 곳을 구별하여 두도록 한다.

특히 입상계통의 배관은 평면에 길이가 표시되지 않는 곳에서는 계통도 등에서 산출하여 누락되지 않도록 한다. 기구류의 주위배관은 부착방법을 잘 검토하여 단위기구당 소요수량을 산출한 후 기구수와 곱하여 구한다.

배관자재에 대하여는 도면의 불분명한 개소 절단 및 작업에 의한 손실 등을 감안하여 산출된 수량(설계수량)의 10[%] 정도를 가산한다.

밸브류는 종류별, 관경별로 산출하고 단가를 조사하여 기입한다. 기타 수도계량기, 볼탑, 계기류는 시방서의 시방을 확인하여 정확한 수량을 파악하도록 한다. 또한 기타 관련공사와의 구분에 주의하여 공사의 중복, 누락이 발생하지 않도록 시방서를 재확인하도록 한다.

수량적산용지는 별도 양식으로 첨부한다.

개략 적산시에는 부속류의 수량을 산출하지 않고 배관류에 대한 비율로 비용을 산출하기도 한다. 이때에는 재료의 종류, 시공방법, 장소, 용도 등에 따라 부속류에 대한 비율이 크게 차이가 나므로 정확한 공사내용의 파악과 경험상의 내용이 중요하다.

표 4-18 관재료에 대한 비율[%]

관 종 류	용 도	일반이음재	접합재료	지지철물	비 고
강 관 류	급 수	40~80	2~5	10~15	
	배 수	60~100			
동 관 류	급 수	60~90	10~15	5~10	동관종별에 따라 다소 다르다.
	급 탕	70~110			
PVC 관	급 수	10~80	10~15	40~50	
	배 수	60~120	15~20		
주 철 관	급 수		(15~20)	20~30	( )안은 상세하게 산출하지 않을 경우 직관에 대한 값
	배 수		(25~30)		
흄 관	배 수		10~15	5~10	
연 관	급 수	10~20	(8~10)	40~50	매개 이음재를 포함한다. ( )안은 상세하게 산출하지 않을 경우
	배 수	20~40	(10~15)		

주 : ① 염화비닐라이닝 강관의 플랜지 접합은 구경별, 길이별로 주철관과 같이 산출한다.
② 동관의 은납 접합은 높은 비율로 되고, 관 두께에 따라서도 비율이 다르다.
③ 시장의 상황에 좌우된다. (관재료와 이음재료의 가격변동이 일치하지 않는다.)
④ 옥외의 매설, 가공 등의 이음재 비율은 낮고(샤프트를 포함) 기계실, 변소 등은 높다.
⑤ 지지철물의 비율은 매설 배관이나 특수지지 가대류에 적합치 않다.
⑥ 단, 특수이음재, 특수접속은 제외한다.

4-4-4 배관의 노무품셈

배관의 노무비는 산출된 배관, 기기류, 밸브류 등의 설계수량에 표준품셈의 기준을 적용시켜 자업인원의 수량을 산출하고, 여기에 각 공종별 노임단가를 곱하여 산출한다.

표준품셈의 기준은 배관의 경우 재료의 종류별, 크기(배관경), 시공위치와 방법, 단위길이당 또는 접합개소당으로 분류하며 기기류와 밸브류는 크기, 종류별로 각각 분류되어 있다.

배관의 작업은 여러 공정이 복합적으로 진행되기 때문에 품셈에 포함되는 작업의 범위를 정확히 파악하도록 한다. 일반적으로 품셈에 포함되는 작업은 먹줄치기, 상자넣기, 인서트, 지지철물설치, 절단, 나사내기, 용접, 수압시험, 소운반비용, 배관부속품(밸브류 제외) 설치 등이 포함된다.

배관에 소요되는 소모성 자재 중에서 공통성이 있는 품목은 품셈에 소요량을 산출할 수 있는 기준을 정하여 비용산출의 정확성과 공정성을 기하고 있다.

위생설비의 적산에 소요되는 품셈기준은 다음과 같다.

① 강관배관

급수, 급탕, 통기, 소화, 가스 등의 배관에 사용하는 강관은 배관용 탄소강관이며, 위생용으로는 관의 내외면에 아연도금을 한 백관을 일반적으로 사용한다.

본 품셈의 적용은 상용압 10[kg/cm^2] 이하의 KSD 3507에 대한 것으로 배관의 단위길이당(m당)의 품을 나타낸다.

배관의 접속방법은 50[mm] 이하는 나사이음, 65[mm] 이상은 용접이음으로 시공한다. 강관배관에 적용되는 품셈은 아래 표 4-19와 같다.

표 4-19 강관배관

규 격[mm]	배 관 공[인]	보 통 인 부[인]
15	0.106	0.026
20	0.116	0.028
25	0.147	0.037
32	0.183	0.045
40	0.200	0.056
50	0.248	0.063
65	0.328	0.082
80	0.372	0.092

규　　격〔mm〕	배　관　공〔인〕	보 통 인 부〔인〕
100	0.485	0.121
125	0.568	0.142
150	0.700	0.175
200	0.977	0.244
250	1.275	0.320
300	1.525	0.382
350	1.793	0.500

注 : ① 상기 공량은 옥내 일반배관기준이며 냉온수관, 통기, 소화관, 공기관, 기름관, 프로판가스관, 급탕관, 배수관, 증기관, 급수관, 냉각수관에 적용한다.

② 먹줄치기, 상자넣기, 인서트, 지지철물설치, 절단, 나사 혹은 용접접합수압 또는 통기 시험, 소운반 공량을 포함한다.

③ 변소배관은 상기 공량에 20〔%〕 증가, 기계실 배관은 상기 공량의 30〔%〕 증가한다.

④ 옥외배관(암거내)은 상기 공량에 10〔%〕 감소한다.

⑤ 옥내배관(바닥난방배관분 제외)에서 벽을 깎고 이의 보수작업이 필요한 경우에는 공량에 10〔%〕 범위 내에서 증가할 수 있다.

⑥ 밸브류 설치품은 밸브콕류 설치 항을 참조하고 배관부속품(엘보, 플랜지 기타) 등의 품은 본 공량에 포함되었다.

【예제 4-3】 어떤 건물의 기준층에 대한 배관을 적산한 결과 다음과 같은 산출근거서가 나왔다. 이 배관 공사에 대한 내역서를 작성하시오.

단, 1) 강관 이음재의 가격은 직관 가격의 50〔%〕

2) 지지 철물류의 가격은 직관 가격의 10〔%〕

3) 배관의 할증률 10%

가) 산출근거서

품　　명	규　　격	계측길이
백관(배관용 탄소 강관)	15〔mm〕	20〔m〕+8〔m〕+3〔m〕
백관(배관용 탄소 강관)	20〔mm〕	15〔m〕+9〔m〕
글로브 밸브	청동제 10〔kg/cm^2〕, 20〔mm〕	3〔개〕

나) 품셈

• 강관배관(m당)

규　　격〔mm〕	배　관　공〔인〕	보 통 인 부〔인〕
15	0.106	0.026
20	0.116	0.028

• 밸브콕류 설치(개당)

규　　　격〔mm〕	배　　관　　공〔인〕
구경 15~50	0.07

다) 단가

품 명	규격〔mm〕	단 위	단가〔원〕
배관용 탄소강 강관(백)	15	m	546
배관용 탄소강 강관(백)	20	m	689
글로브 밸브	20	개	4,352

배 관 공	13,100〔원/인〕
보 통 인 부	8,150〔원/인〕

【해 답】

내 역 서

품 명	규 격	단 위	수 량	단가〔원〕	금액〔원〕
백 관	배관용 탄소강 강관 15〔mm〕	m	34.1	546	18,618
백 관	배관용 탄소강 강관 20〔mm〕	m	26.4	689	18,189
글로브밸브	청동제 10〔kg/cm^2〕, 20〔mm〕	개	3	4,352	13,056
강관이음재	직관 가격의 50〔%〕				18,403
지지철물류	직관 가격의 10〔%〕				3,680
인 건 비	배 관 공	인	6.28	13,100	82,268
	보 통 인 부	인	1.48	8,150	12,062
소 계					166,276

15A 배관 소요수량 (20+8+3)×1.1=34.1〔m〕

20A 배관 소요수량 (15+9)×1.1=26.4〔m〕

배관공

15A 배관 0.106〔인/m〕×31〔m〕=3.286〔인〕

20A 배관 0.116〔인/m〕×24〔m〕=2.784〔인〕

밸브설치 0.07〔인/개〕×3개 =0.21〔인〕

소계 6.28〔인〕

보통인부

15A 배관 0.026〔인/m〕×31〔m〕=0.806〔인〕

20A 배관 0.028〔인/m〕×24〔m〕=0.672〔인〕

소계 1.48〔인〕

【예제 4-4】 아래 도면에 대하여 적산하시오.

계통도

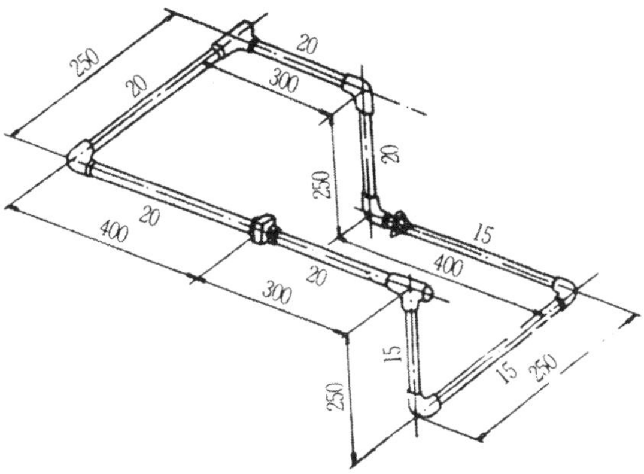

평면도

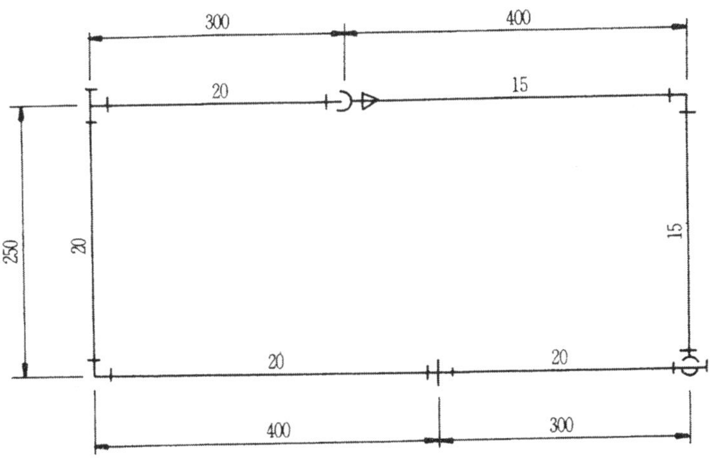

※ 참고사항 : 관 재질은 아연도금강관으로 한다.

【해　　답】

1) 산출근거

<table>
<tr><td>품　　명</td><td>규　　격</td><td>단　　위</td><td></td><td colspan="3">수　　　　량</td><td>계</td><td>×1.1</td></tr>
<tr><td rowspan="2">백 강 관</td><td>20(mm)</td><td>m</td><td></td><td colspan="3">0.25+0.3+0.25+0.3+0.4</td><td>1.5</td><td>1.7</td></tr>
<tr><td>15(mm)</td><td>m</td><td></td><td colspan="3">0.4+0.25+0.25</td><td>0.9</td><td>1</td></tr>
<tr><td rowspan="3">부 속 류</td><td rowspan="2">20(mm)</td><td rowspan="2">개</td><td rowspan="2"></td><td>엘보</td><td>티</td><td>리듀서</td><td>유니온</td><td rowspan="3"></td></tr>
<tr><td>3</td><td>2</td><td>1</td><td>1</td></tr>
<tr><td>15(mm)</td><td>개</td><td></td><td>2</td><td></td><td></td><td></td></tr>
<tr><td rowspan="4">인 건 비</td><td rowspan="3">20(mm)
15(mm)</td><td rowspan="3">m
m</td><td rowspan="3">1.5
0.9</td><td colspan="2">배 관 공</td><td colspan="3">보 통 인 부</td></tr>
<tr><td>×0.116</td><td>0.174</td><td>×0.026</td><td colspan="2">0.039</td></tr>
<tr><td>×0.106</td><td>0.0954</td><td>×0.028</td><td colspan="2">0.0252</td></tr>
<tr><td>계</td><td></td><td></td><td colspan="2">0.27</td><td colspan="3">0.06</td></tr>
</table>

2) 내 역 서

품 명	품목 및 규격	수 량	단 위	재 료 비		노 무 비		비 고
				단 가	금 액	단 가	금 액	
강 관 배 관								
백 강 관 KSD 3507	20〔mm〕	1.7	m					
KSD 3507	15〔mm〕	1	m					
백 엘 보 (가단주철제)	20〔mm〕	3	개					
백 엘 보	15〔mm〕	2	개					
티	20×20	1	개					
티	20×15	1	개					
리 듀 서	20×15	1	개					
유 니 온	20〔mm〕	1	개					
잡 자 재 비		3〔%〕						
자 재 비 계								
인 건 비								
배 관 공		0.27	인/일					
보 통 인 부		0.06	인/일					
공 구 손 료		3〔%〕						
인 건 비 계								
총 공 사 비 계								

【예제 4—5】 다음 도면의 급수배관을 적산하시오.(보온공사 제외)

· 도면(화장실 소변기 설비도)

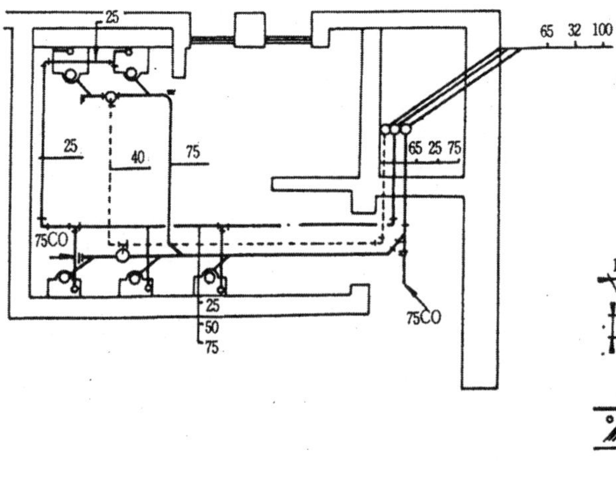

적산도면 척도 : 1/50

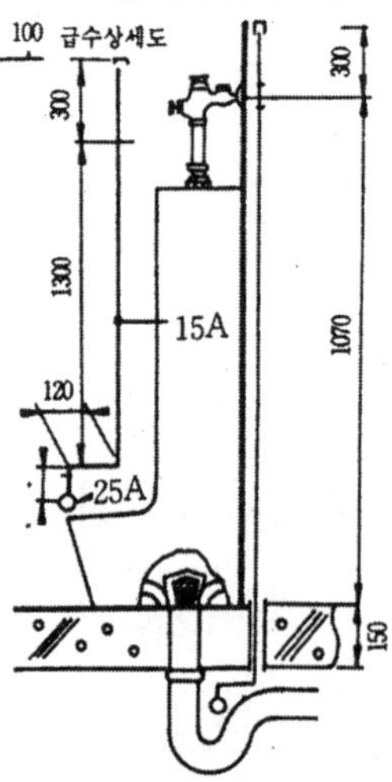

시공도면 척도 : NS

【해 답】

수량산출근거내역

명 칭	규 격	단 위	산 출 근 거	계	×1.1	배 관 공	보통인부
백 강 관	25〔mm〕	m	0.8+2.9+1.3+0.6	5.6	6.2	0.147 0.82	0.037 0.2
백 강 관	15〔mm〕	m	0.6×3+0.3×2+1.7×5	10.9	12	0.106 116	0.026 0.28
					계	1.98	0.48

규 격〔mm〕	엘 보	티	캡
25	5	5	1
15	2×3+3×2	5	5

(2) 동관배관

동관은 내식성이 우수하고, 고장력 강도를 갖고 있으므로 두께가 얇아 무게가 가벼우며, 매끄러운 내표면으로 유체 마찰저항이 적고 스케일이 잘 생성되지 않는 등의 이유로 급수, 급탕, 가스, 배관에 많이 사용되고 있다.

접합방법은 나팔관접합(flare joint or compressed joint), 납땜접합(soldered joint), 용접(welding) 등이 있으며 사용온도와 압력의 내용에 따라 접합방법을 선택한다.

동관배관의 품셈 및 잡자재 소요기준은 다음 표 4-20에 따른다.

표 4-20 동관배관('93년 보완)

(m당)

호칭지름〔m/m〕(inch)	배 관 공	보 통 인 부
φ6(1/8)	0.019	0.019
φ8(1/4)	0.022	0.022
φ10(3/8)	0.026	0.026
φ15(1/2)	0.031	0.031
φ20(3/4)	0.036	0.036
φ25(1)	0.044	0.044
φ32(1¼)	0.055	0.055
φ40(1½)	0.061	0.061
φ50(2)	0.076	0.076
φ65(2½)	0.097	0.097
φ80(3)	0.113	0.113
φ100(4)	0.193	0.131
φ125(5)	0.290	0.185
φ150(6)	0.364	0.194
φ200(8)	0.537	0.232

주 : ① 상기 공량은 옥내배관기준이다.

② 먹줄치기, 상자넣기, 인서트, 지지철물설치, 절단, 소운반, 통수 등 배관시험 공량을 포함한다.

③ 변소배관은 상기 공량에 20[%], 기계실배관은 상기 공량에 30[%] 증한다.

④ 옥외배관(암거내)은 상기 공량에 10[%] 감한다.

⑤ 동관부설은 상기 공량에 배관공은 30[%] 감, 보통인부는 50[%] 감한다.

⑥ 옥내배관(바닥난방배관분 제외)에서 벽을 깎고 이의 보수작업이 필요한 경우에 상기 공량에 10[%]범위 내에서 증할 수 있다.

⑦ 200세대 이상의 아파트세대에 바닥난방 코일배관을 공장제작하여 시공할 경우 상기 공량에 10[%] 감한다.

⑧ 동관부설에서 관로의 터파기, 되메우기, 잔토처리 등은 별도 계상한다.

⑨ 용접접합에 필요한 공량과 재료는 아래와 같으며 플랜트공사 등 용접개소가 복잡한 경우 적의 계상할 수 있다.

• Brazing (용접개소당)

규격[m/m](inch)	용접공[인]	용접봉[g]	플럭스[g]	산 소[ℓ]	아세틸렌[g]
φ6(1/8)	0.026	0.3	0.05	2.5	3.8
φ8(1/4)	0.030	0.5	0.08	4.0	4.5
φ10(3/8)	0.034	0.8	0.11	5.4	5.9
φ15(1/2)	0.041	1.2	0.15	7.5	8.0
(5/8)	0.044	1.8	0.22	10.8	11.4
φ20(3/4)	0.047	2.5	0.32	15.8	16.5
φ25(1)	0.058	4.0	0.49	19.0	20.2
φ32(1¼)	0.071	5.2	0.65	27.2	28.6
φ40(1½)	0.078	6.9	0.86	35.0	37.0
φ50(2)	0.098	11.2	1.40	45.8	48.6
φ65(2½)	0.126	15.4	1.92	57.9	61.3
φ80(3)	0.146	21.0	2.62	80.8	85.4
φ100(4)	0.206	36.6	4.58	127.8	135.0
φ125(5)	0.256	56.3	7.02	158.8	167.7
φ150(6)	0.362	78.9	9.89	254.0	268.3
φ200(8)	0.606	173.5	13.25	615.7	650.5

• Soldering (용접개소당)

규격[mm](inch)	용 접 공[인]	용 접 봉[g]	플 럭 스[g]	LPG[g]
φ15(1/2)	0.032	1.41	0.25	3.55
φ20(3/4)	0.037	2.16	0.41	4.47

(3) 스테인리스 배관

스테인리스관은 강철에 니켈·크롬을 혼합하여 내식성과 고온·저온 특성을 강화시킨 관으로서 상당히 폭넓게 사용되고 있다.

배관접합 방법은 관경 50[mm] 이하에서는 압축식이음, 나사식이음, 아르곤용접을 사용하며 관경 65[mm] 이상 배관에는 아르곤용접으로 시공한다.

스테인리스 배관의 품셈 및 잡자재 소요량은 다음의 표 4-21과 같다.

표 4-21 스테인리스강관 배관

가. 프레스접합식 (m당)

규 격[SU]	외 경[mm]	두 께[mm]	배관공[인]	특별인부[인]
13	15.88	0.8	0.0280	0.0400
20	22.22	1.0	0.0320	0.0400
25	28.58	1.0	0.0360	0.0500
30	34.0	1.2	0.0625	0.0590
40	42.7	1.2	0.0800	0.0760
50	48.6	1.2	0.1020	0.0775
60	60.5	1.5	0.1320	0.0790

주 : ① 상기 공량은 프레스접합식 스테인리스강관의 옥내 일반배관기준 공량이다.
② 먹줄치기, 상자넣기, 인서트, 지지철물설치, 절단접합, 소운반, 통수 등 배관시험 공량을 포함한다.
③ 변소배관은 상기 공량에 20[%], 기계실 배관은 상기 공량에 30[%] 증한다.
④ 옥외배관(암거내)은 상기 공량에 10[%] 감한다.
⑤ 부설은 상기 공량에 30[%] 감한다.
⑥ 옥내배관(바닥난방배관분 제외)에서 벽을 깎고 이의 보수작업이 필요한 경우에 상기 공량의 10[%] 범위 내에서 증할 수 있다.
⑦ 관부설을 위한 터파기, 되메우기, 잔토처리 등은 별도 계상한다.
⑧ Bending가공이 필요한 경우에는 별도 공량 계상한다.

나. 용접식 (m당)

규격[m/m](inch)	용접공[인]	배관공[인]	보통인부[인]
φ6(1/8)	0.060	0.019	0.019
φ8(1/4)	0.069	0.022	0.022
φ10(3/8)	0.079	0.026	0.026
φ15(1/2)	0.095	0.031	0.031
φ20(3/4)	0.111	0.036	0.036
φ25(1)	0.137	0.044	0.044
φ32(1¼)	0.169	0.055	0.055
φ40(1½)	0.188	0.061	0.061
φ50(2)	0.236	0.076	0.076
φ65(2½)	0.304	0.097	0.097
φ80(3)	0.354	0.113	0.113
φ90(3½)	0.406	0.126	0.126
φ100(4)	0.470	0.145	0.145

규격〔m/m〕(inch)	용접공〔인〕	배관공〔인〕	보통인부〔인〕
φ125(5)	0.575	0.176	0.176
φ150(6)	0.716	0.218	0.218
φ200(8)	1.053	0.301	0.301
φ250(10)	1.460	0.394	0.394
φ300(12)	1.839	0.493	0.493

주 : ① 상기 공량은 용접식 스테인리스강관의 옥내 일반배관기준 공량이다.
② 먹줄치기, 상자넣기, 인서트, 지지철물설치, 절단, 접합, 소운반, 통수 등 배관시험 공량을 포함한다.
③ 변소배관은 상기 공량에 20〔%〕, 기계실 배관은 상기 공량에 30〔%〕 증한다.
④ 옥외배관(암거내)은 상기 공량에 10〔%〕 감한다.
⑤ 부설은 상기 공량에 30〔%〕 감한다.
⑥ 옥내배관(바닥난방배관분 제외)에서 벽을 깎고 이의 보수작업이 필요한 경우에 상기 공량에 10〔%〕 범위 내에서 증가할 수 있다.
⑦ 관부설을 위한 터파기, 되메우기, 잔토처리 등은 별도로 계상한다.
⑧ Bending 가공이 필요한 경우에는 별도 공량 계산한다.

※ 용접식 stainless강관 배관의 소모자재 (단위 : 개소당)

관 경〔m/m〕(inch)	용 접 봉〔kg〕	Argon〔ℓ〕
φ15(1/2)	0.007	64
φ20(3/4)	0.013	95
φ25(1)	0.020	129
φ40(1½)	0.040	191
φ50(2)	0.055	265
φ65(2½)	0.168	343
φ80(3)	0.213	430
φ90(3½)	0.257	565
φ100(4)	0.313	699
φ125(5)	0.443	1,098
φ150(6)	0.601	1,285
φ200(8)	1.007	2,170
φ250(10)	1.455	3,060
φ300(12)	2.070	3,945

다. 난방용 stainless 주름관

(m당)

규 격〔m/m〕	배 관 공〔인〕	보통인부〔인〕
φ15	0.024	0.045

주 : ① 상기 공량은 옥내 바닥난방배관기준이다.
② 먹줄치기, 상자넣기, 인서트, 지지철물설치, 절단, 접합, 소운반, 통수 등 배관시험 공량을 포함한다.

(4) 플라스틱관

플라스틱관은 급수, 배수용으로 사용되며 특징은 다음과 같다.

① 내식성이 우수하다.

② 전기절연성이 크고 열의 불량도체이다.

③ 중량이 가벼워 운반, 취급이 편리하며 가공성이 우수하다.

④ 다른 배관재에 비하여 시공비용이 저렴하다.

⑤ 열에 약하고 온도변화에 따라 기계적 강도가 크게 변한다.

⑥ 열팽창률이 크기 때문에 온도변화에 따라 신축이 심하다.

접합방법은 접합제접합, 고무링삽입식, 가열삽입식 등이 있으며 적용품셈은 표 4-22와 같다.

표 4-22 경질비닐관 배관

(1) 접착제접합인 경우

1)옥내급수배관 (m당)

규 격(m/m)	배 관 공(인)	보통인부(인)	계(인)
φ13	0.032	0.021	0.053
φ16	0.041	0.027	0.068
φ20	0.049	0.028	0.077
φ25	0.058	0.032	0.090
φ30	0.073	0.036	0.109
φ40	0.089	0.038	0.127
φ50	0.114	0.042	0.156
φ65	0.139	0.053	0.192
φ75	0.155	0.057	0.212
φ100	0.196	0.067	0.263

주 : ① 상기 공량은 옥내급수배관기준이다.

② 먹줄치기, 절단, fitting류 접합, 지지물설치, 수압시험, 소운반, 콘크리트 쪼아내기 공량을 포함한다.

2) 옥내배수배관 (m당)

규 격(m/m)	배 관 공(인)	보통인부(인)	계(인)
φ25	0.058	0.032	0.090
φ30	0.066	0.035	0.101
φ40	0.082	0.037	0.119
φ50	0.105	0.041	0.146
φ65	0.128	0.051	0.179
φ75	0.144	0.055	0.199
φ100	0.181	0.064	0.245
φ125	0.218	0.074	0.292
φ150	0.254	0.081	0.335
φ200	0.327	0.097	0.424

주 : ① 상기 공량은 옥내 배수·통기배관 기준이다.
② 먹줄치기, 절단, fitting류 접합, 지지물설치, 수압시험, 소운반, 콘크리트 쪼아내기 공량을 포함한다.

(2) 고무링접합인 경우

(m당)

규　　격(m/m)	배 관 공(인)	보통인부(인)	계(인)
φ10	0.016	0.032	0.048
φ13	0.016	0.032	0.048
φ16	0.022	0.041	0.063
φ20	0.026	0.043	0.069
φ25	0.030	0.046	0.076
φ30	0.034	0.050	0.084
φ40	0.036	0.050	0.086
φ50	0.050	0.054	0.104
φ60	0.055	0.064	0.119
φ70	0.060	0.068	0.128
φ80	0.065	0.072	0.137
φ90	0.070	0.076	0.146
φ100	0.074	0.078	0.152

주 : ① 상기 공량은 옥내일반배관기준이다.
② 먹줄치기, 절단, fitting류 접합, 지지물설치, 수압시험, 소운반 공량을 포함한다.

(5) 주철배관

주철관은 다른 종류의 관에 비하여 내식성, 내압성이 우수하여 수도관, 가스관, 화학공업용, 건물의 배수관 등 광범위하게 사용되고 있다.

배수에 사용되는 주철관은 1종, 2종의 2종류가 있으며, 접합방법은 소켓접합, 고무링접합 등이 주로 사용되며 배수용 주철관의 길이는 0.3(m), 0.4(m), 0.6(m), 0.8(m), 1(m), 1.6(m)로 분류되며, 이형관은 장·단곡관(90°, 45°) Y관, 90° Y관, 양 Y관, 90° 양 Y관, 배수 T관, 확대관 등이 규격에 따라 제작되고 있다.

일반적으로 사용되고 있는 소켓접합은 주철제의 허브(hub)쪽에 스피곳(spigot)이 있는 곳에 넣어 맞춘 후 마(麻, yarn)를 끼워 넣은 후 틈새를 정으로 박아 넣은 다음 납을 녹여 붓는다.

마는 납과 배수가 직접 접촉하는 것을 막고 납은 접합부에 굽힘성을 부여하여 준다. 마를 감는 길이는 수도관의 경우 삽입 깊이의 1/3 정도가 알맞고 배수관의 경우에는 2/3 정도가 적당하며, 각 관경별 자재소요량은 아래표에 따른다.

바닥 배수구(floor drain)는 욕실 등의 바닥에서 발생되는 배수를 처리하기 위한 것으로 크기와 위치 선정에 주의한다.

소제구는 청소가 쉬운 위치에 충분한 공간을 두어 설치하며, 은폐되는 곳에는 반드시 점검구를 두어야 한다. 소제구를 설치하는 위치는 배수 횡주관과 횡지관의 기점, 길이가 긴 수평배수관에서 100

〔mm〕 이하는 15〔m〕 이내, 100〔mm〕 이상은 30〔m〕 이내에 1개소씩 설치하여 45° 이상으로 방향을 바꾸거나 배수입관의 최하부에도 소제구를 설치한다.

표 4—23 배수배관(주철관)

(수구당)

호칭명〔mm〕	연〔kg〕	양〔kg〕	콜타르〔kg〕	목탄〔kg〕	배관공〔인〕	보통인부〔인〕
50×6	0.71	0.08	0.005	0.34	0.29	0.13
65	0.87	0.10	0.005	0.60	0.35	0.15
75	0.97	0.12	0.006	0.85	0.41	0.18
100	1.24	0.18	0.007	1.20	0.47	0.20
125	1.50	0.21	0.008	1.40	0.52	0.23
150	1.75	0.25	0.009	1.70	0.58	0.25
200	2.60	0.35	0.010	2.40	0.70	0.30
250	3.80	0.38	0.012	3.20	0.85	0.40
300	5.00	0.50	0.015	4.50	1.00	0.55

주 : ① 배관을 끝내는 데에서 접합 지지철물의 설치, 소운반, 누수시험품을 포함한다.
② 본 품은 지중설치의 경우이다.
③ 철거는 신설의 50〔%〕(재사용을 고려하지 않을 때) 계상한다.
④ 천장설치품은 20〔%〕 가산한다.

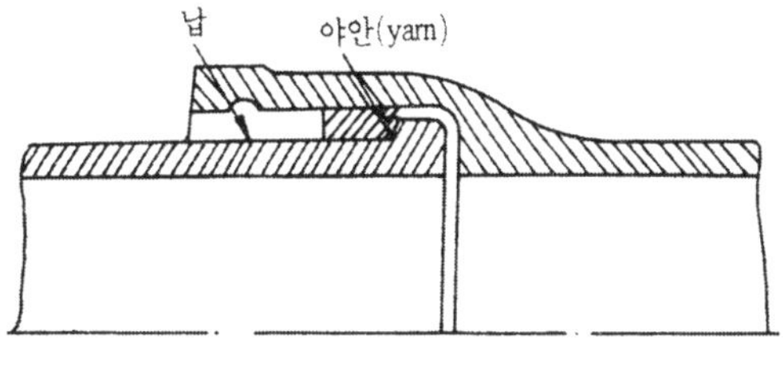

그림 4—15 주철관 소켓 접합

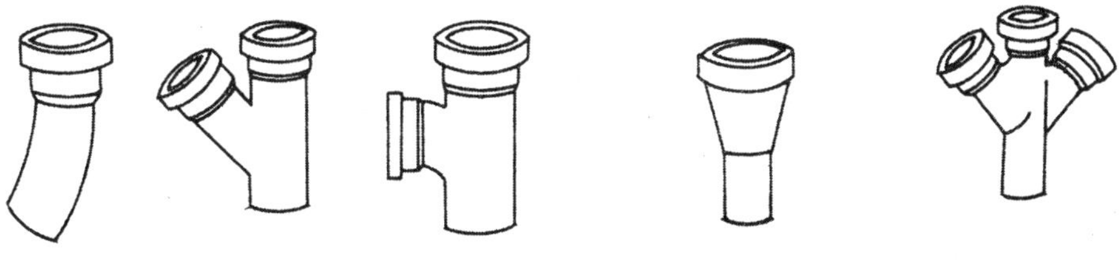

(a) 45°곡관 (b) Y관 (c) 배수T관 (d) 확대관 (e) 양Y관

그림 4—16 배수용 주철 이형관

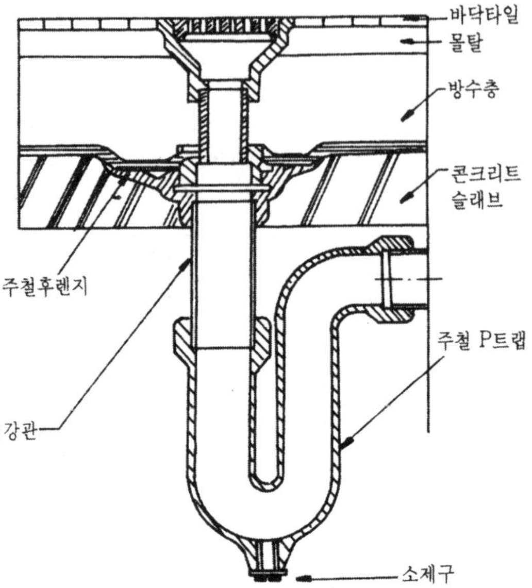

그림 4—17 바닥 배수구 설치 상세도

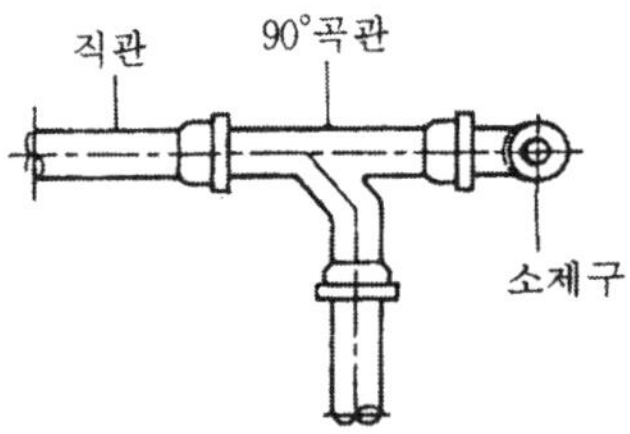

(a) 45°이상 방향 변경의 경우

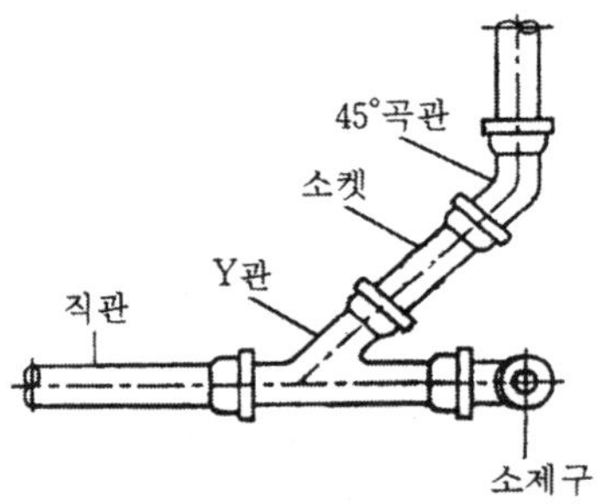

(b) 벽에 밀착된 경우

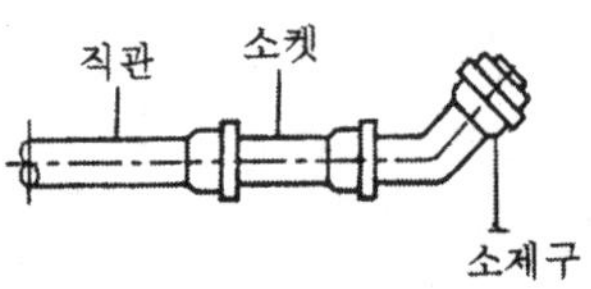

(c) 수평 지관인 경우

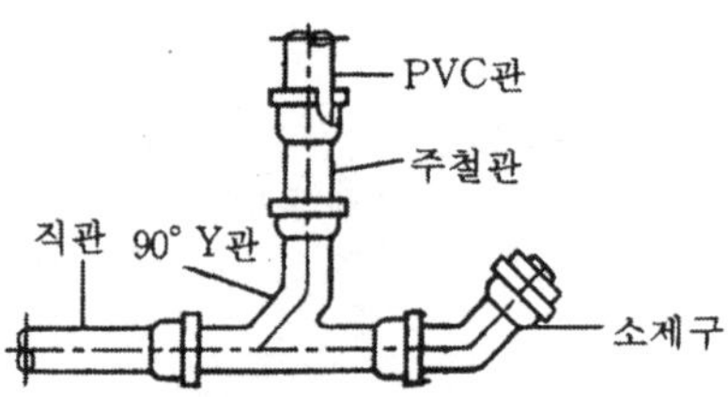

(d) 90° 관인 경우

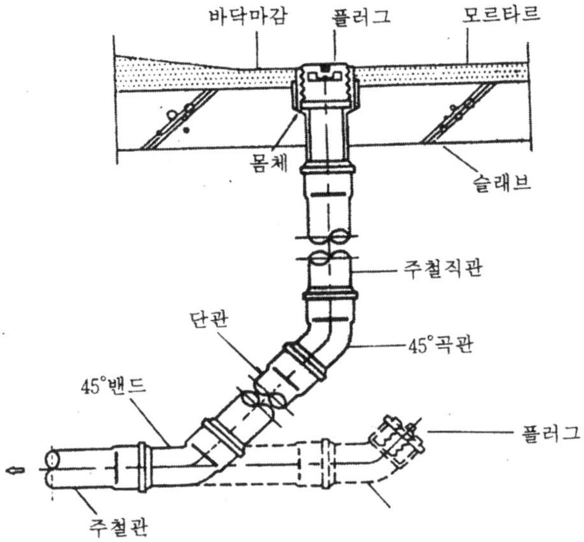

(e) 바닥소제구

그림 4—18 소제구 설치 상세도

【예제 4—6】 다음 도면의 배수관에 대하여 적산하시오. 위생기구 배수연결은 연관으로 하며 통기관 배관은 제외한다.

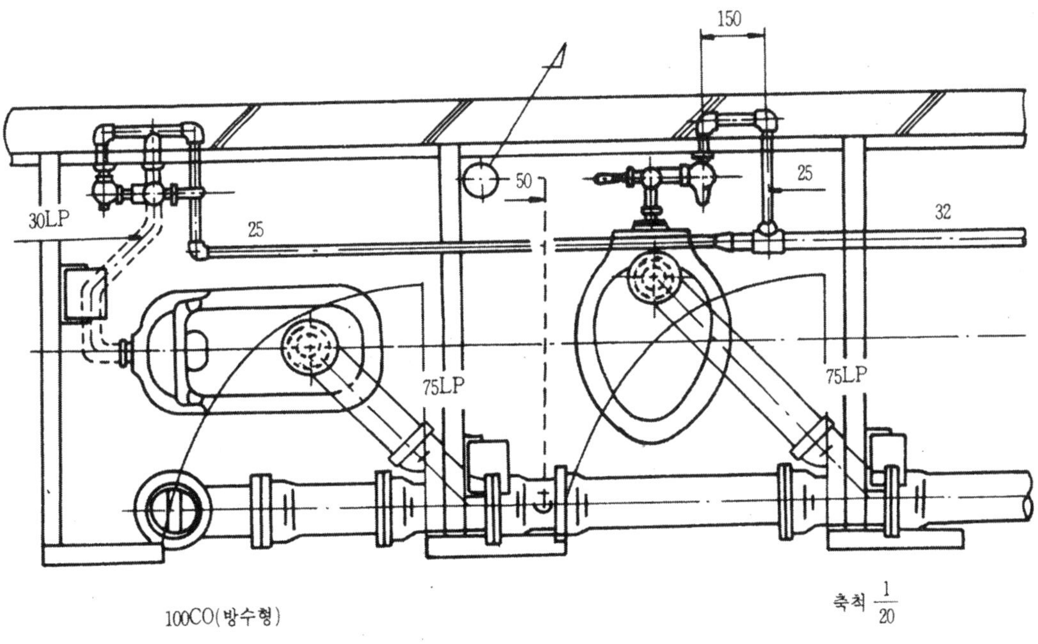

[해 답]

품 명	관경	300	400	600	800	1000	1600	y관 100×75	T 100×50	CO 100	90°곡관	연관 75(φ)
배수용주철직관	100	1	1	2				2	1	1	1	2(m)

관경	수구	배 관 공		보통인부		납		양		콜 타 르		목 탄	
		M/D		M/D		(kg)		(kg)		(kg)		(kg)	
50	1	0.29	0.29	0.13	0.13	0.71	0.71	0.08	0.08	0.005	0.005	0.34	0.34
80	2	0.41	0.82	0.18	0.36	0.97	1.94	0.12	0.24	0.006	0.012	0.85	1.7
100	8	0.47	4.87	0.2	1.6	1.24	9.92	0.18	1.44	0.007	0.056	1.20	9.6
	계	4.87		2.09		12.57		1.76		0.073		11.64	
	연관	3.96		0.76									
	합계	8.83		2.85									

품 명	수 량	배 관 공	보 통 인 부
연관 75(φ)	2(개)	1.98 3.96	0.38 0.76

[예제 4-7] 다음은 배수용 주철 이형관을 산출한 결과이다.

90°곡관 50(mm) 3(개)

바닥 배수구 50(mm) 2(개)

45°곡관 50(mm) 3(개)

YT관 75(mm)×50(mm) 1(개)

주철 P트랩 50(mm) 2(개)

청소구 50(mm) 3(개)

Y관 75(mm)×50(mm) 3(개)

배수 T관 75(mm)×50(mm) 2(개)

1) 수구수를 계산하여라.

2) 소켓이음에 소요되는 재료와 노무량을 산출하시오.

표준품셈 (수구당)

호 칭 명	연(kg)	양(kg)	콜타르(kg)	목탄(kg)	배관공(인)	보통인부(인)
50(mm)×6(mm)	0.71	0.08	0.005	0.34	0.29	0.13
75	0.97	0.12	0.006	0.85	0.41	0.18

[해 답] 1) 수구수

50 (mm) 3+3+1+2+3+2=14 (개)

75 (mm) 1+3+2=6 (개)

2) 소요재료 및 노무량

연 50 [mm] 0.71 [kg] ×14= 9.94 [kg]
75 [mm] 0.97 [kg] × 6= 5.82 [kg]
소계 15.76 [kg]

양 50 [mm] 0.08 [kg] ×14= 1.12 [kg]
75 [mm] 0.12 [kg] × 6= 0.72 [kg]
소계 1.84 [kg]

콜타르 50 [mm] 0.005 [kg] ×14=0.08 [kg]
0.006 [kg] × 6=0.036 [kg]
소계 0.106 [kg]

목탄 50 [mm] 0.34 [kg] ×14= 4.76 [kg]
0.85 [kg] × 6= 5.1 [kg]
소계 9.86 [kg]

배관공 50 [mm] 0.29 [인] ×14= 4.06 [인]
75 [mm] 0.41 [인] × 6= 2.46 [인]
소계 6.52 [인]

보통인부 50 [mm] 0.31 [인] ×14= 4.34 [인]
75 [mm] 0.18 [인] × 6= 1.08 [인]
소계 5.42 [인]

(6) 기타 공사

위의 각종 배관 외에 위생설비에 적용되는 품셈기준은 다음과 같다.

表 4-24 연관배관 (m당)

규 격[mm]		배관공[인]	보통인부[인]	규 격[mm]		배관공[인]	보통인부[인]
내경	10	0.23	0.046	내경	45	0.83	0.17
	13	0.32	0.06		50	1.27	0.25
	16	0.43	0.09		65	1.65	0.32
	20	0.44	0.09		80	1.98	0.38
	25	0.44	0.09		100	2.18	0.42
	30	0.54	0.11				

주 : ① 옥외 매설시 25[%] 감(터파기, 되메우기는 불포함)한다.
② 배수배관시 50[%] 감한다.
③ 기타는 난방배관 해설란을 준용한다.

표 4-25 양수기 설치 (개당)

종	별	배 관 공〔인〕	보통인부〔인〕
구 경 13〔mm〕	양 수 기	0.22	0.22
구 경 13〔mm〕	보 호 통	0.27	0.27
구 경 20~25〔mm〕	양 수 기	0.28	0.28
	보 호 통	0.31	0.31
구 경 40~50〔mm〕	양 수 기	0.32	0.32
	보 호 통	0.38	0.38
구 경 65~75〔mm〕	양 수 기	1.3	1.3
구 경 100~150〔mm〕	양 수 기	1.5	1.5
구 경 200~300〔mm〕	양 수 기	2.4	2.4

표 4-26 소화설비

가. 소화전 신설 (조당)

종		별	배 관 공〔인〕
옥내소화전 (40mm)		매 립 형	1.50
		노 출 형	1.35
전 용 전			3.0
송 수 구		단 구 형	0.4
		쌍 구 형	0.6
		단구스탠드형	0.8
		쌍구스탠드형	1.2
방 화 전		단 구 형	0.4
		쌍 구 형	0.6
		단구스탠드형	0.8
		쌍구스탠드형	1.2
옥외소화전	지 하 식	단 구 형	0.5
		쌍 구 형	0.6
	지 상 식	단 구 형	0.62
		쌍 구 형	1.5
소화용구 격납상자			0.8

주 : ① 본 공량은 소운반이 포함되어 있다.
② 상자, 앵글밸브, 호스걸이 및 기타 장치설치품을 포함한다.
③ 철거는 신설의 50〔%〕(재사용을 고려하지 않을 때) 계상한다.

나. 스프링클러의 설치

구 분	규 격	단 위	배관공〔인〕
경보밸브장치	80〔mm〕	조	3.09
경보밸브장치	100〔mm〕	조	3.40
경보밸브장치	125〔mm〕	조	3.71
경보밸브장치	150〔mm〕	조	4.12
펌프기동반	7.5〔kW〕 이하	면	2.58
펌프기동반	11~19〔kW〕	면	2.89
펌프기동반	22〔kW〕	면	3.40
스프링클러헤드		개	0.19
관말시험밸브		개	0.52
압력공기탱크	100〔ℓ〕	대	2.58
마중물탱크	100~150〔ℓ〕	대	2.06
연결송수구		개	0.62
벨		개	0.21
유량측정장치		조	1.03

注 : ① 경보밸브장치는 리타팅체임버, 자동경종장치, 배수밸브, 작동시험밸브, 압력스위치, 압력계부착 등을 포함한다.

② 소운반을 포함한다.

다. 할로겐화물 설치

구 분	규 격	단 위	배관공
할로겐화물용기	50〔kg〕/62〔ℓ〕 5〔본〕 이하	조	4.12
할로겐화물용기	6~10〔본〕	조	6.18
할로겐화물용기	11~15〔본〕	조	8.24
할로겐화물용기	16~20〔본〕	조	11.44
할로겐화물용기	21~25〔본〕	조	14.42
할로겐화물용기	26~30〔본〕	조	17.51
할로겐화물용기	31~35〔본〕	조	20.60
할로겐화물용기	36~40〔본〕	조	23.69
할로겐화물용기	41~45〔본〕	조	27.81
선택밸브	25〔A〕 이하	개	0.52
선택밸브	32〔A〕 이하	개	0.82
선택밸브	40〔A〕 이하	개	0.82
선택밸브	50〔A〕 이하	개	0.82
선택밸브	65〔A〕 이하	개	1.03
선택밸브	80〔A〕 이하	개	1.24
선택밸브	100〔A〕 이하	개	2.06
선택밸브	125〔A〕 이하	개	2.06
선택밸브	150〔A〕 이하	개	2.06

구 분	규 격	단 위	배관공
가스분사헤드	노 출 형	개	0.21
가스분사헤드	매 입 형	개	0.41
용기지지대	5[본] 이하	조	1.03
용기지지대	6~10[본]	조	1.55
용기지지대	11~20[본]	조	2.06
용기집합함	5[본] 이하	조	0.42
용기집합함	6~10[본]	조	0.72
배 전 반	1~3실용	면	2.06
배 전 반	4~6실용	면	3.09
단 자 함	대 형	면	0.41
단 자 함	소 형	면	0.21
기동용기		조	0.62
수동기동함		개	0.41
가스방출표시등함		개	0.41
모터사이렌		개	0.31
벨		개	0.21
압력스위치		개	0.31
역지밸브		개	0.10

주 : ① 할로겐화물용기는 용기밸브, 연결관 및 집합관 등의 연결을 포함한다.
② 소운반을 포함한다.

4-5 기기설비

4-5-1 탱크류

급배수 위생설비에서 사용되는 탱크류를 재질 면에서 분류하면 강판제·콘크리트제·스테인리스제·FRP제 등이 있으며, 용도상으로는 옥상수조·고가수조·압력수조·수수조·배수조·저탕탱크·압력탱크·소화용 약액탱크 등으로 분류할 수 있다.

(1) 탱크의 종류와 공사범위

일반적으로 설치되는 탱크류의 종류와 구조 및 설비공사의 범위를 표 4-27에 나타내었다.

공사구분에 있어서 건축구조물을 이용하거나 콘크리트로 설치하는 지하수수조, 배수조, 오수정화조 등은 건축 및 토목공사에 포함되는 것이 일반적이므로 견적 전에 확인한다.

표 4-27 탱크의 종류와 설비공사

용도	종 류	구 조	일반적인 공사의 설비범위
급수	옥 상 수 조	스테인리스제, 강판제, 합성수지제	수조본체, 기초가대, 보온, 도장, 배수
	고 가 수 조	스테인리스제, 강판제, 합성수지제	(독립수조의 경우는 따로 공사 항목을 신설)
	압 력 수 조	스테인리스제, 강판제, 합성수지제	수조본체, 기초, 방로, 도장, 가압 장치
	수 수 조	지하 콘크리트조	맨홀, 통기, 슬리브, 볼탭
배수	배수조(오수, 잡배수)	콘크리트조	맨홀, 통기, 슬리브
	오수정화조	콘크리트조, 기타	구체방수, 내부장치, 펌프실, 급배기, 기타
급탕	저탕조(개방형)	강판제, 스테인리스	수조본체, 코일, 기초가대, 보온, 도장, 밸브류
	저탕조(밀폐형)	강판제, 스테인리스	수조본체, 코일, 기초가대, 보온, 도장, 자동 밸브 등
소화	가압탱크	강판제	탱크몸체, 기초가대, 도장, 계기류 등 가압장치
	약액 탱크류	강판제, 합성수지제	탱크몸체, 기초가대, 도장, 기타

(2) 탱크와 부속품

종전에는 강판제를 많이 사용하였지만 근래에는 FRP제, 스테인리스제가 주로 설치되고 있다. 구조는 일체식과 조립식이 있으며, 제조회사의 표준품을 사용할 수도 있고 치수가 다른 것을 주문 제작할 수도 있는데 표준품과 규격이 다를 경우 제작비용은 증가된다.

탱크류의 견적은 제조회사로부터 견적을 받아서 정리하며 견적의뢰시는 부속품의 포함여부, 재질 등을 정확히 명시한다. 부속품으로는 맨홀, 배관접속구, 사다리, 수면계 등이 있다.

강판제 수조의 경우에는 내외면의 방청도장의 종류, 철판의 두께, 보온재의 재질 및 두께 등에 따라 탱크류의 가격 차이가 심하므로 주의한다.

대형 탱크류는 현장조립여부, 반입경로, 수송비, 반입비 등을 검토한다.

일본에서는 탱크류에 대한 품셈을 재료별, 크기별로 제정하였는데 표 4-28과 같다.

표 4-28 물탱크 설치품셈의 예(일본)

구 분	단 위	적 요	설치공(인)	기 타	비 고
강판제 탱크	기	WTS-2	2.13	1식	
	기	3	3.32	1식	
	기	4	3.89	1식	
	기	5	4.50	1식	
	기	6	5.20	1식	
	기	8	6.52	1식	
	기	10	9.08	1식	
	기	12	10.49	1식	
	기	15	12.04	1식	
	기	20	13.77	1식	

구　　　분	단　위	적　요	설치공(인)	기　타	비　　고
	기	25	15.14	1식	
	기	30	17.23	1식	
FRP제 탱크	기	WTF－1	1.47	식	
(일체형)	기	2	1.87	1식	
	기	3	2.15	1식	
	기	5	2.55	1식	
	기	8	3.97	1식	
	기	10	5.10	1식	
	기	12	5.50	1식	
	기	15	6.29	1식	
	기	20	9.41	1식	
	기	30	12.25	1식	

4—5—2 탕비기(温水器)

탕비기는 가열기의 구분에 따라 가스탕비기와 전기탕비기로 나누어지며 급탕의 형식에 따라 순간식과 저탕식으로 구분된다.

(1) 가스순간온수기

물이 가열기에 들어가서 출구까지의 사이에 가열되어 공급하는 방식으로 구조 및 작동원리는 다음의 그림 4—19, 4—20과 같다.

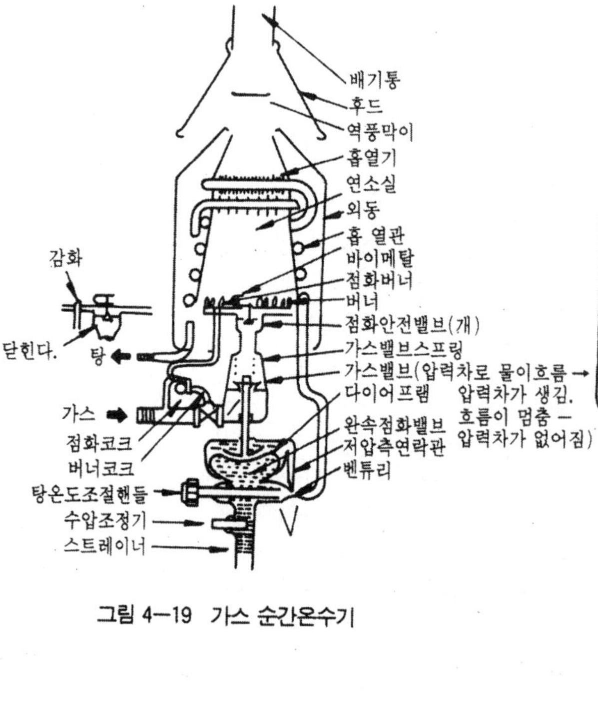

그림 4—19 가스 순간온수기

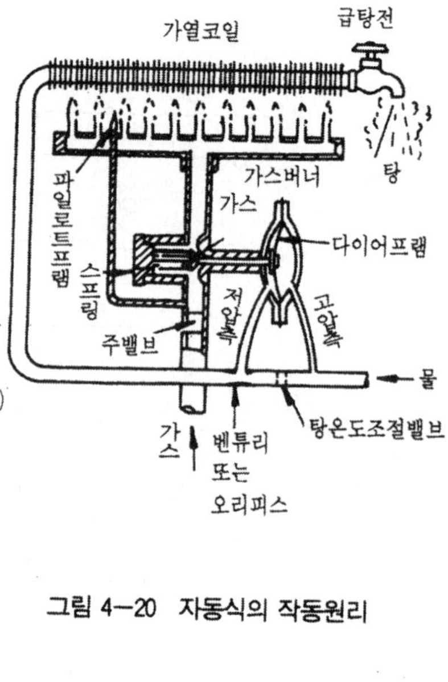

그림 4—20 자동식의 작동원리

(2) 저탕식 가스온수기

그림 4-21과 같이 가스버너를 설치한 연소실과 전열 면을 사이에 두고 설치한 저탕실로 이루어진다. 온수를 사용함에 따라 저탕실 내의 수위가 낮아지면 볼탭에 의해 자동급수된다. 또한 내부에 자동온도조절기가 있어서 저탕실내의 온도가 항상 일정하게 유지되며, 급탕온도는 90℃ 이상으로 할 수 있다.

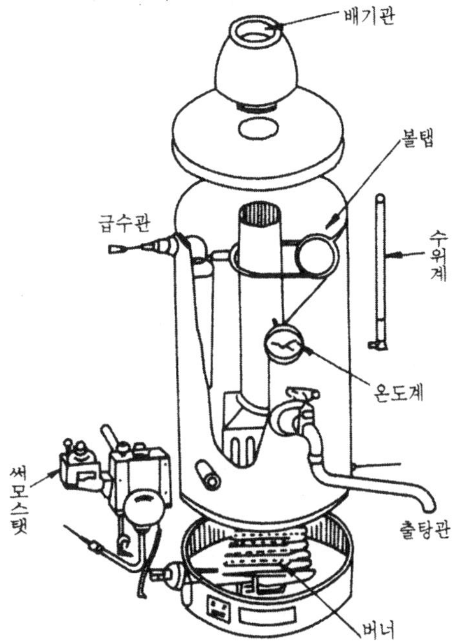

그림 4-21 가스 저탕형온수기

탕비기의 적산은 용량 및 종류별로 제조회사의 카탈로그에서 선정하여 견적의뢰를 하여 정리한다. 일본에서의 품셈표는 표 4-29와 같다.

표 4-29 가스온수기 설치품셈 예

구 분	단 위	적 요	배관공〔인〕	비 고
상치형 탕비기 (저 탕 식)	대	저탕량 10〔ℓ〕 20〔ℓ〕	0.45 0.45	1식
벽붙이용 탕비기	대	저탕량 10〔ℓ〕 20〔ℓ〕	0.83 0.83	1식
순 간 온 수 기	대	능 력 4호 5호	0.75 0.83	1식
밸 런 스 형 순 간 온 수 기	대	능 력 7호 9호	1.32 1.52	1식

4—5—3 오수처리설비

오수처리설비란 건물에서 배출하는 여러가지 오물을 종말처리장을 갖는 공공하수도 이외로 방출하려고 하는 경우에 설비하는 정화처리장치이다. 오수처리설비는 본래는 위생상의 예방이라고 하는 목적으로 설치되었지만, 설치목적도 점차 확대되어 수질오염방지와 함께 수자원의 확보나 환경 및 경관의 보전이나 중수처리설비 등의 재이용에까지 이르고 있다.

설치기준은 건축법 및 시행령, 오수·분뇨 및 축산폐수의 처리에 관한 법률 및 시행령, 시행규칙 등에 의해 지역 또는 설계인원 및 오수의 처리기준 등이 규제되고 있다.

오수처리장치의 적산은 펌프, 배관 등 기계설비가 들어가지 않는 부패탱크방식은 전문시공회사로부터 견적을 받아서 금액을 산정한다. 합병처리방식은 처리방식을 검토 후 결정하여 전문시공회사로의 일괄발주, 또는 구조체는 토목공사시공 기타 설비는 투입물량을 적산하여 금액을 산출하는 방법이 있다.

그러나 오수처리와 같이 특수한 분야는 일반적으로 전자의 방법이 주로 채택되고 있다.

4—6 품셈적용의 문제점

국내의 설비기술은 배관재료, 장비류 등 신제품의 등장과 보다 더 발전된 시공방법 등으로 인하여 급격한 변화를 하고 있으나 적산의 기초가 되는 표준품셈은 이러한 내용들에 대하여 아직 적용되지 않고 있는 사례가 빈번하여 공사발주시 정확한 공사비용 산출에서의 어려움에 부딪치는 경우가 많다.

또한 이미 분류되어 있는 자재류들에 있어서도 각기 특성상 시공방법이 달라 각각의 품셈을 적용하여야 함에도 불구하고 대표자재류 한가지에 대한 품셈만 제정되어 있어서 공정성과 정확도가 떨어지는 경우도 있다.

이러한 내용들은 앞으로 품셈개정시 수정, 보완되어 보다 더 정확한 공사비 산출이 이루어질 수 있도록 한다.

다음에 첨부한 자료들은 국내에 작성되어 있지 않는 작업에 대한 외국의 품셈 기준들로서 적용방법 등에 참고가 되었으면 한다.

(1) 위생기구설비

위생기구 설치공사는 위생기구의 종류, 급수방법에 따라 설치방법이 다르며 각각 다른 품셈을 적용하고 있으며 예는 다음 표와 같다.

표 4—30 대변기 설치 품셈(예)

명　　칭	JIS	단　위	구　　분	배 관 공〔인〕	기　타
	VC—311 VC—317	조	플래시밸브방식	1.34	일식

명 칭	JIS	단 위	구 분	배 관 공[인]	기 타
동양식 대변기	VC-411				
	VC-417 VC-311R VC-317R	조	로탱크방식	1.85	일식
	VC-411R VC-417R	조	하이탱크방식	1.94	일식
신체장애자용 대변기	VDC-910*	조	플래시밸브방식	2.10	일식
	VDC-1110*	조	로탱크밸브	2.60	일식
서양식 대변기	VC-710 VC-910 VC-1110	조	플래시밸브방식	1.06	일식
	VC-1200 VC-1210 VC-1410	조	로탱크방식	1.56	일식
	VC-1200R VC-1210R VC-1410R	조	하이탱크방식	1.65	일식

(2) 배관공사

배관공사의 품셈은 사용하고 있는 관의 종류별, 접속방법별로 구분하며 부속류, 접합재료 지지철물류는 파이프의 1m당 단가에 대한 비율로 표시하고 있다. 노임산정의 기준은 먹줄치기, 인서트설치, 소운반가공 조립, 지지철물설치, 수압시험, 통기시험, 점검, 잡작업 등을 포함하며 배관 1m 시공시 1일당(8시간) 소요되는 배관공을 산출한 것으로 실적 조사한 결과를 통계적 수법으로 계산한 것이다. 10층 이상은 10[%] 할증한다.

① 파이프 종류별 품셈표

표 4-31 관 종류별 품셈표(예)

관경[mm] / 관종	15	20	25	32	40	50	65	80	100	125	150	200	250	300	비 고
PVC라이닝강관(나사)	0.089	0.100	0.123	0.151	0.166	0.208	0.271	0.307	0.401	0.474	0.577	-	-	-	옥내일반
PVC라이닝강관(용접)	-	-	-	-	-	-	0.214	0.246	0.317	0.377	0.480	0.681	0.917	1.104	옥내일반
강 관(나사)	0.089	0.100	0.123	0.151	0.166	0.208	0.271	0.307	0.401	0.474	0.577	-	-	-	옥내일반
압력배관용강관(용접)	0.112	0.121	0.141	0.166	0.179	0.215	0.270	0.304	0.389	0.459	0.576	0.819	1.097	1.324	옥내일반
스테인리스(용접)								(75) 0.339	0.509	0.636	0.772	1.077	1.423	1.809	옥내일반
스테인리스(프레스)	0.052	0.071	0.090	0.106	0.132	0.149	0.185	1	1	-	-	-	-	-	옥내일반
PVC파이프(급수, 배수)	0.046	0.062	0.074	0.079	0.101	0.128	0.163	0.190	0.245	0.301	0.356	0.466	0.577	0.688	옥내일반
주 철 관(메커니컬)	-	-	-	-	-	0.495	-	0.508	0.521	0.534	0.546	0.572	-	-	변소·기계실
연 관(배수)	-	-	-	0.218	0.258	0.323	0.377	0.495	0.588	0.751	-	-	-	-	
흄 관	-	-	-	-	-	-	-	-	0.129	-	0.175	0.224	0.277	0.341	옥 외
동 관	0.059	0.082	0.105	0.129	0.152	0.200	0.247	0.293	0.388	0.482	0.576	-	-	-	옥내일반

② 부속류의 산출

부속류는 직관 1m의 단가에 비율을 곱하여 산출하며, 이는 배관재료의 종류, 접합방법, 시공장소에 따라 다르며 기준은 아래의 표 4—28에 따른다.

표 4—32 부속류의 비율 〔%〕

용 도	관 재	공 법	일 반 실	기 계 실 화 장 실	옥외(가대, 공동구)	옥외매몰 〔%〕	
급 수	PVC라이닝	나 사	45	60	30	25	
냉 각 수	강 관	용 접	125	160	100	100	
급 수	스테인리스	압축프레스	145	230	125	90	60SU 이하
	스테인리스	용 접	75	110	65	60	75SU 이상
배 수	백 강 관	나 사	65	85	50	45	
	P V C 관		20	25	15	15	
	코 팅 강 관	나 사	45	60	30	25	
		원 만 A	210	280	180	—	
		MD	80	110	—	—	
통 기	백 강 관	나 사	55	75	40	35	
	P V C 관		20	25	15	15	
소 화	백 강 관	나 사	55	75	40	35	
	압력배관용 강 관	나 사	170	250	130	—	80 이하
		용 접	65	120	60	45	25 이하
			35	60	30	30	32 이상
급 탕	백 강 관	나 사	35	75	40	35	
		용 접	30	40	25	—	
	동 관		75	90	60	—	
냉 온 수	백 강 관	나 사	65	75	40		
		용 접	30	40	25		
증기·기름	흑 강 관	나 사	85	95	50	45	
		용 접	35	50	30	30	
프로판가스	백 강 관	나 사	55	75	40	35	
		용 접	30	40	25	—	

③ 접합재료

나사이음은 테프론, 테이프, 파이프렌치의 흔적에 대한 방청페인트, 나사작업시의 절삭유 등이 포함되며, 용접이음시는 용접봉 플랜지이음의 석면패킹, 방청페인트를 포함한다. 비율은 직관 1m의 단가에 대한 비율이다.

표 4-33 접합재료 비율표

〔%〕

관 종	공 법	접 합 재 등
분체라이닝강관	나 사	5
PVC 라이닝강관	나 사	5
	용 접	3
압 력 강 관		5
강 관	나 사	5
	용 접	8
스테인리스강관	압축프레스	—
	용 접	75SU 이상 옥내 일반 20 75SU 이상 기계실·화장실 30 75SU 이상 가공·공동구 18 75SU 이상 옥외매몰 15
PVC 관	메커니컬	10 —
연 관		25
코 팅 강 관	MD	—
	나사원만 A	5
원심력철근콘크리트관		—
동 관		10

④ 지지철물

배관의 천장 또는 벽에 설치할 때 소요되는 인서트, 행어류, 턴버클, 환봉 등의 비용으로 직관 1m의 단가에 대한 비율이며 다음과 같은 것은 제외한다.

㉮ 기계실, 옥외가공배관 등에 사용하는 강재류

㉯ 냉수, 온수관의 행어에 설치하는 단열 지지대

㉰ 방진행어류

표 4-34 지지철물 비율표

〔%〕

관 종	공 법	지 지 철 물
분체라이닝강관	나 사	15
PVC 라이닝강관	나 사	10
	용 접	10
압 력 강 관		15
강 관	나 사	15
	용 접	15

관 종	공 법	지 지 철 물
스 테 인 리 스 강 관	압축프레스	10
	용 접	10
P V C 관		25
주 철 관	메 커 니 컬	20
연 관		10
코 팅 강 관		15
원심력철근콘크리트관		—
동 관		10

【예제 4-8】 그림과 같은 각형 탱크의 외부를 방청 도장하려고 한다. 2회칠을 기준하였을 때 일위대가표를 작성하시오. (단, 재료 및 노무 단가와 표준품셈은 아래와 같다.)

〈단 가〉

방청도료 KSM-5311 6,000〔원/ℓ〕

시 너 KSM-5319 800〔원/ℓ〕

도 장 공 14,500〔원/ℓ〕

〈표준품셈(2회칠 m^2당)〉

녹막이 페인트(방청도료) : 0.139〔ℓ〕

시 너 : 0.02〔ℓ〕

도 장 공 : 0.024〔인〕

기구손료 : 노무비의 2〔%〕

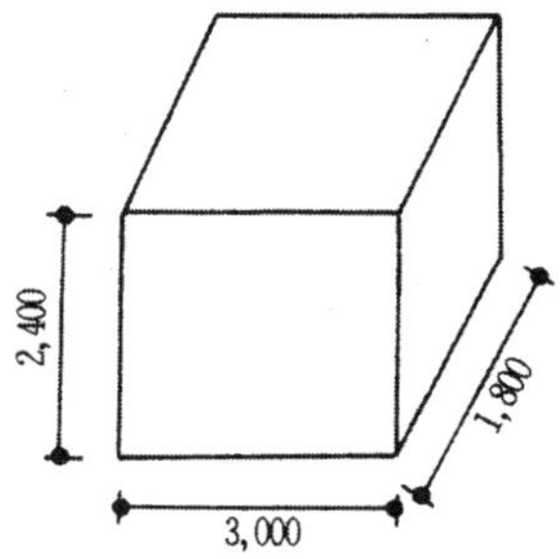

【해 답】 1) 면적계산

2(3+1.8)×2.4+2×(1.8×3)=33.84〔m^2〕

2) 표준품셈 적용

방청도료 33.84〔m^2〕×0.139〔ℓ/m^2〕=10.79〔ℓ〕

시 너 33.84〔m^2〕×0.02〔ℓ/m^2〕=0.677〔ℓ〕

도 장 공 33.84〔m^2〕×0.024〔인/m^2〕=0.812〔인〕

기구손료 (0.812〔인〕×14,500〔원/인〕×0.02=235.52〔원〕

3) 일위대가표

품 명	규 격	수 량	단 위	재 료 비		노 무 비		총액〔원〕
				단가〔원〕	금액〔원〕	단가〔원〕	금액〔원〕	
방청도료	KSM-5311	10.79	ℓ	6,000	64,740			
시 너	KSM-5319	0.677	ℓ	800	534			
기구손료	노무비의 2〔%〕				236			
노 무 비	도 장 공	0.812	인			14,500	11,774	
소 계					65,510		11,774	77,384

※ 일위대가표상의 수량은 소수점 이하는 사사오입하지 않고 계산된 수량의 소수점 이하 3자리까지는 그대로 계산함을 원칙으로 한다.

第5章 建築設備의 經濟計算

第5章 建築設備의 經濟計算

5-1 건축설비의 경제계산 개요

1980년대부터 건축설비(이하 설비)는 보다 다양화, 고층화, 대규모화되면서 석유, 가스 등 에너지를 전적으로 수입에 의존하는 우리로서는 에너지절약 및 에너지의 유효이용 등에 적극 노력하지 않으면 아니되었다.

그러나 선진외국처럼 전력비나 유류가가 안정되어 있지 못하므로 국내설비에 여러 가지 에너지절약적 공조시스템이나 성에너지적 열원공급시스템을 제대로 활용하거나 개발하지 못하고 현재에 이르고 있는 실정다. 더욱이 과거 10년~20년 전 설비시스템이 그대로 사용되는 등 설비기술의 발전에 대한 노력이 부족했던 것도 사실이다. 이런 국제적 에너지절약 추세와 시스템 개발 및 각종 에너지 유효이용에 상응하는 설비기술의 발달에 부합되도록 설계기본계획 및 기본설계 과정 중 열원시스템선정, 공기조화방식선택, 설비 전반의 에너지절약적 시스템 도입시에 설계설비자는 "경제성 검토"를 염두에 두어 효과적인 에너지절약적 시스템을 선정하는 데 기초 자료로 삼아야 한다.

이런 의미에서 이 장에서는 초보적 단계이지만 우리도 이에 대한 연구와 검토가 필요하고, 좋은 설비시스템 개발이 뒷받침될 수 있도록 컴퓨터와 연계시켜 설비의 경제계산을 해보려고 한다.

따라서 이 장에서는 그 기초단계로 설비의 연간경상비(고정비+ 변동비) 계산방법을 제시하여 설비의 경제성 검토를 시도해 보기로 하고, 그 예제 몇 가지를 참고로 첨부하기로 하며, 설비의 LCC (Life Cycle Cost)개념도 소개하여 설비의 초기 건설비 외에 그 기기장치의 내구 연한까지의 운전비, 유지관리비, 수리, 폐기처분까지의 총체적 설비비용체계에 대하여도 앞으로 더욱더 연구하여 발전시켜 나가야 한다.

5-2 설비의 경상비

5-2-1 설비경상비의 구성

건축설비의 시스템을 선정할 경우 기능과 효율성에 따른 초기 투자비가 적고 운전비와 에너지 사용비용이 적은 것이 가장 경제적인 시스템이라고 말할 수 있다. 또한 계획된 설비의 연간 운전비용을 파악하는 것은 설계자로서는 대단히 중요하다.

예를 들면 임대용 건물에서의 냉난방비의 계상, 또는 자체 빌딩에서 연간설비의 유지관리비 산출, 특히 지역냉난방의 공급지역에서 냉온열원설비를 수용할 경우 어느 시스템이 유리한 것인지를 검토하고 판정하는 수단으로 설비의 경상비 산정은 아주 중요한 역할을 하게 된다.

설비에 지불되는 경비는 세금 및 보험료와 시설투자비에 대한 감가상각비 등 고정적인 비용과 설비시설의 유지관리를 위한 제비용 등을 합산하여 보통 1년을 단위로 하여 계산한다. 이것을 설비의 연간경상비 또는 경상비라 부른다. 경상비의 구성은 그림 5-1과 같이 고정비와 변동비로 대별한다. 고정비는 설비운전에 관계없이 초기투자비에 대하여 매년 계상되는 비용이고, 변동비는 설비의 운전에 직접 관계되는 비용이다. 따라서 변동비는 에너지단가, 기온, 일조량, 운전시간에 따라 매년 달라지고, 경상비 약산의 경우는 과거의 통계치를 사용한다. 경제성의 비교는 설비·건축의 양면에서 종합적으로 검토한다.

예를 들면 유리창면적, 건물방위에 따라 설비의 변동비는 크게 영향을 받는다.

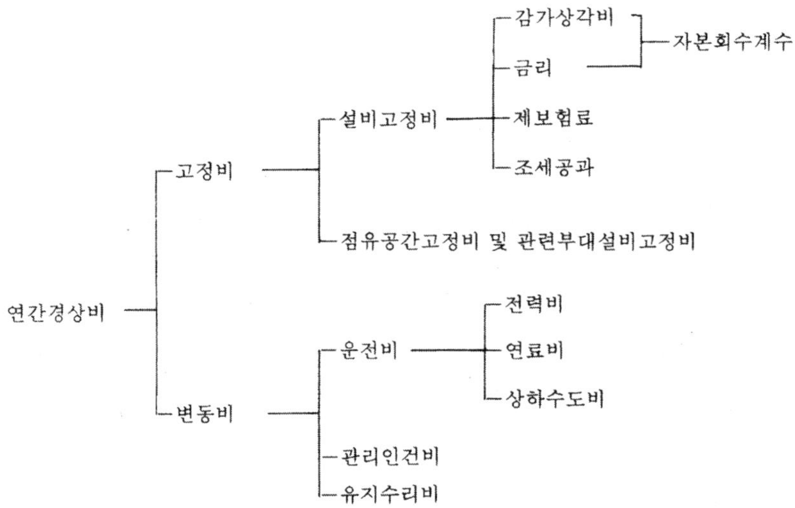

그림 5-1 연간 경상비의 구성

5-2-2 고정비

고정비는 운전에 관계없이 매년 소요되는 비용이고 감가상각, 금리, 조세공과, 제보험료로 구성된다.

(1) 감가상각비

감가상각비는 세법상의 용어로서 시공주 또는 설계자의 입장에서는 투자한 자본(설비공사비)의 회수비라고 생각할 수 있다. 예를 들면 1억원의 비용으로 만든 설비에서 제품을 생산할 때, 매년 비용에 1억원의 몇 〔%〕를 포함시켜서 설비가 수명이 다 하였을 때(내구연수)에 그 투자금액이 매년 비용 중에 일정합계금액으로 보상(상각)되어야 한다는 것이 감각상각개념이다.

감가상각비의 산출법에는 정액법, 정률법 또는 기타의 방법이 있으나 정액법에 의한 방법이 많이 사용되고 있다. 이 정액법에 따른 감가상각은 매년 금액이 일정하다. 15년 경과시 잔존가격을 10〔%〕라 할 때 매년 감가상각비는 공식(5-1)을 이용하여 1억원×(1-0.1)/15년=600〔만원/년〕으로 된다.

각 자산의 사용년수는 표 5−1, 표 5−2를 참조한다.
설비기기류는 약 15년, 건물은 약 60년이라고 본다. 잔존가격은 실제로 없다고 보아도 무방하다.
정액법에 따른 감가상각비 C_1〔원/년〕은 다음 식으로 구해진다.

$$C_1 = \frac{C-S}{N} \quad \cdots\cdots (5-1)$$

C : 초기투자비〔원〕
S : 잔존가격〔원〕
N : 내구년수(상각년수)〔연〕

잔존가격이 10〔%〕라 할 때 정액법에 의한 감가상각비는 다음 식과 같다.

$$\underset{C_1}{\text{감가상각비}} = \underset{C}{\underset{(\text{취득가격})}{\text{초기투자비}}} \times (1-0.1) \times \frac{1}{\underset{N}{\text{내구년수}}} \qquad (5-1^*)$$

표 5−1 건물의 고정자산 내구년수

구조별 / 용도별	철골 철근콘크리트조 또는 철근콘크리트조	벽돌조, 목조 블록조	금속조 두께〔mm〕 >4	금속조 두께〔mm〕 >3	금속조 두께〔mm〕 <3	목조 목조합성수지	목조 목재골조+몰탈
점포, 주택, 기숙사, 합숙소, 학교, 체육관 또는 병원	60	45	40	30	20	24	22
사무소, 미술관 등	65	50	45	34	24	26	24
여관, 호텔, 음식점, 극장, 연주장, 영화관 또는 무도장으로서 연면적 중 목조내장부분의 면적이 3할을 넘는 경우	40	45	35	28	20	22	20
기타	50						

표 5−2 건축설비기기의 고정자산 내구년수 (단위 : 연)

분류	세목	내구년수
전기설비	축전지 전원설비	6
(조명설비 포함)	그 외 기타	15
급배수 또는 위생설비와 가스설비		15

분 류	세 목	내구년수
냉방, 난방, 통풍 또는 보일러 설비	냉난방설비 냉동기의 출력이 22[kw] 이하인 경우	13
	그 외 기타	15
승강기 설비	엘리베이터	17
	에스컬레이터	15
소화 또는 재해경보 및 감지설비		8
에어커튼 또는 도어 자동개폐설비		12

(2) 이자

설비공사비(이후 설비비) 등 초기투자비는 건설시점에서 일괄하여 지불되지만, 보통 건축주는 은행 등으로부터 융자를 받는 경우가 많으므로 그 융자에 대한 이자를 지불할 필요가 있다.

만약에 자기자금으로 지불한 경우에도 그 자금을 은행에 저축했다고 생각하면 이자수익을 받을 수 있으므로 이자 상당분의 경비를 고려하게 된다.

연간 금리(金利)는 대여측과 차용측의 조건에 따라 다르지만, 일반적으로 10~ 12[%] 정도이고 설비의 내구년수를 15년이라고 하면 차입금을 매년 균등액으로 상환하고 이자금액을 평균하여 매년 지불하게 되는 이자는 다음 식에서 산출할 수 있다.

$$\text{이자}=\frac{(\text{상환년수}+1)\times\text{이율(금리)}\times\text{설비비}}{2\times\text{상환년수(내구년수)}}=\frac{(N+1)\cdot r\cdot C}{2\cdot N} \quad \cdots\cdots (5-2)$$

상환년수(내구년수)=N

이 율(금 리)=r 로 할 때, 매년 이자는 다음과 같다.

설 비 비(차 입 금)=C

1년 후 ………… $C\cdot r$

2년 후 ………… $C\cdot r\left(1-\frac{1}{N}\right)$

3년 후 ………… $C\cdot r\left(1-\frac{2}{N}\right)$

⋮

N년 후 ………… $C\cdot r\left(1-\frac{N-1}{N}\right)$

이자 합계 $C\cdot r\left\{1+\left(1-\frac{1}{N}\right)+\left(1-\frac{2}{N}\right)+\cdots\left(1-\frac{N-1}{N}\right)\right\}=C\cdot r\left\{1+\left(1-\frac{N-1}{N}\right)\right\}\frac{N}{2}$

$$\text{평균이자}=\frac{1}{N}\times(\text{이자 합계})=C\cdot r\left\{\frac{N+N-N+1}{N}\right\}\frac{N}{2}\times\frac{1}{N}=\frac{(N+1)\times r\times C}{2\cdot N}$$

(등차급수의 N항까지의 합계는 초항과 말항의 합계에 $\frac{N}{2}$을 곱한 것과 같다.)

(3) 자본회수계수(capital recovery factor)

자본회수계수는 건축주가 설비공사에 초기 투자한 금액과 이자를 고려하여 설비의 내구년수까지의 매년 균등액으로 자본을 회수한다는 개념에 기준하여 계산된 계수를 말한다.

이것은 (1)항의 감가상각비의 잔존가격을 0으로 하고 내구년수를 금리상환년수로, 정액법에 의한 감가상각비와 이자를 합계한 금액을 회수하는 것에 상당하는 것을 의미한다.

자본회수계수 F에 설비투자금액 C를 곱한 수치가 매년 상각금액 C_1이 된다. 즉,

$$C_1 = F \times C \quad \cdots\cdots (5-3)$$

내구년수와 이자상환년수를 N년으로 하고 이자를 연 r[%]로 할 때 자본회수계수 F는 다음 식에서 구한다.(주석 참조) 즉,

$$F = \frac{r(1+r)^n}{(1+r)^n - 1} \quad \cdots\cdots (5-4)(\text{表 } 5-2 \text{ 참조})$$

〈주석〉

건설시점부터 1년마다 잔존가격이 점점 감소되고 있다고 생각할 수 있다. 건설시점에서는 초기투자금액(설비비) C가 그대로 잔존가격으로 남아 있지만, 1년마다 투자액 C에 대한 이자 r이 증가하므로 C(1+r)로 되지만, 동시에 C_1을 상각하므로 잔존가격은 감소되어 $C(1+r)-C_1$으로 된다. 2년째 이후에는 감가상각금액 C_1 및 상각금액에도 이자 r을 고려한 금액이 감소되어 내구년수(상각년수, 상환년수) N년도에는 잔존가격 S가 0으로 된다.

건설시점의 잔존가격 ………… C ………… 상각이 0이 되고 투자금 그 자체가 잔존가격이 된다.

1년 후의 잔존가격(잔금) ………… $C(1+r)-C_1$

2년 후의 잔금 ………… $C(1+r)^2-C_1(1+r)-C_1$

⋮

N년 후의 잔금 ………… $C(1+r)^n-C_1(1+r)^{n-1}-C_1(1-r)^{n-2}$ ………… C_1

N년 후의 잔금은 모두 상각되어 0으로 되므로

$C(1+r)^n-C_1\{(1+r)^{n-1}+(1+r)^{n-2}+\cdots\cdots+1\}=0$이 성립되어 따라서 다음 식이 성립된다.

$$F = \frac{C_1}{C} = \frac{(1+r)^n}{(1+r)^{n-1}+(1+r)^{n-2}+\cdots\cdots+1} = \frac{(1+r)^n}{\dfrac{(1+r)^n-1}{(1+r)-1}} = \frac{r(1+r)^n}{(1+r)^n-1}$$

(등비급수 1, r, r^2, ……r^{n-1}의 제 n항까지의 합계 Sn은 $Sn = \frac{r^{n-1}}{r-1}$ 로 된다.)

내구년수와 연이율에 대한 자본회수계수는 표 5-3을 참조한다.

한편 자본회수계수는 감가상각비와 이자에 상당하는 평가이다.

표 5-3 자본회수계수표(기호 : F)

연리〔%〕 연수〔연〕	4	6	8	10	12	14	16	18	20
1	1.040 0	1.060 0	1.080 0	1.100 0	1.120 0	1.140 0	1.060 0	1.180 0	1.200 0
2	0.530 20	0.545 44	0.560 77	0.576 19	0.591 70	0.607.29	0.622 96	0.638 72	0.654 55
3	0.360 35	0.374 11	0.388 03	0.402 11	0.416 35	0.430 73	0.445 26	0.459 92	0.474 73
4	0.275 49	0.238 59	0.301 92	0.315 47	0.329 23	0.343 20	0.357 38	0.371 74	0.386 29
5	0.224 63	0.237 40	0.250 46	0.263 80	0.277 41	0.291 28	0.305 41	0.319 78	0.334 38
6	0.190 76	0.203 36	0.216 32	0.229 51	0.243 23	0.257 16	0.217 39	0.285 91	0.300 71
7	0.166 61	0.179 14	0.192 07	0.205 41	0.219 12	0.233 19	0.247 61	0.262 36	0.277 42
8	0.148 53	0.161 04	0.174 01	0.187 44	0.201 30	0.215 57	0.220 22	0.245 24	0.260 61
9	0.134 49	0.147 02	0.160 03	0.173 64	0.187 68	0.202 17	0.217 08	0.232 39	0.248 03
10	0.123 29	0.135 87	0.149 03	0.162 75	0.176 98	0.191 71	0.206 90	0.222 51	0.238 52
11	0.114 15	0.126 79	0.140 08	0.153 96	0.168 42	0.183 39	0.198 86	0.214 78	0.231 10
12	0.106 55	0.119 28	0.132 70	0.146 76	0.161 44	0.176 67	0.192 41	0.208 63	0.225 26
13	0.100 14	0.119 26	0.126 52	0.140 78	1.155 68	0.171 16	0.187 18	0.203 69	0.220 62
14	0.094 67	0.107 58	0.121 30	0.135 75	0.150 87	0.166 61	0.182 00	0.199 63	0.216 39
15	0.089 94	0.102 96	0.116 83	0.131 47	0.146 82	0.162 81	0.179 36	0.196 40	0.213 88
16	0.085 32	0.098 95	0.112 98	0.127 82	0.143 39	0.159 62	0.176 41	0.193 71	0.211 44
17	0.082 20	0.095 44	0.109 63	0.124 66	0.140 46	0.156 92	0.173 95	0.191 49	0.209 44
18	0.078 99	0.092 36	0.106 70	0.121 93	0.137 91	0.154 62	0.171 88	0.189 64	0.207 81
19	0.076 14	0.089 62	0.104 13	0.119 55	0.135 76	0.152 66	0.170 14	0.188 10	0.206 46
20	0.073 58	0.087 18	0.101 85	0.117 46	0.133 88	0.150 99	0.168 67	0.186 82	0.205 36
25	0.064 01	0.078 23	0.093 68	0.110 17	0.127 50	0.145 50	0.164 01	0.182 92	0.202 12
30	0.057 85	0.072 65	0.088 83	0.106 08	0.124 14	0.142 80	0.161 89	0.181 26	0.200 85
40	0.050 52	0.066 46	0.083 86	0.102 26	0.121 30	0.140 75	0.160 42	0.180 24	0.200 14
50	0.046 55	0.063 44	0.081 74	0.100 84	0.120 42	0.140 20	0.160 10	0.180 05	0.200 02
60	0.044 20	0.061 88	0.080 80	0.100 32	0.120 13	0.140 05	0.160 02	0.180 01	0.200 00
65	0.043 39	0.061 39	0.080 54	0.100 20	0.120 08	0.140 03	0.160 01	0.180 00	0.200 00

(예) 자본회수계수는 감가상각률과 이율을 동시에 고려한 수치로, 이율 r=10〔%〕, 내구년수 N=15일 때, 자본회수계수 F는 표 5-3에서 0.13147로 된다.

(4) 제보험료

제보험료는 화재보험료와 기계보험료 등이며, 총칭하여 손해보험료를 의미한다. 손해보험은 재산의 소유자가 자기판단에 따라 가입하는 것으로 일반건물의 경우 보험의 대부분은 화재보험이다.

화재보험료율은 건물의 구조, 지역, 면적, 층수, 소화설비의 정도 등에 따라 다르지만 설비비의 약 0.6〔%〕 정도로 추정되며, 개략계산시에는 화재보험과 기계보험을 합하여 설비비의 1〔%〕 정도를 산

입한다. 즉,

$$(\text{제보험료})=(\text{설비공사비 또는 설비비})\times 0.01 \qquad (5-5)$$

또한 손해보험의 보험료율을 자세히 조사하기 위해서는 손해보험산정 협회나 기관으로부터 보험료율표가 발행되므로 그 표를 참조할 수 있다.

(5) 조세공과

국가 및 지방자치단체에 납부하는 세금으로서 국세와 지방세를 합하여 제세공과금이라 하며 이 제세공과금에는 대별하여 초년도에 일괄하여 납부하는 세금(표 5-4 참조)과 매년 납부되는 세금(표 5-4 참조)으로 분류된다.

(※ 본 표는 특수한 경우를 제외한 일반수치임)

표 5-4 건물과 설비에 계상되는 세금

(1990. 12. 현재)

과세의 시기	국세 지방세구분	세명칭	세법상의 구분명칭	일반적인 구분명칭	대상	세율	비고
초년도 과세	국세	등록세	토지	토지	취득 당시의 가액	30/1,000	소유권보존등기
			건축물	건물	취득 당시의 가액	30/1,000	소유권보존등기
	지방세	부동산 취득세	토지	토지	취득 당시의 가액	20/1,000	취득등기
			건축물	건물	취득 당시의 가액	20/1,000	
매년 과세	지방세	재산세	토지	토지	재산의 과세시가표준액	3/1,000	
			건축물	건물	재산의 과세시가표준액	3/1,000	
				설비	재산의 과세시가표준액		
		도시계획세	토지	토지	재산의 과세시가표준액	2/1,000	
			건축물	건물	재산의 과세시가표준액	2/1,000	
		공동시설세	건축물	건물	건축물가액	1.6/1,000	5,000만원 초과하는 가액
		사업소세	건축물	건물	사업소연면적 $3.3m^2$ (평당)	500원	

① 등록세(국세)

본 세금은 설비를 포함한 건물과 토지를 소유권보존등기할 때 납부하는 국세로서, 원칙적으로 취득 당시의 가액으로 되나, 과세평가액은 일반적으로 실제취득가액의 80〔%〕 정도로 계산한다.

$$(\text{건축물 건설비}+\text{설비공사비}+\text{부대설비비})\times(\text{과세평가율})\times\frac{30}{1,000} \quad \cdots\cdots (1)$$

(이하 설비비로 한다.)

② 부동산취득세(지방세)

본 세금은 토지, 건물, 설비 등의 부동산을 취득할 경우 과세되는 지방세이다.

$$(\text{부지구입비}+\text{건물건설비}+\text{설비비})\times(\text{과세평가율})\times\frac{20}{1000} \quad \cdots\cdots (2)$$

앞의 ①, ② 양세금은 건설초년도에 일괄하여 납부되므로 당연히 차입금으로 지불되며 이자상환분도 고려하여야 하므로 이것을 매년지불분으로 환산하면 다음 식이 된다.

$$(\text{등록세}+\text{부동산취득세})\times(\text{자본회수계수}:\text{F}) \quad \cdots\cdots (3)$$

③ 고정재산세(지방세－매년)

본 세는 토지, 건물, 설비에 대하여 매년 과세되는 세금으로서 재산세 과세세가 표준액에 따라 부과되며 매년 일정한 금액은 아니다.

$$(\text{부지구입비}+\text{건물건설비}+\text{설비비})\times(\text{과세평가율})\times\frac{3}{1,000} \quad \cdots\cdots (4)$$

④ 도시계획세(지방세－매년)

본 세금은 지방세로서 도시계획구역 내의 토지, 건물, 설비 등에 매년 과세되는 세금이다.

$$(\text{부지구입비}+\text{건물건축비}+\text{설비비})\times(\text{과세평가율})\times\frac{2}{1,000} \quad \cdots\cdots (5)$$

⑤ 공동시설세(지방세－매년)

본 세금은 소방시설, 오물처리시설, 수리시설 기타 공동시설의 토지, 건물(설비)에 부과되는 세금이다.

$$(\text{토지}+\text{건축물}+\text{설비})\times(\text{과세평가율})\times\frac{1.6}{1,000} \quad \cdots\cdots (6)$$

(6) 고정비 비율(고정적 비용상각률)

전항까지 고정비로서 취급되는 각 항목에 대하여 기술하였으며, 여기서는 이상의 내용을 종합하여 통합된 공식을 구해 보기로 한다.

고정비 비율은 설비비에 대한 고정비의 비율을 말한다.

감가상각비 $=C\times\frac{r(1+r)^n}{(1+r)^n-1}$ ································ ⓐ

이자

제보험료$=C\times0.01$ ································ ⓑ

제세공과

· 등록세 및 부동산취득세$=C\times A\times(\frac{30}{1,000}+\frac{20}{1,000})\times\frac{r(1+r)^n}{(1+r)^n-1}$ ··················· ⓒ

· 고정자산세, 도시계획세, 공동시설세$=C\times A\times(\frac{3}{1,000}+\frac{2}{1,000}+\frac{1.6}{1,000})$ ··········· ⓓ

고정비 합계 C_T=ⓐ+ⓑ+ⓒ+ⓓ

여기서 A는 과세평가율, r은 이율, N은내구년수, C는설비비, $\frac{r(1+r)^n}{(1+r)^n-1}$ 은자본회수계수 F 로서

표 5-3을 참조한다.

$$C_T=C\left\{\left(1+A\frac{50}{1,000}\right)F+0.01+A\frac{6.6}{1,000}\right\} \quad \cdots\cdots (5-6)$$

$$\text{고정비 비율 } \theta'=\left\{\left(1+A\frac{50}{1,000}\right)F+0.01+A\frac{6.6}{1,000}\right\} \quad \cdots\cdots (5-7)$$

【예제 5-1】 열원설비비 C=1억원, 내구 년수N=15년, 차입금리(이율) r=10[%](연리), 과세평가율 A=0.8 이상의 경우 고정비 비율 θ'와 고정비(원/년, C) 및 자본회수계수 F와 상각금액 C_1[원/년]을 구하시오.

【풀 이】 고정비 비율 θ'는 상기 공식(5-7)에서

$$\theta'=\left\{\left(1+0.8\frac{50}{1,000}\right)0.131+0.01+0.8\frac{6.6}{1,000}\right\}=0.15152\fallingdotseq0.152$$

고정비 합계 $C_T=C\times\theta'$=1억원×0.152=15,200,000[원/년]

단, 자본회수계수 F는 표 5-3에서 F=0.13147

감가상각금액 $C_1=C\times F$=1억원×0.131≒13,100,000[원/년]

※ [고정비 비율 검토]

한편 제세공과금 중 등록면허세나 부동산취득세는 건물이 신축될 때에 부과되는 세금이므로, 취득가격 속에 포함하여 감가상각비를 계상하는 것이 타당하다. 제보험료 및 고정자산세 및 기타 지방세는 법정으로 계산되어 건물의 평가액에 대해 부과되므로 매년 일정하지 않다.

따라서 고정비라는 개념에서 내구년수간의 제보험료와 제세공과의 총액을 매년 비용으로서 균등하게 1년당의 제세·제보험료로서 취급하는 방법의 계산방법을 별도로 소개하면 다음과 같다.

$$C_T=C\times\theta$$

$$C_T = C \times \left\{ (1 + A \cdot k' + A \cdot k'') \times \frac{r(1+r)^n}{(1+r)^n - 1} + A \cdot k \cdot \frac{0.9}{(1 - \sqrt[n]{0.1})n} \right\} \quad \cdots\cdots (5-8)$$

C_T : 고정적 비용의 합계〔원/년〕

θ : 고정비 비율(고정적 비용상각률)…예) $\theta = \frac{0.082 \times 1.08^n}{1.08^n - 1} + \frac{0.014}{(1 - \sqrt[n]{0.1})n}$ ……… (5-9)

C : 건물 또는 설비의 취득평가액(설비비)〔원〕

A : 세금·보험료에 대한 평가율(본 계산에서는 0.7)

k′ : 등록면허세율(본 계산에서 0.06 : 건물·설비의 보존등기)

k″ : 부동산취득세율(본 계산에서 0.03)

r : 연이율(본 계산에서 0.08)

k : 세금·보험료율 합계(본 계산에서는 k=0.022, 고정자산세율 0.014, 화재보험료율 0.006, 도시계획세율 : 0.002의 합계)

상기 식(5-9)로부터 고정비 비율(고정적 비용상각률) θ를 내구년수 n(년)별로 구하면 표 5-5와 같다.

표 5-5 고정비 비율(Ⅰ)

(θ : 외국의 경우, 참고용)

내구년수 n〔년〕	6	8	10	12	15
θ : 고정비 비율	0.2347	0.1723	0.1597	0.1461	0.1298

(예) 상기 표 5-5 고정비 비율에서 n=15, r=0.08일 때, θ=0.1298이고 표 5-3 자본회수계수(F)에서 n=15, r=0.08일 때 F=0.1168이므로 제보험료 및 제세공과가 포함된 고정비 비율 θ(표 5-5)를 외국에서는 사용하고 있다.

따라서 국내에서 적용되는 세율, 보험료 등을 감안하여 고정비 비율 θ의 공식 5-8을 적용하여 계산해 보면 다음과 같다.

$$\theta = \left\{ (1 + A \cdot k' + A \cdot k'') + \frac{r(1+r)^n}{(1+r)^n - 1} + A \cdot k \frac{0.9}{(1 - \sqrt[n]{0.1})n} \right\}$$ 에서

A : 과세평가율(0.8)

k′ : 등록세(0.03)

k″ : 부동산취득세(0.02)

r : 연이율(10%…0.1)

k : 세금보험료율(보험료율 : 0.01, 고정재산세 : 0.003, 도시계획세 : 0.002, 공동시설세 : 0.0016, 계 0.0166)

즉,

$$\theta = \frac{0.104(1.1)^n}{(1.1)^n - 1} + A \frac{0.01328}{(1 - \sqrt[n]{0.1})n} \quad \cdots\cdots (5-10)$$

따라서 국내의 경우 제세공과금과 보험료를 고려한 고정비 비율 θ를 공식(5-10)을 이용하여 내구년수 n[년], 연리 10[%]를 기준하여 표를 작성해 보면 다음 표와 같다.

표 5-5 고정비비율

(θ : 국내의 경우, 참고용)

내구년수 n[년]	6	8	10	12	15
θ : 고정비 비율	0.242	0.197	0.171	0.154	0.138

※ 앞서 기술한 공식(5-7)에서의 θ′계산방법은 보험료 및 제세금에 대한 감가상각률 적용과 정액법이 아닌 정률법 적용의 잔존가격 10[%]기준 등 수치 및 적용해석에 외국에서 사용되는 공식(5-8)과는 다른 점이 있기 때문에 n=15년의 경우 수치가 다른 것으로 생각되며, 여기에서는 외국의 경우와 같이 공식(5-10)을 이용한 표의 고정비 비율을 적용하기로 한다.

(7) 점유공간 고정비

열원기계실이나 공조기계실을 구축하는 데는 건설비가 필요하며, 또한 매년 고정자산세 등 세금·보험금 등의 대상이 된다. 열원시스템이나 공기조화방식의 선택에 따라 기계실의 점유공간의 대소차이가 발생하며, PS(배관샤프트), DS(덕트샤프트) 등도 차이가 있으므로 설비의 경상비 계산에서는 이에 대한 점유공간을 고정비로서 계산할 필요가 있다.

열원기계실의 경우 보통 지하에 설치하며, 이때 지하창고의 임대료 정도를 연액(年額)으로 개략 계산할 수 있다.

또한 지상층의 공조기계실의 면적을 평가할 경우는 사무소 임대가를 기준하여 고정비로서 계상할 수 있다.

자세한 것은 자료를 수집하여 평가한다.

(8) 설비관련 부대설비 고정비

① 수변전 설비

열원시스템에 따라 수변전 설비용량에 차이가 있으므로 그 수변전 설비의 투자금액에 상당하는 금액을 산출하여 고정비로서 평가한다.

예를 들면 흡수식 냉온수기 냉동기와 터보식 냉동기의 경우 수전용량의 차이가 크므로 계약전력 등 기타 사항을 점검하여 그 비용을 계산하여 고정비로서 평가한다.

② 축열조 설비

지하 2중 슬래브를 이용한 축열조의 경우 연통관, 단열비용 등을 추가하여야 하며 별도 강판제 축열조일 때는 그 축조비용을 별도 계상한다.

5-2-3 변동비

변동비에 대해서는 공조설비의 계산방법을 알면 위생설비·전기설비에도 응용할 수 있으므로 여기에서는 공조설비를 중심으로 설명한다. 변동비는 에너지파동에 의해 변동하다가 요즈음에 다시 인상의 조짐이 있는 등 수시로 변동한다. 따라서 변동비 중에서 에너지비용을 절약할 수 있는 시스템을 어떻게 구상하느냐가 주요한 요건으로 등장하였다. 변동비 중에서도 특히 전력비, 연료비, 상하수도비, 수처리비 등은 운전시간이나 냉난방부하조건에 직접 관련이 있으므로 이것들을 추정하기가 상당히 어렵다. 즉, 냉난방부하의 연간사용량을 추정하기가 쉽지 않고 각 기기의 연간 가동시간을 구할 수는 있으나 반드시 전부하로 운전되지 않는다. 냉동기의 경우 300〔kw〕의 전동기로 구동하더라도 경부하시에는 그보다 적은 전력으로 구동되나 정확한 전력은 추정하기 어렵다. 따라서 연간 소비전력을 산정시 냉동기의 입력〔kw〕과 운전시간〔h〕을 곱하면 실제전력량보다 크게 됨을 알 수 있다.

(1) 전력비

1) 연간전력사용량

연간전력사용량은 다음 식에 따라 구한다.

(전동기출력〔kw〕×운전시간〔시간/년〕×부하율)÷전동기효율

여기에서,

① 전동기출력을 여유를 주어 전동기를 선정했을 경우는 여유분을 뺀 값으로 한다.

② 부하율은 냉동기의 경우 부분부하 운전에서의 효율을 고려한다.

③ 전동기 효율은 제조회사 자료를 검토하여 적용한다.

2) 계약전력

개략적으로 설비전력(입력환산)의 60~70〔%〕 정도로 본다. 보다 자세하게 산출할 때에는 한전의 전력 공급규정에 따른다.

3) 전력요금

개략적이지만 전력요금은 표 5-9를 기준으로 다음과 같이 구한다.

연간전력요금〔원/년〕=(① 기본요금+② 전력량요금)

① 기본요금=계약전력〔kw〕×기본요금단가〔원/kw·월〕×12〔월/년〕×(1.85-역률)

② 전력량요금=사용전력량〔kw·h/년〕×전력량요금단가〔원/kw·h〕

전력요금은 수시 변동할 수 있으므로 주의한다.

(2) 연료비

냉난방 또는 급탕용의 연료로는 일반적으로 가스, 경유, 중유 등이 사용되며, 연간연료소비량은 다음 식에 의한다.

1) 유류의 연간소비량(L)

$$L[\ell/\text{년}] = \frac{\text{보일러의 연간 총출력}[\text{kcal/년}]}{\text{보일러의 평균효율} \times \text{유류의 저위발열량}[\text{kcal/kg}] \times \text{유류의 비중}[\text{kg}/\ell]}$$

2) 가스의 연간소비량(L′)

$$L'[\text{m}^3/\text{년}] = \frac{\text{보일러의 연간 총출력}[\text{kcal/년}]}{\text{보일러의 평균효율} \times \text{가스의 저위발열량}[\text{kcal/m}^3]}$$

여기에서,

① 보일러의 연간 총출력[kcal/년]=보일러의 상용출력[kcal/h]×총운전시간/년×보일러부하율 (난방인 경우 0.4~0.5 정도)

② 보일러의 평균효율(저위발열량)은 실제로 보일러의 운전방법 또는 정비상태에 따라 다르나, 최근에는 최대부하효율, 부분부하효율 등이 좋아지고 있으므로 제작회사의 기술자료를 확인하고 반영한다.

한 냉동기·보일러의 경우, 연간 총출력을 연간 총출력=총 운전시간×부하율로 표시하는 방법과 전부하상당시간으로 나타내는 방법 등이 있다. 즉, 전부하상당시간=총 운전시간×부하율의 관계에 있다고 본다.

③ 우리 나라에서 사용되고 있는 연료의 가격은 표 5-8에 표시하며, 가스인 경우 인입공사비가 포함되므로 사전에 해당 도시가스 공급회사와 협의한다. 연료의 발열량은 5-3-4장의 표 5-21을 참조한다. 또한 가스요금은 해당 도시가스 공급회사마다 다르므로 주의한다.

(3) 상하수도비

급수량의 주된 비중을 차지하는 것은 냉각탑보급수와 겨울의 가습용수이다.

① 냉각탑 냉각보급수량은 냉각수 순환량의 1.5~2.5[%] 정도이나 통상적으로 2[%]를 적용한다.

② 가습용수는 개략적으로 다음과 같이 산출한다.

$$연간가습량=0.024[\ell/m^2\cdot h]\times 공조면적[m^2]\times 운전시간[h]$$

수도요금은 표 5-10과 같으며, 표 5-11은 하수도 요금을 표시한다. 상수도 인입공사의 시설분담금은 각 지역의 급수조례에 따른다.

(4) 수처리비

수처리방법은 수질의 정도에 따라 다르고 이에 따라 수처리비용이 다르게 산출된다.

(5) 인건비

설비보수인원의 인건비는 노동조건에 따라 다르나, 단순히 급료만이 아니고 기타 경비도 가산해야 한다. 따라서 현재는 약 1,500만[원/인 · 년] 정도로 생각되나 인건비가 정확히 계산된 경우는 그 수치를 따른다. 또 보수요원은 연바닥면적 3,300 [m^2] 에 1명 정도의 비율로 계산한다. 이때 냉열원설비와 2차 측 공조설비에 종사하는 비율은 1 : 2 정도로 생각된다.

(6) 유지수리비

유지수리비는 주로 건물과 설비류가 그 대상이 되며 각각의 규모, 종류 및 수명에 의해 대단히 복잡하나, 건물에 대해서는 건물구입가격의 0.6[%] 전후, 공조설비에 대해서는 구입가격의 1.5[%] 전후가 연간비용으로 사용된다(일본 기준). 이 유지수리비의 내역 및 구성비율은 표 5-6에 나타낸 것과 같고, 공조기기류의 수리횟수는 표 5-7에 표시하였다.

이상 고정비·변동비의 각 항목을 합산한 것을 공조설비의 연간경상비라 말한다. 경상비 계산수순은 다음의 예제를 참조한다.

표 5-6 유지관리비의 구성

항 목	구성률[%]	설비비[%]
1) 냉동기 유지·수리비(보수계약비, 응축기수리, 부품교환비 등)	23.5	0.35
2) 보일러 유지·수리비(보수계약비, 청소비, 버너수리, 부품교환비 등)	16.5	0.25
3) 에어필터 유지·수리비, 필터구입비, 필터오일구입비	20.0	0.30
4) 냉매보급비	10.0	0.15
5) 냉각탑 유지·수리비(청소비, 도장비, 충진재교환 등)	7.5	0.11
6) 공조기, 송풍기, 펌프, 모터의 유지, 수리비(수리, 부품교환 등)	14.5	0.22
7) 기타(냉동기 오일, 모터 오일, 그리스의 구입, 덕트배관의 수리, 기타 기기의 수리비)	8.0	0.12
계	100.0	1.5

표 5-7 공조설비의 수리개소 및 수리횟수(C.L. Ringguist)

항 목	횟수/20년
왕복동식 냉동기	
압축기	1
전동기	1
응축기(청소 가)	1
응축기(청소 불가)	2
냉매주입	2
유교환	4
도장	4
흡입·토출밸브	4조
원심식 냉동기	
압축기	1/2
전동기	1
퍼지유닛	2
유펌프전동기	2
응축기	2/3
냉각기	2/3
가스켓	3조
냉매주입	2
유교환	10~20
도장	4
흡수식 냉동기	
유닛	2/3
펌프전동기	1
펌프날개	1
펌프시일	4
퍼지유닛	4

항 목	횟수/20년
흡 수 식 냉 동 기	
다이어프램밸브	5조
가스켓	3조
제어장치	1조
흡수제교환	2/3
도장	4
냉 각 탑	
케이싱	1
송풍기	1
송풍기전동기	1
분사노즐	3조
도장	2회/년
패 키 지 형 공 조 기	
왕복동압축기	1
전동기	1
송풍기전동기	1
송풍기베어링	2
냉각코일	2/3
가열코일	2/3
냉매주입	2
유교환	4
응축기 (청소가)	1
응축기 (청소불가)	2
공기필터 (재생형)	1조
공기필터 (기각형)	1회/2개월
필터유 (재생형)	1gal/필터
V벨트	2조
밸브·제어장치	2
케이싱도장	4
룸 쿨 러	
유닛전체	2
공 기 조 화 기	
케이싱	1/2
냉각코일	2/3
가열코일	2/3
가습기	4
송풍기전동기	1
송풍기베어링	2
송풍기샤프트	1
공기필터 (재생형)	1조
공기필터 (기각형)	1회/2개월

항 목	횟수/20년
공 기 조 화 기	
필터유(재생형)	1gal/필터
V 벨트	2조
댐퍼	1
밸브제어장치	2
도장	4
팬코일유닛·인덕션유닛	
케이싱	1/2
코일	2/3
송풍기전동기	2
공기필터(재생형)	1조
공기필터(기각형)	1회/2개월
필터유(재생형)	1gal/필터
스위치	3
도장	3
냉각·가열코일	
냉각코일	2/3
가열코일	2/3
송 풍 기	
케이싱	1/2
베어링	2
샤프트	1
송풍기전동기	1
흡입베인댐퍼	1
V 벨트	2조
도장	4
증 발 식 응 축 기	
케이싱(아연도)	2
케이싱(무도금)	1
코일	2/3
송풍기전동기	1
펌프	1
펌프전동기	2
송풍기베어링	2
송풍기샤프트	1
V 벨트	2조
분사노즐	3조
수액기	1
댐퍼	1
금망	2
케이싱도장	10

항목	횟수/20년
펌프	
케이싱	1/2
익차	1
패킹그랜드	3
전동기	1
도장	4
증기·수·냉매배관	
흑가스관	5%/a
백가스관	2%/a
탄소강강관	2%/a
동관	2%/a
전기배선	
동력배선	4%/a
조작회로배선	2%/a
온도제어배선	10%/a
기동기배선	1
스위치	1
밸브	
제어밸브	10%/a
게이트밸브	3%/a
팽창밸브(냉매)	10%/a
전자밸브(냉매)	10%/a
방진	
스프링	1
고무	2
기타	
윤활유(저점도)	1gal/베어링
윤활유(고점도)	0.5gal/베어링
그리스	2lbs/베어링
공냉응축기	
케이싱	1/2
송풍기베어링	2
송풍기샤프트·전동기	1
V벨트	2조
코일	2/3
댐퍼	1
도장	4

注 : 전장치의 기준상각년수를 20년으로 하고 기간에 몇 번의 각 기기 갱신을 할 것인가를 나타낸다.

【예제 5-2】 다음의 서울 사무소건물에서 공조방식에 대한 연간 경상비를 비교하시오.

1) 건물연면적 : 4,200평

공조면적 : 3,000평

2) 건물규모 : 지하 4층, 지상 10층

3) 운전시간 : 1일 10시간, 1개월 25일 운전

(냉방기) 5~10월 1,500시간

(난방기) 11~3월 1,250시간

(중간기) 4월 250시간

4) 열원기기

(냉열원) 터보냉동기 210〔USRT〕×2〔대〕

(온열원) 스팀보일러 1,000,000〔kcal/h〕×2〔대〕

5) 공조방식은 표 5-12 참조

6) 초기 투자설비비는 표 5-13 참조

【풀 이】 (1) 설비교정비

표 5-6에 의한다. 설비기기류의 내구년수는 15년, 이자는 10〔%〕로 한다. 즉, 설비고정비 비율 θ를 표 5-5 (Ⅰ)에서 $\theta=0.138$을 적용하며 그 결과 계산치는 표 5-17을 참조한다.

(2) 변동비

① 연료비

보일러부하율을 0.5, 평균효율 0.8, 연료는 도시가스를 사용하면,

$$\frac{1,000,000\times2}{0.8\times10,500}\times1,250\times0.5\times211.34=31,449,404〔원/년〕$$

② 전력비

기본요금은 표 5-9에 의하면 4,045〔원/kw〕이고 전력량요금 산정시 냉동기 전력량은 6·7·8월 3개월 동안의 부하율은 0.6, 5·9·10월 3개월 동안의 부하율은 0.34로 계산한다.

㉮ 기본요금의 계산(단, 역률은 0.95로 한다.)

(제1안의 경우)

기본요금=482〔kw〕×4,025〔원/kw〕×12개월×(1.85-0.95)=20,952,540〔원/년〕

(제2안의 경우)

기본요금=455〔kw〕×4,025〔원/kw〕×12개월×(1.85-0.95)=19,778,850〔원/년〕

㉯ 전력량요금의 계산

전동기효율은 0.9, 냉동기 피크시의 요율에 대한 평균효율계수는 6~8월은 1.0, 5·9·10월은 0.9로 한다.

· 냉동기의 전력량 계산

$$6\cdot7\cdot8월\quad \frac{300〔kw〕\times750〔h〕\times0.6}{0.9\times1.0}=150,000〔kw\cdot h〕 \cdots\cdots ①$$

$$5\cdot9\cdot10월\quad \frac{300〔kw〕\times750〔h〕\times0.34}{0.9\times0.9}=94,444〔kw\cdot h〕 \cdots\cdots ②$$

냉동기 이외의 동력의 전력량은 전동기효율 0.8과 표 5−14의 각 공조장치의 동력과 표 5−15의 부하율을 적용하여 다음과 같이 계산한다.

(제1안의 경우)

· 6·7·8월(냉방시)

$$\frac{750\times\{0.9\times(8+30+30+92)+0.8\times22\}}{0.8}=151,500[\mathrm{kw\cdot h}] \quad \cdots\cdots ③$$

· 5·9·10월(6·7·8월과 동일) : 151,500[kw·h] ······ ④

· 11~3월(난방시)

$$\frac{1,250\times\{(20+92)\times0.9+(7\times0.1)+(8\times0.5)+(22\times0.8)\}}{0.8}\fallingdotseq192,344[\mathrm{kw\cdot h}] \quad \cdots\cdots ⑤$$

· 4월(중간기)

$$\frac{250\times\{(92\times0.54)+(22\times0.8)\}}{0.8}=21,025[\mathrm{kw\cdot h}] \quad \cdots\cdots ⑥$$

(제2안의 경우)

· 6·7·8월(냉방시)

$$\frac{750\times\{(8+30+30+59+6)\times0.9+22\times0.8\}}{0.8}=128,719[\mathrm{kw\cdot h}] \quad \cdots\cdots ⑦$$

· 5·9·10월(6·7·8월과 동일) : 128,719[kw·h] · ⑧

· 11~3월(난방식)

$$\frac{1,250\times\{(20+59+6)\times0.9+(7\times0.1)+(8\times0.5)+(22\times0.8)\}}{0.8}\fallingdotseq154,375[\mathrm{kw\cdot h}] \quad \cdots\cdots ⑨$$

· 4월(중간기)

$$\frac{250\times\{(59\times0.9)+(22\times0.8)\}}{0.8}=22,094[\mathrm{kw\cdot h}] \quad \cdots\cdots ⑩$$

③ 상수도비

냉각탑의 보급수를 냉각수순환량(160m^3/h)의 2[%], 2×160[m^3/h]×0.02×1,500h=9,600[m^3/년]

난방기의 외기도입에 대한 가습량(증기가습)은 0.025[ℓ/h·m^2] 사용할 때

0.025×3,000×3.3×1,250[h]÷1,000≒310[m^3/년]

상수도 요금계산은 표 5−10의 제2종을 적용하며, 기본요금계산은 생략하기로 한다.

상수도비 : (9,600+310)×260[원/m^3]=2,576,600[원/년]

④ 인건비

보수인원을 3명으로 하고, 1인당 9,000,000[원/년]으로 하면

3[인]×9,000,000[원/인]=27,000,000[원/년]

⑤ 유지수리비

설비공사비의 1.5[%]로 한다.

表 5—8 연료유의 단가

(1990. 12. 기준)

품명	규격	단위	가격		
			공장도	대리점	주유소
휘발유	고급휘발유, 탱크로리	ℓ	425.72	449.37	488
휘발유	보통휘발유, 탱크로리	ℓ	330.96	349.24	373
무연휘발유	탱크로리 탱크로리	ℓ	320.84	340.65	373
등유	백등유 탱크로리	ℓ	159.72	170.32	186
경유	고유황 1〔%〕	ℓ	154.52	164.16	179
경유	저유황 0.4〔%〕	ℓ	157.74	166.69	182
경질중유	벙커 B—A 고유황 2.0〔%〕	ℓ	123.53	131.44	—
경질중유	벙커 B—A 저유황 1.6〔%〕	ℓ	125.60	133.51	—
중유	벙커 B—B 고유황 3.0〔%〕	ℓ	98.84	106.94	—
중유	벙커 B—B 저유황 1.6〔%〕	ℓ	102.89	110.99	—
벙커 C 유	벙커 C 고유황 4.0〔%〕	ℓ	76.64	84.81	—
벙커 C 유	벙커 C 저유황 1.6〔%〕	ℓ	87.99	97.09	—
LNG	도시가스 가정 취사용	m^3	284.85	—	—
LNG	도시가스 가정 중앙난방용	m^3	192.96	—	—
LNG	도시가스 가정 개별난방용	m^3	210.66	—	—
LNG	도시가스 업무용 냉난방	m^3	211.34	—	—
LNG	도시가스 산업용 100,000〔m^3 이내/월〕	m^3	204.22	—	—
LNG	도시가스 산업용 100,000～200,000〔m^3/월〕	m^3	194.93	—	—
LNG	도시가스 산업용 500,000〔m^3 이상/월〕	m^3	185.65	—	—
부탄 (LPG)	공업용(연료발포) 탱크로리	kg	231.15	293	—
프로판가스	일반용 공장도(탱크로리)	kg	231.69	317.11	415

표 5—9 전기요금표

(단위 : 기본요금 kw당, 1990 전력량요금 : kwh당)

	기본요금(호당)		전력량요금	
주택용 전력	100〔kwh〕 이하 338〔원〕 101～200〔kwh〕 676〔원〕 200〔kwh〕 초과 1,014〔원〕		처음 50〔kwh〕까지 30.70〔원〕 다음 50〔kwh〕까지 68.50〔원〕 다음 100〔kwh〕까지 89.50〔원〕 200〔kwh〕초과 129.40〔원〕	
업무용 전력	구분	기본요금	전력량요금	
			여름철(6, 7, 8월)	그밖의 철
	저압	4,045〔원〕	54.50〔원〕	49.60〔원〕
	고압A		53.20〔원〕	48.50〔원〕
	고압B		52.10〔원〕	47.40〔원〕

		구 분	기본요금	전 력 량 요 금	
				여름철(6, 7, 8월)	그밖의 철
산업용전력	(갑)	저압	2,850〔원〕	37.70〔원〕	35.10〔원〕
		고압A	2,820〔원〕	37.50〔원〕	34.90〔원〕
		고압B	2,630〔원〕	37.10〔원〕	34.60〔원〕
	(을)	고압A	2,820〔원〕	• 경 부 하 시 23.30〔원〕 • 최대부하시 44.20〔원〕	• 경 부 하 시 24.30〔원〕 • 중 부 하 시 35.60〔원〕 • 최대부하시 44.20〔원〕
		고압B	2,630〔원〕	• 경 부 하 시 23.60〔원〕 • 최대부하시 42.60〔원〕	• 경 부 하 시 23.60〔원〕 • 중 부 하 시 35.30〔원〕 • 최대부하시 42.60〔원〕
농 사 용 전 력		갑	300〔원〕	18.30〔원〕	
		을	810〔원〕	23.50〔원〕	
		병	950〔원〕	32.40〔원〕	
심 야 전 력		갑	없 음	21.50〔원〕	
		을	4,045〔원〕× 기타 시간비중	심야 시간 : 24.30〔원〕 기타 시간 : 61.10〔원〕	

주 : ① 농사용 전등 : 〔W〕당 17〔원〕, 최저 570〔원〕

② 가로등 갑 : 〔W〕당 17〔원〕, 최저 570〔원〕

을 : 기본요금 2,850〔원〕, 전력량요금 39.10〔원〕

③ 임시전력 : 적용기준 변동 없음

• 1주택다세대요금 : 월사용량을 세대수로 나누어 각각 주택용 요금 적용
• 업무용 전력 계절별 요금 : 9월 1일부터 시행
• 농사용 전력 : 전기를 사용한 달에만 기본요금 부과

표 5—10 수도요금

(1985. 11. 25 시행)

업무 \ 구 분	1전 1개월 기본요금		초 과 사 용 료	
	기본수량〔m³〕	기 본 요 금	사용수량구분	〔m³〕당 단가
제1종(음식점) (빌딩·제조가공·공장)	30	8,270	31～200	410
			201～300	550
			301 이상	700
제2종(기 타)	20	2,100	21 이상	260
제3종(가정용)	10	600	11～30	79
			31～50	174
			51 이상	230
제4종(터키사우나탕)	500	273,000	501 이상	880
제5종(대중탕)	500	54,000	501 이상	140

구분 / 업무	1전 1개월 기본요금		초과사용료	
	기본수량[m^3]	기본요금	사용수량구분	[m^3]당 단가
제6종(공공용)	사용수량 1[m^3]당 170[원]			
제7종(공동수도)	100	5,000	101 이상	50
제8종(단기급수)	사용수량 1[m^3]당 410[원]			

注：① 사설 소화전 기본요금 월 1,100[원](1년분을 1회에 징수할 수 있다)으로 하고 연습사용료는 제6종 요율에 의한다.

② 지하수 사용시 하수도요금산출법

지하수를 뽑어 올리는 모터에 시간계를 부착하여 모터가동시간을 기준으로 하여 요금을 산출한다. 현재 연 2회(5월과 11월) 시간당 모터출수량을 점검 측정하고 있다.

예) 1.5[ton/h] 출수용량의 모터인 경우, 사용량=1.5[ton]×모터사용시간, 사용료율은 상수도료율과 동일

表 5—11 하수도요금(1984년 12월 31일부터 적용)

(1990. 12. 기준)

지역별 / 업종별	서울		지역별 / 업종별	인천		경주	울산
일반 1종	기본(15m^3)	300[원]	일반용 (1~4종)	기본(10m^3)	350[원]	410[원]	500[원]
	초과 16~30	36		11~30	55	80	70
	1[m^3]당 31~50	100		31~50	65	110	90
	51~100	200		51~100	80	140	120
	101~500	300		101~500	100	한 가정용	
	501 이상	350		501 이상			
일반 2종	기본(15m^3)	300	공공용	기본 30[m^3]	1,200	2,500	1[m^3]당 100
	초과 16~30	36	(5~6종)	31 이상	70	100	
	1[m^3]당 31~50	100	공중용	30[m^3]	800	–	1[m^3]당 60
	51 이상	180	(7종)	31 이상	50		
일반 3종	기본(500m^3)	230,000	산업용	200m^3	5,000	5,000	1[m^3]당 40
	501 이상	800	(지하수·공업용수)	201 이상	80	150	
공공용	사용수량 1[m^3]당 73		영업용			20[m^2]이하 1,680	
공중용	사용수량 1[m^3]당 24		(경주만 해당)			21~50 120	
산업용	사용수량 1[m^3]당 68					51~100 150	
일시사용	사용수량 1[m^3]당 200					101이상 180	

업종별	사용량	단위	부산	광주	대구	전주
일반용	10[m^3] 이하	기본요금	500[원]	500[원]	360[원]	300[원]
	11~30[m^3] 이하	1[m^3]	60	90	60	45
	31~50[m^3] 이하	1[m^3]	80	120	80	80
	51~100[m^3] 이하	1[m^3]	110	180	110	130
	101[m^3] 이상	1[m^3]	200	240	150	220

업 종 별	사 용 량	단위	부 산	광 주	대 구	전 주
산 업 용		1[m³]	90	95	70	46
공 공 용		1[m³]	80	90	60	42
공 중 용		1[m³]	40	50	40	30
일시사용		1[m³]	110	180	110	130

표 5—12 공조방식

구 분	공 조 방 식	내 부	외 부
제 1 안	단 일 덕 트	덕 트	덕 트
제 2 안	팬코일유닛+덕트	덕 트	팬코일유닛

표 5—13 공조설비 초기투자공사비

(단위 : 천원)

공 사 항 목	제 1 안	제 2 안
냉 동 기 설 비	160,000	160,000
보 일 러 설 비	100,000	100,000
공 조 기	80,000	64,000
덕 트 설 비	540,000	420,000
배 관 설 비	60,000	160,000
자 동 제 어 설 비	130,000	130,000
제 경 비	321,000	310,200
합 계	1,391,000	1,344,200

표 5—14 공조설비의 동력

(단위 : kw)

장비명 \ 구 분	제 1 안			제 2 안		
	4월	5~10월	11~3월	4월	5~10월	11~3월
터보냉동기		300	—		300	—
냉 각 탑		8	—		8	—
보 일 러		—	8		—	8
냉각수펌프		30	—		30	—
냉 수 펌 프		30	—		30	—
온 수 펌 프		—	20		—	20
응축수펌프		—	7		—	7
공기조화기	92	92	92	59	59	59
팬코일유닛	—	—	—	—	6	6
환 기 팬	22	22	22	22	22	12
계	114	482	149	81	455	122

표 5—15 냉동기 이외의 동력부하율

공조기기 \ 공조방식 / 운전기	제 1 안 냉방기	제 1 안 난방기	제 1 안 중간기	제 2 안 냉방기	제 2 안 난방기	제 2 안 중간기
냉각수펌프	0.9	—		0.9	—	
냉수펌프	0.9	—		0.9	—	
온수펌프	—	0.9		—	0.9	
냉각탑	0.9	—		0.9	—	
공조기	0.9	0.9	0.54	0.9	0.9	0.9
팬코일유닛	—	—	—	0.9	0.9	—
응축수펌프	—	0.1		—	0.1	
환기팬	0.8	0.8	0.8	0.8	0.8	0.8
보일러	—	0.5		—	0.5	

표 5—16 전력량요금계산집계표

운전기 \ 공조방식	사용 요금 / 전력량	제1안 : 단일덕트방식 전력량 〔kwh〕	제1안 단가 〔원/kwh〕	제1안 전력량요금 〔원〕	제2안 : 팬코일유닛+덕트방식 전력량 〔kwh〕	제2안 단가 〔원/kwh〕	제2안 전력량요금 〔원〕
냉방기	6,7,8월	①+③ 301,500	53.2	16,039,800	①+⑦ 278,719	53.2	14,827,851
	5,9,10월	②+④ 245,944	48.5	11,928,284	②+⑧ 223,163	48.5	10,823,406
난방기 11~3월		⑤ 192,344	48.5	9,328,684	⑨ 154,375	48.5	7,487,188
중간기 4월		⑥ 21,025	48.5	1,019,713	⑩ 22,094	48.5	1,071,559
합 계〔원/연〕		—		38,316,481	—		34,210,004

표 5—17 연간 경사비 비교

(단위 : 원/년, 1990. 12. 기준)

항목 \ 공조방식			제1안 : 단일덕트방식	제2안 : 팬코일유닛+덕트방식
(A) 설비고정비			1,391,000,000×0.138=191,958,000	1,344,000,000×0.138=185,499,600
(B) 변동비	전력비	기본요금	20,952,540	19,778,850
		전력량요금	38,316,481	34,210,004
	연료비		31,449,404	31,449,404
	상수도비		2,576,600	2,576,600
	인건비		27,000,000	27,000,000
	유지수리비		(설비공사비의 1.5%) 2,910,834	(설비공사비의 1.5%) 2,861,154
	변동비합계		123,205,859	117,876,012
연간 경상비(A+B)			315,163,859	303,375,612

5-3 기본설계시 설비경제성 검토

5-3-1 공조시스템 선택의 기본

공조시스템은 건축물의 형상, 사용방법, 방위 및 규모에 따라 좌우된다. 각종 공조시스템은 대상 건물에 맞도록 선정해야 하고 아래 표의 항목들을 검토한다.

표 5-18 기본설계시 설비경제성 검토

항 목	검 토 사 항
기 초 성 능	온습도의 제어성 공기유동성 공기청정능력 소음·진동 신뢰성 성능 방재·안전성능
경 제 성	설 비 비 경 상 비
보 수 성 능	조 작 성 능 자격자의 유무
지 역 성	공 해
에 너 지 절 약	에너지의 소비량
기 타	기타 필요 사항

5-3-2 공조시스템의 분류와 특징

현재 일반건축물에서 채택한 공조시스템에서 열매공급방식에 따른 분류를 표 5-19, 열원시스템의 분류를 표 5-20에 표시한다.

표 5-19 열원방식

에너지원	에너지와 냉온열원의 구성
전기+연료	전기 → 전동냉동기(냉열원) 석유·석탄·가스 → 보일러(온열원)
연 료 (온사이드)	석유·석탄·가스 → 보일러 → 증 기 → 증기터번냉동기(냉열원) 보일러 → 고온수 → 흡수냉동기(냉열원) → (온열원) 유류·가스·LPG → 직화냉온수기 → 냉수 직화냉온수기 → 온수 유류·가스·LPG → 내연기관 → 내연기관구동냉동기 내연기관 → 배기가스 → 증 기 → 흡수식 냉동기 배기가스 → 고온수 → (온열원) 가스 → 가스터빈 냉동기 → 배기가스 → 증 기 → 흡수식 냉동기 배기가스 → 고온수 → (온열원)

에너지원	에너지와 냉온열원의 구성
전 기	전기 → 전동냉동기(냉열원) → 히트펌프(냉온열원) → 보조전원 → 전기보일러·전기라디에이터(온열원) → 조명열 등의 열회수(온열원)
기 타	태양열 → 집열기 → 온수 → 흡수식냉동기 → 온풍 → (온열원) 배기열(온수·배기가스) → 흡수냉동기 → (온열원)

표 5—19 열매공급방식에 의한 분류

- 중앙방식
  - 전공기방식
    - 단일덕트방식
      - 저속덕트방식
      - 고속덕트방식
    - 멀티존방식
    - 2중덕트방식
    - VAV방식
  - 수공기식방식
    - 단일덕트재열방식
      - 존리히트방식
      - 터미널리히트방식
    - 각층 유닛방식
    - 각실유닛방식
      - 덕트·팬코일유닛(2관식) 병용방식
      - 덕트·팬코일유닛(4관식) 병용방식
      - 유인 유닛(2관식)방식
      - 유인 유닛(4관식)방식
    - 덕트병용 복사난방방식
  - 냉매공기방식 — 패키지형 공조기덕트 병용방식
- 개별방식 — 냉매방식
  - 패키지형 공조기(수랭·공랭)방식
  - 벽부형 공조기(공랭)방식
  - 히트펌프공조기방식

5—3—3 공조시스템의 선택

공조시스템을 선정하기 전의 순서는 그림 5—2의 공조설계흐름도를 참조한다. 이후의 열원계획 및 공조시스템을 선택하는 순서는 그림 5—3, 그림 5—4를 참조한다.

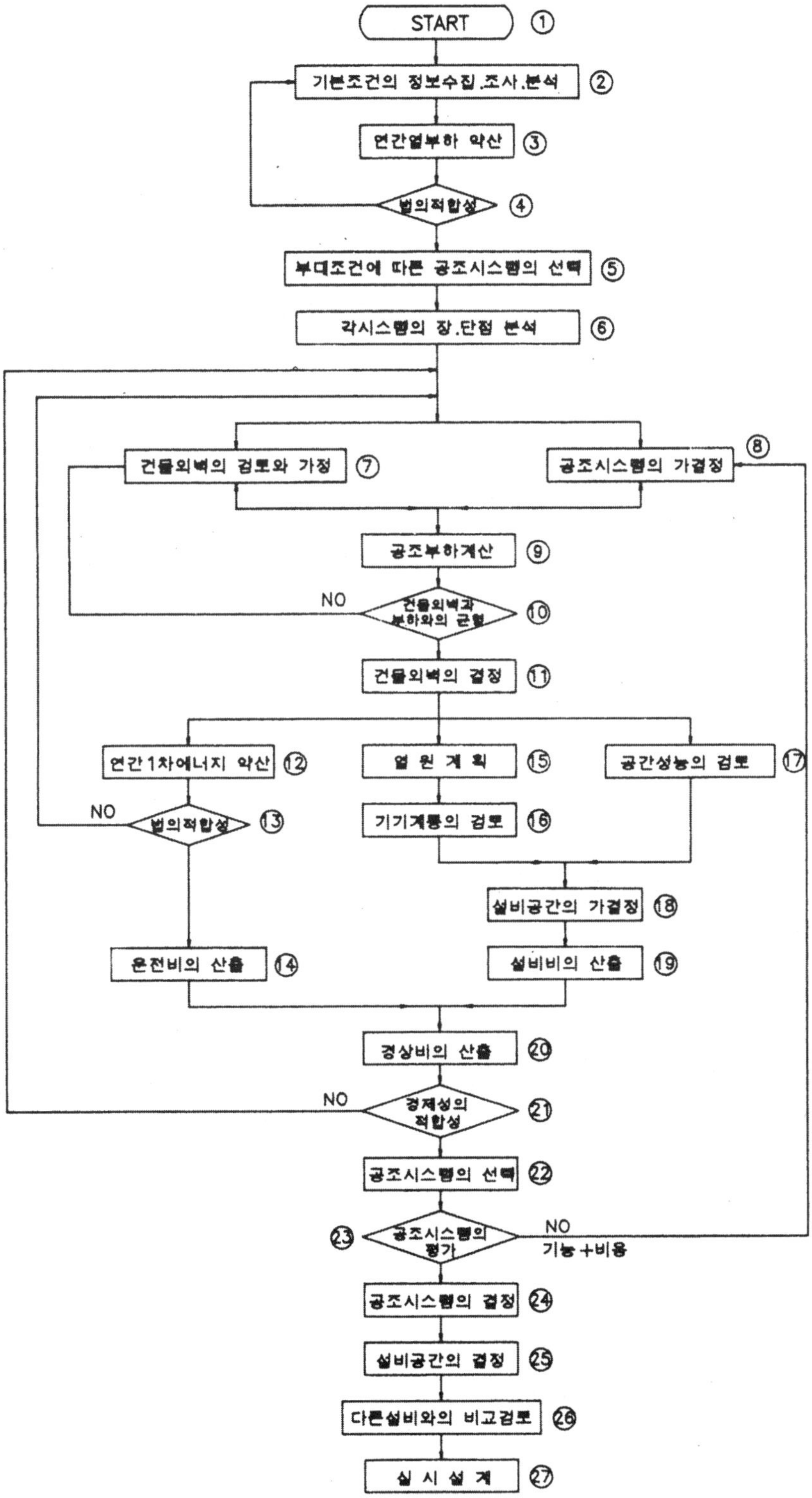

그림 5-2 공조설계흐름도

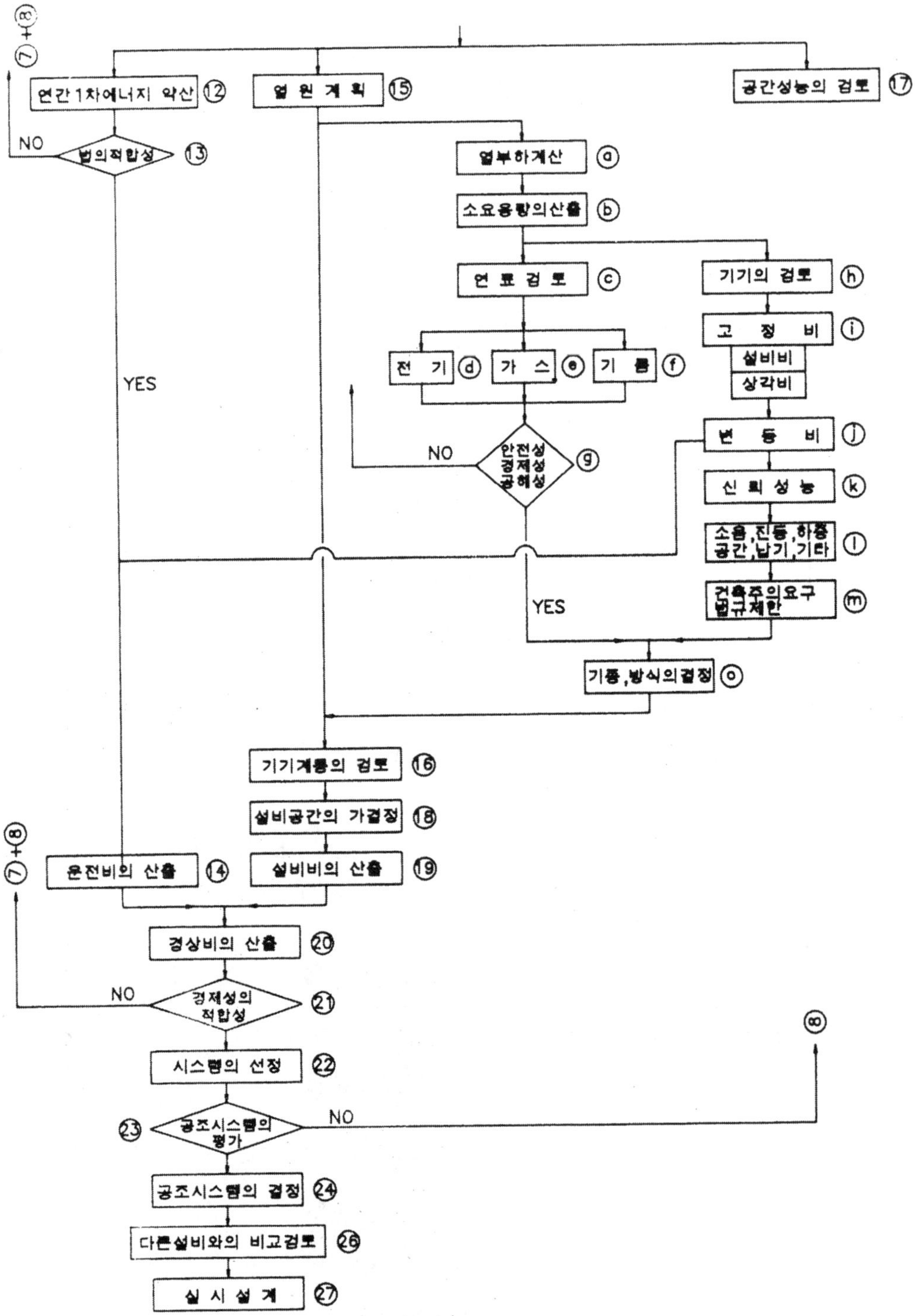

그림 5—3 공조시스템 선정 흐름도(1)

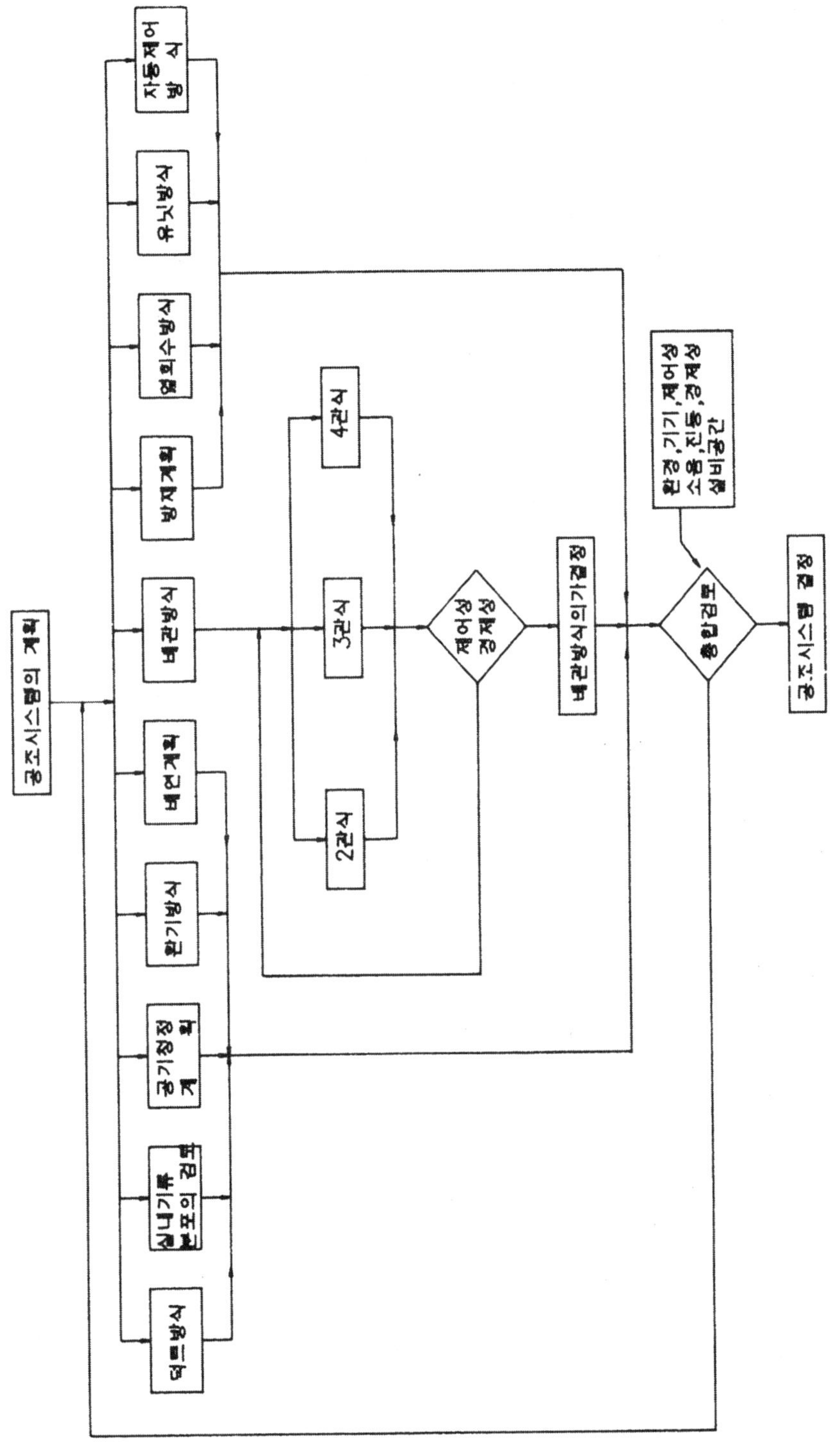

그림 5-4 공조시스템 선정 흐름도(2)

5-3-4 열원계획

앞서 설명한 것처럼 개략열부하를 계산하여 열원의 용량을 산출하기 위하여 아래와 같은 방법으로 진행한다.

(1) 에너지원의 비교·검토

공조설비에 이용되는 에너지원은 중유, 경유, 등유, 도시가스, LNG, LPG, 석탄, 전기, 태양열, 물에 이르기까지 에너지원을 비교하는 경우 다음 항목을 검토한다.

표 5-21은 각 에너지원의 특성을 비교하였다.

표 5-21 에너지원의 특성 비교

연 료 구 분	발 열 량	비 중	유황성분비	비 고
C 중 유	9,900〔kcal/ℓ〕	0.96	고유황 4.0〔%〕 저유황 1.6〔%〕	
경 유	9,200~10,300〔kcal/ℓ〕	0.84	고유황 1.0〔%〕 저유황 0.4〔%〕	
도시가스(LNG)	10,500〔kcal/Nm^3〕	0.65	–	
LPG	12,000〔kcal/kg〕	1.5	–	
전 기	860〔kcal/kw〕	–	–	

① 에너지원의 실정 파악과 장래에 대한 검토

석유류, 가스류 또는 석탄류를 거의 수입에 의존하고 있는 실정이므로, 우열을 말하기는 어렵다. 이 때문에 대체 에너지원의 개발이 요구된다.

② 대기오염, 매연, 소음 등 공해문제의 검토

공해문제에서 제일 심각한 것은 대기오염이다. 그 원인은 연료 중의 유황성분으로 연소시 아황산가스의 발생량이 법정수치 이하가 되도록 한다.

③ 에너지비용의 검토

다음의 경상비의 절에서 설명한다.

④ 열원기기에 대한 적응성 검토

에너지원에 대해서 열원기기가 적정한지를 검토한다. 현재 생산되는 열원기기에 적응성이 있고, 제어방법도 신뢰성이 있어야 한다.

⑤ 건축물에 대한 적응성 검토

전기, 중유, 도시가스는 문제가 없으나, LPG에 대해서는 저장시설을 옥외에 설치해야 하며, 그의 설비비와 설치장소 등 문제가 있다. 도시가스에 대해서는 사용량이 800〔mmAq〕 정도의 중압가스의 도입에 대하여도 검토할 필요가 있다.

⑥ 보수관리상의 문제 검토

일반적으로 사용하고 있으므로 큰 문제는 없다.

상기의 사항을 검토하고 표 5-22와 같이 종합평가서로 결정한다.

(2) 열원기기의 검토

층별 열부하계산에서 얻어지는 열원부하를 기본으로 하며, 동시부하율과 장래성을 생각하여 열원용량과 기종을 결정한다. 기기를 결정하기 위하여 표 5-23에 표시하는 것과 같은 사항을 검토할 필요가 있다.

(3) 기기계통의 검토

운전형태 및 연간부하의 해석을 행하고 기기 특성과 제어방식에서 에너지절약을 할 수 있도록 대수, 용량을 결정한다. 연중무휴의 업무에 대응하는 경우에는 예비기기를 설치하는 것도 고려한다.

5-3-5 설비공간의 검토

(1) 기계실의 위치 검토

기계실의 위치를 결정할 때에는 다음 사항을 검토한 후에 정한다.

① 건축물의 높이에 의한 위치 검토

일반적으로 중층빌딩의 주기계실은 지하에, 냉각탑은 옥상에 설치한다. 또 고층빌딩의 주기계실은 지하, 중간층 또는 최상층에 설치하고 냉각탑은 옥상에 설치하는 경우가 많다.

② 건축물의 규모에 의한 위치 검토

열원기계실은 일반적으로 전술의 장소에 설치하나 공조방식, 건축물의 규모나 형태 등에 따라서 설치장소가 다르다. 기능성 및 경제성을 고려하여 건축설계자와 충분히 협의한 후 결정한다.

③ 부지에 의한 위치 검토

부지가 충분히 있으면 진동, 소음, 매연 발생 등의 공해성, 기능성과 경제성을 생각하여 다른 동에 수납하는 것도 감안한다.

(2) 기계실, 샤프트의 공간 검토

공조기계실 및 샤프트의 공간은 공조시스템에 따라서 다르나, 실의 경제적 사용을 충분히 검토하여 적정한 공간을 계획한다. 표 5-24, 표 5-25에 공조기계실, 보일러실이 차지하는 면적의 개략치, 표 5-26에는 일반적으로 건축물 규모에 따라 설비기기, 배관, 덕트의 크기가 다르기 때문에 기계실의 층고도 변화하며, 그의 관계를 개략적으로 나타낸다.

또한 덕트 배관의 공간은 공조시스템에 따라서 크게 다르다. 표 5-27은 개략면적을 나타낸다.

(3) 기기배치상의 검토사항

공간을 검토한 후 사항을 고려한다.

① 상시 보수하는 기기, 고속회전 기기와 대형기기 등의 평면적인 배치, 보수점검을 고려한 입체적인 배치의 검토

② 장래 계획의 검토

③ 같은 종류의 기기는 되도록이면 같은 장소에 배치하는 검토

④ 바닥면적의 효과적 이용

⑤ 법규, 조례의 적합성 확인

⑥ 덕트·배관의 교차가 적으며, 무리 없는 배치의 검토
⑦ 다른 설비와의 적합성 검토
⑧ 열응력, 풍압 등의 기능성에 대한 고려
⑨ 경제적(경로의 단축 등) 검토
⑩ 보수통로 확보의 검토
⑪ 소음, 물의 비산, 악취 등의 공해에 대한 배치의 검토
⑫ 미관 고려

5—3—6 설비비의 검토

공조설비는 건축의 사용목적, 규모, 열부하, 건축형태, 공조시스템, 자동제어방식에 따라 각각 다르다. 고객은 고품질이며, 저렴한 설비비의 공조설비를 요구하기 때문에 건축을 포함한 종합적 판단에서 계획을 진행할 필요가 있다.

상세한 내용은 제2장의 개산견적을 참조하기로 한다.

표 5—22 에너지원의 평가표

검토사항 \ 에너지원의 종류	C중유	등유	LPG	전기	도시가스	기타
에너지원의 실정과 장래성	△	△	△	△	△	
공해문제	×	△	○	○	○	
비용문제						
열원기기에 대한 적응성	○	△	△	○	○	
건물에 대한 적응성	○	△	×	○	○	
보수, 관리성	○	○	△	○	○	
종합평가						

표 5—23 열원기기 결정을 위한 검토사항

항목	검토내용
부하량	설비용량
	동시부하율
	부하에 대응할 수 있는 장래성
기능성	열부하에 따른 추종성능
	제어성능
	냉·온 열매의 온도·압력·유량
	부속기기의 성능
안정성	공급안정성
	가격의 안정성
	공급망 또는 반송

항　　목	검　토　내　용
경　제　성	기기본체의 가격
	부속기기, 설비의 내용과 가격
	상각기간
	정격효율, 부분부하효율
	에너지원 인입비용, 저장비용
	경 상 비
	(인 건 비)
	(유지관리비)
	마 무 리
신　뢰　성	동일기종의 실적
	내구년수
	운전, 보수의 난이도
융　화　성	공간 및 하중
	현장수리의 가부
	지역사정
공　해　성	소　음(騷音)
	진　　동
	법 적 규 제

표 5-24 사무소건물의 공조설비기계실의 개략바닥면적

(단위 : m^2)

연 면 적	공조설비기계실 (일반개략치)	공조방식별 공조설비기계실		
		각층단일덕트방식	팬코일유닛, 덕트병용방식	1계통의 단일덕트방식
1,000	70(7.0%)	70(7.5%)	—	50(5.09%)
3,000	200(6.6%)	190(6.3%)	120(4.0%)	130(4.3%)
5,000	290(5.8%)	310(6.2%)	200(4.0%)	220(4.4%)
10,000	450(4.5%)	550(5.5%)	350(3.5%)	—
15,000	600(4.0%)	750(5.0%)	550(3.7%)	—
20,000	770(3.8%)	960(4.8%)	730(3.6%)	—
25,000	920(3.7%)	1,200(4.8%)	850(3.4%)	—
30,000	1,090(3.6%)	1,400(4.7%)	1,000(3.0%)	—

표 5-25 보일러실의 개략바닥면적

(단위 : m^2)

연 면 적	일반건축의 보일러실	중급병원의 보일러실	고급호텔, 병원의 보일러실
1,000	20(2.0%)	55(5.5%)	—
3,000	50(1.6%)	100(3.3%)	160(5.3%)
5,000	75(1.5%)	140(2.8%)	200(4.0%)

연 면 적	일반건축의 보일러실	중급병원의 보일러실	고급호텔, 병원의 보일러실
10,000	120(1.2%)	190(1.9%)	280(2.8%)
15,000	170(1.1%)	230(1.5%)	330(2.2%)
20,000	200(1.0%)	280(1.4%)	380(1.9%)
25,000	220(0.9%)	320(1.3%)	430(1.7%)
30,0000	250(0.8%)	340(1.1%)	480(1.3%)

표 5-26 공조용 주요기계실의 표준높이

평균표준층고[m]	4.0	4.5	5.0	5.5	6.0	6.5
연면적의 범위 [m²]	1,000	3,000 ~5,000	10,000	15,000	20,000 ~25,000	30,000

표 5-27 사무소건물의 기준층 덕트·배관 공간개략치

항 목	기준층 바닥면적에 대한비율[%]	비 고
덕 트 공 간 (배연덕트 포함)	1.6~2.5	외기도입, 배기를 위한 공용샤프트를 포함
공 조 배 관 공 간	0.4~1.0	
위 생 배 관 공 간	0.3~0.8	
전기배관, 배선공간	0.3~1.0	분전반공간, 변전실을 포함
계	2.6~5.3	일반적으로 2.5~3.5[%]가 많다.

【예제 5-4】 경남 마산시 공공사무소 건물의 열원방식에 관한 연간경상비를 비교하시오. (1990년도) 단, 공조방식은 팬코일유닛과 덕트겸용방식으로 한다.

1) 건물연면적 : 7,000평

   공조면적 : 6,000평

2) 건물규모 : 지하 1층, 지상 5층

3) 운전시간 : 1일 10시간, 월 25일 운전

   (냉방기) : 5~10월 1,500시간

   (난방기) : 11~3월 1,250시간

   (중간기) : 4월 250시간

4) 열원방식은 다음과 같이 구분한다.

   (제1안) 전동터보냉동기(냉열원)+스팀보일러(온열원)

   (제2안) 가스직화식 냉온수기(냉·온 열원)+보조보일러

5) 열원장비목록은 표 5-28 참조

6) 초기투자설비비는 표 5-29 참조

【풀 이】 (A) 고정비 계산

설비기기류의 내구년수 15년, 이자는 10〔%〕로 하면 고정비 비율을 표 5-5(Ⅰ)에 의해 $\theta=0.138$로 한다.

(B) 변동비 계산

1) 연료비

보일러부하율 0.5(전부하상당시간 1,250×0.5=625시간)

평균효율 0.8, 연료는 도시가스를 사용하면,

(제1안)

$$\frac{5,000\times517}{0.8\times10,500}\times625[h]\times410[원/Nm^3]=78,857,887[원/년]$$

(제2안)

난방시 : 제1안과 동일하다고 가정하고, 이 경우는 계산을 생략한다.

냉방시 : $2\times98[Nm^3/h]\times\{(750\times0.6)+(750\times0.35)\}\times410=57,256,500[원/년]$

∴ (제2안)의 연료비=78,857,887+57,256,500=136,114,387〔원/년〕

2) 전력비

(1안의 경우)

(a) 기본요금

604〔kw〕×4,045×12×(1.85−0.95)=26,386,344〔원/년〕

(b) 전력량요금

· 6·7·8월의 냉동기전력량 $\dfrac{270[kw]\times750[h]\times0.6}{0.9\times1.0}=135,000[kw\cdot h]$ ……………… ①

· 5·9·10월의 냉동기전력량 $\dfrac{270[kw]\times750[h]\times0.34}{0.9\times0.9}=85,000[kw\cdot h]$ ……………… ②

냉동기 이외의 동력의 전력량은 전동기효율을 0.8로 하면 표 5-28의 동력부하와 표 5-15의 부하율에 의해,

· 6·7·8월의 전력량

$$\frac{750\times\{0.9\times(22+38+74)\}}{0.8}=113,063[kw\cdot h]$$ ……………… ③

· 5·9·10월의 전력량(6·7·8월과 동일) ∴ 113,063〔kw·h〕 ……………… ④

· 11~3월의 전력량

$$\frac{1,250\times\{(22\times0.5)+(38\times0.9)+(11.75\times0.1)\}}{0.8}=72,461[kw\cdot h]$$ ……………… ⑤

· 4월의 전력량

(제2안의 경우)

(a) 기본요금

178〔kw〕×4,045×12×(1.85−0.95)=7,776,108〔원/년〕

(b) 전력량요금

냉동기의 전력량

· 6·7·8월의 전력량 $\frac{20[kw]\times750[h]\times0.6}{0.9\times1.0}=10,000[kw\cdot h]$ .... ⑥

· 5·9·10월 $\frac{20[kw]\times750[h]\times0.34}{0.9\times0.9}=6,296[kw\cdot h]$ .... ⑦

냉동기 이외의 전력량 계산

· 6·7·8월의 전력량

$\frac{750\times\{0.9\times(30+38+90)\}}{0.8}=133,313[kw\cdot h]$ .... ⑧

· 5·9·10월의 전력량(6·7·8월과 동일) ∴ 133,313[kw·h] .... ⑨

· 11~3월의 전력량

$\frac{1,250\times\{(25\times0.5)+(38\times0.9)+(2\times0.1)\}}{0.8}=73,281[kw\cdot h]$ .... ⑩

· 4월의 전력량 : 0

표 5—28 열원설비장비일람표

(1)제1안 : (전동터보냉동기+노통연관식 보일러)

구 분	명 칭	수 량	용 량
냉 열 원	전동터보냉동기	2	355[R/T]×235[kw]
	냉각탑	2	400[R/T]×11[kw]
온 열 원	노통연관식 보일러	2	2.5[Ton]×10[kw]
		1	0.2[Ton]×2[kw]
펌 프 류	냉온수순환펌프	3	3,500[lpm]×150×19[kw]
	냉각수펌프	3	4,300[lpm]×150×37[kw]
	보일러급수펌프	3	5.5[kw]
	보일러급수펌프	2	0.75[kw]
탱 크 및 열교환기	응축수탱크	1	5[Ton](철제)
	열교환기	1	700,000[kcal/h]
		1	170,000[kcal/h]
기 타	—	—	냉방시 전력 : 604[kw]

(2) 제2안(가스직화식 냉온수유닛+보일러(관류형))

구 분	명 칭	수 량	용 량
냉 열 원	흡수식 냉온수유닛	2	360[RT]×10[kw]
온 열 원	관류형 보일러	1	1,000[kg/h]×5[kw]
	냉각탑(직교류)	2	550[R/T]×15[kw]
펌 프 류	냉온수순환펌프(1차)	3	3,500[lpm]×150×19[kw]
	냉각수펌프	3	7,000[lpm]×200×45[kw]
	보일러보급수펌프	2	2[kw]
탱 크	응축수탱크	1	1.0[Ton](철제)
기 타	—	—	냉방시 전력 : 178[kw]

표 5—29 초기투자비 검토

(1) 제1안(터보식) (단위 : 원, 1990년 기준)

명 칭	규 격	수량	단 가	금 액	비 고
전동터보냉동기	355〔RT〕	2	78,000,000	156,000,000	
냉 각 탑	400〔RT〕	2	9,570,000	19,140,000	
노통연관식보일러	2.5〔T/H〕	2	32,500,000	64,000,000	
관류형보일러	0.2〔T/H〕	1	6,500,000	6,500,000	
냉수1차펌프	150〔φ〕×19〔kw〕	3	1,200,000	3,600,000	
냉각수펌프	150〔φ〕×37〔kw〕	3	1,500,000	4,500,000	
보일러급수펌프	5.5〔kw〕	3	800,000	2,400,000	
응축수탱크	5〔Ton〕	1	1,500,000	1,500,000	
열 교 환 기	700,000〔kcal/h〕	1	2,900,000	2,900,000	
	170,000〔kcal/h〕	1	1,300,000	1,300,000	
열원용수전설비	604〔kw〕	—	—	25,000,000	
소 계				286,840,000	

(2) 제2안

명 칭	규 격	수량	단 가	금 액	비 고
냉온수유닛 (난방중대형)	360〔RT〕	2	135,000,000	270,000,000	
관류형보일러	1.0〔Ton〕	1	18,000,000	18,000,000	
냉 각 탑	550〔RT〕	2	19,500,000	39,000,000	
냉수1차펌프	150〔φ〕×19〔kw〕	3	1,200,000	3,600,000	
냉각수펌프	200〔φ〕×45〔kw〕	3	2,000,000	6,000,000	
응축수탱크	1〔Ton〕	1	600,000	600,000	
열원용수전설비	178〔kw〕	—	—	2,000,000	
소 계				339,200,000	

3) 상수도비

(제1안) 냉각수소비량

2×258〔m^3/h〕×0.02×1,500〔h〕=15,480〔m^3/년〕

상수도비=15,480〔m^3/년〕×260〔원/m^3〕=4,024,800〔원/년〕

(제2안) 냉각수소비량

2×420〔m^3/h〕×0.02×1,500〔h〕=25,200〔m^3/년〕

상수도비=25,200〔m^3/년〕×260〔원/m^3〕=6,552,000〔원/년〕

난방시 가습량은 무시한다.

4) 수처리비·인건비

제1·2안 동일하게 보아 비교에서 제외

5) 유지수리비

설비초기공사비의 1.5〔%〕로 한다.

표 5-30 전력량요금계산집계표

운전기 \ 공조방식 / 전력량 사용요금		제1안 : 터보냉동기+스팀보일러 전력량 〔kwh〕	제1안 단 가 〔원/kwh〕	제1안 전력량요금 〔원〕	제2안 : 가스직화식 냉온수기 전력량 〔kwh〕	제2안 단 가 〔원/kwh〕	제2안 전력량요금 〔원〕
냉방기	6·7·8월	①+③ 248,603	53.2	13,196,952	⑥+⑧ 143,313	53.2	7,624,252
	5·9·10월	②+④ 198,063	48.5	9,606,056	⑦+⑨ 139,609	48.5	6,771,037
난방기(11~3월)		⑤ 72,461	48.5	3,514,359	⑩ 73,281	48.5	3,554,129
중간기(4월)		0	48.5	0	0	48.5	0
합 계〔원/년〕				26,317,367			17,949,418

표 5-31 연간 경상비 비교

(단위 : 원/연)

구 분			제 1 안	제 2 안
(A)	고 정 비		286,840,000×0.138=39,583,920	339,200,000×0.138=46,809,600
(B) 변동비	전 력 비	기 본 요 금	26,386,344	7,776,108
		전력량요금	26,317,367	17,949,408
	연 료 비		78,857,887	136,114,387
	상 수 도 비		4,024,800	6,552,000
	유 지 수 리 비		4,302,600	5,088,000
	변 동 비 합 계		139,888,998	173,479,913
연간 경상비(A+B)			179,472,918	220,289,513

주 : 상기 비교는 전력요금, 가스요금, 시수요금, 인건비의 가격에 따라 변동할 수 있다. 또한 정부의 에너지정책 및 환경규제에 따라 경상비만의 비교로 시스템을 결정하지 못하는 경우가 있다.

5-4 건축설비의 라이프사이클코스트(LCC)

최근 외국에서는 건축설비(이하 설비)의 예방보전, 갱신점에 중점을 두고 생각하는 라이프사이클 코스트(Life Cycle Cost : LCC약)에 대한 관심이 높아지고 있으며 우리의 경우 이에 대한 연구와 공부가 요구되고 있다.

5-4-1 설비의 LCC요인 및 경제계산

(1) 건축설비기능 저하의 요인

일반적으로 건축설비의 수명을 결정하는 것은 내구년수(耐久年數 혹은 耐用年數)로서 대별하면 건축설비기능 저하에 직·간접으로 관련되는 물리적·사회적 요인과 자산상각을 위한 법적 규제사항으로 구분된다.

〔물리적 요인의 항목〕

① 보수, 점검, 조정, 정비, 수리, 측정 등의 관리를 포함하여 이들의 질적, 양적 정도에 의한 것

② 운전시간의 장단, 시작과 정지의 빈도 등 사용상태의 정도에 의한 것

③ 자연환경의 영향에 의한 것으로 직사일광, 풍우, 염해(鹽害), 수질, 이상가스, 모래 등 자연계의 영향이 현저한 경우

④ 인공환경의 발달에 수반하여 직·간접으로 관계되는 대기오염, 소음, 진동, 수질오염, 지면의 부동침하 등에 의해 영향 받는 경우

⑤ 지진, 태풍 등 재해로 인한 파손피해 등을 생각할 수 있다.

〔사회적 요인의 항목〕

① 진부화(陳腐化 : obsolescence)
기술의 진보에 따라 보다 우수하고 효율 높은 설비의 출현, 수요의 변화 등에 따라 가치저하 또는 효용저하로 인한 경우

② 경제정세의 변화에 따라 경제적 가치가 변화하고, 가치가 떨어져 설비의 손실비가 증가하거나 양산화에 따른 질적으로 우수한 기기의 출현 등

〔법적 규제의 항목〕

사회 전반의 요청에 따라 법적 강화 내지 규제 사항에 따른 요인

① 공조·환기 설비의 규정

② 열원설비의 규정

③ 소화설비의 강화 및 신설(배연 포함)

④ 상수, 배수 등 보건위생상 규정의 강화

⑤ 대기오염방지에 따른 연료사용의 규제

⑥ 기타 관련법 개정에 따른 사항

(2) LCC 경제계산에 사용되는 각종 계수

경제계산 비교에서는 보통 이자와 시간적 가치를 고려하여 등가환산을 하며 경제계산에 사용되는 각종 계수를 다음에 개략적으로 기술하기로 한다.

① 일괄지불복리계수(single payment compound amount factor)

② 일괄지불현가계수(single payment present worth factor)

③ 동일액 매년미불복리계수(uniform annual series compound amount factor)

④ 감채기금계수(減債基金係數)

⑤ 자본회수계수(capital recovery factor)

⑥ 동일액 매년미불현가계수(uniform annual series present worth factor)

상기 각 계수에 대하여 이하 그 숫자적 설명을 하기로 한다.

① 일괄지불복리계수(SCF)

투자액을 C〔원〕, 이율을 r〔%/년〕, n년 후까지 복리계산으로 원금과 이자의 합계금액을 보면,

제1차년도의 합계, $C+C\cdot r=C(1+r)$

제2차년도의 합계, $C(1+r)+C(1+r)\cdot r=C(1+r)^2$

제n차년도의 합계, $C(1+r)^{n-1}+C(1+r)^{n-1}\cdot r=C(1+r)^n$

제n년도 말의 원금·이자 합계금액을 $C_T=C(1+r)^n$ ························ ⓐ

ⓐ식은 투자액 C(혹은 현재가격)를 알고, n년도 말의 원금·이자 합계금액을 산출하는데 사용되며, $(1+r)^n$의 계수를 일괄지불복리계수라 한다.

② 일괄지불현가계수(SPF)

ⓐ식으로부터 $C=C_T[1/(1+r)^n]=C_T(1+r)^n$ ························ ⓑ

여기서 (1+r)n의 계수를 일괄지불현가계수라 부른다.

n년 후의 잔존가격을 현가로 환산하거나 매년 지출이나 수입을 현재가격으로 환산할 경우에 사용되는 계수이다.

③ 동일액 매년 미불복리계수(UCF)

매년 동일액의 이익이 계상되거나 비용이 발생하는 것을 생각할 경우 이들 비용이나 이익 Cs〔원/년〕를 n년 후의 가치 C_T로 환산할 때 사용될 수 있는 계수이다.

$$C_T=Cs\frac{(1+r)^n-1}{(1+r)-1}=Cs\frac{(1+r)^n-1}{r} \quad \cdots\cdots ⓒ$$

여기서 $\{(1+r)^n-1/r\}$ 을 동일액 미불복리계수라 한다.

④ 감채기금계수(SDF)

n년째의 원금·이자 합계 C_T를 얻기 위해서는 매년 균등액을 어느 정도로 적립하면 되는가를 나타내는 계수로서, ⓒ식에서 구할 수 있다.

$$Cs=C_T\frac{1}{(UCF)}=C_T\frac{1}{(1+r)^n-1} \quad \cdots\cdots ⓓ$$

⑤ 자본회수계수(CRF)

현재가치를 매년 균등액으로 환산하기 위한 계수이다.

현재 C〔원〕을 투자하지만 n년간에 회수하기 위해 매년 어느 정도 계상하면 되는가 하는 경우라든지, 매년 상승하는 노무비나 설비보수비 등을 일정기간 균등화할 경우에 가장 많이 사용되는 공식이다.

$$Cs=C\frac{r(1+r)^n}{(1+r)^n-1}\text{(여기서 }\frac{r(1+r)^n}{(1+r)^n-1}\text{을 자본회수계수라 한다.)} \quad \cdots\cdots ⓔ$$

⑥ 동일액 매년 미불현가계수(UPF)

매년 동일액을 현가로 환산하는 계수이며 자본회수계수와는 역(逆)관계이다. 상기 ⓔ식으로 부터

$$C[원]=Cs[원/년]\frac{(1+r)^n-1}{r(1+r)^n} \cdots\cdots ⓕ$$

$\{(1+r)^n-1\}/r(1+r)^n$을 동일액 매년 미불현가계수라 한다.

5-4-2 라이프사이클코스트(LCC)

라이프사이클코스트(Life Cycle Cost)란 생애비용(生涯費用)이란 의미가 있다. 설비가 계획, 설계, 시공 및 준공에 이르기까지 필요로 하는 비용을 취득비(건설비)라 한다. 또한 건물(설비)은 취득 이후부터 철거 해체되어 폐기처분될 때까지 운전비, 유지관리비 및 폐기처분비가 소요된다. 이와 같이 건물(설비)의 일생애(一生涯)에 필요한 모든 비용을 LCC라 한다. 표 5-35는 건물의 LCC 총합 비용체계를 나타낸다. 종전에는 건설비를 중심으로 평가가 이루어졌으나 그림 5-5와 같이 건설비가 LCC 전체에서 차지하는 비율은 아주 작으므로 보전비, 수리비, 운전비, 일반관리비 등을 포함하여 총합평가를 하지 않으면 정확한 비용평가를 할 수 없다. 그림 5-6은 그 개념도를 나타낸다.

전술한 경상비와 LCC는 유사하지만 경상비는 건설비의 상각과 운전비를 중심으로 1년 단위로 균등비용을 환산한 것이며, LCC를 건설비, 운전비뿐만 아니라 보전비, 수리비, 갱신비용도 중요시하여 평가한 방법이다.

건축물의 내구년수는 45~60년이고, 설비의 내용년수는 15~20년이다. 따라서 건물의 수명이 다할 때까지 설비기기는 3~4회 정도 바뀐다. 설비기기를 바꿀 때에는 설비 및 건축물에 미치는 영향과 비용에 따라서 LCC는 크게 달라진다. 예방보전의 정도에 따라서 설비의 수명은 4~5년 정도 달라지므로 LCC로 생각하면 15~20년의 차가 있게 된다.

5-4-3 공조설비의 유지관리와 LCC

(1) 개요

70년대 초부터 우리 나라는 고도 경제성장에 비례하여 건설붐이 일어나 많은 건물이 건설되었다. 당시 공기조화설비 기술은 건물의 대규모화, 고층화 등 종래의 건축물이 경험하지 못한 새로운 영역의 실내환경 형성으로 인해 발전하였다.

현재 기술개발의 경위를 돌아보면 규모의 확대, 내진, 내화, 방화 등 재해에 대한 안전성의 확보 및 건축산업의 한 분야로서 공조설비의 공업화, 기계화 등 대량 생산기술의 개발이 행하여져 그 성과를 얻고 있다. '72년 1차 유류파동은 대규모화, 대량생산화의 반성으로 에너지자원절약의 기술개발 연구를 촉진시켜 에너 절약 방법을 정착시켰다. 한편 새로운 건축물은 사회·경제를 지탱하는 기반으로서의 사회자이며 공조설비는 성능, 내구성 등 조건이 다른 상태에서 전체의 시스템으로 균형을 유지하고, 오랜 사용에 견딜 수 있도록 운용하는 유지보전 기술의 확립이 필요하다.

(2) LCC와 유지관리비의 위치

건물의 기획, 설계, 제작, 반입, 시공 및 준공된 후 사용 운전기간(법정내구년수 또는 지정년수) 중의 모든 경비(보전, 운전, 인건비, 에너지비용 등을 포함)와 설비의 폐기처분비를 포함한 총합산 비용을 LCC라 한다.

그림 5－5는 SRC조 사무소건물의 LCC 예이다. 전체 공사비 중 건설비(a)는 15[%]이고, 유지관리비에 해당하는 수선비(b) 20[%], 설비갱신비(c) 23[%], 광열비·관리비(d) 27[%], 설비점검비(e) 15[%]로 합계가 85[%]가 된다. 즉, LCC 면에서 유지관리비를 보면 일반적으로 평가대상이 되는 건설비보다 유지관리비의 비중이 큰 것을 알 수 있다.

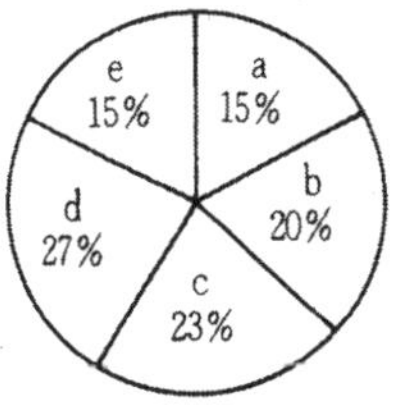

a : 건설비
b : 수선비(내부건축적 수리비7%포함)
c : 설비갱신비
d : 광열비, 설비관리비
e : 설비청정비

비고 : 1. SRC조 사무소건물의 예
2. 조사, 개발, 설계 및 건축 폐기에 대한 경비는 포함하지 않음
3. 계산상 이자는 생략

그림 5－5 LCC의 구성

(3) 예방보전과 사후보전, 법정내구년수

유지관리비 가운데 연간 경상비는 고정비와 운전비의 합계를 말한다. 고정비는 설비공사비에 어떤 비율을 곱해서 구하지는 것으로서 표 5－32는 설비공사비에 대한 고정비 비율의 예이다. 상각년수가 길어지면 그 비율은 적어진다. 상각년수는 세법상의 내구년수에 의해서 구하는 것이 일반적이며 그에 의해 산출된 고정비는 경비로 산정된다. 기기의 내구년수는 일반적으로 법정내구년수를 표준치로 하나 표 5－33에서 알 수 있는 것과 같이 유지관리의 정도에 따라 내구년수는 크게 달라진다.

사후보전이란 기기가 고장난 후의 수리, 복구를 가리키며 고장발견, 부품의 수리교환, 부품조달 등 다시 이들을 지원하는 기술을 포함한다.

예방보전이란,

① 일상 점검으로 고장을 미연에 방지
② 고장률 증가형의 부품에 대해서는 사전 교환해서 부품의 신뢰성을 회복시킨다.
③ 상태감시에 의해 고장 발생의 증후를 미리 알아내 처리한다.
④ 상태감시에 의해 운전상 여분인 스트레스를 제거하는 것으로서 기기의 신뢰성 향상과 내구성 저하를 방지하는 데 목적이 있다. 앞에서 나타낸 바와 같이 상각년수가 길어지면 고정비 비율이 적어지고 경제적으로 유리하다. 즉, 유지관리가 적정히 이루어지면 내구년수가 길어져 유리함을 알 수 있다.

(4) 공조설비의 유지관리

1) 공조설비 유지관리의 목적

공조설비의 계획은 사용목적, 조건 등을 만족하는 쾌적한 실내환경을 만들 수 있도록 계획하는 동시에 공조설비의 신뢰성, 보전성을 고려하여 계획, 시공하는 것은 당연한 일이다. 유지관리라는 것은 계획시에 설정한 기능을 완성한 후에 계획설정치와 같도록 경제적이고 안전하게 유지하여야 한다. 또한 정기점검 및 기록을 하여 필요시에는 교환이나 수선을 행하는 것이 주된 업무이나 기타는 다음과 같다.

① 내구년수의 저하방지 및 연장대책

② 고장 발생을 미연에 방지하여 고장률을 적게 한다.

③ 에너지비용 등 각종 비용의 경제적 운영

④ 관리요원의 자질 향상과 합리화 등 광범위한 대책과 수단을 포함하고 있다.

2) 유지관리의 종류와 방법

유지관리에는 일반관리와 운전, 유지관리가 있다.

① 일반관리

㉮ 환경관리

환경관리는 전기한 바와 같이 설계치에 맞는 운전을 하며 실의 사용목적에 적합한 환경으로 유지관리하는 것이다. 실내환경의 법적 기준치는 "건축물의 설비기준 등에 관한 규칙"에서 실내온도, 습도, 기류속도 및 청정도가 정해져 있다. 이들의 수치는 허용 최고치 또는 최저치는 나타낼 뿐만 아니라 실내환경의 기준치가 된다. 표 5-34는 건축물의 설비기준 등에 관한 규칙의 "중앙관리방식의 공기조화설비"의 실내환경 기준을 나타낸다.

㉯ 에너지관리

건물관리비 가운데 전기, 기계 설비관계의 에너지비(전기, 수도, 연료비)는 45~50[%]를 차지하며, 사용에너지의 종류 및 사용량에 대한 철저한 관리를 하여 경제성을 도모할 필요가 있다.

㉰ 관리요원의 관리

건물이 대규모화, 고층화하고 사용자의 수준이 높아진 상태에서 설비시스템은 고도화되고 복잡해져서 설비관리기술의 고도화, 정밀화를 요구하고 있다. 관리기술자의 기술력 향상과 시스템의 합리화를 추구할 필요가 있으며, 관리기술의 향상 및 중요성을 유지하기 위한 법적 업무자격이 정해져 있다.

공조설비에 관련된 것을 예로 들면,

· 열관리사(열관리기사 1급, 열관리기능사 2급, 원동기취급기능사 1급자격자 중 동력자원부장관이 지정한 교육기관에서 열관리에 관한 보수교육을 이수한 자는 열관리기능사 2급으로 채용될 수 있음)

· 환경관리기사(해당분야에 적용)

· 위험물취급관리자

· 안전관리자(공기조화 및 냉동기계기사, 고압가스 냉동기계기능사 2급) 등이 있다.

② 운전감시 및 유지관리

운전감시 및 유지관리에는 작업별로 운전감시, 조작과 유지관리로 나누어진다.

㉮ 운전감시

근래에 건물의 공조설비는 전자동운전방식을 채용하고 있으며, 주된 업무는 다음과 같다.

· 중앙감시제어설비의 감시 및 제어

· 공기조화설비의 운전조작

또한 주요 일상업무는 설비기기의 운전상황 및 상태치의 감시, 운전기록의 작성, 고장의 조기발견, 성능변화의 확인, 설비시스템이 안정된 상태에서 능력을 발휘할 수 있도록 조작을 행하는 것이다. 운전조작을 충분히 정확하게 운용하는 것에 의하여 고장의 초기발견은 고장에 이르는 원인을 제거하는 것과 동시에 운전에 요하는 비용의 지출을 줄여 에너지를 절약할 수 있다.

㉯ 유지관리

공조설비의 일상점검, 정기점검, 정기정비를 행한다. 점검항목을 항목별로 분류하고, 장해요인의 발견, 기능 확인 등을 하여 고장의 발생을 미연에 방지한다. 정기정비는 기기와 부품을 사전에 교환 또는 수리하여 고장률의 저하, 노후 방지를 도모한다.

(5) 공조설비의 관리비와 관리요원의 통계자료

① 관리비

건물의 관리비는 건물비(감가상각비, 토지비, 제세공과금 등)와 관리비에 의해 구성되고, 관리비는 일반관리비(건물유지비, 사무비 등)와 직접관리비로 나누어진다. 본 항에서는 직접관리비 중에서 전기, 기계 설비에 관련된 관리비에 대해 설명한다.

표 5-36은 규모별 유효면적당 전기·설비관련 직접관리비의 평균치를 나타낸다. 인건비는 3,000m^2 미만인 것을 제외하면 건물규모에 따라 큰 차이는 없다. 외주비는 규모가 커질수록 단위면적당의 값이 적어진다. 건물규모가 커짐에 따라 관리체계가 충실해지므로 직영부분이 많아진다. 또한 설비규모가 커지고 집약되므로 이에 따른 이익이 커지기 때문이라 생각된다.

전기료+수도료+연료비, 즉 에너지비용은 5,000m^2~10,000m^2 미만의 범위를 경계로 하여 소규모는 적고 대규모 건물은 높다. 이런 현상은 대규모 건물일수록 설비시스템의 수준이 높아지고, 운전기간 또는 시간이 길어지기 때문이다. 에너지비용이 직접관리비 가운데 차지하는 비율은 42.1[%]~61.7[%]로 높은 값을 나타내고 있다. 에너지비용은 고정적 요소 또는 결과적 요소의 높은 비용이므로 그 운용, 연구, 검토 등에 따라서 변동성이 있으며 경제성을 기대할 수 있는 비용이다. 이에 따라 설비관리요원의 에너지관리 면의 기술적 판단에 의해 에너지 향상이 기대되는 항목이다.

② 관리요원

공조설비의 관리요원은 건물의 대규모화, 건물환경의 이용수준이 높아지고 인텔리전트화, 질(質)의 고도화에서 관리요원의 확보, 자질의 향상, 관리기술력의 향상이 요구되고 있다. 표 5-37은 1개 건물당 평균요원수와 1인당 연면적을 표시하고, 표 5-38은 건물연면적(유효면적)당 관리요원수를 비교한 것이다.

표 5-37에 따르면 전기·기계 계통의 1인당 연면적은 1,583[m^2]~4,612[m^2], 관리요원계는 288[m^2]~682[m^2]로 규모가 넓어지고 있다. 표 5-38은 1인당 연면적 3,000[m^2] 미만을 기준치 1.0으로 하고, 각 규모별 수치를 비교한 것이다. 그 결과 50,000[m^2] 이상의 전기·기계 계통은 2.9배, 관리요원계는 2.37배로 큰 차이가 난다. 이 사실은 건물규모가 클수록 1인당 연면적이 커짐

을 나타낸다. 관리요원의 수는 규모에 비례하지 않으며 소규모에서도 최소한의 인원을 필요로 한다. 건물규모가 커지면 기기의 총용량은 많아지나 단위 기기별 용량이 커지고 집약화되므로 기기 설치대수는 건물규모에 비례해서 많아지지는 않는다. 건물규모가 대규모화되면서 자동화가 진행되는 등의 규모에 따른 가치 이익이 생기는 것으로 생각된다. 이 자료는 평균치로서, 건물의 용도, 이용상태, 보수관리의 상태, 설비시스템의 선택 등에 의해서 각기 다른 값을 나타내는 것으로 예상되는데 귀중한 자료가 되므로 평균치로서 중요시해야 하는 좋은 자료이다.

(6) 맺음

건물의 설비는 설계, 시공, 준공 후 유지관리의 긴밀한 연속성의 확립에 의해서 그 설비시스템이 갖는 기능을 충분히 발휘하고, 또 안정적이고 경제적이며 장기적으로 운용된다. 설계단계에서 건설예산, 경영공간, 설비공간, 시공단계에서는 시공 실행예산, 공기 등 복잡한 요인에 의해 각 단계마다 처리를 우선하고 유지관리 면에의 배려가 소홀히 되는 것이 일반적이다. LCC의 항에서 말한 것과 같이 유지관리비가 LCC에 차지하는 비율을 알 수 있도록 설계·시공 단계에서 유지관리에 대하여 충분한 배려를 할 필요가 있으며 그 결과는 공조설비가 지향하는 쾌적한 주거공간의 창조와 경제성에 연결되는 근원이 된다.

5-4-4 LCC의 계산

건축물이나 설비 전체의 LCC 계산은 각각의 구성재 LCC의 합산에 의한다. 또한 각 구성재(구성기기)도 또다시 각 부재에 의하여 형성되는 경우가 있다. LCC의 계산에는 금리 등을 포함하지 않은 단순계산과 금리를 포함한 계산, 금리와 인플레계수를 포함한 계산이 있다. 인플레계수의 예측은 어렵지만 인플레계수와 금리가 장기간에 걸쳐 동일하게 나타나면, 금리분과 인플레분이 상쇄되어 단순계산과 같은 경우도 생각하여야 한다.

LCC의 계산에서는 기기류의 신뢰성, 고장률, 성능노후화율 등도 중요한 요소이다. 이들에 대한 확실한 자료가 없으면 정확한 LCC를 얻을 수 없으며, 설비기기의 바꾸는 시기(분기점)를 잡을 수 없으므로 개념적인 몇가지 본보기를 들면 그림 5-6~그림 5-8과 같다. 설비기기의 바꾸는 시기(분기점)에 대해서 개념적이기는 하지만 그림 5-9에 의하여 설명해 본다. 어떤 설비의 LCC곡선이 그림에 나타난 ①과 같다고 하면 일반적으로 기기류는 해가 갈수록 성능이 떨어지고 고장률의 상승으로 LCC는 직선으로 되지 않고 성애의 후반에서 상승한다. 따라서 ②는 ①과 똑같은 설비의 것으로 바꾸는 경우이며 이 경우에는 ①의 곡선과 사용기간(내구년수)중에 만나지 않는다. ①의 설비는 사용기간중에 그대로 계속하여 사용하는 것이 좋다. 한편 ③의 곡선은 설비기기를 바꾸는 비용이 ②보다 고가이지만, 운용비가 저렴한 설비이다. 이 경우에는 바꾸는 시기가 분기점보다 빠르게 되면 설비기기를 바꾸는 것이 유리하고 늦게 되면 ①의 설비가 수명을 다할 때까지 쓴 후 ③으로 바꾸어야 한다.

표 5-32 설비공사비에 대한 고정비

〔엔/년〕 비율의 예

상각년수〔연〕	6	8	10	12	15
고 정 비 설비공사비	0.235	0.172	0.16	0.146	0.13

表 5—33 건축설비의 내구년수

구분	기기명	기종별	사후보전	예방보전
전기설비기기	변압기	유입	15	30
		건식	15	30
	고압차단기	유입	5	20
		진공	10	20
		자기	10	20
	보호단전기	유도	5	15
	전력콘덴서		20	25
	중앙감시반	그래픽판넬	15	20
		데이터로가	5	12
	축전지	연 (CS)	7	14
		연 (HS)	4	7
		알카리	10	15
	디젤엔진	비상용	12	20
	발전기	비상용	15	20
	동력제어반	옥내용	15	20
	전기시계		10	15
	확성장치		10	
기계설비기기	보일러	수관	10	18
		연관	7	15
		주철	15	20
	냉동기	왕복동	10	15
		원심	10	20
		흡수	5	15
	패키지형	반밀폐	10	15
	공조기	전밀폐	10	13
	유닛형공조기		10	18
	휀코일유닛		10	18
	송풍기		10	18
	냉각탑	FRP	7	13
		철판	7	13
	일반양수펌프		10	15
	오수오물펌프	상치	5	15
		수중	5	15
	자동제어		10	18
	열교환기		10	15
	연수장치		5	10
	밸브류	주철	5	10
		청동	5	10
	엘리베이터		17	25

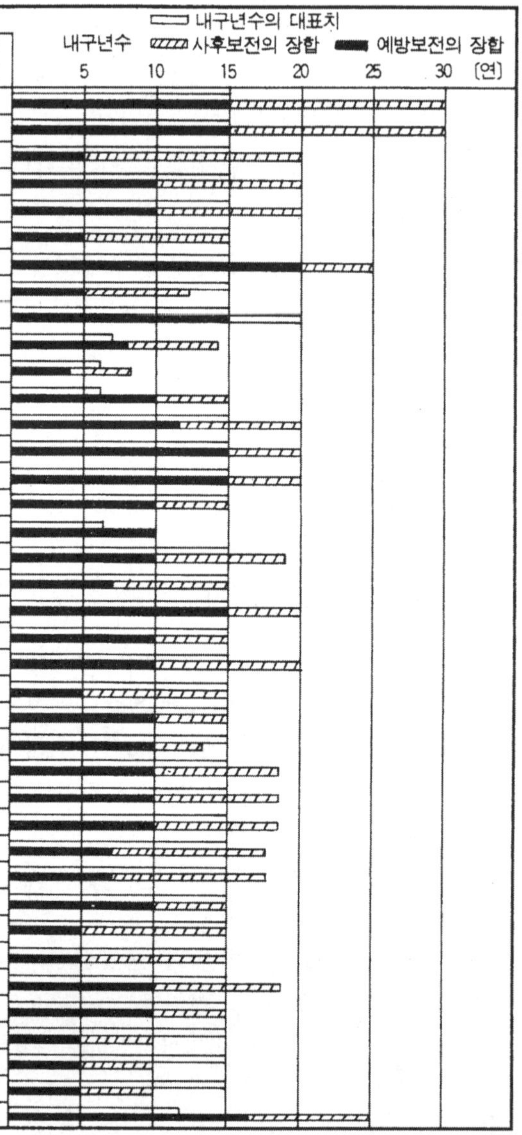

表 5—34 중앙관리방식의 공조설비의 실내환경기준

구분	기준
공기중에 섞여 있는 먼지의 양	공기 1[m^2]당 0.15[mg] 이하
일산화탄소의 함유율	10/1,000,000 이하
탄소가스의 함유율	1,000/1,000,000 이하
상대습도	40[%] 이상, 70[%] 이하
기류의 이동속도	1초간 0.5[m] 이하

표 5-35 건축물의 LCC 총합비용체계

총합비용=LCC

- ① 기획설계비
  - 건설기획비
    - 기획용조사(자료수집)
    - 도시계획
    - 지역설계(단지계획)
    - 규모계획
    - 구상계획
    - 예산계획
    - 자본조달계획
    - 라이프사이클계획
    - 관리계획
  - 현지조사비
    - 용지선정
    - 측 량
    - 지반조사
    - 자연환경조사(측정)
    - 전파장해조사
  - 용지취득비
    - 토지감정
    - 취득교섭
    - 용지구입
    - 등기 등 제수속
  - 설 계 비
    - 대관청수속
    - 기본설계·모형작성
    - 경제성검토비
    - 실시설계·적산
    - 설계외주
    - 신청수속
  - 환경대책비
    - 환경평가
    - 근린주민대책
  - 효과분석비
    - 에너지절약계획
    - LCC계획
  - 설계지원비
    - 기술자료수집
    - 기술연구
    - 기술연수
- ② 건설비
  - 공사계약비
    - 업자선정
    - 입찰도서작성
    - 현장설명
    - 입찰·계약
  - 공 사 비
    - 건축공사
    - 지업·토지대
    - 구체공사
    - 방수·돌·타일공사
    - 금속·나무공사
    - 건구·도장·내장공사
    - 포장·배수·잡공사
    - 전기설비공사
    - 수변전설비
    - 자가발전·축전지
    - 감시제어·일반전기
    - 구내교환설비
    - 기계설비공사
    - 열원·공기조화환기
    - 배연·급배수위생
    - 감시제어·소방설비
    - 반송·가스·정화조
    - 특수공사
  - 공사감리비
    - 공사현장관리
    - 공정관리
    - 기기재료검사
    - 감독기록
  - 환경대책비
    - 방재대책
    - 환경대책
  - 시공검사비
    - 시공검사
    - 중간검사
    - 재산대장작성
  - 건설지원비
    - 기술자료수집
    - 기술개발연구
    - 기술훈련·연수
    - 상기 설비·시설
- ③ 운용관리비
  - 보 전 비
    - 법령점검
    - 정기점검보수
    - 운전·일상점검
    - 청 소
    - 보 안
    - 경상적 수리
    - 직재관리
  - 수 리 비
    - 임시적 수리
  - 개 량 비
    - 개 량
    - 모양 개량
  - 운 용 비
    - 경 비
    - 전화교환
    - 접 수
    - 광열수도료
    - 소 모 품
  - 일반관리비
    - 제세공과
    - 보 험 료
    - 감가상각비
    - 운용계획
    - 대관청업무
    - 비용징수사무
    - 업무외주사무
    - 업무외주검사
  - 운용지원비
    - 재산대장사무
    - 기술자료수집
    - 기술연구
    - 기술연수
- ④ 폐기처분비
  - 해 체 비
    - 해체공사
    - 해체공사설계발주
    - 가 설 비
    - 해체공사감리·검사
  - 처 분 비
    - 처분선선정
    - 매매교섭
    - 매매사무
    - 처 분
  - 환경대책비
    - 방화대책
    - 환경대책

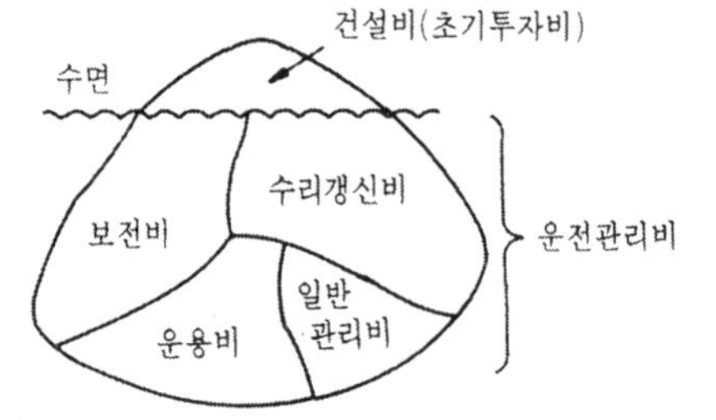

그림 5-6 설비의 LCC에 있어 건설비(Initial Cost)와 타경비(Running Cost)와 의 관계

표 5-36 규모별, 유효면적당 전기·기계관련 직접관리비의 평균치(1989년)

(단위 : 엔/m^2)

유효면적 \ 항목	인건비	외주비	전기료	수도료	연료비	용도품비	잡 비	계
3,000[m^2] 미만	44.1 (12.1%)	151.3 (41.6%)	137.7 (37.8%)	10.4 (2.9%)	11.6 (3.2%)	6.6 (1.8%)	2.2 (0.6%)	363.9 (100%)
3,000[m^2] ~ 5,000[m^2] 미만	61.2 (12.9%)	186.3 (39.3%)	173.6 (36.7%)	16.2 (3.4%)	27.3 (5.8%)	5.9 (1.3%)	2.8 (0.6%)	473.3 (100%)
5,000[m^2] ~ 10,000[m^2] 미만	66.0 (14.7%)	183.3 (40.9%)	141.8 (31.6%)	19.6 (4.4%)	27.5 (6.1%)	7.5 (1.7%)	3.1 (0.6%)	448.8 (100%)
10,000[m^2] ~ 20,000[m^2] 미만	48.4 (8%)	244.9 (40.5%)	236.1 (39%)	30.7 (5.2%)	35.3 (5.8%)	7.1 (1.2%)	2.2 (0.3%)	604.7 (100%)
20,000[m^2] 50,000[m^2] 미만	52.0 (10.1%)	189.3 (36.8%)	192.9 (37.5%)	20.7 (4.4%)	49.5 (9.3%)	8.7 (1.7%)	1.1 (0.2%)	514.2 (100%)
50,000[m^2] 이상	63.3 (10.3%)	158.4 (25.8%)	211.0 (34.3%)	46.4 (7.6%)	122.3 (19.8%)	10.5 (1.7%)	3.0 (0.5%)	614.9 (100%)

주 : 직접관리비의 총액은 보안경비비, 위생청소비, 승강기비용, 전기·기계설비계 비용, 기타 경비 등으로 구성되지만, 본 표는 전기·기계설비계 비용만 표시한 것임.

표 5-37 규모별, 전기·기계관련 관리요원의 1개 동당 요원수와 연면적(1989년)

구 분	3,000(m²)미만		3,000(m²)~ 5,000(m²)미만		5,000(m²)~ 10,000(m²)미만		10,000(m²)~ 20,000(m²)미만		20,000(m²)~ 50,000(m²)미만		50,000(m²)이상	
	평 균 요원수 (명)	1인당 연면적 (m²)	평 균 요원수 (명)	1인당 연면적 (m²)	평 균 요원수 (명)	1인당 연면적 (m²)	평 균 요원수 (명)	1인당 연면적 (m²)	평 균 요원수 (명)	1인당 연면적 (m²)	평 균 요원수 (명)	1인당 연면적 (m²)
전기·기계계	1.2	1,583	1.5	2,582	2.6	2,807	4.1	3,328	8.2	3,579	20.3	4,612
관리요원계	6.4	288	9.8	405	14.5	508	23.8	576	52.5	559	137.2	682
건물동수	93동		86동		118동		80동		67동		25동	
평균연면적	1,855(m²)		3,964(m²)		7,375(m²)		13,686(m²)		29,329(m²)		93,532(m²)	

주 : 관리요원계=관리반장·사무계·전기기계계·엘리베이터계·경비계·청소계·주차장계의 전요원의 합계를 의미함.

표 5-38 건물연면적(유효면적기준)당 관리요원수 비교

유효면적(m²)	전기·자기계	관리요원계
3,000 미만	1.00	1.00
3,000~5,000 미만	1.63	1.40
5,000~10,000 미만	1.77	1.76
10,000~20,000 미만	2.10	2.00
20,000~50,000 미만	2.26	1.94
50,000 이상	2.90	2.37

주 : 전기·기계·관리요원계 합계는 건물유효면적 3,000(m²) 미만의 수치를 기준치 1로 하여 규모별로 그 비교수치를 나타낸 것임.

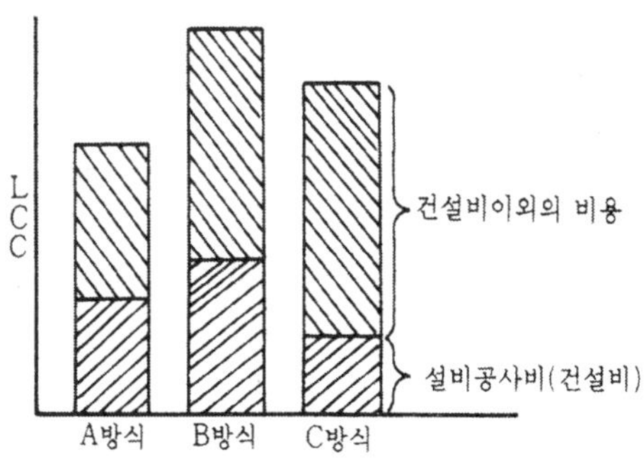

① 건설비만의 비교시 C방식 최소
② LCC 비교시 A방식 최소

그림 5-7 건설비와 LCC의 비교개념도

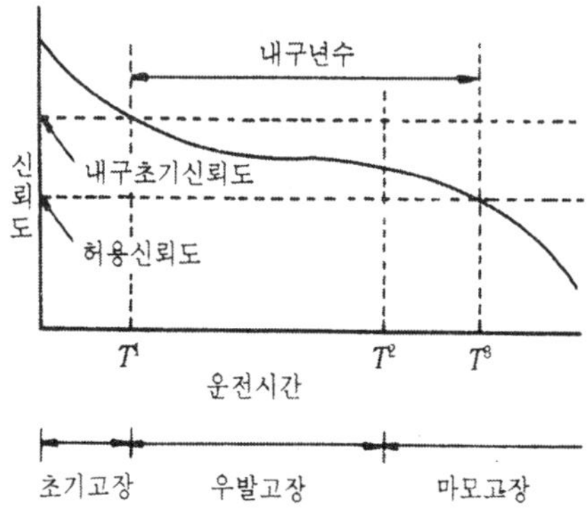

그림 5-8 고장율의 시간적 변화

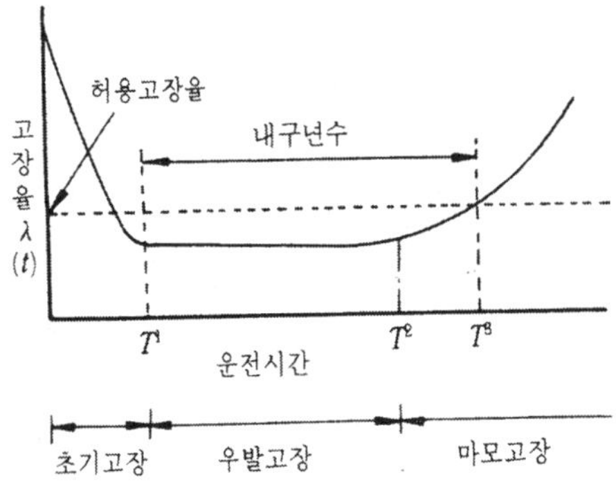

그림 5—9 신뢰도의 시간적 변화

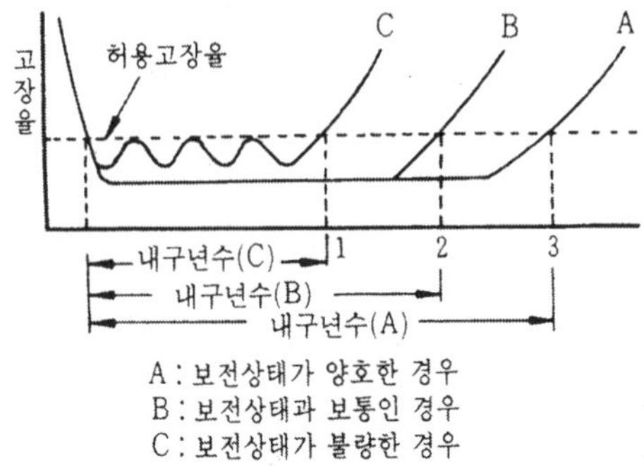

그림 5—10 내구년수와 유지보수와의 관계

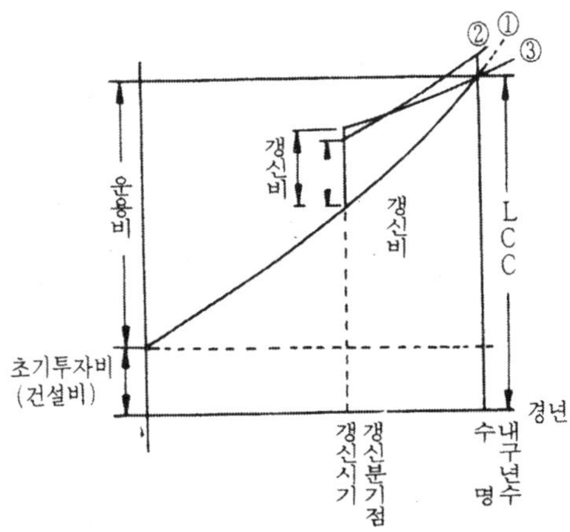

그림 5—11 설비갱신의 분기점

부 록

별첨 1	외국의 건설업 면허 및 입찰제도

1. 미국

(1) 현황

미국연방정부 내에는 우리의 건설부, 일본의 건설성 등과 같이 건설업만을 전문적으로 관장하는 부서는 없고, 미연방 전역에 일률적으로 적용되는 법령도 없으며, 건설업은 타분야와 함께 상무성(The Department of Commerce)에서 관할하고 있다. 따라서 건설업 영위의 자격규제는 각 주정부가 독자적으로 시행하고 있는 상황이며, 규제의 정도나 주외등록업자의 주 내에서의 영업허가에 관한 내용도 주정부별로 서로 달리하고 있다.

(2) 면허제도

1) 형태

① 각 주정부가 채택하고 있는 면허제도를 형태에 따라 지역별로 구분하여 보면 면허제를 실시하는 주는 캘리포니아, 앨라배마, 메릴랜드 주 등 30개 주, 등록제를 실시하는 주는 알래스카, 텍사스 주 등, 아무런 규제가 없는 주로 구분, 분류되고 있다.

② 면허제도 실시목적이 주정부에 따라 주정부의 세정목적(稅政目的), 건설업의 발전목적 등으로 상이함.

2) 면허의 종류

면허는 토목, 건축 그리고 전문공사업 면허가 있으며, 전문공사업 면허는 목공, 콘크리트 등 36개 업종으로 구분된다.

구 분	업 종 명	구 분	업 종 명
1	보일러, 위생 냉방업	19	도장 및 장절
2	목 공	20	주차장 및 도로개수
3	조적공사(미장 제외)	21	배관공사
4	콘크리트	22	미장공사
5	전기공사	23	연관공사
6	전기신호	24	냉장공사
7	엘리베이터시설	25	지붕공사
8	토공 및 포장	26	하수처리시설
9	울타리공사	27	판 금
10	방화공사	28	보강용 철강
11	바닥공사	29	구조용 철강
12	유리공사	30	수 영 장
13	건물 이전 및 파괴	31	타일(도기 및 모자이크)
14	절록 및 흡향 조절	32	냉 온 방

구 분	업 종 명	구 분	업 종 명
15	조 경	33	수 조 절
16	석 공	34	용 접
17	목 형	35	우물공사
18	철 물	36	기타 전문공사

3) 자격요건 및 감독

① 자격요건

면허의 자격요건은 주정부별로 주관적 요소가 강하여 상이하기 때문에 일관되게 전체주의 현황을 살펴볼 수는 없고 공공공사의 최대발주주인 캘리포니아 주의 예를 들면 다음과 같다.

〈기본요건〉

- 1,000만달러 이상의 순자산
- 신청한 업종에 대한 풍부한 경험과 지식
- 경영책임자로서의 인품과 덕망 등

※ 주건설업면허위원회가 제정한 조건에 따라 서류나 면접 혹은 양자를 통해 건설업면허자격을 심사하여 면허를 발급

- 보 증 금 : 건설업면허를 받은 자는 보증금으로 2,500달러 상당액을 예탁하여야 한다.
- 면허기간 : 2년

② 감독

주정부 아래 직업기준국 건설면허과(면허담당등록관)는 건설업자와 주택사업자에 대하여 주요 업무 감독은 물론 부당행위 발생시 각종 규제(벌금, 징역, 영업정지 또는 자격정지)를 취하고 있다.

4) 외국기업의 면허취득

외국기업은 면허취득을 위하여 합작투자를 막론하고 현지법인을 설립하여야 한다.

(3) 입찰제도

공공공사에 대한 입찰제도는 연방정부, 주정부에 따라 약간씩 차이는 있지만 다음과 같은 유사한 특징을 볼 수 있다.

- 통상적으로 공개입찰이다.
- 입찰제도는 미연방정부 조달청과 각 주정부 설계청이 채택하는 2가지가 있다.
- 사전 또는 사후 자격심사제도를 채택한다.
- 입찰시에는 입찰보증금, 낙찰 후에는 이행보증금 및 지불보증금 등을 납부해야 한다.

1) 미연방정부조달청(G.S.A)의 제도

분 류	내 용
입 찰 공 고	• 상공회의소, 미국종합건설업협회와 각종 신문에 공고 • 조달청 등록업체는 해당공사에 적합하다고 판단되는 업체에 우편으로 송부
현 장 설 명	• 입찰참가 희망자의 요구에 따라 설명회 개최
제 출 기 한	• 통상적으로 입찰서류 제출기간은 공고 후 30~45일간으로 정해져 있다. • 제출방법은 직접 또는 우편으로 우송
개 찰 및 낙 찰 자 결 정	• 개찰일 공개석상에서 입찰자의 입찰금액을 공표 • 낙찰자 결정을 위한 자격심사는 최저가격을 제시한 업체부터 순위별로 몇 개사를 선발하여 동종 공사의 시공경험, 기술, 재무구조 등을 문서로 받아 검토
계 약 체 결 및 보 증	• 통상적으로 입찰공고 후 계약체결까지는 60일 정도 소요 • 입찰보증금은 계약금액의 20[%] • 이행보증금은 계약금액의 100[%] • 지불보증금은 계약금액의 50[%]

2) 캘리포니아 주의 입찰제도

분 류	내 용
입 찰 공 고	• 공사계획 및 시방서 등을 입찰일 전에 3회 이상 공고한다.
사 전 자 격 심 사 (PQ)	• 입찰예정가격의 15만달러 이상일 경우에 한한다. • 입찰참가 희망자들로 하여금 입찰일 5일 전까지 자격심사를 받도록 한다. • 적격자에 한하여 입찰서류 배부, 입찰 실시를 한다. • 적격요건은 재정적 능력을 최우선으로 한다. ※ 총 공사비의 10[%] 이상에 상당한 순자산이 있으면 공사에 필요한 재정능력이 있는 것으로 간주한다.
낙 찰 방 법	• 입찰평가는 공개석상에서 행하며, 최저가입찰자가 낙찰자가 된다. 입찰금액에 예정가격기준 상하 10[%] 이내일 때에 계약 체결하며, 입찰금액이 예정가격기준 상호 10[%] 초과시 예정가를 재검토하여 정당하다고 인정될 경우 계약을 체결한다. • 제1·2차 입찰에서 예정가격을 10[%] 이상 초과할 때에는 공사계획을 재조정한다.
계 약 체 결	• 공사의 성격과 계약방침에 의거하여 일괄도급계약과 분리계약 등으로 체결한다.
보 증 관 계	• 입찰보증금은 20[%] • 이행 및 지불 보증금은 총계약액의 50[%]

3) 입찰심사제도의 주별 적용상황

- 사전자격심사제도를 채택하는 주 : 캘리포니아, 앨라배마 중 등 42개주
- 이에 준하는 제도를 채택하는 주 : 아칸소 주 등 3개 주

- 사후 준자격심사제도를 채택하는 주 : 메인 주 등 4개 주
- 자격심사제도를 채택하지 않는 주 : 뉴욕 주

4) 미국인우대정책(American Preference Policy : A.P.P)

① 미연방정부 및 미군 발주공사 중 공사금액 500만달러 이상 공사에 대해서는 '84년 10월부터 미국국적업체에 대해 20[%]의 입찰금액상의 우대혜택을 주는 정책을 펴고 있다.

② 외국업체가 동 A.P.P의 적용을 받기 위해서는 미국 내에 현지법인을 설립하고 2년 이상 법인세 납부실적을 갖는 동시에 주요 관리직에 미국인을 고용하여야 하는 요건을 갖추어야 하나 A.P.P의 적용여부는 연방정부의 판정에 따라야 한다.

(4) 계약제도

미국의 건설공사도급계약제도는 공공공사는 민간공사를 막론하고 매우 다양한 제도를 채택하고 있다. 이를 공공공사와 민간공사로 구분하여 도급계약제도 및 그 구체적 내용 등을 알아보면 다음과 같다.

1) 도급계약제도

- ① 공공공사
  - 연방정부
    - 조달청 계약조건 (조달청, 표준양식제23호 건설도급계약규정)
    - 상무성계약조건
    - 육·해군 계약조건
  - 건축사협회(A.I.A) 계약조건(건축)
  - 주·시 등 지방공공단체 계약조건
- ② 민간공사
  - 종합건설업협회(A.G.C) 계약조건(토목)
  - 철도 계약조건(토목)
- ③ 하도급공사 : 종합건설업협회 등의 표준하도급계약규정

2) 계약조건의 내용

① 조달청(G.S.A) 계약조건

- 도급업자에 대한 공사비 지불은 계약담당관의 승인을 받아 기성고와 공사의 진척에 따라 매월 지불하여야 한다.
- 공사에 필요한 업무자를 선정함에 있어 인종, 성별, 출신지 등을 이유로 차별대우를 할 수 없다(하도급자도 적용).
- 계약상의 내용을 충분히 만족시키는 범위 내에서(품질, 안정성, 내구성 등) 신자재, 신기술 등을 도입하여 절감시킨 비용의 적당지분을 시공자의 이익으로 귀속(V.E 조항) 시킨다.
- 시공조건이 허용하는 한 하청업자를 이용하되 적어도 계약그액의 12[%] 상당분은 자체 시공하여야 한다.

② 건축사협회(A.I.A) 계약조건

미건축사협회가 제정, 미종합건설업협회가 승인한 계약조건으로 비교적 대규모 공사의 정액도급계약에 이용된다.

③ 종합건설업협회(A.G.C) 계약조건

미종합건설업협회와 미토목기사협회가 토목공사용으로 공정 제정한 것으로 공사대 지불방법에 따라 총액계약, 단가계약, 코스트플러스 3가지로 분류되며, 계약 당사자들의 형편과 합의에 따라 어느 계약형식이나 선택이 가능하다.

(5) 하도급제도

미국에서는 건설공사 수행에는 제도나 환경상 하도급제도가 중요한 위치를 차지하고 있다. 이는 건설업체를 상시종업원수와 실적 등으로 업체규모를 분류할 때 중소건설업체가 압도적으로 많음으로 중소건설업체를 보호, 육성하기 위해 시행하고 있는 제도이다.

1) 공공공사

① 미연방정부 공사의 경우, 원도급자는 도급대상공사의 상당한 부분을 "소기업관계자의 이용" 조항에 의거, 사용여건이 주어지는 범위에서 소규모회사와 하청계약을 체결하여야 한다.(도급액의 88%까지 하도급 가능)

② 각 주정부 발주공사의 경우는 주의 특성에 따라 방침을 달리하고 있다. 메릴랜드 및 캘리포니아 주의 경우 도로공사 부문은 50[%]까지 하도급을 줄 수 있다.

2) 민간공사

① 발주자가 경쟁입찰 또는 수의계약을 통하여 하도급업자를 임의로 선택가능하다.

㉮ 토목공사 부문은 하도급이 성행하지 않으나 건축공사의 경우, 원도급자와 하도급자가 시공을 분담하는 것이 보통이다.

- 고층건물 : 원도급업자 : 85[%]
  하도급업자 : 15[%]
- 일반건축 : 원도급업자 : 15[%]
  하도급업자 : 85[%]

정도의 비율로 이루어지며, 4차 하도급까지 주는 경우도 있다.

㉯ 하도급자의 선정에 있어서 자격요건의 심사 등 사전심사제도를 실시하는 주도 있다.(켄터키·펜실베이니아 주 등)

※ 소규모업체(통상)

- 토목공사업체 또는 종합건설업체 : 과거 3년 동안의 총 영업수익이 200만달러 미만인 업체
- 전문건설업 : 과거 3년 동안 총 영업수익이 100만달러 미만인 업체

(6) C.M(Construction management)제도

1) 의의

① 복잡한 대규모 공사의 발주자가 설계에서 감리까지 전 건설과정에 걸쳐 전문적이고 일관성 있는 컨설팅업무를 받을 수 있도록 하는 제도로서, 발주자는 C.M서비스를 전제로 공사계약을 체결한다. 그리고 이를 담당한 C.M.R(Construction Manager)이 발주자·설계자와 한조가 되어 발주자의 입장에서 설계단계부터 마지막 완성단계에 이르기까지 건설기술상의 조언, 건축비용,

지휘감독 등 모든 것을 책임지고 관리한다.

② 이 제도는 20여 년 전부터 G.S.A(조달청) 등에서 시험적으로 시작되어 현재는 연방정부공사, 주정부공사, 민간공사에 이르기까지 건설공사의 일반적 계약형태의 하나로 널리 활용되고 있다

2) 채택동기

① 미국 내 환경에서 기인한 분리발주(조기시공)의 요청

② 공사비용의 명확성의 검증 필요

③ 발주자의 기술력(기술자) 부족

3) C.M계약의 종류 및 내용

① 수수료지불계약방식

통상의 컨설턴트계약을 말하는 것으로서, 발주자가 특정공사에 대한 예산을 전적으로 책임지는 것을 의미한다. 이때 C.M.R은 발주자의 대리인 역할만하고 용역대가로 수수료를 지급받는다. 따라서 C.M.R은 공사금액에 대한 책임은 없다.

② 고액계약방식

발주자와 C.M.R이 일정한 공사를 일정한 금액에 완공시킬 것을 계약하고 C.M.R이 전적으로 그 공사 예산의 초과분을 책임지는 계약방식을 말한다. 이때 C.M.R이 발주자와 계약한 금액 이내로 공사를 완공하게 되었을 때에는 그 차액을 C.M.R의 이익으로 차지하게 된다.

(7) V.E(Value Engineering)제도

1) 의의

V.E제도란 발주자가 요구하는 성능·품질을 보장하면서 시공상 공법을 변경, 가장 저렴한 가격으로 공사를 수행하기 위한 수단을 찾고자 하는 체계적이고 과학적인 공사관리기법을 말한다. 계약상대자가 새로운 기술·공법을 사용함으로써 기업에게는 이윤 추구, 발주자에게는 품질 확보를 가져다 줌으로써 쌍방에 개선활동을 위한 적극적인 동기와 결과를 얻게 하는 제도라 할 수 있다. 이 V.E제도를 건설업에 적용한 시기는 1947년 미국 GE사의 로렌스 D. 마일즈에 의해 창안된 후 1962년 미국방성에서 건설계약에 V.E인센티브조항을 신설하면서부터이다.

2) 특징

미국 V.E제도의 특징은 공사입찰시에 신기술·신공법 등에 의한 대안을 제시하는 방식이 주류를 이룬다고 할지라도 단순히 공사비의 절감만을 목적으로 하지 않고, 질적 우수성, 완공 후의 유지비용 등에 대해서도 경쟁하므로 꼭 최저가격이 아니더라도 채택되는 경우가 있다는 점이다.

(8) 합작투자(Joint Venture)

① 합작투자회사 설립의 장점은 대규모 공사의 수주가 가능하고, 위험분산이 용이하며, 중소기업 참여범위가 확대되고, 공사입찰시 P.Q심사 통과가 용이한 데 있다.

② 합작투자의 실태를 보면, 미국 특유의 파트너쉽 형태를 택하는 경우와 주식회사의 조직형태를 취하는 경우 및 경영 전체를 구성원에게 위임하여 타회사들은 단순히 자금·노동력·기자재 등을 제공하는 "스폰서방식" 등으로 나누어진다.

2. 일본

(1) 현황

일본의 건설업은 서기 1610년 창업된 죽중등병위(竹中藤兵衛)를 시발로 하여 명치·대정 시대를 거치면서 기반을 다져 왔지만, 태평양전쟁 이후 전후복구사업을 계기로 실질적인 발전을 하였다고 할 수 있다.

이러한 전후 토건경기의 호황은 건설업자의 급증, 일부 건설업자의 부실시공 및 공기지연 등 건설업계의 질서가 문란해 지는 결과를 가져왔다. 이러한 혼란과 폐해 속에서 건설업계의 질서를 바로잡고 건설공사의 적정한 시공을 도모함과 동시에 건설업자의 건전한 발전과 전후경제의 회생에 기여하기 위하여 건설업법을 제정(1949. 법률 100호)하게 되었다.

(2) 면허제도

1) 개요

일본은 그동안 등록제를 채택하였으나 건설업의 전문화와 기술의 고도화에 대응하기 위하여 1971년 건설업법을 개정, 업종별 면허제로 변경하였다. 따라서 건설업을 영위하려는 자는 개인이든 법인이든 모두 건설공사의 종류마다 해당 건설업의 허가를 받아야만 한다. 다만 경미한 건설공사(건축일식공사의 경우 900만엔 미만의 공사, 또는 연면적 150〔m^2〕 미만의 목조주택공사, 건축일식 외의 건설공사에서는 300만엔 이하의 공사)만을 도급 받는 영업자는 예외로 하고 있다.

2) 면허의 구분

① 하도급 발주규모에 따라 일반건설업과 특정건설업으로 분리

일본 건설업면허는 원도급공사의 하도급 발주규모에 따라 일반건설업자와 특정건설업자로 구분된다. 이것은 공사에 참여하는 하도급업자의 체질을 강화, 육성하여 건설공사의 적정한 시공을 도모하기 위한 것이다. 일반건설업자의 하도급 발주규모는 1건 공사당 2천만엔(건축공사업일 경우 3천만엔)을 넘을 수 없으며, 특정건설업자만이 2천만엔(건축공사일 경우 3천만엔) 이상의 하도급계약을 맺을 수 있도록 하고 있다.

따라서 특정건설업면허는 하도급 보호를 위하여 재산상태 등 면허요건을 갖춘 자만이 받을 수 있으며, 하도급 보호에 관한 엄격한 의무가 부과된다. 또한 어떠한 경우에도 한 가지 업종에 일반건설업면허와 특정건설업면허를 함께 받을 수 없도록 하고 있다.

② 업종별 분류

일본의 건설업은 일반건설업이든 특정건설업이든 업종별로 크게 종합건설업과 전문건설업으로 구분할 수 있으며, 종합건설업은 토목종합(토목일식, 건축종합(건축일식))이고, 전문건설업은 포장, 준설 등 26개 업종으로 구분할 수 있다.

전문건설업분류표

구 분	업 종 명	구 분	업 종 명
1	대공(목공)공사업	14	유리공사업

구 분	업 종 명	구 분	업 종 명
2	좌관(미장)공사업	15	도장공사업
3	도비(비계)토공공사업	16	방수공사업
4	석공사업	17	내장사상(완성)공사업
5	옥근(지붕)공사업	18	기계기구설치공사업
6	전기공사업	19	열절록공사업
7	관공사업	20	전기통신공사업
8	타일, 벽돌, 블록공사업	21	조원(조경)공사업
9	철구조물공사업	22	금정공사업
10	철근공사업	23	건구(창호)공사업
11	포장공사업	24	수도시설공사업
12	준설공사업	25	소방시설공사업
13	판금공사업	26	청소시설공사업

3) 면허발급요건

① 일반건설업면허

㉮ 법인인 경우 상근임원 중 1인, 개인일 경우 본인 또는 지배인 중 1인이 다음 자격 중 하나를 충족할 것.

㉯ 영업소별로 일정한 자격을 갖춘 전임자를 둘 것.

㉰ 법인인 경우 당해 법인 또는 임원, 사용인이 개인일 경우 개인 또는 사용인이 도급계약과 관련하여 부정 또는 불성실한 행위를 행할 우려가 없는 자일 것.

㉱ 도급계약을 이행하는 데 필요한 재산적 기초 또는 금전적 신용이 없는 자로 명백히 드러나지 않는 자일 것.

상기 사항과 관련된 서류를 제출하여야 한다.

다 음

자 격(경 력)	첨 부 서 류
① 면허를 받고자 하는 건설업에 5년 이상 경영업무의 관리책임자로서의 경험을 가진 자 ② 면허를 받고자 하는 건설업종 이외의 건설업 업종에 7년 이상 경험이 있는 자 ③ 면허를 받고자 하는 건설업종에 과해 7년 이상 경영업무의 관리책임자에 준하는 지위에 있으면서 경영업무를 보좌한 경험이 있는 자	① 직전 3년간의 공사경력서 ② 직전 3년간의 각 연도 공사시공금액을 기재한 서면 ③ 사용인수를 기재한 서면(기술 및 사무 관계직원수) ④ 자격요건을 갖추고 있음을 증명하는 증빙서 • 대표자 및 임원, 법정대리인의 이력서 • 법인의 경우 회사정관 및 발행주식 총수의 5/100 이상의 주식소유자 현황 • 직전 1년간의 B/S, P/L, 손익처분에 관한 사항 • 사업등기부등본 • 회사의 연혁 • 건설업단체 가입현황 • 직전 1년간의 법인세 또는 소득세 납입증명 • 주요 거래금융기관에 관한 사항

② 특정건설업면허

특정건설업면허를 받기 위해서는 일반건설업면허 요건 이외에도 다음과 같은 사항을 규정하고 있다.

㉮ 허가를 받고자 하는 건설업에 관한 건설공사로서, 발주자로부터 직접 도급 받아 그 도급금액이 3천만엔 이상인 공사에 2년 이상 지도감독의 실무경험을 가진 전임자(건설 대신이 동등 이상의 능력을 갖고 있다고 인정한 자도 포함)를 두도록 할 것.

㉯ 발주자와 직접도급계약으로서 6천만엔 이상의 건설공사를 이행할 수 있는 재산적 기초를 가지고 있을 것.

4) 면허발급

일본의 건설업면허제도는 영업소 소재지에 따라 다음과 같이 허가권자가 다르나, 어떠한 면허나 그 법률상의 효과, 공사시공 등 영업행위에서의 구역 등에는 아무런 제한이 없다.

① 영업소가 1개 도도부현에 설치되어 있는 경우 : 당해 도도부현지사

② 영업소가 2개 이상의 도도부현에 설치되어 있는 경우 : 건설대신

5) 면허 기간 및 갱신

건설업면허의 유효기간은 3년이며, 면허갱신을 받지 않으면 그 효력은 상실된다. 면허갱신의 경우도 허가절차나 허가기준 등은 신규와 거의 동일하며, 유효기간이 만료되기 30일 전까지 갱신에 관계되는 허가신청서를 제출하여야 한다.

(3) 입찰제도

1) 종 류

① 지명경쟁입찰 : 특정업자를 복수로 지명하여 입찰을 실시하는 것으로 공공공사나 민간공사를 막론하고 가장 많이 이용되고 있는 제도이다.

② 일반경쟁입찰 : 일정한 요건만 갖추면 누구라도 참가할 수 있으며, 포장·자재의 구입 등에 이용되고 있다.

③ 특명입찰 : 특정업자를 지명하여 공사를 맡기는 제도로서 우리 나라의 수의계약제도와 유사하다.

2) 공공공사

① 입찰방법

공공기관의 발주공사는 그 재원 자체가 국민의 세금 등 공적인 것으로 시행하고, 또 완성된 각종 시설물은 국가의 재산인 동시에 사회간접자본으로 이용되기 때문에 일반경쟁입찰을 대원칙으로 하고 있다(회계법 제29조의 3 제1항). 그러나 실제로는 "일반경쟁입찰에 부치는 것이 국가에 불리하다고 인정되는 경우"를 적용하여 대부분 지명경쟁입찰을 실시한다. 단, 재해복구공사 등 긴급을 요하는 공사는 발주자가 임의로 수의계약할 수 있다.

② 입찰자의 등급화

㉮ 우리 나라의 도급순위(군별)제도와 같이 일본에서도 건설성에서 5단계(A~E)등급화를 하는

데 경영사항심사제도를 통하여 평가를 한다.

㉠ 객관적 기준사항 : 연간 평균완성공사액, 자기자본, 직원수, 유동비율, 고정비율, 총자본 이익률, 영업년수 등

㉡ 주관적 기준사항 : 공사종류별 공사실적, 시공실적, 건설기계보유현황, 공사의 안전관리 능력, 근로복지현황 등

㉯ 이를 토대로 등급화가 끝나면 입찰공사별로 구분이 정해지며, 입찰공사의 구분을 명확히 하여 특별한 경우를 제외하고는 자기등급 이상의 공사는 입찰할 수 없도록 되어 있다.

③ 입찰참가자의 지명선정

㉮ 발주자(각 기관의 지명위원회)는 공사를 발주할 때마다 당해공사의 예정금액의 범위에 있는 도급한도범위권(등급) 대상자들 중에서 입찰참가자를 지명한다. 이때에는 예산결산 및 회사령 제97조에 의거하여 10개사 이상을 선정하여야 한다.

㉯ 지명기준은 발주기관별로 약간씩 다르나 일반적으로 건설성의 기준을 참고하고 있는데, 건설성의 지명기준 및 부정당업자의 입찰참가를 배제하기 위한 지명배제기준은 다음과 같다.

㉠ 지명기준

- 성실성, 경영상황, 공사실적, 안전관리 및 노동복지 상황
- 당해공사에 대한 기술성
- 당해공사에 대한 지리적 조건
- 현재 시공중인 공사상황 및 지명·수주 상황

㉡ 지명배제기준

- 회사검사원으로부터 부당공사로 지적 받은 공사를 시공한 자
- 공사 시공중 사고발생으로 인하여 공중에 위해를 끼친 자
- 공사 수주 및 시공을 함에 있어서 수뢰, 기타 부정행위로 인하여 기소된 자
- 공사시공에서 발주자의 서면승낙 없이 타업자에게 공사를 일괄도급한 자

④ 낙찰자결정

㉮ 낙찰자의 결정은 예정가격의 제한범위 내에서 최저가격으로 입찰한 자로 함을 원칙으로 한다.

㉯ 다만, 예정가격이 1,000만엔 이상의 공사에서 입찰금액이 비정상적으로 낮은 경우, 건설업자의 공정한 경쟁과 양질의 공사시공을 확보하고 덤핑을 방지하기 위한 낙찰제한제도가 있기 때문에 낙찰되지 못한다.

㉠ 저입찰가격조사제도

입찰 전 발주자가 미리 정해 놓은 가격(조사기준가격) 이하로 투찰될 경우 기업노력으로 원가를 절감한 것인지 조사하여 낙찰여부를 결정한다.

㉯ 최저제한가격제도

지방공공단체에서는 조사의 능력이 없으므로 최저제한가격을 설정하고 이에 미달하는 투찰은 자동적으로 실격 또는 배제하는 최저제한가격제도를 채택하며, 최저제한가격은 통상 예정가격의 80% 전후이다.

3) 민간공사

① 민간공사에서는 시공업자의 선정을 일정한 기준이나 규칙에 따를 필요가 없기 때문에 발주자의 재량에 속하나 관례상 지명경쟁입찰과 수의계약이 주로 이루어진다.

② 일반적으로 지명입찰자의 선정기준은 공사실적, 발주자와의 관계, 기술능력 등이 주가되며, 낙찰자는 일반적으로 최저가응찰자로 결정된다.

③ 수의계약은 일본의 산업체가 재벌계열화되어 있으며, 재벌그룹이 아니더라도 재벌 내의 금융이용, 거래관계 등으로 민간공사에서 많이 이용되고 있으나, 수의계약일지라도 공사계약금액은 여타 건설업체의 가격과 비교하여 결정한다.

(1) 계약제도

(1) 계약의 특성

일본의 건설공사도급계약은 과거에는 편무성 계약제도가 지속되었지만, 현재는 "건설공사 표준청부도급계약관"의 그대적인 쌍무계약의 원칙에 입각하고 있다.

현재 일본에서는 다음과 같이 6가지의 표준도급계약조건이 있다. 정부 및 지방자치단체 등 공공기관의 계약공사에서는 "공공공사 표준청부계약약관" 사용이 원칙이고, 민간공사에서는 "사회연합협정 공사청부계약약관"(일본건축학회, 일본건축협회, 일본건축가협회, 전국건설업협회가 1952년 공동 제정) 및 동 약관을 기초로 한 제약관이 두루 사용되고 있다.

- 공 공 공 사 용 : 공공공사 표준청부계약약관
  - 민간건설공사 표준청부계약약관(갑)
- 민 간 공 사 용 : - 민간건설공사 표준청부계약약관(을)
  - 사회연합협정 공사청부계약약관
- 하도급공사용 : - 건설공사 표준하청부계약약관(갑)
  - 건설공사 표준하청부계약약관(을)

2) 계약의 종류

① 도급내용에 의한 분류

㉮ 일식도급계약 : 공사목적물을 일괄하여 완성하기 위해 공사 전체를 도급하는 계약방식

㉯ 분리계약 : 냉온방, 전기공사 등 설비공사를 분리해서 계약하는 방식

② 도급금액결정방식에 의한 분류

㉮ 총액도급계약 : 공사대금의 총액을 정액으로 미리 확정해서 계약하는 방식으로서 가장 많이 사용하고 있다.

㉯ 실비정비도급계약 : 공사내용 중 불확정된 요소가 많고 긴급히 구조물을 완성해야 할 경우 등에 사용되는 계약방식이나 실제 이 방식에 의한 경우는 매우 드물다.

(5) 하도급제도

일본의 경우는 하도급제도가 활발하여 중층하도급(재하도급) 등의 제도가 발달되고 하청의 전문화 및 조직화가 되어 있는 것이 특징이다. 이는 일본건설업의 특성에서 유래된 것이나 정부의 전문건설

업 보호 육성을 통한 시공의 전문화시책, 원도급자와 하도급업자 사이의 밀착된 유대관계 등에서도 기인된다고 볼 수 있다.

1) 하도급자의 유형

하도급자는 다음과 같은 유형으로 대별할 수 있다.

- 재료와 노동력을 가진 일반 외주 하도급업자
- 전기·냉방 등을 전문으로 하는 설비공사업자
- 기능공을 중심으로 하는 노무하도급업자
- 불도저 등의 건설기계를 제공하는 기계하도급업자

2) 하도급의 전문화 및 조직화

최근 전체적으로 공사가 세분화되고 공법이 발달함에 따라 하도급이 전문화 또는 직능화되는 경향이 강하게 나나타나고 있다. 이와 관련하여 전문공사업자의 비중이 늘어남에 따라 하도급의 조직화, 협동조합화가 활발히 진행된다.

이 조직화는 노동력 및 자금 부족에 대처하고 하도급제도의 근대화를 촉진하기 위하여 건설성에서는 행정면에서 보호 육성하고 있다.

※ 일본 건설성은 행정 면으로 건설업진흥기금재단(기금 : 정부출연20억엔, 업계 30억엔, 합계 50억엔. 1975년 설립)을 통해 전문건설업자의 육성을 적극 지도협조하고 있는데 이런 조직화의 움직임은 앞으로 더욱 촉진될 것으로 보인다.

3) 하도급의존도

- 빌딩·공장 등의 건축공사 : 50~60[%] 수준
- 철도·도로·댐 등의 토목공사 : 40[%] 전후

(6) 기타

건설공사의 도급계약에 관한 분쟁의 해결(알선·조정 및 중재)을 위하여 건설공사분쟁심사위를 설치 운영하도록 건설업법(제25조)에 규정하였으며, 이에 따라 중앙건설공사분쟁심사회와 도도부현(道都府縣)심사회가 설치되었다.

별첨 2	예산회계법 시행령(발췌)

예산회계법 시행령(발췌)

1989. 12. 29 대통령령 제1385
개정 1993. 2. 22 대통령령 제1385
1993. 9. 23 대통령령 제1398
1994. 6. 30 대통령령 제14295

제1장 총 칙

제1절 통 칙

제1조【목 적】이 영은 예산회계법(이하 "법"이라 한다)에서 위임된 사항과 그 시행에 관하여 필요한 사항을 규정함을 목적으로 한다.

제2조【세입·세출의 회계년도소속 구분】

〈제2조~제59조 생략〉

제6절 지 급

제60조【한국은행의 수표지급】한국은행은 지출관이 발행한 수표의 제시가 있을 때에는 그 수표의 액면금액이 지출한도액의 잔액에 초과됨이 없는가를 확인하여 그 지급을 하여야 한다.

제61조【한국은행의 미지급 자금정리】① 한국은행은 제49조의 규정에 의하여 먼 지방의 채권자에게 지급할 자금을 교부받는 경우 그로부터 1년 이내에 지급하지 못한 금액에 대하여는 그 송금을 취소하고 이를 취소한 날이 속하는 연도의 세입으로 납부하여야 한다.

② 한국은행은 매회계년도의 수표발행금액 중 다음 연도 1월 15일까지 지급을 하지 못한 금액에 대하여는 법 제47조 제1항의 규정에 의한 세계잉여금에 편입하지 아니하고 이를 이월정리하여야 한다.

③ 제2항의 규정에 의하여 이월한 자금 중 수표를 발행한 날로부터 1년 이내에 지급을 하지 못한 금액은 그 1년이 경과된 날이 속하는 연도의 세입에 이를 편입하여야 한다.

제62조【수표의 상환】① 지출관은 발행일부터 1년이 경과되어 법 제72조 제1항의 규정에 의한 지급을 받지 못한 수표의 소지인으로부터 상환의 청구를 받은 경우 이를 조사하여 상환하여야 할 것으로 인정될 때에는 그 상환을 위하여 필요한 조치를 하여야 한다.

② 제1항의 규정은 발행일부터 1년이 경과되어 법 제72조 제2항의 규정에 의한 지급을 받지 못한 채권자 또는 출납공무원으로부터 상환 또는 자금의 교부를 청구받은 경우에 이를 준용한다.

제7절 보 고

제63조【지출원인행위액 및 지출액 보고】① 재무관과 지출관은 매월 각각 지출원인행위액보고서 및 지출액보고서를 작성하여 다음달 15일까지 이를 그 중앙관서의 장에게 제출하여야 한다.

② 각 중앙관서의 장은 제1항의 규정에 의하여 제출된 지출원인행위액보고서 및 지출액보고서에 따라 지출원인행위액총보고서 및 지출액총보고서를 작성하여 그달 중에 재무부장관에게 제출하여야 한다.

③ 제2항의 규정에 의한 지출원인행위액총보고서 및 지출액총보고서에는 제1항의 규정에 의한 지출원인

행위액보고서 및 지출액보고서를 붙여야 한다.

제6장 계 약

제1절 총 칙

제64조【계약의 원칙】각 중앙관서의 장 또는 그 위임을 받은 공무원은 계약을 체결함에 있어서 법, 이 영 및 관계법령에 규정된 계약상대자의 계약상 이익을 부당하게 제한하는 특약 또는 조건을 정하여서는 아니된다.

제65조【계약관의 임명통지】각 중앙관서의 장은 법 제75조의 규정에 의하여 계약에 관한 사무를 담당하는 공무원(이하 "계약관"이라 한다)을 임명한 때에는 그 뜻을 재무관·지출관 및 감사원에 통지하여야 한다.

제66조【계약서의 작성】① 법 제78조 제1항 본문의 규정에 의하여 각 중앙관서의 장 또는 그 위임을 받은 공무원이 작성하는 계약서의 서식 및 기타 필요한 사항은 재무부령으로 정한다.

② 계약서에는 담당공무원이 기명날인하여야 한다. 다만, 외국인과 계약을 체결하는 경우 기타 특별한 사유가 있는 경우에는 서명으로써 이에 갈음할 수 있다.

제67조【계약서작성의 생략】법 제78조 제1항 단서의 규정에 의하여 계약서의 작성을 생략할 수 있는 경우는 다음과 같다.

1. 계약금액이 1천만원 이하인 계약을 체결하는 경우
2. 경매에 부치는 경우
3. 물품매각의 경우에 있어서 매수인이 즉시 대금을 납부하고 그 물품을 인수하는 경우
4. 각 국가기관 및 지방자치단체 상호간에 계약을 체결하는 경우
5. 전기·가스·수도의 공급계약 등 성질상 계약서의 작성이 필요하지 아니한 경우

제68조【계약실적보고】① 각 중앙관서의 장의 위임을 받은 공무원은 매반기별 계약실적보고서를 작성하여 당해 반기종료 후 15일 이내에 소속 중앙관서의 장에게 제출하여야 한다.

② 각 중앙관서의 장은 제1항의 규정에 의하여 제출된 계약실적보고서에 따라 재무부령이 정하는 바에 의하여 계약실적총보고서를 작성하여 이를 당해 반기종료후 30일 이내에 재무부장관에게 제출하여야 한다.

제69조【회계년도 개시전의 계약】① 각 중앙관서의 장의 위임을 받은 공무원은 법 제86조의 규정에 의하여 회계년도 개시전에 계약을 체결하고자 할 때에는 소속중앙관서의 장의 승인을 얻어야 한다.

② 제1항의 규정에 의한 계약은 당해 회계년도 개시일 이후에 효력을 발생하게 하여야 한다.

제70조【공사의 분할계약금지】각 중앙관서의 장 또는 그 위임을 받은 공무원은 재무부장관이 정하는 동일 구조물공사 및 단일공사에 대하여는 설계서 등에 의하여 전체 사업내용을 확정하여야 하며 이를 시기적으로 분할하거나 공사량을 분할하여 계약할 수 없다. 다만, 계약의 성질 또는 목적에 비추어 다음 각호의 1에 해당하는 사유로 일괄계약이 부적합하다고 인정되는 공사의 경우에는 그러하지 아니하다.

1. 다른 법률에 의하여 다른 업종의 공사와 분리발주할 수 있도록 규정된 공사(1994. 6. 30 본호 신설)
2. 공사의 규모 등에 비추어 공구별로 분할 시공함에 효율적인 공사(1994. 6. 30 본호 신설)
3. 하자책임구분이 용이하고 공정관리에 지장이 없는 공사(1994. 6. 30 본호 신설)

제71조【장기계속계약】① 다음 각호의 1에 해당하는 계약으로서 법 제87조의 규정에 의하여 장기계속계약을 체결하고자 하는 경우에는 각 소속 중앙관서의 장의 승인을 얻어 단가에 대한 계약으로 체결할 수 있다.

1. 운송·보관·시험·조사·연구·측량·시설관리 등의 용역계약 또는 임차계약

2. 전기·가스·수도 등의 공급계약
3. 장비의 유지보수계약

② 공사계약에 있어서 그 이행에 수년을 요하며 설계서 등에 의하여 전체의 사업내용이 확정된 공사(이하 "장기계속공사"라 한다)는 낙찰 등에 의하여 결정된 총공사금액을 부기하고 당해 연도의 예산의 범위 안에서 제1차 공사를 이행하도록 계약을 체결하여야 한다. 이 경우 제2차 공사 이후의 계약은 부기된 총공사금액(제111조 내지 제113조의 규정에 의한 계약금액의 조정이 있는 경우에는 조정된 총공사금액을 말한다)에서 이미 계약된 금액을 공제한 금액의 범위 안에서 계약을 체결할 것을 부관으로 약정하여야 한다.

③ 물품의 제조 등의 계약에 있어서 그 이행에 수년을 요하며 설계서 또는 규격서 등에 의하여 당해 계약목적물의 내용이 확정된 물품의 제조 등(이하 "장기물품제조 등"이라 한다)의 계약체결 방법에 관하여는 제2항의 규정을 준용한다.

④ 제2항 및 제3항의 규정에 의한 제1차 및 제2차 이후의 계약금액은 총공사·총제조 등의 계약단가에 의하여 결정한다.

第72조【개산계약】① 각 중앙관서의 장 또는 그 위임을 받은 공무원은 법 제89조의 규정에 의하여 개산계약을 체결하고자 할 때에는 미리 개산가격을 결정하여야 하며, 개산계약을 체결한 때에는 이를 감사원에 통지하여야 한다.

② 각 중앙관서의 장의 위임을 받은 공무원은 제1항의 규정에 의하여 개산계약을 체결한 때에는 계약의 이행이 완료된 후 제78조의 규정에 의한 기준에 따라 정산하여 소속중앙관서의 장의 승인을 얻어야 한다.

第73조【종합계약】재무부장관은 법 제90조의 규정에 의한 종합계약의 체결에 있어서 필요하다고 인정할 때에는 종합계약의 체결방법 기타 필요한 사항을 정할 수 있다.

第74조【공동계약】① 법 제91조의 규정에 의한 공동계약의 체결방법 기타 필요한 사항은 재무부장관이 정한다.

② 각 중앙관서의 장 또는 그 위임을 받은 공무원이 경쟁에 의하여 계약을 체결하고자 할 경우에는 계약의 목적 및 성질상 공동계약에 의하는 것이 부적절하다고 인정되는 경우를 제외하고는 가능한 한 공동계약에 의하여야 한다. (1993. 2. 22 본항 개정, 1994. 6. 30 후단 삭제)

③ 각 중앙관서의 장 또는 그 위임을 받은 공무원이 제2항에 규정된 공동계약을 허용하는 경우로서 건설업의 균형발전을 위하여 필요하다고 인정하는 때에는 공사현장을 관할하는 특별시·직할시 및 도에 주된 영업소가 있는 자 중 1인 이상을 공동수급체의 구성원으로 하여야 한다. 다만, 당해 지역 안에 공사의 이행에 필요한 자격을 갖춘 자가 10인 미만인 경우에는 그러하지 아니하다. (1994. 6. 30 본항 신설)

第75조【손해보험의 가입】각 중앙관서의 장 또는 그 위임을 받은 공무원은 계약을 체결함에 있어서 필요하다고 인정할 때에는 당해 계약의 목적물에 대하여 손해보험에 가입할 수 있다.

제2절 예정가격

第76조【예정가격의 비치】각 중앙관서의 장 또는 그 위임을 받은 공무원은 경쟁입찰에 부칠 사항의 가격을 당해 사항에 관한 규격서, 설계서 등에 의하여 결정하고 그 예정가격을 밀봉하여 이를 미리 개찰장소에 두어야 하며, 예정가격이 누설되지 아니하도록 하여야 한다.

第77조【예정가격의 결정방법】① 예정가격은 계약을 체결하고자 하는 사항의 가격의 총액에 대하여 이를 결정하여야 한다. 다만, 일정한 기간 계속하여 제조·공사·수리·가공·매매·공급·임차 등을 하는 계약의 경우에 있어서는 단가에 대하여 그 예정가격을 결정할 수 있다.

② 장기계속공사 및 장기물품제조 등의 경우에는 총공사·총제조 등에 대하여 예산상의 총공사금액 또는 총제조금액의 범위 안에서 예정가격을 결정하여야 한다.

③ 법 제76조 제2항 제5호 및 이 영 제104조 제2항의 규정에 의하여 수의계약을 체결하고자 할 때에는 예정가격을 결정하지 아니할 수 있다.

제78조【예정가격의 결정기준】 ① 각 중앙관서의 장 또는 그 위임을 받은 공무원은 다음의 기준에 의하여 예정가격을 결정하여야 한다.

1. 적정한 거래가 형성된 경우에는 그 거래실례가격(법령의 규정에 의하여 가격이 통제된 경우에는 그 통제가격의 범위 안에서의 거래실례가격)
2. 신규개발품이거나 특수규격품 등의 특수한 물품·공사·용역 등 계약의 특수성으로 인하여 적정한 거래실례가격이 없는 경우와 적정한 거래실례가격이 형성되어 있는 경우에도 대량구매 등으로 그 거래실례가격에 의하여 예정가격을 정하는 것이 적당하지 아니한 경우에는 원가계산에 의한 가격. 이 경우 원가계산에 의한 가격은 계약의 목적이 되는 물품·공사·용역 등을 구성하는 재료비·노무비·경비와 일반관리비 및 이윤으로 이를 계산한다.
3. 제1호 및 제2호의 규정에 의한 가격에 의할 수 없는 경우에는 감정가격, 유사한 거래실례가격 또는 견적가격

② 각 중앙관서의 장 또는 그 위임을 받은 공무원은 제1항의 규정에 의하여 예정가격을 결정함에 있어서는 계약수량, 이행의 전망, 이행기간, 수급사황, 계약조건 기타 제반여건을 참작하여야 한다.

③ 각 중앙관서의 장 또는 그 위임을 받은 공무원은 제1항의 규정에 의한 예정가격을 결정하기 위하여 필요한 경우에는 그 소속공무원으로 하여금 예정가격의 기초금액을 작성하게 하고 이를 기초로 하여 예정가격을 결정할 수 있다. 이 경우 각 중앙관서의 장 또는 그 위임을 받은 공무원은 특별한 사정이 없는 한 기초금액과 다르게 예정가격을 결정하여서는 아니되며, 불가피하게 기초금액과 다르게 예정가격을 결정한 때에는 조정사유를 예정가격조서에 명시하여야 한다.

④ 제1항 내지 제3항 외에 예정가격의 결정에 관하여 필요한 사항은 재무부장관이 정한다.

제3절 경쟁계약

제1관 일반경쟁

제79조【경쟁방법】 ① 계약을 체결함에 있어서의 경쟁은 입찰방법으로써 이를 행하여야 한다.

② 각 중앙관서의 장 또는 그 위임을 받은 공무원은 동산의 매각에 있어서 필요하다고 인정할 경우에는 이 절의 규정에 의한 입찰방법에 준하여 경매에 부칠 수 있다.

제80조【경쟁입찰의 성립】 경쟁입찰은 2인 이상의 유효한 입찰로써 성립한다.

제81조【일반경쟁입찰의 참가자격】 ① 각 중앙관서의 장 또는 그 위임을 받은 공무원은 다음 각호의 요건을 갖춘 자에 한하여 일반경쟁입찰에 참가하게 하여야 한다.

1. 당해 입찰의 목적물에 필요한 시설·점포를 소유 또는 임차하고 있을 것
2. 다른 법령의 규정에 의하여 허가·인가·면허 등을 요하거나 자격요건을 갖추어야 할 경우에는 당해 허가·인가·면허 등을 받았거나 당해 자격요건에 적합할 것
3. 보안측정 등의 조사가 필요한 경우에는 관계기관으로부터 적합판정을 받을 것
4. 기타 재무부령이 정하는 요건에 적합할 것

② (1993. 9. 23 본항 삭제)

제82조【입찰공고】 ① 입찰방법에 의하여 경쟁에 부치고자 할 때에는 이 영에 특별한 규정이 있는 경우를

제외하고는 관보 또는 일간신문에 게재하거나 게시판에의 게시 등의 방법으로 공고하여야 한다. 다만, 예정가격이 재무부령이 정하는 금액 이상인 때에는 관보 또는 일간신문에의 게재방법에 의하여 공고하여야 한다.

② 각 중앙관서의 장 또는 그 위임을 받은 공무원은 제1항의 규정에 의한 공고를 함에 있어서 전기통신사업법에 의한 공중통신사업자 또는 공중전기통신사업법에 의한 정보통신역무제공업자의 통신망을 이용한 공고를 병행할 수 있다.

③ 입찰공고는 그 입찰일 또는 개찰일의 전일부터 기산하여 10일 이전에 이를 행하여야 한다. 다만, 공사입찰의 경우에는 제86조 제2항의 규정에 의한 현장설명일의 전일부터 기산하여 7일 이전에 공고하여야 한다.

④ 긴급을 요하는 경우에는 제3항의 규정에 불구하고 입찰일 또는 개찰일 전 5일까지 공고할 수 있다.

第83조【입찰참가의 통지】각 중앙관서의 장 또는 그 위임을 받은 공무원은 국가의 보안유지를 위하여 필요한 때에는 제82조 제1항의 규정에 불구하고 재무부령이 정하는 바에 의하여 당해 입찰참가적격자에게 제84조 제1항의 사항을 통지하여 입찰 참가신청을 하게 할 수 있다. 이 경우 제82조 제3항 및 제4항의 규정을 준용한다.

第84조【입찰공고의 내용】① 입찰공고에는 다음의 사항을 명시하여야 한다.

1. 입찰에 부치는 사항(공동도급입찰의 경우에는 공동도급에 관한 사항)
2. 입찰 또는 개찰의 장소와 일시
3. 공사입찰의 경우에는 현장설명의 장소·일시 및 참가자격
4. 입찰참가자의 자격에 관한 사항
5. 입찰보증금과 국고귀속에 관한 사항
6. 계약하고자 하는 조건을 공시하는 장소
7. 제97조 제3항의 규정에 의한 입찰무효에 관한 사항
8. 우편입찰을 허용하는 경우에는 그 취지
9. 제89조의 2의 규정에 의한 부대입찰의 경우에는 그 취지
10. 기타 입찰에 관하여 필요한 사항.

② (1993. 2. 22 본항 삭제)

第85조【재공고 입찰의 공고기간】입찰자나 낙찰자가 없는 경우 또는 낙찰자가 계약을 체결하지 아니하는 경우에 다시 공고하여 입찰에 부치고자 할 때에는 제82조 제3항의 규정에 불구하고 그 입찰일 또는 개찰일 전 5일까지 공고할 수 있다.

第86조【공사의 현장설명과 입찰】① 각 중앙관서의 장 또는 그 위임을 받은 공무원은 공사를 입찰에 부치고자 할 때에는 입찰 또는 개찰 전에 미리 현장설명을 하여야 한다. 다만, 공사의 성질상 현장설명의 필요가 없다고 인정된 때에는 그러하지 아니하다.

② 제1항의 규정에 의한 현장설명은 공사의 규모에 따라 당해 입찰일 또는 개찰일부터 다음의 기간 전에 실시하여야 한다. 다만, 제82조 제4항의 규정에 의한 긴급을 요하는 경우와 제85조의 규정에 의한 재공고입찰의 경우에는 그 기간을 단축할 수 있다.

1. 공사예정금액이 1억원 미만인 경우 5일 이상
2. 공사예정금액이 1억원 이상 10억원 미만인 경우 10일 이상
3. 공사예정금액이 10억원 이상 30억원 미만인 경우 20일 이상
4. 공사예정금액이 30억원 이상인 경우 30일 이상

③ 제1항의 규정에 의한 현장설명에 있어서 공사예정금액이 30억원 미만인 공사의 경우에는 입찰자로 하여금 입찰금액의 산출 및 공사시공에 필요한 설계서(설계도면·공사시방서 및 현장설명서를 말한다. 이

하 같다)를 열람하게 하여야 하며 공사예정금액이 30억원 이상인 공사의 경우에는 그 설계서를 열람하게 하는 외에 현장설명에 참여한 자에게 그 설계서를 배부하여야 한다. 이 경우 공사예정금액이 1억원 이상인 토목공사와 30억원 이상인 건축공사의 경우에는 공종별 목적물물량내역서 및 동 물량에 대한 단가의 산출을 위하여 필요한 세부 설명서를 함께 배부하여야 한다.

④ 공사예정금액이 1억원 이상인 토목공사와 30억원 이상인 건축공사(공사예정금액이 1억원 이상인 토목공사나 30억원 이상인 건축공사가 포함된 복합공종공사에 있어서는 그 토목공사 또는 건축공사 부분을 말한다)에 있어서는 그 입찰시에 입찰자로 하여금 입찰금액산출내역서(제3항의 규정에 의하여 배부된 내역서에 단가를 기재한 것을 말한다)를 입찰서에 첨부하게 하여야 하며, 공사예정금액이 1억원 이상인 토목공사나 30억원 이상인 건축공사가 포함된 복합공종공사의 경우에는 착공신고서를 제출하는 때까지 그 토목공사 또는 건축공사 외의 부분에 대한 입찰금액산출내역서를 제출하게 하되, 그 공사에 대한 입찰금액은 입찰시에 그 총액을 입찰금액산출내역서에 따로 기재하게 하여야 한다.

⑤ 제4항 전단에 규정된 공사로서 제99조 제2항의 규정에 의하여 재입찰에 부치는 공사와 제4항 전단에 규정된 공사 외의 공사의 경우에는 낙찰자로 하여금 착공신고서를 제출하는 때까지 그 공사에 대한 입찰금액산출내역서를 제출하게 하여야 한다.

⑥ 장기계속공사의 경우에는 그 입찰시에 입찰자로 하여금 총공사를 기준으로 입찰하게 하여야 한다.

⑦ 직전 또는 현재의 시공자와 수의계약을 체결할 수 있는 계속공사에 있어서 당해 수의계약을 체결하지 아니한 자는 당해 공사에 관련한 경쟁입찰에 참가하게 하여서는 아니된다.

⑧ 경쟁입찰에 있어서 예정가격의 50/100 미만으로 낙찰된 사실이 있는 자의 경우 낙찰일부터 2년간은 당해 공사와 시공구간이 중복되거나 접속되는 다음 각호의 공사의 경쟁입찰에 참가하게 하여서는 아니된다.

1. 단지조성공사
2. 하천공사
3. 항만·공항·도로·철도건설공사
4. 상·하수도공사
5. 농지개량공사
6. 준설공사

제87조【물품의 제조·구매 등의 입찰】 ① 물품의 제조·구매 등의 입찰은 재무부령이 정하는 서식에 의한 입찰서에 의하여야 하며 입찰금액은 총액입찰의 경우에는 총액을, 단가입찰의 경우에는 단가를 표시하여야 한다.

② 제86조 제6항의 규정은 장기물품제조 등의 경우에 이를 준용한다.

제88조【다량물품의 입찰】 ① 다량의 물품을 매각할 경우의 일반경쟁입찰은 그 매각 수량의 범위 안에서 수요자의 매수 희망수량과 그 단가를 입찰하게 할 수 있다.

② 다량의 수요물품을 제조 또는 구매할 경우의 일반경쟁입찰은 그 수요수량의 범위 안에서 공급자가 공급할 희망수량과 그 단가를 입찰하게 할 수 있다.

③ 제1항 및 제2항의 규정에 의한 희망수량 경쟁입찰대상의 범위는 재무부령으로 정한다.

제89조【분리입찰】 ① 각 중앙관서의 장 또는 그 위임을 받은 공무원은 필요하다고 인정되는 경우 물품의 제조 또는 구매계약에 있어서는 규격과 가격을, 기술용역계약에 있어서는 기술과 가격을 분리하여 입찰에 부칠 수 있다.

② 제1항의 경우 규격입찰 또는 기술입찰을 개찰한 결과 적격자로 확정된 자에 한하여 가격입찰을 개찰하여야 한다.

③ 재무부장관은 제1항의 규정에 의하여 분리입찰에 부칠 수 있는 대상입찰과 기타 필요한 기준을 정할

수 있다.

제89조의 2【부대입찰】① 각 중앙관서의 장 또는 그 위임을 받은 공무원은 재무부령이 정하는 기준에 해당하는 공사를 입찰에 부치는 때에는 입찰자로 하여금 제86조 제4항의 규정에 의한 산출내역서에 입찰금액을 구성하는 공사중 하도급할 부분, 하도급 금액 및 하수급인 등 하도급에 관한 사항을 기재하여 제출하게 하여야 한다. 다만, 다음 각호의 1에 해당하는 경우에는 그러하지 아니하다.

1. 재입찰의 경우
2. 긴급을 요하는 공사입찰의 경우
3. 특별한 기술을 요하거나 지역의 특수성 등으로 인하여 하수급할 전문건설업자가 없는 공사입찰의 경우
4. 건설공사의 하자에 따른 의무이행, 공정관리 또는 보안상의 필요 등의 사정으로 하도급을 하는 것이 부적합하다고 인정되는 공사입찰의 경우

② 제1항의 규정에 의하여 하도급에 관한 사항을 기재하게 하는 경우에 장기계속공사의 경우에는 총공사입찰금액에 대하여 기재하게 하여야 한다. 다만, 공사의 이행기간을 고려하여 필요하다고 인정되는 경우에는 제1차년도에 이행하게 할 공사의 입찰금액에 대하여 기재하게 할 수 있다.

③ 제1항의 규정에 의한 부대입찰의 절차 기타 필요한 사항은 재무부장관이 정하여 고시한다.

제 2 관 제한경쟁

제90조【제한경쟁에 의할 계약과 제한사항 등】① 법 제76조 제3항의 규정에 의하여 경쟁참가자의 자격을 제한할 수 있는 경우와 그 제한사항은 다음과 같으며 제한사항별 제한기준은 재무부령으로 정한다.

1. 재무부령이 정하는 대규모공사계약의 경우에는 도급 한도액 또는 당해 공사와 같은 종류의 공사 실적
2. 특수한 기술 또는 공법이 요구되는 공사계약의 경우에는 당해 공사수행에 필요한 기술의 보유상황 또는 당해 공사와 같은 종류의 공사 실적
3. 특수한 설비 또는 기술이 요구되는 물품제조계약의 경우에는 당해 물품제조에 필요한 설비 및 기술의 보유상황 또는 당해 물품과 같은 종류의 물품제조 실적
4. 특수한 성능 또는 품질이 요구되는 물품구매계약의 경우에는 당해 물품의 납품능력
5. 예정가격이 재무부령이 정하는 금액 미만인 계약의 경우에는 그 주된 영업소의 소재지
6. 제91조 또는 제91조의 2 규정에 의한 제한방법에 의하여 공사계약을 하는 경우에는 동조에 규정된 제한사항

② 각 중앙관서의 장 또는 그 위임을 받은 공무원은 제1항의 규정에 의하여 경쟁참가자의 자격을 제한하고자 할 때에는 입찰공고에 제한사항과 그 제한기준을 명시하여야 한다.

③ 각 중앙관서의 장 또는 그 위임을 받은 공무원은 공사입찰로서 제1항 제5호의 규정에 의하여 경쟁참가자의 자격을 제한하는 경우에 필요하다고 인정할 때에는 재무부령이 정하는 바에 의하여 당해 입찰참가적격자에게 제84조 제1항 각호의 사항을 통지하여 입찰참가신청을 할 수 있도록 하게 할 수 있다.

제91조【공사의 성질별·규모별 제한에 의한 입찰】① 각 중앙관서의 장 또는 그 위임을 받은 공무원은 공사를 성질별·규모별로 유형화하여 이에 상응하는 경쟁제한기준을 정하여 이를 미리 관보 또는 일간신문에의 게재방법으로 공고하여 경쟁참가적격자로 하여금 등록을 신청하게 할 수 있다.

② 각 중앙관서의 장 또는 그 위임을 받은 공무원은 제1항의 규정에 의한 등록신청을 받은 때에는 이를 심사하여 유형별·등급별로 경쟁참가적격자를 선정하여 등록을 하고 공사입찰시마다 당해 경쟁참가적격자에게 제84조 제1항 각호의 사항을 통지하여 입찰참가신청을 할 수 있도록 하게 할 수 있다.

③ 각 중앙관서의 장은 제1항의 규정에 의하여 경쟁제한기준을 정하고자 할 때에는 재무부장관과 협의하여야 한다.

제91조의 2 【입찰참가자격 사전심사에 의한 제한】 ① 각 중앙관서의 장 또는 그 위임을 받은 공무원은 재무부령이 정하는 공사에 대하여는 입찰참가자격을 미리 심사하여 경쟁입찰에 참가할 수 있는 적격자를 선정할 수 있다.

② 각 중앙관서의 장 또는 그 위임을 받은 공무원은 제1항의 규정에 의하여 입찰참가자의 자격을 심사하고자 할 경우에는 재무부장관이 정하는 기준에 따라 당해 입찰참가자격의 세부심사기준을 정하여 입찰전에 입찰참가자로 하여금 이를 열람하게 하여야 한다.

제92조 【일반 경쟁에 관한 규정의 준용】 제79조 내지 제89조의 2의 규정은 제한경쟁의 경우에 이를 준용한다.

제3관 지명경쟁

제93조 【지명경쟁에 의할 경우】 ① 법 제76조 제3항의 규정에 의하여 지명경쟁에 부칠 수 있는 경우는 다음과 같다.

1. 계약의 성질 또는 목적에 비추어 특수한 설비·기술·자재·물품 또는 실적이 있는 자가 아니면 계약의 목적을 달성하기 곤란한 경우로서 계약대상자가 10인 이내인 경우
2. 예정가격이 1억원 이하인 공사 또는 제조의 경우
3. 예정가격이 3천만원 이하인 재산을 매각 또는 매입할 경우
4. 예정임대·임차료의 총액이 3천만원 이하인 물건을 임대·임차할 경우
5. 공사나 제조의 도급, 재산의 매매 또는 물건의 임대·임차 외의 계약으로서 예정가격이 3천만원 이하인 경우
6. 산업표준화법 제11조의 규정에 의하여 표시가 허가된 광공업규격표시물품 또는 공산품품질관리법 제10조의 규정에 의하여 등급이 사정된 물품을 제조하거나 구매할 경우
7. 재무부령이 정하는 바에 의하여 우수시공업자 또는 우수용역업자로서 지정된 자와 계약을 체결할 경우
8. 법 제76조 및 이 영 제104조의 규정에 의하여 수의계약에 의할 수 있는 경우
9. 건설기술관리법 제21조의 규정에 의하여 집행계획을 작성하고 공고하여야 하는 용역의 경우
10. 자원의 절약과 재활용 촉진에 관한 법률 제30조 제2항의 규정에 의한 우선구매 등 필요한 조치요구에 따라 재활용 제품을 제조하게 하거나 구매하는 경우

② 각 중앙관서의 장의 위임을 받은 공무원은 제1항 제1호의 규정에 의하여 지명경쟁에 의하여 계약을 체결하고자 할 때에는 소속 중앙관서의 장의 승인을 얻어야 한다.

③ 각 중앙관서의 장은 제2항의 규정에 의한 승인을 한 때에는 이를 감사원에 통지하여야 한다.

제94조 【유사물품의 복수경쟁】 각 중앙관서의 장 또는 그 위임을 받은 공무원은 품질·성능·효율 등(이하 "품질 등"이라 한다)에 차이가 있는 유사한 종류의 물품 중에서 일정한 품질 등 이상의 물품을 지정하여 구매하고자 하는 경우에는 복수경쟁에 부칠 수 있다. 이 경우 예정가격에 대한 입찰금액의 비율이 가장 낮은 입찰자를 낙찰자로 한다.

제95조 【입찰대상자의 지명】 ① 각 중앙관서의 장 또는 그 위임을 받은 공무원은 제93조의 규정에 의하여 지명경쟁에 부치고자 할 때에는 5인 이상의 입찰대상자를 지명하여 3인 이상의 입찰참가승낙을 얻어야 한다. 다만, 지명대상자가 5인 미만인 때에는 그러하지 아니하다.

② 제1항의 경우에는 제84조 제1항 각호의 사항을 각 입찰대상자에게 통지하여야 한다.

③ 각 중앙관서의 장 또는 그 위임을 받은 공무원은 제1항의 규정에 의하여 입찰대상자를 지명하고자 할 때에는 재무부령이 정하는 바에 의하여 이를 통지하고 입찰참가여부를 확인하여야 한다.

第96條【일반경쟁에 관한 규정의 준용】 제79조 내지 제89조·제89조의 2의 규정은 지명경쟁의 경우에 이를 준용한다.

제4관 낙찰자의 결정

第97條【개찰】 ① 개찰은 입찰공고에 표시한 장소와 일시에 입찰자가 참석한 자리에서 이를 행하여야 한다. 다만, 입찰자로서 출석하지 아니한 자가 있을 때에는 입찰사무에 관계없는 공무원으로 하여금 개찰에 참여하게 하여야 한다.

② 입찰자는 제출한 입찰서를 교환·변경 또는 취소하지 못한다.

③ 제81조 및 제90조의 규정에 의한 경쟁참가의 자격이 없는 자가 행한 입찰 또는 입찰에 관한 조건에 위반한 입찰은 이를 무효로 한다.

第98條【세입이 되는 경쟁입찰에서의 낙찰자 결정】 ① 세입이 되는 경쟁입찰에 있어서는 예정가격 이상으로서 최고가격의 입찰자를 낙찰자로 한다.

② 예정가격 이상의 금액으로 입찰한 자가 없을 경우에는 같은 장소에서 다시 입찰에 부칠 수 있다. 이 경우 입찰자 또는 입찰 횟수의 제한을 받지 아니한다.

第99條【국고의 부담이 되는 경쟁입찰에서의 낙찰자 결정】 ① 국고의 부담이 되는 경쟁입찰에 있어서는 예정가격 이하로서 최저가격의 입찰자를 낙찰자로 한다. 다만, 다음 각호의 1에 해당되는 공사 또는 용역계약에 있어서는 예정가격 이하로 입찰한 자 중 예정가격의 85/100 이상으로 입찰한 자로서 최저가격으로 입찰한 자를 낙찰자로 한다.

1. 예정가격이 100억원(건설업법에 의한 전문공사, 전기공사업법에 의한 전기공사, 전기통신공사업법에 의한 전기통신공사, 소방법에 의한 소방공사 또는 에너지이용합리화법에 의한 특정열사용기자재설치공사의 경우에는 10억원) 미만인 공사. 다만, 제91조의 2의 규정에 의한 공사를 제외한다.
2. 예정가격이 10억원 미만인 용역

② 제98조 제2항의 규정은 제1항의 경우에 이를 준용한다.

第100條【품질 등에 의한 낙찰자의 결정】 ① 각 중앙관서의 장 또는 그 위임을 받은 공무원은 재무부장관이 지정·고시하는 물품의 제조 또는 구매계약에 있어서 필요하다고 인정할 경우에는 제99조 제1항 본문의 규정에 불구하고 당해 물품의 입찰가격 외에 품질 등을 종합적으로 참작하여 가장 경제성이 있는 가격의 입찰자를 낙찰자로 한다.

② 각 중앙관서의 장 또는 그 위임을 받은 공무원은 제1항의 규정에 의하여 낙찰자를 결정하고자 할 경우에는 재무부장관이 정하는 기준에 따라 당해 물품에 대한 품질 등의 평가기준을 입찰 전에 결정하여 입찰참가자로 하여금 이를 열람하게 하여야 한다.

第101條【다량물품을 매각할 경우의 낙찰자 결정】 다량의 물품을 희망수량에 따라 분할하여 매각하고자 할 경우에는 예정가격 이상의 단가로 입찰한 자(이하 "단가입찰자"라 한다) 중 최고가격의 입찰자부터 순차로 매각수량에 도달할 때까지의 입찰자를 낙찰자로 한다.

第102條【다량물품을 제조·구매할 경우의 낙찰자 결정】 다량의 물품을 희망수량에 따라 분할하여 제조·구매하고자 할 경우에는 예정가격 이하의 단가입찰자 중 최저가격의 입찰자부터 순차로 수요수량에 도달할 때까지의 입찰자를 낙찰자로 한다. 다만, 제100조 제1항의 규정에 의하여 재무부장관이 지정·고시하는 물품의 경우에는 가장 경제성이 있는 가격의 입찰자로부터 순차로 수요수량에 도달할 때까지의 입찰자를 낙찰자로 한다.

第103條【동일가격입찰의 낙찰자 결정】 ① 낙찰이 될 수 있는 동일 가격의 입찰자가 2인 이상인 때에는 즉시 추첨에 의하여 낙찰자를 결정하여야 한다.

② 제1항의 경우 그 입찰자 중 출석하지 아니한 자 또는 추첨을 하지 아니한 자가 있을 때에는 입찰사무에 관계없는 공무원으로 하여금 이를 대신하여 추첨하게 할 수 있다.
③ 제88조 제1항 또는 제2항의 규정에 의하여 희망수량에 의한 일반경쟁입찰에 부친 경우 동일가격의 입찰자가 2인 이상인 때에는 입찰수량이 많은 입찰자를 우선하여 낙찰자로 한다.

제104조~제130조 생략

제7장 국고금과 유가증권~제10장 보칙(생략)

부 칙

제1조【시행일】이 영은 공포한 날부터 시행한다. 다만, 제46조 및 제104조의 개정규정은 1990년 1월 1일부터 시행한다.
제2조【계약체결 등에 관한 경과조치】이 영 시행 전에 입찰공고를 한 경우로서 이 영 시행 후에 실시하는 입찰, 낙찰자의 결정 및 계약체결과 이 영 시행 전에 실시한 입찰에서 낙찰된 경우로서 이 영 시행 후에 체결하는 계약에 관하여는 종전의 규정에 의한다.

부 칙(1993. 2. 22)

①【시행일】이 영은 공포한 날부터 시행한다. 다만, 제91조의 2의 개정규정은 1993년 7월 1일부터, 제119조 제2항 제4호의 개정규정은 법률 제4501호 기술용역육성법 개정법률의 시행일부터 시행한다.
②【계약체결 등에 관한 경과조치】이 영 시행 전에 입찰공고를 한 경우로서 이 영 시행 후에 실시하는 입찰, 낙찰자의 결정 및 계약체결과 이 영 시행 전에 실시한 입찰에서 낙찰된 경우로서 이 영 시행 후에 체결하는 계약에 관하여는 종전의 규정에 의한다.

부 칙(1993. 9. 23)

①【시행일】이 영은 공포한 날부터 시행한다.
②【계약체결 등에 관한 경과조치】이 영 시행 전에 입찰공고를 한 후 이 영 시행 후에 실시하는 입찰, 낙찰자의 결정 및 계약 결과 이 영 시행 전에 실시한 입찰에서 낙찰된 후 이 영 시행 후에 체결하는 계약에 관하여는 종전의 규정에 의한다.

부 칙(1994. 6. 30)

①【시행일】이 영은 공포한 날부터 시행한다.
②【공동계약대상자 제한규정의 유효기간】제74조 제3항의 개정규정은 1996년 12월 31일까지 효력을 가진다.
③【계약체결 등에 관한 경과조치】이 영 시행 전에 입찰공고를 한 후 이 영 시행 후에 실시하는 입찰, 낙찰자의 결정 및 계약체결과 이 영 시행 전에 실시한 입찰에서 낙찰된 후 이 영 시행 후에 체결하는 계약에 관하여는 종전의 규정에 의한다.

별첨 3	계약사무처리규칙

계약사무처리규칙(발췌)

전문개정 1990. 5. 8 재무부령 제1823호
개정 1991. 7. 11 재무부령 제1859호
1992. 3. 10 재무부령 제1877호
1993. 5. 20 재무부령 제1931호
1993. 10. 20 재무부령 재1948호
1994. 7. 20 재무부령 제1995호

제1장 총 칙

제1조【목 적】 이 규칙은 계약사무처리에 관하여 필요한 사항을 규정함을 목적으로 한다.

제2조【정 의】 ① 이 규칙에서 "계약담당공무원"이라 함은 세입의 원인이 되는 계약에 관한 사무를 중앙관서의 장으로부터 위임받은 공무원, 예산회계법(이하 "법"이라 한다) 제61조의 규정에 의한 재무관(대리재무관·분임재무관 및 대리분임재무관을 포함한다. 이하 같다), 법 제75조의 규정에 의한 계약관(대리계약관·분임계약관 및 대리분임계약관을 포함한다. 이하 같다) 및 법 제65조의 규정에 의하여 지출관으로부터 자금을 교부받아 출납공무원사무처리규칙에 의한 지급원인행위를 할 수 있는 일상경비출납공무원(대리일상경비출납공무원·분임일상경비출납공무원 및 대리분임일상경비출납공무원을 포함한다. 이하 같다)과 기타 법령에 의하여 세입 세출 외의 자금 또는 기금의 출납의 원인이 되는 계약을 담당하는 공무원을 말한다.

② 각 중앙관서의 장이 계약에 관한 사무를 그 소속공무원에게 위임하지 아니하고 직접 처리하는 경우에는 이를 계약담당공무원으로 본다.

제3조【적용범위】 계약담당공무원은 계약에 관한 사무를 처리함에 있어서 다른 법령에 특별한 규정이 있는 경우 외에는 이 규칙이 정하는 바에 의한다.

제2장 예정가격

제4조【예정가격조서의 작성】 계약담당공무원은 예산회계법시행령(이하 "영"이라 한다) 제78조의 규정에 의하여 예정가격을 결정하고자 할 때에는 미리 예정가격조서를 작성하여야 한다.

제5조【거래실례가격에 의한 예정가격의 결정】 영 제78조 제1항 제1호의 규정에 의한 거래실례가격에 의하여 예정가격을 결정함에 있어서는 다음 각호의 1의 가격에 의하되, 당해 거래실례가격에 제6조 제1항 제4호 및 제5호의 규정에 해당하는 일반관리비 및 이윤을 따로 가산하여서는 아니된다.

1. 조달청장이 조사하여 통보한 가격
2. 재무부장관이 정하는 기준에 적합한 전문가격 조사기관으로서 재무부장관에게 등록한 기관이 조사하여 공표한 가격(1993. 5. 20 본호 개정)
3. 계약담당원이 2 이상의 사업자에 대하여 당해 물품의 거래실례를 직접 조사하여 확인한 가격

제6조【원가계산에 의한 예정가격의 구성】 ① 영 제78조 제1항 제2호의 규정에 의한 원가계산에 의한 가격에 의하여 예정가격을 결정함에 있어서 그 예정가격에는 다음 각호의 비목이 포함되어야 한다.

1. 재료비

   계약목적물의 제조·시공 또는 용역 등에 소요되는 소정규격의 재료의 양에 그 단위당 가격을 곱한 금액

2. (1993. 5. 20. 본호 삭제)

3. 경비

계약목적물의 제조·시공 또는 용역 등에 소요되는 비목별 경비의 합계액

4. 일반관리비

재료비·노무비 및 경비의 합계액에 제8조 제1항의 규정에 의한 일반관리비율을 곱한 금액

5. 이윤

노무비·경비(재무장관이 정하는 비목을 제외한다) 및 일반관리비의 합계액에 제8조 제2항의 규정에 의한 이윤율을 곱한 금액

② 수입물품의 구매의 경우 원가계산에 의한 가격에 의하여 예정가격을 결정함에 있어서 그 예정가격에는 다음 각호의 비목이 포함되어야 한다.

1. 수입물품의 외화표시원가
2. 관세
3. 통관료
4. 보세창고료
5. 하역료
6. 국내운반비
7. 신용장개설수수료
8. 일반관리비

제1호 내지 제7호의 합계액에 제8조 제1항 제10호의 규정에 의한 일반관리 비율을 곱한 금액

9. 이윤

제2호 내지 제8호의 합계액에 제8조 제2항 제3호의 규정에 의한 이윤율을 곱한 금액

③ 계약담당공무원은 원가계산에 의한 가격에 의하여 예정가격을 결정함에 있어서는 예정가격조서에 제1항 각호 또는 제2항 각호의 사항을 명백히 하여야 한다.

④ 재료비·노무비 및 경비의 비목은 재무부장관이 따로 이를 정한다.

제7조【원가계산에 있어서의 단위당 가격의 기준】 ① 제6조 제1항의 규정에 의한 원가계산에 있어서의 단위당 가격은 다음 각호의 가격에 의한다.

1. 거래실례가격 또는 통계법 제3조의 규정에 의하여 통계작성 승인을 받은 기관이 조사·공표한 가격. 다만, 재무부장관이 단위당 가격을 별도로 정한 경우에는 그 가격에 의한다. (1994. 7. 20 본호 개정)
2. 제1호의 규정에 의한 가격에 의할 수 없는 경우에는 제10조 제1호 내지 제3호의 규정에 의한 가격

② 계약담당공무원은 제1항 제1호 본문의 규정에 의하여 통계법 제3조의 규정에 의한 통계작성 승인을 얻은 기관이 조사·공표한 가격을 적용함에 있어 계약시기, 계약목적물의 특성 및 납품지 또는 공사현장 등을 고려하여 필요하다고 인정되는 때에는 동 가격의 15/100의 범위 안에서 이를 가감할 수 있다. (1994. 7. 20 본항 신설)

제8조【원가계산에 의한 예정가격 결정시의 일반관리비율 및 이윤율】 ① 원가계산에 의한 예정가격 결정에 있어서의 일반관리비율은 다음 각호의 율을 초과하지 못한다.

1. 공사 : 6/100
2. 음·식료품의 제조·구매 : 14/100
3. 섬유·의복·가죽제품의 제조·구매 : 8/100
4. 나무·나무제품의 제조·구매 : 9/100
5. 종이·종이제품·인쇄출판물의 제조·구매 : 14/100
6. 화학·섬유·석탄·고무·플라스틱의 제품의 제조·구매 : 8/100

7. 비금속광물제품의 제조·구매 : 12/100
8. 제1차 금속제품의 제조·구매 : 6/100
9. 조립금속제품·기계·장비의 제조·구매 : 7/100
10. 수입물품의 구매 : 8/100
11. 기타 물품의 제조·구매 : 11/100
12. 용역 : 5/100

② 원가계산에 의한 예정가격 결정에 있어서의 이윤율은 다음 각호의 율을 초과하지 못한다. 다만, 각 중앙관서의 장은 다음 각호의 이윤율의 적용으로는 계약의 목적달성이 곤란하다고 인정되는 특별한 사유가 있는 경우에는 재무부장관과 협의하여 이윤율을 달리 정할 수 있다.

1. 공사 : 15/100
2. 제조·구매 : 25/100
3. 수입물품의 구매 : 10/100
4. 용역 : 10/100

第9條【원가계산서의 작성 등】 ① 원가계산에 의한 가격에 의하여 예정가격을 결정함에 있어서는 원가계산서를 작성하여야 한다. 다만, 계약담당공무원이 원가계산방법에 의하여 예정가격조서를 작성하는 경우에는 원가계산서를 따로 작성하지 아니할 수 있다.(1991. 7. 11 본항 개정)

② 계약담당공무원은 계약목적물의 내용·성질 등이 특수하여 스스로 원가계산을 하기 곤란한 경우에는 재무부장관에게 등록한 원가계산용역기관(이하 "원가계산용역기관"이라 한다)에 원가계산을 의뢰할 수 있다.(1994. 7. 20 본항 개정)

③ 계약담당공무원은 제2항의 규정에 의하여 원가계산을 의뢰한 경우 원가계산용역기관으로 하여금 이 규칙 및 재무부장관이 정하는 바에 의하여 원가계산서를 작성하게 하여야 한다.

④ 계약담당공무원은 원가계산용역기관이 원가계산 등을 부실하게 함으로써 국고에 손해를 발생하게 한 경우에는 이를 재무부장관에게 보고하여야 한다.

第10條【감정가격 등에 의한 예정가격의 결정】 영 제78조 제1항 제3호의 규정에 의한 감정가격, 유사한 거래실례가격 또는 견적가격에 의하여 예정자격을 결정함에 있어서는 다음 각호의 1의 가격에 의한다.

1. 감정가격 : 지가공시 및 토지 등의 평가에 관한 법률에 의한 감정평가법인이 감정평가한 가격
2. 유사한 거래실례가격 : 거래실례가격 또는 통제가격이 없고 제1호의 규정에 의한 감정을 할 수 없는 경우로서 기능과 용도가 유사한 물품의 거래실례가격
3. 견적가격 : 제1호 및 제2호의 규정에 의한 가격이 없는 경우로서 계약상대자 또는 제3자로부터 직접 제출받은 가격

第11條【예정가격결정시의 세액합산 등】 ① 예정가격에는 다음 각호의 세액이 포함되어야 한다.(1992. 3. 10 본항 개정)

1. 부가가치세법에 의한 부가가치세
2. 특별소비세법에 의한 특별소비세
3. 교육세법에 의한 교육세
4. 관세법에 의한 관세(1993. 5. 20 본호 신설)
5. 농어촌특별세법에 의한 농어촌특별세(1994. 7. 20 본호 신설)

② 영 제78조 제1항 제2호의 규정에 의한 원가계산에 의한 가격에 의하여 예정가격을 결정함에 있어서 그 예정가격은 제6조 제1항 또는 제2항의 규정에 의하여 계산한 금액에 제1항 각호의 세액을 합하여 이를 계산한다. 이 경우 원가계산의 비목별 원재료의 단위당 가격은 제1항 각호의 세액을 감한 공급가액으로 하며, 제1항 제1호의 부가가치세는 당해 계약목적물의 공급가액에 부가가치세율을 곱하여 산출한다.

③ 부가가치세법 제12조 제1항 또는 조세감면규제법 제74조 제1항의 규정에 의하여 부가가치세가 면제되는 재화 또는 용역을 공급하는 자와 계약을 체결하기 위하여 원가계산에 의한 가격에 의하여 예정가격을 결정하는 경우 당해 계약상대자가 부담할 비목별 원재료의 부가가치세 매입세액 해당액은 제6조 제1항의 규정에 의하여 계산한 금액에 따로 이를 합산한다.

제12조【희망수량 경쟁입찰에 있어서의 예정가격의 결정】① 희망수량 경쟁입찰에 있어서의 예정가격은 당해 물품의 단가로 이를 정하여야 한다.

② 제1항의 경우 국고의 부담이 되는 물품의 구매 또는 제조에 관한 입찰인 때에는 그 입찰에 붙이고자 하는 물품의 총수량을 기준으로 한 예정가격조서에 의하여 당해 물품의 단가를 정하여야 한다.

제13조【예정가격의 변경】계약담당공무원은 영 제85조의 규정에 의한 재공고입찰에 있어서도 입찰자 또는 낙찰자가 없는 경우로서 당초의 예정가격으로는 영 제105조 제1항의 규정에 의한 수의계약을 체결할 수 없는 때에는 당초의 예정가격을 변경하여 새로운 절차에 의한 경쟁입찰에 붙일 수 있다.

제14조【예정가격결정의 특례】당해 물품의 총생산량의 50/100 이상을 국가기관에서 사용하는 물품의 경우 이를 구입할 때에는 거래실례가격이 있는 경우에도 제6조 제1항의 규정에 의한 원가계산에 의한 가격에 의하여 예정가격을 결정하여야 한다.

제 3 장 경쟁계약

제 1 절 일반경쟁입찰

제 1 관 입찰참가자격

제15조【입찰참가자격요건의 증명】① 영 제81조 제1항 제4호에서 "재무부령이 정하는 요건"이라 함은 부가가치세법 제5조의 규정에 의하여 당해 사업에 관한 사업자등록증을 교부받은 경우를 말한다.

② 계약담당공무원은 일반경쟁입찰에 참가하고자 하는 자로 하여금 제1항 및 영 제81조의 규정에 의한 자격을 관계기관에서 발행한 문서로 증명하게 하여야 한다. 다만, 관계기관에서 발행한 문서로 증명하기가 곤란하다고 인정되는 경우에는 당해 사실을 증명하는 계약서 사본 등으로 이를 증명하게 할 수 있다.

③ 제16조의 규정에 의하여 일반 경쟁입찰 참가자격등록을 한 자는 등록된 종목 또는 품종에 한하여 당해 중앙관서의 장이 발행한 별지 제1호 서식의 일반 경쟁입찰 참가자격 등록확인원에 의하여 제2항 본문의 규정에 의한 자격의 증명을 할 수 있다.

제16조【입찰참가자격의 등록】① 계약담당 공무원은 입찰사무를 효율적으로 집행하기 위하여 매년 기간을 정하여 입찰참가자격의 등록을 하게 할 수 있다.

② 계약담당 공무원은 제1항의 규정에 의한 등록을 하지 아니한 자를 등록하게 하기 위하여 연 1회 내지 4회로 구분하여 추가등록을 하게 할 수 있다.

③ 계약담당 공무원은 제1항 및 제2항의 규정에 의하여 등록을 하게 하고자 할 때에는 미리 그 뜻을 일간신문에 공하여야 한다.

제17조【입찰참가자격에 관한 서류의 확인 등】① 계약담당 공무원은 입찰참가자에 대하여 입찰참가자격의 유무 및 입찰참가자격 제한의 여부를 확인하여야 한다.

② 계약담당 공무원은 제1항의 규정에 의하여 확인을 한 결과 자격서류의 내용이 사실과 다른 때에는 그 사실을 당해 서류의 제출자에게 통지하고 서류보완 등에 필요한 적절한 조치를 하여야 한다.

제18조【입찰참가자격의 부당한 제한금지】계약담당 공무원은 다른 법령에 특별한 규정이 있는 경우 외에는 영 제81조의 규정에 의한 일반경쟁입찰의 참가자격 외의 요건을 정하여 입찰참가를 제한하여서는 아니된다.

第19조【입찰참가자격요건 등록 등의 배제】 다음 각호의 1에 해당하는 경우에는 제15조 내지 제17조의 규정을 적용하지 아니한다. 다만, 영 제130의 규정에 의한 입찰참가자격 제한의 여부에 관한 확인은 그러하지 아니하다.

1. 국가·지방자치단체·공공단체 또는 정부투자기관이 일반경쟁입찰에 참가하고자 하는 경우
2. 세입의 원인이 되는 계약을 하는 경우

제2관 입찰공고 및 입찰

第20조【입찰공고】 영 제82조 제1항 단서의 규정에 의하여 관보 또는 일간신문에의 게재방법에 의하여 공고를 하여야 하는 경우는 예정가격이 다음 각호의 금액 이상인 경우로 한다. (1993. 5. 20 본조 개정)

1. 공사의 경우 : 3억
2. 제조의 경우 : 1억
3. 물품의 구매·용역 기타의 경우 : 5천만원

第21조【입찰참가의 통지 등】 ① 계약담당 공무원은 영 제83조의 규정에 의하여 당해 입찰참가적격자에게 입찰참가통지를 하는 때에는 별지 제2호 서식의 경쟁입찰 참가통지서에 의한다.

② 계약담당 공무원은 제1항의 규정에 의한 입찰참가통지를 받은 입찰 참가자격자 중 당해 입찰에 참가하고자 하는 자로 하여금 별지 제3호 서식의 경쟁입찰 참가승낙서를 입찰일 전일까지 제출하게 하여 당해 입찰의 참가여부를 확인하여야 한다.

第22조【입찰참가신청】 ① 계약담당 공무원은 일반 경쟁입찰에 붙이고자 할 때에는 입찰참가신청인으로 하여금 다음 각호의 서류를 제출하게 하여야 한다. 다만, 제16조의 규정에 의하여 자격등록을 한 자에 대하여는 입찰보증금의 납부로써 다음 각호의 서류의 제출에 갈음하게 할 수 있다.

1. 별지 제4호 서식의 입찰참가신청서
2. 입찰참가자격을 증명하는 서류
3. 기타 입찰공고에서 요구한 서류

② 계약담당 공무원은 입찰참가신청인이 입찰공고에 명시된 입찰참가신청서류를 제출한 때에는 그 서류의 내용을 검토하여 이를 접수하고 필요한 사항에 대하여 사실조사를 할 수 있다.

③ 계약담당 공무원은 입찰참가신청서류를 접수한 때에는 별지 제5호 서식의 입찰참가신청필증을 교부하여야 한다. 다만, 우편입찰의 경우 기타 필요하지 아니하다고 인정되는 경우에는 이를 생략할 수 있다.

④ 제1항 본문의 규정에 의하여 제출되는 입찰 참가신청서류의 접수마감일은 이를 입찰일 전일로 한다.

第23조【입찰유의서 등의 승낙】 계약담당 공무원은 일반경쟁입찰에 붙이고자 할 때에는 입찰참가자로 하여금 재무부장관이 정하는 입찰유의서, 계약일반조건, 당해 계약의 특수조건, 설계서 등을 숙지하게 하고, 이를 승낙한 자에 한하여 입찰에 참가하게 하여야 한다.

第24조【입찰방법】 ① 계약담당 공무원은 일반경쟁입찰에 참고하고자 하는 자로 하여금 별지 제6호 서식(입찰 및 낙찰자 결정을 전산처리에 의하여 하고자 하는 경우에는 별지 제7호 서식)의 입찰서를 제출하게 하여야 한다.

② 제1항의 규정에 의하여 제출되는 입찰서는 이를 1인 1통으로 한다.

③ 계약담당 공무원은 입찰 전에 입찰참가자가 위임장을 제출한 경우에는 그 대리인을 당해 입찰에 참가하게 할 수 있다. 이 경우 공사입찰에 있어서 입찰참가자가 법인인 경우에는 당해 법인의 임원에 한하여 그 대리인으로 입찰에 참가하게 할 수 있다.

④ 계약담당 공무원은 입찰서를 접수한 때에는 당해 입찰서에 확인인을 날인하고 개찰시까지 개봉하지 아니하고 보관하여야 한다.

⑤ 제1항의 규정에 의하여 제출되는 입찰서에 사용되는 인감은 입찰참가신청을 한 때에 제출한 인감신고서의 인감이어야 한다. (1992. 3. 10 본항 개정)

⑥ 영 제100조 제1항의 규정에 의하여 재무부장관이 지정·고시하는 물품의 제조 또는 구매입찰에 있어서는 입찰시에 입찰자로 하여금 입찰서와 함께 당해 물품의 품질·성능·효율 등이 표시된 품질 등의 표시서(이하 "품질 등 표시서"라 한다)를 제출하게 하여야 한다. (1993. 10. 20 본항 신설)

第24조의 2 【부대입찰의 대상】 영 제89조의 2 제1항에서 "재무부령이 정하는 기준에 해당하는 공사"라 함은 제31조 제3항에 규정된 공사를 말한다.

第25조 【입찰무효】 영 제97조 제3항의 규정에 의하여 무효로 하는 입찰은 다음과 같다. (1992. 3. 10 본조 개정)

1. 입찰참가자격이 없는 자가 한 입찰
2. 입찰보증금의 납부일시까지 소정의 입찰보증금을 납부하지 아니하고 한 입찰
3. 입찰서의 도착일시까지 소정의 입찰장소에 도착하지 아니한 입찰
4. 동일사항에 동일인이 2통 이상의 입찰서를 제출한 입찰
5. 영 제86조 제1항의 규정에 의하여 현장설명을 실시하는 공사로서 예정금액 30억원 이상 공사의 입찰에 참가한 자 중 현장설명에 참가하지 아니한 자의 입찰
6. 영 제86조 제4항의 규정에 의한 입찰로서 입찰서와 함께 산출내역서를 제출하지 아니한 입찰 및 입찰서상의 금액과 산출내역서상의 금액이 일치하지 아니하는 입찰
7. 영 제89조의 2 본문의 규정에 의하여 하도급에 관한 사항을 기재하여야 하는 입찰에 있어서 산출내역서에 하도급에 관한 사항을 기재하지 아니하거나 하도급에 관한 사항 중 하도급할 부분, 하도급금액 또는 하수급인의 기재가 누락된 입찰(1993. 10. 20 본호 신설)
8. 영 제100조 제1항의 규정에 의한 입찰로서 제24조 제6항의 규정에 의하여 입찰서와 함께 제출하여야 하는 품질 등 표시서를 제출하지 아니한 입찰
9. 제1호 내지 제7호 외에 재무부장관이 정하는 입찰유의서에 위반된 입찰

第26조 【입찰무효의 이유표시】 계약담당 공무원은 입찰을 무효로 하는 경우에는 내역서상의 금액과 입찰금액의 일치여부를 확인하는데 장시간이 소요되는 등 부득이한 사유가 없는 한 개찰장소에서 개찰에 참가한 입찰자에게 이유를 명시하고 그 뜻을 알려야 한다. (1993. 5. 20 본조 개정)

제3관 희망수량 경쟁입찰

第27조 【희망수량 경쟁입찰의 대상범위】 영 제88조(영 제96조의 규정에 의하여 준용되는 경우를 포함한다)의 규정에 의하여 희망수량 경쟁입찰의 방법에 의할 수 있는 경우는 다음 각호와 같다.

1. 1인의 능력이나 생산시설로는 그 공급이 불가능하거나 곤란하다고 인정되는 다량의 동일물품을 구매하거나 제조하게 할 경우
2. 1인의 능력으로는 그 매수가 불가능하거나 곤란하다고 인정되는 다량의 동일 물품을 매각할 경우
3. 수인의 공급자 또는 매수자와 분할계약하는 것이 가격·품질 기타 조건에 있어서 국가에 유리하다고 인정되는 다량의 동일물품을 제조·구매 또는 매각할 경우

第28조 【희망수량 경쟁입찰의 입찰공고】 희망수량 경쟁입찰에 의하는 경우의 입찰공고에는 다음 각호의 사항을 명시하여야 한다.

1. 희망수량에 의한 일반경쟁입찰이라는 사항
2. 영 제84조 제1항 각호의 사항
3. 제42조 제2항의 규정에 의한 입찰수량과 낙찰수량의 조정에 관한 사항
4. 기타 입찰에 필요한 사항

第29조【2종 이상의 물품에 대한 희망수량 경쟁입찰】 계약담당 공무원은 2종 이상의 물품에 대하여 희망수량경쟁입찰에 붙이고자 하는 경우에는 물품의 종류별로 단가 및 수량에 대하여 입찰을 하게 하여야 한다.

제4관 경 매

第30조【경 매】 ① 계약담당 공무원은 영 제79조 제2항의 규정에 의한 경매에 있어서는 예정가격을 제시하여 입찰하게 하고 최고입찰액을 말로 발표한 후 다른 응찰자가 없을 때까지 다시 입찰하게 하여 최고가격의 입찰자를 낙찰자로 결정하여야 한다.

② 제1항의 규정에 의한 입찰의 경우 입찰보증금은 예정가격의 5/100로 하여야 한다.

제2절 제한경쟁입찰

第31조【제한경쟁입찰의 대상】 ① 영 제90조 제1항 제1호에서 "재무부령이 정하는 대규모공사계약"이라 함은 예정가격이 20억원(건설업법에 의한 전문공사, 전기공사업법에 의한 전기공사, 전기통신공사업법에 의한 전기 통신공사소방법에 의한 소방공사 또는 에너지 이용합리화법에 의한 특정 열사용 기자재설치공사의 경우에는 3억원) 이상인 공사계약을 말한다.(1993. 10. 20 본항 개정)

② 영 제90조 제1항 제5호에서 "재무부령이 정하는 금액"이라 함은 다음 각호의 금액을 말한다.(1991. 7. 11, 1992. 3. 10 본항 개정)

1. 공사의 경우에는 20억원(건설업법에 의한 전문공사, 전기공사업법에 의한 전기공사 또는 전기통신공사업법에 의한 전기통신공사의 경우에는 3억원)
2. 물품의 제조·구매·용역 기타의 경우에는 3억원

③ 영 제91조의 2 제1항에서 "재무부령이 정하는 공사"라 함은 다음 각호의 공사로서 예정가격이 100억원 이상인 공사를 말한다.(1993. 8. 20 본항 신설)

1. 길이 100m 이상의 교량공사
2. 공항건설공사
3. 댐축조공사
4. 고속도로건설공사
5. 간척·준설 또는 항만공사
6. 철도 또는 지하철공사
7. 터널공사가 포함된 공사
8. 발전소건설공사
9. 쓰레기소각로 건설공사
10. 폐수 및 하수종말처리장 건설공사

第32조【제한경쟁입찰의 제한기준】 ① 계약담당 공무원은 영 제90조 제1항의 규정에 의하여 제한경쟁입찰에 참가할 자의 자격을 제한하는 경우 이행의 난이, 규모의 대소, 수급상황 등을 적정하게 고려하여야 한다.

② 계약담당 공무원이 제1항의 규정에 의하여 제한경쟁입찰에 참가할 자의 자격을 제한함에 있어서 공사 또는 제조 등의 실적이나 도급한도액에 의하여 제한하는 경우 그 실적 또는 도급한도액은 다음 각호의 기준을 초과할 수 없다.

1. 공사 또는 제조실적

가. 공사 또는 제조실적의 규모 또는 양에 의하는 경우에는 당해 계약목적물의 규모 또는 양의 1배

나. 공사 또는 제조실적의 금액에 의하는 경우에는 당해 계약목적물의 예정금액의 1배

2. 도급한도액의 경우에는 당해 공사예정금액의 2배

③ 영 제90조 제1항 제5호의 규정에 의하여 주된 영업소의 소재지에 의하여 제한경쟁입찰을 하는 경우에는 주된 영업소가 당해 공사의 현장, 납품지 등이 소재하는 특별시·직할시 또는 도의 관할구역 안에 있는 자로 제한하여야 한다.

④ 제3항의 규정을 적용함에 있어서 주된 영업소가 소재하는 지역을 관할하는 직할시 또는 도의 관할구역 중 일부가 특별시 또는 직할시의 관할구역으로 변경된 경우 그 관할구역이 변경된 날부터 3년간은 특별시·직할시 또는 도의 관할구역 안에 주된 영업소가 소재하고 있는 때에 한하여 당해 특별시·직할시 또는 도의 관할구역 안에 각각 주된 영업소가 소재하고 있는 것으로 본다.

⑤ 계약담당 공무원은 영 제90조 제1항의 규정에 의하여 제한경쟁입찰에 참가할 자의 자격을 제한함에 있어서 동항 각호 또는 각호 내의 사항을 중복적으로 제한하여서는 아니된다. 다만, 영 제90조 제1항 제5호에 규정된 사항에 의하여 제한하는 경우에는 동항 제2호에 규정된 사항과 중복하여 제한할 수 있다. (1993. 10. 20 본항 개정)

⑥ 계약담당 공무원은 영 제91조의 규정에 의하여 공사를 그 성질별·규모별로 유형화하여 제한기준을 정하는 경우와 영 제91조의 2의 규정에 의하여 입찰참가자격을 미리 심사하기 위하여 세부심사기준을 정하는 경우에는 제2항의 규정에 의한 제한기준에 의하지 아니할 수 있다. (1993. 5. 20 본항 개정)

第33조【제한경쟁입찰참가적격통지】 ① 계약담당 공무원은 영 제90조 제3항, 영 제91조 제2항, 또는 영 제91조의 2 제1항의 규정에 의한 입찰참가적격자에게 입찰참가통지를 하는 경우에는 별지 제2호 서식의 경쟁입찰참가통지서에 의하여야 한다. (1993. 5. 20 본항 개정)

② 제1항의 규정에 의한 입찰참가통지는 현장설명일 7일 전까지 하여야 한다. 다만, 긴급을 요하는 경우에는 입찰일 또는 개찰일 5일 전까지 통지할 수 있다.

③ 계약담당 공무원은 제1항의 규정에 의한 입찰참가통지를 받은 입찰참가적격자로서 당해 입찰에 참가하고자 하는 자로 하여금 별지 제3호 서식의 경쟁입찰 참가승낙서를 입찰일 전일까지 제출하게 하여 당해 입찰의 참가여부를 확인하여야 한다.

第34조【일반경쟁입찰에 관한 규정의 준용】 제15조 내지 제17조, 제19조 내지 제29조의 규정은 제한경쟁입찰의 입찰참가자격요건의 증명 등에 관하여 이를 준용한다.

제 3 절 지명경쟁입찰

第35조【지명경쟁의 지명기준】 계약담당 공무원은 영 제93조 제1항 제1호 내지 제3호, 제6호, 제9호 또는 제10호의 규정에 의하여 지명경쟁입찰에 참가할 자를 지명하는 경우에는 다음 각호의 기준에 의하여 지명하되, 경쟁원리가 적정하게 이루어지도록 하여야 한다. (1993. 10. 20 본조 개정)

1. 공사
   가. 도급한도액을 기준으로 지명하는 경우에는 제32조 제2항 제2호의 규정을 준용하여 지명할 것.
   나. 신용과 실적 및 경영상태를 기준으로 업체를 지명하되 특수한 기술의 보유가 필요한 경우에는 이를 보유한 자를 지명할 것.
   다. 영 제130조의 규정에 의하여 부정당업자로 입찰참가자격 제한을 받고 그 제한기간이 만료된 후 1년이 경과되지 아니한 자를 지명하지 아니할 것.
2. 제조 기타
   가. 계약의 성질 또는 목적에 의하여 특수한 기술, 기계·기구, 생산설비 등을 보유하고 있는 자에게 행하게 할 필요가 있을 때에는 그 기술, 기계·기구, 생산설비 등을 보유한 자를 지명할 것.

나. 영 제130조의 규정에 의하여 부정당업자로 입찰참가자격 제한을 받고 그 제한기간이 만료된 후 1년이 경과되지 아니한 자를 지명하지 아니할 것.

제36조 【우수시공업자 또는 우수용역업자의 지정】 ① 각 중앙관서의 장은 매년 2월 말일까지 다음 각호의 기준에 적합한 자 중에서 영 제93조 제1항 제7호의 규정에 의한 우수시공업자 또는 우수용역자로 지정할 수 있다.

1. 최근 5년간 당해 기관에서 시행한 공사에서 영 제125조의 규정에 의한 하자보수보증금의 25/100 이상에 해당하는 하자를 발생시키지 아니하였을 것.
2. 영 제130조의 규정에 의한 입찰참가자격제한을 받은 사실이 없거나 그 제한을 받고 당해 제한기간이 만료된 후 5년 이상이 경과되었을 것.
3. 당해 공사업 또는 용역업에 관하여 행정기관의 허가·인가·면허 등이 필요한 경우 최근 5년간 계속하여 당해 면허 또는 허가 등을 보유하였고 당해 면허 또는 허가 등의 취소를 받은 사실이 없을 것.

② 건설기술관리법에 의하여 우수건설업자로 지정된 자는 제1항의 규정에 의하여 지정된 우수시공업자로 본다.

③ 각 중앙관서의 장은 제1항의 규정에 의하여 지정된 우수시공업자 또는 우수용역업자가 제1항의 규정에 적합하지 아니하게 된 때에는 당해 우수시공업자 또는 우수용역업자의 지정을 최소하여야 한다.

④ 각 중앙관서의 장은 제1항의 규정에 의하여 지정된 우수시공업자 또는 우수용역업자와의 지명경쟁계약사무를 다른 기관에 위임하는 경우에는 당해 지명경쟁입찰에 참가할 우수시공업자 또는 우수용역업자를 지명하여야 한다.

제37조 【지명경쟁계약의 승인서류 등】 ① 계약담당 공무원은 영 제93조 제2항의 규정에 의하여 지명경쟁에 의한 계약(이하 "지명경쟁계약"이라 한다)의 승인을 얻고자 할 때에는 다음 각호의 사항을 명백히 한 서류를 그 소속 중앙관서의 장에게 제출하여야 한다.

1. 계약의 목적
2. 품명·규격·수량·소요예산액 및 예산과목
3. 적용법령조문 및 구체적인 적용사유
4. 지명대상자의 주소·성명
5. 지명대상자의 업태현황
6. 기타 참고사항

② 각 중앙관서의 장은 영 제93조 제3항의 규정에 의하여 감사원에 지명경쟁계약의 승인을 통지할 때에는 제1항 각호의 사항을 명백히 하여야 한다.

③ 계약담당 공무원은 제35조의 규정에 의한 지명기준을 명백히 하고 지명경쟁입찰참가자로 지명된 자로 하여금 그 지명기준에 적합함을 증명하는 서류를 제출받아 이를 비치하여야 한다.

제38조 【지명통지】 제33조의 규정은 지명경쟁입찰의 참가적격자에 대한 입찰참가통지에 관하여 이를 준용한다.

제39조 【일반경쟁입찰에 관한 규정의 준용】 제15조 내지 제17조, 제19조, 제21조 내지 제29조의 규정은 지명경쟁입찰의 입찰참가자격요건의 증명 등에 관하여 이를 준용한다.

제4절　낙찰자의 결정 및 계약서의 작성

제40조 (1993. 5. 20 본조 삭제)

제41조 【특정물품의 제조 또는 구매시의 품질 등에 의한 낙찰자 결정】 계약담당 공무원은 영 제100조 제1항의 규정에 의하여 낙찰자를 결정함에 있어서는 제24조 제6항의 규정에 의하여 입찰서와 함께 제출된 품

질 등 표시서를 영 제100조 제2항의 규정에 의한 평가기준에 따라 평가하고 특별한 사유가 없는 한 입찰일 또는 개찰일부터 10일 이내에 낙찰자를 결정하여야 한다.

제42조【희망수량경쟁 입찰의 낙찰자 결정】 ① 계약담당 공무원은 영 제101조 또는 영 제102조의 규정에 의한 희망수량경쟁입찰의 낙찰자 결정에 있어서 낙찰자가 될 동가의 입찰자가 2인 이상 있을 때에는 입찰수량이 많은 자를 우선순위의 낙찰자로 하며, 입찰수량이 동일한 때에는 영 제103조의 규정에 준하여 추첨으로 낙찰자를 결정한다.

② 제1항의 규정에 의하여 낙찰자를 결정함에 있어서 최후순위의 낙찰자의 수량이 다른 낙찰자의 수량과 합산하여 국가의 수요량 또는 매각량을 초과하는 경우에는 그 초과하는 수량은 이를 낙찰되지 아니한 것으로 본다.

제43조【개찰 및 낙찰선언】 ① 계약담당 공무원은 지정된 시간까지 입찰서를 접수한 때에는 입찰서의 접수마감을 선언하고, 입찰자의 참석하에 입찰서를 개봉하여야 한다.

② 계약담당 공무원은 영 제89조의 규정에 의하여 규격과 가격을 분리하여 입찰에 부치거나 기술과 자격을 분리하여 입찰에 부치는 경우에는 영 제80조의 규정에 의하여 2인 이상의 유효한 입찰로 성립한 규격입찰 또는 기술입찰의 개찰결과 규격적격자 또는 기술적격자로 확정된 자가 1인인 경우에도 가격입찰서를 개봉할 수 있다.(1993. 5. 20 본항 개정)

③ 계약담당 공무원은 개봉된 입찰서를 확인하고 유효한 입찰서의 압찰금액과 예정가격을 대조하여 내역서상의 금액과 입찰금액의 일치여부를 확인하는데 장시간이 소요되는 등 부득이한 사유가 없는 한 지체없이 적격자를 낙찰자로 선언하여야 한다.(1993. 5. 20 본항 개정)

제44조【계약서의 작성】 ① 계약담당 공무원은 계약상대자를 결정한 때에는 지체없이 별지 제8호 서식, 별지 제9호 서식 또는 별지 제10호 서식의 표준계약서에 의하여 계약을 체결하여야 한다.

② 계약담당 공무원은 제1항의 규정에 의한 계약일반사항 외에 당해 계약에 필요한 특약사항을 명시하여 계약을 체결할 수 있다.

③ 계약담당 공무원은 제1항의 규정에 의한 서식에 의하기가 곤란하다고 인정될 때에는 따로 이와 다른 양식에 의한 계약서에 의하여 계약을 체결할 수 있다.

④ 계약담당 공무원은 영 제121조 제4항의 규정에 의하여 계약보증금의 전부 또는 일부의 납부를 면제하는 경우에는 계약서에 그 사유 및 면제금액을 기재하고 계약보증금지급각서를 제출하게 하여 이에 첨부하여야 한다.

제45조【계약서의 작성을 생략하는 경우】 계약담당 공무원은 영 제67조의 규정에 의하여 계약서의 작성을 생략하는 경우에는 계약상대자로부터 청구서·각서·협정서·승낙사항 등 계약성립의 증거가 될 수 있는 서류를 제출받아 비치하여야 한다. 다만, 재무부장관이 따로 정하는 회계경리에 관한 서식에 의하는 경우에는 그러하지 아니하다.

제 4 장 수의계약

제46조【견적에 의한 가격결정】 ① 계약담당 공무원은 수의계약을 체결하고자 할 때에는 예정가격을 정한 후 계약상대자에게 견적서를 제출하게 하여야 한다. 다만, 전기·가스·수도 등의 공급계약에 있어서는 견적서를 제출하지 아니하게 할 수 있다.

② 계약담당 공무원은 제1항의 규정에 의한 견적가격이 예정가격의 범위 안에 들지 아니하는 경우에는 다시 견적서를 제출하게 하여 가격을 결정하여야 한다.

제47조【지역주민 또는 지역대표자와의 수의계약】 ① 계약담당 공무원은 영 제104조 제4항 제5호의 규정에 의하여 수의계약을 체결하고자 할 때에는 공사 또는 묘목재배와 관련하여 계약상대자의 적격여부를 확

인하여야 한다.

② 영 제104조 제4항 제5호의 규정에 의하여 공사에 관한 수의계약을 체결함에 있어서는 다음 각호의 요건을 갖춘 이·동의 대표자와 계약을 체결하여야 한다.

1. 시공능력이 있을 것
2. 이·동의 주민다수가 공사에 참여할 수 있을 것
3. 총공사비의 10/100 이상에 해당하는 현금 또는 현물(마을 소유재산을 포함한다)을 확보하고 있을 것
4. 계약상대자를 중심으로 단합되어 있을 것

③ 제2항의 경우 2이상의 이·동의 구역에 걸치는 공사에 있어서는 해당 이·동별로 그 적격자와 각각 계약할 수 있다.

④ 영 제104조 제4항 제5호의 규정에 의하여 묘목재배에 관한 수의계약을 체결함에 있어서는 산림법에 의하여 조직된 이·동 산림계로서 다음 각호의요건을 갖춘 산림계의 대표자와 계약을 체결하여야 한다.

1. 사업능력이 있을 것.
2. 일정한 묘포토지를 보유하고 있을 것.

第48조 【재공고입찰에 의한 수의계약시 계약상대자 결정】 계약담당 공무원은 영 제105조의 규정에 의하여 수의계약을 체결하고자 할 때에는 국가에 가장 유리한 가격을 제시한 자를 계약상대자로 결정하여야 한다.

第49조 【희망수량경쟁입찰과 수의계약】 계약담당 공무원은 희망수량경쟁입찰에 있어서 낙찰자 중 계약을 체결하지 아니한 자가 있는 경우에 영 제106조의 규정에 의하여 수의계약에 의할 때에는 물품의 구매나 제조에 있어서는 당해 낙찰자의 낙찰단가 이내에서, 물품의 매각에 있어서는 당해 낙찰자의 낙찰단가 이상으로 계약을 체결하여야 한다.

第50조 【수의계약의 승인서류 등】 ① 계약담당 공무원은 영 제104조 제6항의 규정에 의하여 수의계약의 승인을 얻고자 할 때에는 다음 각호의 사항을 명백히 한 서류를 그 소속 중앙관서의 장에게 제출하여야 한다.

1. 계약의 목적
2. 품명·규격·수량·단가·금액, 단가 또는 금액의 산출기초와 예산과목
3. 적용법령조문 및 구체적인 적용사유
4. 계약상대자의 성명·주민등록번호 및 주소
5. 계약상대자의 업태현황
6. 계약서안
7. 기타 참고사항

② 각 중앙관서의 장은 영 제104조 제7항의 규정에 의하여 감사원에 수의계약의 승인을 통지할 때에는 제1항 각호의 사항을 명백히 하여야 한다.

第51조 【수의계약적용사유에 대한 근거서류】 계약담당 공무원은 법 제76조 제2항 제2호와 영 제104조 제1항, 제3항, 제4항 제3호·제4호·제6호 내지 제8호 및 제5항 제2호 내지 제4호의 규정에 의하여 수의계약을 체결하고자 할 때에는 그 적용사유에 해당되는지의 여부를 입증할 근거서류를 비치하여야 한다.

第52조 【일반경쟁계약에 관한 규정의 준용】 제15조 제1항 및 제2항, 제44조 및 제45조의 규정은 수의계약의 계약서 작성 등에 관하여 이를 준용한다.

제5장 계약금액의 조정

第53조 【물가변동으로 인한 계약금액의 조정】 ① 계약담당 공무원은 영 제111조 제1항 제1호의 규정에 의하

여 계약금액을 조정함에 있어서는 계약단가에 계약금액을 구성하는 품목 또는 비목의 가격 등의 등락율(계약체결시 산정한 가격과 물가변동 당시를 기준으로 산정한 가격과의 차액이 계약체결시 산정한 가격에서 차지하는 비율을 말한다. 이하 같다)을 곱하여 산출한 등락폭에 해당 품목 또는 비목의 수량(조정기준 일전에 이행이 완료되어야 할 부분을 제외한 것을 말한다)을 곱하여 산출한 금액을 합계한 금액(영 제78조 제1항 제2호의 규정에 의한 예정가격을 기준으로 계약한 경우에는 동 합계액에 비례하여 증감되는 일반관리비 및 이윤 등을 포함한다)이 계약금액(조정기준일 전에 이행이 완료되어야 할 부분의 계약금액을 제외한 것을 말한다)에서 차지하는 비율(이하 "품목조정율"이라 한다)이 5/100 이상인 경우 그 증감액을 산출하여 조정하여야 한다. 이 경우 등락폭을 계산함에 있어서 계약단가가 계약체결시 산정한 가격보다 높고 물가변동 당시를 기준으로 산정한 가격이 계약체결시 산정한 가격 및 계약단가를 초과하여 상승한 때에는 그 등락폭은 이를 문가변동 당시를 기준으로 산정한 가격에서 계약단가를 감한 금액으로 하며, 물가변동 당시를 기준으로 산정한 가격이 계약체결시 산정한 가격 이상 계약단가 이하로 상승한 때에는 그 등락폭은 이를 영으로 한다. (1993. 5. 20 본항 개정)

② 영 제111조 제1항 제2호의 규정에 의하여 계약금액을 조정함에 있어서는 영 제78조 제1항 제2호의 규정에 의한 예정가격을 기준으로 계약한 경우로서 다음 각호의 지수 등에 변동이 있을 때에 이를 행하되, 그 계약금액의 조정률(이하 "지수조정률"이라 한다)의 산출방법은 재무부장관이 정한다.

1. 한국은행이 조사하여 공표하는 생산자물가기본분류지수 또는 수입물가지수
2. 국가·지방자치단체 또는 정부투자기관이 결정·허가 또는 인가하는 노임·가격 또는 요금의 평균지수 (1993. 5. 20 본호 개정)
3. 기타 제1호 또는 제2호와 유사한 지수로서 재무부장관이 정하는 지수

③ 영 제111조 제1항의 규정에 의하여 계약금액을 조정함에 있어서 그 조정금액은 계약금액 중 조정기준일 이후에 이행되는 부분의 대가(이하 "물가변동적용대가"라 한다)에 품목조정률 또는 지수조정률을 곱하여 산출하되, 계약상 조정기준일 전에 이행이 완료되어야 할 부분은 이를 물가변동적용대가에서 제외한다. 다만, 정부에 책임이 있는 사유 또는 천재·지변 등 불가항력의 사유로 이행이 지연된 경우에는 물가변동적용대가에 이를 포함한다. (1993. 5. 20 본항 개정)

④ 영 제111조 제3항의 규정에 의하여 선금을 지급한 경우의 공제금액의 산출은 다음 산식에 의한다. 이 경우 영 제71조 제2항 또는 제3항의 규정에 의한 장기계속공사계약 또는 장기물품제조계약 등에 있어서의 물가변동적용대가는 당해 연도계약체결분을 기준으로 한다.

공제금액＝물가변동적용대가×(품목조정률 또는 지수조정률)×선급금률

⑤ 제1항 내지 제4항의 규정에 의하여 계약금액을 증액하여야 할 경우로서 이를 증액할 수 있는 예산이 없는 때에는 공사량 또는 제조량 등을 조정하여 그 대가를 지급할 수 있다.

제46조~제83조 생략

부　　칙(1993. 10. 20)

① 【시행일】 이 규칙은 공포한 날부터 시행한다.

② 【계약체결 등에 관한 경과조치】 이 영 시행 전에 입찰공고를 한 후 이 영 시행 후에 실시하는 입찰, 낙찰자의 결정 및 계약체결과 이 영 시행 전에 실시한 입찰에서 낙찰된 후 이 영 시행 후에 체결하는 계약에 관하여는 종전의 규정에 의한다.

부 칙(1993. 7. 20)

① 【시행일】 이 규칙은 공포한 날부터 시행한다.

② 【계약체결등에 관한 경과조치】 이 규칙 시행 전에 입찰공고를 한 경우로서 이 규칙 시행 후에 실시하는 입찰, 낙찰자의 결정 및 계약체결과 이 규칙 시행 전에 실시한 입찰에서 낙찰된 경우로서 이 규칙 시행 후에 체결하는 계약에 관하여는 종전의 규정에 의한다.

별첨 4	공사입찰유의서

공사입찰유의서

(회계예규 2200.04－102－14. 1994. 7. 20)

제 1 조【목 적】 이 유의서는 정부가 행하는 공사계약에 대한 입찰에 있어 당해 입찰에 참가하고자 하는 자가 유의하여야 할 사항을 정함을 목적으로 한다.

제 2 조【입찰참가신청】 ① 입찰에 참가하고자 하는 자는 입찰공고 등에 지정된 기간 내에 다음 각호의 서류를 관계 관서에 제출하여 입찰참가 신청을 하여야 한다.

1. 입찰참가신청서(정부소정서식) 1통
2. 당해 공사에 해당하는 면허수첩 또는 자격등록증 사본 1통
3. (본호 삭제)
4. 인감신고서 1통
5. 기타 공고로서 요구하는 서류

② 제1항 제2호의 경우에는 원본을 제시하거나 사본에 "원본과 같음"을 명기하고 인감으로 날인하여 제출하여야 한다.

제 3 조【현장설명】 현장설명에 참가하고자 하는 자는 소정의 국가기술자격 수첩을 제시하여야 한다. 다만, 건설업법시행령 제4조, 전기공사업법시행령 제3조 제1항 및 전기통신공사업법시행령 제3조의 규정에 의한 경미한 공사의 경우에는 그러하지 아니하다.

제3조의 2【설계서의 열람 등】 ① 입찰자는 제3조의 현장설명시 입찰금액의 산출 및 공사시공에 필요한 설계서(설계도면, 공사시방서 및 현장설명서를 말한다. 이하 같다)를 열람하여야 하며, 공사예정금액이 30억원 이상인 공사의 경우에는 그 설계서를 열람하는 외에 그 설계서를 배부받아야 한다. 이 경우 공사예정금액이 1억원 이상인 토목공사와 30억원 이상인 건축공사의 경우에는 공종별 목적물 물량내역서 및 동 물량에 대한 단가의 산출을 위하여 필요한 세부설명서를 함께 배부받아야 한다.

② 입찰자는 설계서를 배부받을 때에는 계약담당 공무원에게 실비를 제공하여야 한다.

제 4 조【입찰보증금】 ① 입찰에 참가하고자 하는 자는 입찰신청마감일(공휴일인 때에는 전일)까지 입찰금액의 5/100(장기계속공사에 있어서는 총 공사금액의 3/100, 대안입찰 또는 설계·시공 일괄입찰에 있어서는 입찰금액의 2/100로 한다) 이상의 입찰보증금을 현금(체신관서 또는 은행법의 적용을 받는 금융기관이 발행한 자기앞수표를 포함한다. 이하 같다)으로 관계공무원에게 납부하여야 한다. 다만, 다음에 열거한 보증서 또는 증권으로 현금에 갈음하여 납부할 수 있다.

1. 예산회계법시행령(이하 "시행령"이라 한다) 제135조의 규정에 의한 금융기관(이하 "금융기관"이라 한다) 및 은행법에 의한 외국금융기관이 발행한 지급보증서
2. 자본시장육성에 관한 법률시행령 제21조에 규정된 유가증권
3. 보험업법에 의한 보험사업자가 발행한 보증보험증권
4. 건설공제조합법에 의한 건설공제조합, 전문건설공제조합법에 의한 전문건설공제조합, 전기공사공제조합법에 의한 전기공사공제조합, 신용보증기금법에 의한 신용보증기금, 신기술사업금융지원에 관한 법률에 의한 기술신용보증기금, 전기통신공사업법에 의한 전기통신공제조합 또는 공업발전법에 의한 공제사업단체가 발행하는 각 보증서
5. 제1호의 규정에 의한 금융기관 및 외국금융기관과 체신관서가 발행한 정기예금증서
6. 신탁업법에 의하여 신탁회사가 발행하는 수익증권

7. 증권투자신탁업법에 의하여 위탁회사가 발행하는 수익증권

② 낙찰자가 소정의 기한 내에 계약을 체결하지 아니할 때에는 당해 입찰보증금은 국고에 귀속한다.

③ 입찰보증금은 입찰절차 종료 후 입찰자의 청구에 의하여 반환한다. 다만, 낙찰자의 입찰보증금은 계약체결시까지 반환하지 아니한다.

④ 계약사무처리규칙 제54조 단서의 규정에 의한 일괄보증의 경우에 입찰보증금 납부방법, 국고귀속 등 필요한 사항에 대하여는 회계예규 "일괄입찰보증제도 운용요령"에 의한다.

⑤ 계약담당 공무원은 예산회계법시행령 제119조 제3항의 규정에 의거 입찰자가 다음 각호의 1에 해당될 때에는 입찰보증금납부를 면제할 수 있다.

1. 건설업법, 전기공사업법, 전기통신공사업법, 소방법 또는 에너지이용 합리화법에 의하여 국가 또는 지방자치단체(이하 "국가기관 등"이라 한다)로부터 면허·허가 등을 받아 입찰신청 마감일 현재 3년 이상 사업을 영위하고 있는 법인
2. 식품위생법, 약사법 등 제조업관련법령에 의하여 국가기관 등으로부터 면허·허가 등을 받았거나 등록·신고 등을 마친 자로서 입찰신청 마감일 현재 3년 이상 제조업을 영위하고 있는 법인
3. 건설기술관리법 또는 엔지니어링기술진흥법 등에 의하여 국가기관 등으로부터 면허·허가 등을 받았거나 등록·신고 등을 마친 자로서 입찰신청 마감일 현재 3년 이상 용역업을 영위하고 있는 법인

第5조【입 찰】 ① 입찰참가신청 또는 입찰참가승낙을 한 자가 아니면 입찰에 참가할 수 없다.

② 삭제(1993. 5. 20 본항 삭제)

③ 입찰 전에 위임장을 제출한 경우에는 그 대리인도 입찰에 참가할 수 있다. 다만, 입찰자가 법인인 경우에는 당해 법인의 임원 이상에 한하여 그 대리인으로 위임할 수 있다.

④ 시행령 제130조의 규정에 의한 부정당업자로 입찰참가자격을 제한받고 있는 자는 제3항의 규정에 의한 대리인으로 할 수 없다.

⑤ 입찰서에 사용하는 인감은 입찰참가신청시에 제출한 인감으로 하여야 한다.

第6조【입찰서의 작성】 ① 입찰서는 소정의 서식에 의하여 작성하여야 한다.

② 입찰서(공사예정금액이 1억원 이상인 토목공사와 30억원 이상인 건축공사의 입찰에 있어서는 제3조의 2 제1항의 규정에 의하여 배부받은 내역서에 단가를 기재한 산출내역서를 포함한다)의 기재사항 중 말소 또는 정정한 곳이 있을 때에는 입찰에 사용하는 인감으로 날인하여야 한다.

③ 입찰서의 금액표시는 한글 또는 한자로 기재하여야 하며, 아라비아숫자를 병기할 수 있다. 이 경우 한글 또는 한자로 기재된 금액과 차이가 있을 때에는 한글 또는 한자로 기재한 금액에 의한다. 다만, 전산서식에 의한 입찰의 경우에는 지정된 표기방법으로 기재하여야 한다.

第7조【입찰서의 제출 등】 ① 입찰서는 봉함하여 1인 1통만을 제출하여야 한다.

② 입찰서는 입찰공고 등에서 허용하고 있을 때에는 우편으로도 제출할 수 있다. 이 경우 우송중의 분실, 훼손 또는 지연에 대하여 정부는 책임을 지지 아니한다.

③ 일단 제출한 입찰서는 취소, 철회, 교환 또는 변경할 수 없다.

④ 공사예정금액이 1억원 이상인 토목공사와 30억원 이상인 건축공사(공사예정금액이 1억원 이상인 토목공사나 30억원 이상인 건축공사가 포함된 복합공종공사에 있어서는 그 토목공사 또는 건축공사 부분을 말한다)에 있어서는 그 입찰 또는 개찰시에 입찰금액산출내역서(제3조의 2 제1항의 규정에 의하여 배부받은 내역서에 단가를 기재한 것을 말한다)가 입찰서에 첨부되어야 하며, 공사예정금액이 1억원 이상인 토목공사나 30억원 이상인 건축공사가 포함된 복합공종공사의 경우에는 착공신고서를 제출하는 때까지 그 토목공사 또는 건축공사 외의 부분에 대한 입찰금액산출내역서를 제출하여야 하며, 그 공사에 대한 입찰금액은 입찰시에 그 총액을 입찰금액산출내역서에 따로 기재하여야 한다.

⑤ 제4항 전단에 규정된 공사로서 제13조 제2항의 규정에 의하여 재입찰에 부치는 공사와 제4항 전단에

규정된 공사 외의 공사의 경우에는 그 낙찰자는 착공신고서를 제출하는 때까지 그 공사에 대한 입찰금액 산출내역서를 제출하여야 한다.

⑥ 장기계속공사의 경우에는 입찰시 총공사를 기준으로 입찰하고 제4항 후단 및 제5항의 규정에 의한 산출내역서는 낙찰통지를 받은 후 7일 이내에 이를 제출하여야 한다.

⑦ 시행령 제89조의 2의 규정에 의한 부대입찰의 경우에는 제4항의 규정에 의한 산출내역서의 별지에 다음 각호의 해당사항을 기재하여야 한다.

1. 하수급예정자의 상호, 대표자성명, 면허, 허가 등의 종류
2. 하도급할 공사의 종류와 물량
3. 하도급할 공사와 종류별 금액
4. 당해 하수급 예정자의 선정방법

제8조 (본조 삭제)

제9조 【경쟁입찰의 성립】 경쟁입찰은 2인 이상의 유효한 입찰로써 성립한다.

제10조 【입찰의 무효】 다음 각호의 1에 해당하는 입찰은 무효로 한다.

1. 입찰참가자격이 없는 자가 한 입찰
2. 대리권이 없는 자가 한 입찰
3. 소정일시까지 소정의 입찰보증금을 납부하지 아니하고 한 입찰
4. 입찰서가 소정의 일시까지 소정장소에 도착하지 아니한 입찰
5. 동일사항에 대하여 동일인이 2통 이상의 입찰서를 제출한 입찰
6. 동일사항에 대하여 타인의 대리를 겸하거나 2인 이상을 대리한 입찰
7. 입찰서의 입찰금액 등 중요한 부분이 불분명하거나, 정정한 후 정정날인을 누락한 입찰
8. 담합하거나 타인의 경쟁참가를 방해 또는 관계공무원의 공무집행을 방해한 자의 입찰
9. 입찰자의 기명날인이 없는 입찰(입찰참가신청시에 제출한 인감과 다른 인감으로 날인된 경우도 포함한다)
10. 입찰서에 기재한 중요부분에 오기가 있음을 이유로 개찰현장에서 입찰자가 입찰의 취소의사를 표시한 것으로서 계약담당 공무원이 이를 인정한 입찰
11. 제7조 제4항의 규정에 의한 입찰(이하 "총액단가입찰"이라 한다)로서 입찰서와 함께 산출내역서를 제출하지 아니한 입찰 및 입찰서상의 금액과 산출내역서상의 금액이 일치하지 아니하는 입찰
12. 총액단가입찰에 있어서 제3조의 2의 규정에 의하여 배부받은 내역서상의 공종별 목적물 물량중 주요부분을 누락 또는 변경하여 작성한 산출내역서가 첨부된 입찰과 타인의 입찰내역서와 복사 등의 방법으로 동일하게 작성한 산출내역서가 첨부된 입찰(1994. 7. 20 후단 신설)
13. 각 공사관계법령의 규정에 의한 도급(수급)한도액을 초과한 금액의 입찰
14. 제6조 제1항 및 제3항의 규정에 위반하여 소정의 입찰서를 사용하지 않거나 입찰서의 금액을 아라비아숫자로만 기재한 입찰 또는 전산서식에 의한 입찰서를 훼손하거나 전산표기방법과 상이하게 작성·기재하여 전산처리가 되지 아니한 입찰
15. 제3조의 규정에 의하여 현장설명을 실시하는 공사로서 예정금액 30억원 이상 공사의 입찰에 참가한 자 중 현장설명에 참가하지 아니한 자의 입찰
16. 시행령 제89조의 2의 규정에 의한 입찰로서 산출내역서에 하도급에 관한 사항을 기재하지 아니하거나 중요사항을 누락한 입찰

제11조 【낙찰자의 결정】 ① 유효한 입찰자 중 정부에서 정하는 예정가격 이하인 최저가격의 입찰자를 낙찰자로 한다. 다만, 예정가격이 100억원(건설업법에 의한 전문공사, 전기공사업법에 의한 전기공사 전기통신공사업법에 의한 전기통신공사, 소방법에 의한 소방공사 또는 에너지이용합리화법에 의한 특정 열사

용기자재 설치공사의 경우에는 10억원 미만인 공사계약에 있어서는 예정가격 이하로 입찰한 자 중 예정가격의 85/100 이상으로 입찰한 자로서 최저가격으로 입찰한 자를 낙찰자로 하되 이 경우 시행령 제91조의 2의 규정에 의한 공사는 그러하지 아니하다.

② 삭제(1993. 5. 20 본항 삭제)

③ 장기계속공사계약의 경우 낙찰자는 총공사낙찰금액을 부기하고 당해년도 예산의 범위 안에서 제1차 공사에 대하여 계약을 체결하여야 한다. 이 경우 제2차 공사 이후의 계약은 총공사낙찰금액(시행령 제111조 내지 제113조의 규정에 의한 계약금액의 조정이 있는 경우에는 조정된 총공사금액을 말한다)에서 이미 계약된 금액을 공제한 금액의 범위 안에서 계약을 체결할 것을 부관으로 약정하여야 한다.

④ 제3항의 규정에 의한 제1차공사 및 제2차공사 이후의 계약금액은 총 공사의 계약단가에 의한다.

⑤ 낙찰자가 될 동가의 입찰자가 2인 이상인 때에는 추첨으로 낙찰자를 결정하여야 한다.

제12조 【관계사항의 숙지】 입찰자는 입찰공고조건, 공사입찰유의서, 공사계약일반조건, 공사현장설명사항 기타 입찰에 필요한 모든 사항에 관하여 입찰 전에 완전히 숙지하여야 하며, 이를 숙지하지 못한 책임은 입찰자에게 있다.

제13조 【입찰의 연기 등】 ① 정부는 필요한 경우에는 입찰공고 등에 예정된 입찰 또는 개찰의 일시를 연기할 수 있다. 이 때에는 그 사유와 연기일시를 입찰자에게 통지하여야 한다.

② 정부는 입찰이 성립되지 아니하거나 낙찰자가 없을 때에는 재입찰에 붙일 수 있다.

제14조 【입찰보증금의 계약보증금으로의 대체】 낙찰자가 납부한 입찰보증금은 소정의 절차에 따라 계약보증금으로 대체할 수 있다. 다만, 입찰보증금과 계약보증금과의 차이가 있는 경우에는 그 차액을 추가로 납부하여야 한다.

제15조 (본조 삭제)

제16조 【계약의 체결】 ① 낙찰자는 정부로부터 낙찰통지를 받은 후 10일 이내에 소정서식의 계약서에 의하여 계약을 체결하여야 한다.

② 제1항의 규정에 의하여 정부와 계약을 체결하고자 하는 자는 관계법령의 규정에 의하여 필요한 관계서류를 계약담당 공무원에게 제출하여야 한다.(1994. 7. 20 본항 개정)

③ 낙찰자가 정당한 이유없이 제1항의 규정에 의하여 계약을 체결하지 아니할 때에는 정부로부터 당해 낙찰 취소조치를 받게 된다.

제17조 【계약의 성립】 계약은 계약담당 공무원과 계약상대자가 계약서를 작성·날인함으로써 확정된다.

제18조 【부정당업자의 입찰참가자격 제한】 입찰자 또는 낙찰자가 시행령 제130조의 규정에 해당하는 경우에는 정부로부터 일정기간 동안의 입찰참가자격 제한조치를 받게 된다. 지방자치단체 또는 정부투자기관에서 부정당업자로 제재받은 사실이 있는 자도 또한 같다.

제19조 【기타 사항】 입찰공고조건 및 이 입찰유의서에 명시되지 아니한 기타 사항에 대하여는 관계관서에서 정하는 바에 의한다.

부 칙

1. 이 회계예규는 1994년 7월 20일부터 시행한다.
2. 이 예규시행과 동시에 회계예규 2200.04－102－13 "공사입찰유의서"를 회계예규 2200.04－102－14 "공사입찰유의서"로 한다.

별첨 5	공사계약 일반조건

공사계약 일반조건

(회계예규 2200.04－104－15, 1994. 7. 20)

제1조【총　　칙】계약담당 공무원과 계약자는 공사도급표준계약서(이하 "계약서"라 한다)에 기재한 공사의 도급계약에 관하여 제6조의 규정에 의한 계약문서에서 정하는 바에 따라 신의와 성실의 원칙에 입각하여 이를 이행한다.

제2조【정　　의】이 조건에서 사용하는 용어의 정의는 다음과 같다.

1. "계약담당 공무원"이라 함은 계약사무처리규칙(이하 "규칙"이라 한다) 제2조의 규정에 의한 공무원을 말한다.
2. "계약자"라 함은 정부와 공사계약을 체결한 개인 또는 법인을 말한다.
3. "현장감독관"이라 함은 제11조에 규정된 임무를 수행하기 위하여 정부가 임명한 기술직원 또는 그의 대리인을 말한다.
4. "설계서"라 함은 공사시방서, 설계도면 및 현장설명서를 말한다. 다만, 공사예정금액이 1억원 이상인 토목공사와 30억원 이상인 건축공사에 있어서는 공종별 목적물 물량이 표시된 내역서를 포함한다.

제3조【계약보증금 및 차액보증금】① 계약을 체결하고자 하는 자는 따로 정한 경우를 제외하고는 계약체결전까지 계약서에서 정한 계약보증금을 현금(체신관서 또는 은행법의 적용을 받는 금융기관이 발행한 자기앞수표를 포함한다. 이하 같다)으로 관계공무원에게 납부하여야 한다. 다만, 현금에 갈음하여 다음의 보증서 등으로 납부할 수 있다.

1. 예산회계법시행령(이하 "시행령"이라 한다) 제135조의 규정에 의한 금융기관(이하 "금융기관"이라 한다) 및 은행법에 의한 외국금융기관이 발행한 지급보증서
2. 자본시장육성에 관한 법률시행령 제21조에 규정된 유가증권
3. 보험업법에 의한 보험사업자가 발행한 보증보험증권
4. 건설공제조합법에 의한 건설공제조합, 전문건설공제조합법에 의한 전문건설공제조합, 전기공사공제조합법에 의한 전기공사공제조합, 신용보증기금법에 의한 신용보증기금, 신기술사업금융지원에 관한 법률에 의한 기술신용보증기금, 전기통신공사업법에 의한 전기통신공제조합 또는 공업발전법에 의한 공제사업단체가 발행한 채무액 등의 지급을 보증하는 보증서
5. 제1호에 규정된 금융기관 및 외국금융기관과 체신관서가 발행한 정기 예금증서
6. 신탁업법에 의하여 신탁회사가 발행하는 수익증권
7. 증권투자신탁업법에 의하여 위탁회사가 발행하는 수익증권

② 계약보증금의 전부 또는 일부의 납부를 면제받은 경우에는 제4조 제1항의 규정에 의하여 국고귀속사유가 발생할 때에 계약보증금에 해당하는 금액을 현금으로 납입할 것을 보장하기 위하여 그 지급을 확약하는 내용의 문서(이하 "계약보증금지급각서"라 한다)를 제출하여야 한다.

③ 예정가격(장기계속공사의 경우에는 부기한 총공사예정가격, 단가계약인 경우에는 총이행예정량을 기준으로 하여 산출된 금액을 말한다. 이하 같다)의 85/100 미만인 낙찰자는 예정가격과 낙찰금액과의 차액을 현금으로 제1항의 규정에 의한 계약보증금과 함께 차액보증금으로 납부하여야 한다. 다만, 차액보증금을 제1항 각호에 규정된 보증서 등으로 납부하고자 하는 경우에는 동차액의 2배를 납부하되, 예정가격의 70/100 미만으로 낙찰된 자의 경우 예정가격의 85/100에 상당하는 금액과 낙찰금액의 차액은 반드시 현금으로 납부하여야 한다.

④ 계약자는 물가변동, 설계변경, 기타 계약내용의 변경으로 인하여 계약금액이 증액된 경우에는 이에 상응하는 금액의 계약보증금을 제1항의 규정에 따라 추가로 납부하여야 하며 계약금액이 감액된 경우에는 이에 상응하는 금액의 계약보증금을 반환 청구할 수 있다. 다만, 차액보증금의 경우에는 그러하지 아니하다.

⑤ 계약담당 공무원은 제1항 제2호의 규정에 의한 유가증권이나 현금으로 납부된 계약보증금 또는 차액보증금을 계약자가 특별한 사유로 제1항 제1호 내지 제5호에 규정된 보증서 등으로 대체납부할 것을 요청한 때에는 동가치 상당액 이상으로 대체납부하게 할 수 있다.

⑥ 제2항의 규정에 의하여 계약보증금지급각서를 제출한 경우로서 계약보증금의 국고귀속 사유가 발생하여 계약담당 공무원의 납입요청이 있을 때에는 계약자는 당해 계약보증금을 현금으로 지체없이 납부하여야 한다.

제4조【계약보증금 및 차액보증금의 처리】① 계약자가 계약상의 의무를 이행하지 아니할 때에는 계약보증금과 차액보증금은 국고에 귀속한다.

② 계약자가 납부한 계약보증금과 차액보증금은 계약이 이행된 후 계약자의 청구에 의하여 반환한다.

제5조【계약체결】① 낙찰자는 공사입찰유의서에서 정하는 바에 따라 계약을 체결하여야 한다.

② 계약담당 공무원은 낙찰자가 정당한 이유없이 제1항의 규정에 의하여 계약을 체결하지 아니할 때에는 낙찰을 취소할 수 있다.

제5조의 2【연대보증인】① 계약을 체결하고자 하는 자는 이 계약상의 의무이행(장기계속공사 계약인 경우에는 부기한 총공사의 이행을 말한다)을 보증하는 1인 이상의 연대보증인을 세워야 한다.

② 제1항의 규정에 의한 연대보증인은 독점규제 및 공정거래에 관한 법률에 의한 계열회사가 아니어야 하고 이 공사를 이행할 수 있는 자격과 재력이 있어야 하며 시행령 제130조의 규정에 의한 입찰참가자격 제한을 받은 사실이 없거나 그 제한을 받고 당해 제한기간 만료 후 1년 이상 경과한 자이어야 한다. (1994. 7. 20 본항 개정)

③ 계약담당 공무원은 제1항의 규정에 불구하고 제3조 제1항의 규정에 의한 계약보증금을 20/100(장기계속 공사에 있어서는 부기한 총공사금액의 6/100으로 한다) 이상으로 납부하게 함으로써 연대보증인을 세우지 아니하게 할 수 있다. 다만, 제3조 제3항의 규정에 의해 차액보증금을 납부한 공사계약의 경우에는 그러하지 아니하다.

④ 계약담당 공무원은 제1항의 규정에 의하여 연대보증인으로 된 자가 부적격하다고 인정되는 때에는 계약상대자에게 연대보증인의 변경을 청구할 수 있다.

제6조【계약문서】계약문서는 계약서, 설계서, 공사입찰유의서, 공사계약일반조건, 공사계약특수조건 및 산출내역서로 구성되며 상호보완의 효력을 가진다. 다만, 이 경우 제2조 제4호 단서의 규정에 의한 공사이외의 공사에 있어서의 산출내역서는 제13조 내지 제13조의 3의 규정에 의한 설계변경, 물가변동 및 기타 계약내용의 변경으로 인한 계약금액의 조정과 제21조의 규정에 의한 기성부분에 대한 대가의 지급시에 적용할 기준으로서 계약문서의 효력을 가진다.

제7조【공사의 착공】① 계약자는 계약의 내용에 따라 착공하여야 하며 착공시에는 계약담당 공무원에게 착공신고서와 공사공정예정표를 제출하여 승인을 얻어야 한다. 설계변경 또는 기타 계약내용의 변경으로 인하여 계약이행기간이 변경되는 경우에도 또한 같다.

② 계약담당 공무원은 공사의 전부 또는 일부의 진행이 지연되어 소정기한 내에 공사가 준공될 수 없다고 인정할 때에는 공사추진에 필요한 조치를 계약자에게 요구할 수 있다.

③ 계약상 별도의 규정이 없는 한 공사가 긴급을 요하여 정부가 필요하다고 인정하는 경우를 제외하고는 정부의 승인없이 야간작업을 할 수 없다.

④ 정부의 승인을 얻어 야간작업을 하는 경우에도 계약자는 야간작업으로 인한 추가비용을 요구할 수 없

으며 야간작업을 실시함으로써 발생하는 공작물 또는 제3자에 대하여 발생하는 일체의 문제는 계약자가 책임을 진다. 다만, 정부가 부득이한 사유로 인하여 야간작업을 지시했을 때에는 야간작업으로 인한 추가비용을 정부가 부담한다.

제8조【공사재료의 검사】① 공사에 사용할 재료는 신품이어야 하며 품질·품명 등은 반드시 설계서와 일치되어야 한다. 그러나 설계서에 명확히 규정되지 아니한 것은 표준품 이상으로서 계약의 목적을 달성하는 데에 가장 적합한 것이어야 한다.

② 공사에 사용할 재료는 사용 전에 전부 현장감독관의 검사를 받아야 하며, 불합격 재료는 즉시 대품으로 대체하여 다시 검사를 받아야 한다. 그러나 이를 이유로 계약기간을 연장할 수 없다.

③ 검사의 결과 불합격품으로 결정된 재료는 공사에 사용할 수 없다. 다만, 현장감독관의 검사에 이의가 있을 때에는 계약자는 정부에 대하여 재검사를 요구할 수 있으며 재검사의 필요가 있을 때에는 계약담당 공무원은 지체없이 재검사하도록 조치하여야 한다.

④ 계약담당 공무원은 계약자로부터 공사에 사용할 재료의 검사를 요청받거나 제3항의 규정에 의한 재검사의 요청을 받은 때에는 정당한 이유없이 검사를 지체할 수 없다.

⑤ 계약자가 불합격된 재료를 즉시 이송하지 않거나 대품으로 대체하지 않을 경우에는 정부는 일방적으로 불합격 재료를 제거하거나 대품으로 대체시킬 수 있으며, 그 비용은 계약자부담으로 한다.

⑥ 계약자는 재료의 검사를 받을 때에는 현장감독관의 지휘에 따라야 하며 검사에 소요되는 비용을 부담하여야 한다.

⑦ 공사에 사용하는 재료 중 그 조합 또는 시험을 요하는 것은 현장감독관의 참여하에 그 조합 또는 시험을 하여야 한다.

⑧ 수중 또는 지하에 매몰하는 공작물 기타 준공 후 외부로부터 검사할 수 없는 공작물의 공사는 현장감독관의 참여없이 시공할 수 없다.

⑨ 계약자가 제1항 내지 제8항에 정한 조건에 위배하거나 또는 설계서에 합치되지 않는 시공을 하였을 때에는 정부는 공작물의 대체 또는 개조를 명할 수 있으며 이로 인하여 계약금액을 증감하거나 공사기간을 연장할 수 없다.

제9조【관급재료 및 대여품】① 계약에 의하여 정부가 공급하는 관급재료는 특별한 사유가 없는 한 계약담당 공무원이 계약자와 협의하여 정한 일시와 장소에서 이를 인도한다. 인도 후의 운송비는 계약자가 부담한다.

② 제1항에 의하여 공급된 관급재료의 소유권은 정부에 속하며 현장감독관의 서면승인 없이는 공사장 안에 반입된 관급재료를 이동할 수 없다.

③ 계약담당 공무원은 필요하다고 인정할 때에는 수시로 관급재료가 비치된 장소에 출입하여 이를 검사할 수 있다.

④ 계약담당 공무원은 계약자의 청구에 의하여 대여할 기구, 기계 등을 지정된 일시와 장소에서 인도하며 인도 후의 운송비 및 수송비는 계약자의 부담으로 한다.

⑤ 제1항의 관급재료와 제4항의 대여품을 공급한 후에 멸실 또는 훼손이 있을 때에는 이에 대하여 계약자가 책임을 진다.

⑥ 정부가 공급한 재료와 기구, 기계 등은 계약의 목적을 수행하는 데에만 사용할 수 있으며, 잉여분은 계약담당 공무원의 지시에 따라 즉시 반환하여야 한다.

⑦ 관급재료의 공급이 지체되어 공사가 상당히 지연될 우려가 있을 때에는 계약자는 정부의 서면승인을 얻어 자기보유의 재료를 대체 사용할 수 있다.

⑧ 계약담당 공무원은 제7항의 규정에 의하여 대체 사용한 재료를 계약자와 합의된 일시와 장소에서 현품으로 반환하거나 또는 대체 사용 당시의 가격에 의하여 그 대가를 최종대가지급시까지 계약자에게 지

급하여야 한다.

⑨ 관급재료 및 대여품을 인수할 때에는 계약자는 이를 검수하고 그 품질 또는 규격이 시공에 적당하지 아니하다고 인정할 때에는 즉시 계약담당 공무원에게 이를 통지하여 이의 대체를 요구할 수 있다.

⑩ 계약담당 공무원은 필요하다고 인정할 때에는 관급재료 또는 대여품의 수량·품질·규격·인도시기·인도장소 등을 변경할 수 있다. 이 경우에는 제13조 및 제13조의 3의 규정을 적용한다.

第10조【공사현장 대리인】① 계약자는 계약된 공사에 해당하는 국가기술자격수첩 소지자를 공사현장 대리인으로 지명하여 정부에 통지하여야 한다.

② 제1항의 대리인은 공사현장에 상주하여 현장감독관의 감독 또는 지시에 따라 공사현장의 단속 및 공사에 관한 모든 사항을 처리하여야 한다.

第11조【현장감독】① 현장감독관은 계약된 공사의 수행을 지휘·감독하여 공사에 사용될 재료 또는 공작물을 검사 또는 시험한다.

② 현장감독관은 계약자의 의무와 책임을 면제시킬 수 없으며 임의로 설계를 변경시키거나 기일연장 등 계약조건과 다른 지시나 결정을 할 수 없다.

第12조【설계변경 등】① 계약자는 다음 각호의 1에 해당하는 사실을 발견한 때에는 당해 부분에 대한 계약이행 전에 지체없이(현장감독관을 경유) 계약담당 공무원에게 서면으로 이를 통지하여야 한다.

1. 설계서의 내용이 불분명하거나 누락·오류 또는 상호 모순되는 점이 있을 때
2. 설계서와 지질, 용수 등 공사현장의 상태가 다를 때

② 계약담당 공무원은 제1항의 통지를 받은 때에는 즉시 그 사실을 조사 확인하고 공사가 적정히 이행될 수 있도록 설계변경 또는 기타 필요한 조치를 하여야 한다.

③ 계약담당 공무원은 공사의 일부 또는 전부의 시행을 중지시키거나 설계서를 변경할 필요가 있다고 인정할 때에는 계약자에게 서면으로 이를 요구할 수 있다.

第13조【설계변경으로 인한 계약금액의 조정】① 계약담당 공무원은 제12조의 규정에 의한 설계변경으로 인하여 공사량의 증감이 발생한 때에는 당해 계약금액을 조정한다.

② 제1항의 규정에 의한 계약금액의 조정은 다음 각호의 기준에 의한다.

1. 증감된 공사량의 단가는 공사입찰유의서 제7조 제4항 또는 제5항의 규정에 의한 산출내역서상의 단가(이하 "계약단가"라 한다)로 한다. 다만, 계약단가가 예정가격조서상의 단가(이하 "예정가격단가"라 한다)보다 높고 물량이 증가하는 경우에 증가된 물량에 대한 적용단가는 예정가격단가로 하되, 정부에서 설계변경을 요구한 경우의 증가된 물량에 대한 적용단가는 설계변경당시를 기준으로 하여 산정한 단가와 동 단가에 낙찰률을 곱하여 산출한 금액의 범위 안에서 정부와 계약상대자가 협의하여 결정한다.
2. 계약단가가 없는 신규비목의 단가는 설계변경당시를 기준으로 산정한 단가에 낙찰률(예정가격에 대한 낙찰금액 또는 계약금액의 비율을 말한다. 이하 같다)을 곱한 금액으로 한다. 다만, 정부에서 설계변경을 요구한 경우에는 설계변경당시를 기준으로 산정한 단가와 동 단가에 낙찰률을 곱한 금액의 범위 안에서 정부와 계약상대자가 상호 협의하여 결정한다.

③ 제1항의 경우 이외에 계약상대자가 새로운 기술·공법 등(정부설계와 동등 이상의 기능·효과를 가진 기술·공법·기자재 등을 포함한다. 이하 같다)을 사용함으로써 공사비의 절감, 시공기간의 단축 등에 효과가 현저할 것으로 인정되는 경우에는 계약상대자의 요청에 의하여 필요한 설계변경을 할 수 있다. 이 경우에 새로운 기술·공법 등의 범위와 한계에 관하여 이의가 있을 때에는 중앙건설기술심의위원회에 청구하여 심의를 받아야 한다.

④ 제3항의 규정에 의한 설계변경의 경우에는 당해 계약금액을 감액하지 아니한다.

⑤ 삭제(1986. 7. 14 본항 삭제)

⑥ 계약금액의 증감분에 대한 일반관리비 및 이윤 등은 공사입찰유의서 제7조 제4항 또는 제5항의 규정에 의하여 제출한 산출내역서상의 일반관리비율 및 이윤율 등에 의하되 재무부장관이 정한 율을 초과할 수 없다.

제13조의 2【물가변동으로 인한 계약금액의 조정】① 계약담당 공무원은 국고의 부담이 되는 계약을 체결(장기계속공사의 경우는 제1차 계약을 체결한 때에 총공사금액으로 계약을 체결한 것으로 본다. 이하 이 조에서 같다)한 후 120일 이상 경과한 경우에 계약금액(장기계속공사의 경우는 총공사금액으로 한다. 이하 이 조에서 같다)을 구성하는 품목 또는 비목의 가격 등의 등락률(계약체결시 산정한 가격과 물가변동 당시를 기준으로 산정한 가격과의 차액이 계약체결시 산정한 가격에서 차지하는 비율을 말한다. 이하 같다)을 계약단가에 곱하여 산출한 등락폭에 상당하는 금액의 합계액(시행령 제78조 제1항 제2호의 규정에 의한 예정가격을 기준으로 계약한 경우에는 동합계액에 비례하여 증감되는 일반관리비·이윤 등을 포함한다)이 계약금액에 대하여 차지하는 비율(이하 "품목조정률"이라 한다)이 5/100 이상인 경우에는 그 증감액을 산출하여 조정·지급하여야 하며, 이 경우 등락폭을 계산함에 있어서 계약단가가 계약 당시를 기준으로 산정한 가격보다 높고 물가변동 당시를 기준으로 산정한 가격이 계약체결시를 기준으로 산정한 가격 및 계약단가를 초과하여 상승한 때에는 그 등락폭은 이를 물가변동 당시를 기준으로 산정한 가격에서 계약단가를 감한 금액으로 하며, 물가변동 당시를 기준으로 산정한 가격이 계약체결시 산정한 가격 이상 계약단가 이하로 상승한 때에는 그 등락폭은 이를 "영"으로 한다. 다만, 직전의 물가변동으로 인한 계약금액 조정일로부터 120일 이내에는 이를 다시 조정할 수 없다.

② 계약담당 공무원은 국고의 부담이 되는 계약을 체결한 후 120일 이상 경과한 경우에 다음의 지수 등의 변동으로 인하여 재무부장관이 정하는 바에 따라 계약금액 조정률(이하 "지수조정률"이라 한다)이 5/100 이상인 경우에는 그 증감액을 산출하여 조정 지급하여야 하며 이 경우 제1항 단서의 규정을 준용한다. 다만, 시행령 제78조 제1항 제2호의 규정에 의한 예정가격을 기준으로 계약한 경우에 한한다.

1. 한국은행이 조사하여 공표하는 도매물가 기본분류지수, 수입물가지수
2. 정부·지방자치단체 또는 정부투자기관이 결정·허가 또는 인가하는 노임·가격 또는 요금의 평균지수
3. 기타 제1호 또는 제2호와 유사한 지수로서 재무부장관이 따로 정하는 것

③ 제1항 및 제2항의 규정에 의한 계약금액의 조정은 계약금액 중 물가변동일(계약체결 후 120일 이상 경과하고 품목조정률 또는 지수조정률이 5/100 이상이 되는 날을 말한다. 이하 같다) 이후에 이행되는 부분의 대가(이하 "물가변동적용대가"라 한다)에 품목조정률 또는 지수조정률을 곱하여 산출하되, 계약상 조정기준일 전에 이행이 완료되어야 할 부분은 물가변동 적용대가에서 제외한다. 다만, 정부에 책임이 있는 사유 또는 폭풍, 홍수, 전쟁, 화재, 전염병 및 폭동 기타 계약당사자 누구의 책임에도 속하지 아니하는 사유(이하 "천재·지변 등 불가항력적인 사유"라 한다)로 지연된 경우에는 물가변동적용대가에 이를 포함한다.

④ 제3항의 경우에 시행령 제56조 제1항의 규정에 의하여 계약상대자에게 선금급한 것이 있는 때에는 제1항 또는 제2항의 규정에 의하여 산출한 증가액에서 이를 공제하여야 하며 그 공제금액의 산출방법은 다음의 산식에 의한다. 이 경우 장기계속공사에 있어 물가변동적용대가는 당해년도 계약체결분을 기준으로 한다.

공제금액＝물가변동적용대가×품목조정률 또는 지수조정률×선급금률

⑤ 동일한 계약에 대하여는 제1항 및 제2항의 규정을 동시에 적용할 수 없으며 그 중 하나의 적용방법을 택하여 계약을 체결하되 계약서상에 이를 명시하여야 한다. 다만, 예정가격이 100억원 이상인 공사에 있어서는 특별한 사유가 없는 한 제2항에 의한 지수조정방법으로 계약금액을 조정하도록 하여야 한다.

⑥ 제1항의 경우 계약금액이 증액될 때에는 계약자의 신청에 의거 조정하여야 한다.

제13조의 3【기타 계약내용의 변경으로 인한 계약금액의 조정】① 계약담당 공무원은 공사계약에 있어서

제13조 및 제13조의 2의 규정에 의한 경우 외에 계약내용의 변경으로 계약금액을 조정하여야 할 필요가 있는 경우에는 그 변경된 내용에 따라 실비를 초과하지 아니하는 범위 안에서 이를 조정한다.

② 제1항의 경우에는 제13조 제6항을 준용한다.

③ 제1항의 경우 계약금액이 증액될 때에는 계약자의 신청에 의거 조정하여야 한다.

제14조【임기의 조치】 ① 계약자는 시공기간 중 재해방지를 위하여 필요하다고 인정할 때에는 미리 현장감독관의 의견을 들어 임기의 조치를 취하여야 한다.

② 현장감독관은 재해방지 기타 시공상 부득이할 때에는 계약자 또는 연대보증인에 대하여 소요임기의 조치를 취할 것을 요구할 수 있다. 이 경우에 있어서 계약자는 즉시 이에 응해야 한다. 다만, 계약자 또는 연대보증인이 요구에 응하지 아니할 때에는 계약담당 공무원은 일방적으로 계약자 부담으로 제삼자로 하여금 임시조치케 할 수 있다.

③ 제1항 및 제2항의 조치에 소요된 경비에 대하여는 정부가 인정하는 경우에 한하여 제13조의 규정을 준용한다.

제15조【지체상금】 ① 계약자는 계약서에 정한 준공기한 내에 공사를 완성하지 아니한 때에는 매 지체일수마다 계약서에 정한 지체상금률을 계약금액에 곱하여 산출한 금액(이하 "지체상금"이라 한다)을 현금으로 납부하여야 한다.

② 계약담당 공무원은 제1항의 경우에 제16조의 2 제4항의 규정에 의하여 기성부분을 인수한 때에는 그 부분에 상당하는 금액을 계약금액에서 공제한다.

③ 계약담당 공무원은 다음 각호의 1에 해당되어 공사가 지체되었다고 인정할 때에는 그 해당일수를 제1항의 지체일수에 산입하지 아니한다.

1. 천재·지변 등 불가항력적인 사유에 의한 경우
2. 계약자가 대체 사용할 수 없는 중요 관급재료의 공급이 지연되어 공사진행이 불가능하였을 경우
3. 정부의 책임으로 착공이 지연되거나 시공이 중단되었을 경우
4. 기타 계약자의 책임에 속하지 않는 사유로 인하여 지체된 경우

④ 계약담당 공무원은 제1항 내지 제3항의 규정에 의한 지체상금을 제21조의 2의 규정에 의한 대가지급 지연에 대한 이자, 제21조의 규정에 의한 대가 또는 기타 예치금과 순차로 상계할 수 있다.

⑤ 계약담당 공무원은 계약자의 의무불이행으로 인하여 발생한 지체상금이 제3조의 규정에 의한 계약보증금상당액에 달하는 때에는 계약당사자간에 계약목적물이 국가정책사업 대상이거나 적법한 노사분규 등 불가피한 사유로 계약기간을 연장한 경우를 제외하고는 계약을 해제 또는 해지하여야 한다. 이 경우 계약기간을 연장한 때에는 지체상금을 부과하여서는 아니된다.

제16조【검 사】 ① 계약자는 공사를 완성하였을 때에는 그 사실을 준공신고서 등 서면으로 계약담당공무원(건설기술관리법 제27조의 규정에 의하여 책임감리를 하는 공사에 있어서는 당해공사의 감리전문회사를 말한다. 이하 이 조 제2항, 제3항 및 제5항에서 같다)에게 통지하고 필요한 검사를 받아야 한다. 예산회계법 제81조 제1항 후단의 규정에 의한 기성부분에 대하여 완성 전에 대가의 전부 또는 일부를 지급받고자 할 때에도 또한 같다.(1994. 7. 20 본항 개정)

② 계약담당 공무원은 제1항의 통지를 받은 때에는 계약서, 설계서, 준공신고서 기타 관계서류에 의하여 그날로부터 14일 이내에 계약자의 입회하에 그 이행을 확인하기 위한 검사를 하여야 한다. 다만, 천재·지변 등 불가항력적인 사유로 인하여 검사를 완료하지 못한 경우에는 당해 사유가 존속되는 기간과 당해 사유가 소멸된 날로부터 3일까지는 이를 연장할 수 있으며, 공사예정금액이 50억원 이상이거나 기술적 특수성 등으로 인하여 14일 이내에 검사를 완료할 수 없는 특별한 사유가 있는 경우에는 7일 범위 내에서 검사기간을 연장할 수 있다.

③ 계약담당 공무원은 제2항의 검사에 있어서 계약자의 계약이행내용의 전부 또는 일부가 계약에 위반되

거나 부당함을 발견한 때에는 필요한 시정조치를 하여야 한다. 이 경우에는 계약자로부터 그 시정을 완료한 사실을 통지받은 날로부터 제2항의 기간을 계산한다.

④ 제3항의 경우에 계약이행기간이 연장될 때에는 계약담당 공무원은 제15조의 규정에 의한 지체상금을 부과하여야 한다.

⑤ 계약자는 제2항 및 제3항의 규정에 의한 검사에 이의가 있을 때에는 재검사를 요청할 수 있다. 이 경우 계약담당 공무원은 지체없이 재검사를 하여야 한다.

⑥ 계약담당 공무원은 검사를 완료한 때에는 그 결과를 서면으로 계약자에게 지체없이 통지하여야 한다.

⑦ 계약자는 공사를 완성한 후 제6항의 통지를 받은 때에는 모든 공사시설, 잉여자재, 폐물 및 가설물을 공사장으로부터 즉시 철거반출하여야 하며 공사장을 정돈하여야 한다.

제16조의 2【인　　수】 ① 계약담당 공무원은 제16조의 규정에 의한 검사에 의하여 공사의 완성을 확인한 후 계약자가 서면으로 인도를 요청하였을 때에는 즉시 당해 공사목적물을 인수하여야 한다.

② 계약담당 공무원은 계약자가 제1항의 요청을 아니한 때에는 공사대가의 지급과 동시에 당해 공사목적물의 인도를 요구할 수 있다. 이 경우에 계약자는 지체없이 당해 공사목적물을 인도하여야 한다.

③ 계약담당 공무원은 공사목적물을 인수한 때에는 다음 사항을 기재한 표찰을 부착하여 공시하여야 한다.

1. 공사명 및 발주청(관리청)
2. 착공 및 준공년월일
3. 공사금액
4. 시공자
5. 감독관 및 검사관
6. 하자발생시 신고처
7. 기타 필요한 사항

④ 기성부분에 대하여는 제1항 및 제2항의 규정을 준용하되 성질상 분할할 수 있는 공사에 대한 완성부분에 한한다.

⑤ 정부는 제3항의 규정에 의하여 인수된 공사목적물을 계약자에게 유지관리를 요구하는 경우에는 이에 필요한 비용을 지급하여야 한다.

제17조【일반적 손해 및 천재·지변 등 불가항력에 의한 손해 등】 ① 공사목적물의 인도 전에 공사목적물 또는 제9조의 규정에 의한 관급재료 및 대여품 등에 대하여 발생한 손해(제2항의 규정에 의한 손해를 제외한다)는 정부에 책임이 있는 경우를 제외하고는 계약자의 부담으로 한다. 제삼자에게 손해를 발생시켰을 경우에도 또한 같다.

② 천재·지변 등 불가항력적인 사유에 의하여 제16조의 규정에 의한 검사를 필한 기성부분 또는 제9조의 규정에 의한 관급재료·대여품에 대하여 손해가 발생하였을 때에는 계약자는 그 사실을 지체없이 계약담당 공무원에게 통지하여야 한다.

③ 계약담당 공무원은 제2항의 통지를 받았을 때에는 즉시 그 사실을 조사하고 그 손해의 상황을 확인한 후 그 결과를 서면으로 계약자에게 통지하여야 한다.

④ 계약담당 공무원은 제3항의 규정에 의하여 손해의 상황을 확인하였을 때에는 별도의 약정이 없는 한 공사금액의 변경 또는 손해액의 부담 등 필요한 조치를 계약자와 협의하여 이를 결정한다. 다만, 협의가 성립되지 않을 때에는 제31조의 규정에 의해서 처리한다.

⑤ 계약자는 제16조의 2 제1항 및 제2항의 규정에 의하여 공사목적물의 인도 후에 천재·지변 등 불가항력적인 사유 기타 계약자의 책임에 속하지 아니하는 사유로 인하여 발생한 그 공사목적물에 대한 손해에 관하여는 책임을 지지 아니한다.

제18조【하자보수보증금 등】 ① 계약자는 공사의 하자보수를 보증하기 위하여 계약서에서 정한 하자보수보증금률을 계약금액에 곱하여 산출한 금액(이하 "하자보수보증금"이라 한다)을 준공검사 후 그 공사의 대가를 지급할 때까지 관계공무원에게 현금 또는 제3조 제1항 각호의 보증서 또는 증권 등으로 납부 또는 제출하여야 한다. 다만, 계약사무처리규칙 제71조 제2항에 규정된 하자보수보증금을 납부하지 아니하게 할 수 있는 공사의 경우에는 그러하지 아니하다.

② 계약담당 공무원은 제1항의 규정에 의하여 납부한 하자보수보증금을 계약자가 특별한 사유로 대체납부요청을 하였을 때에는 동가치 상당액 이상을 제3조 제1항 각호의 납부 방법으로 대체납부하게 할 수 있다.

③ 계약자는 준공검사를 필한 날로부터 계약서에서 정하는 하자담보책임기간 중 당해 공사의 하자보수를 보증하여야 한다.

④ 계약자는 계약사무처리규칙 제73조 제3항의 규정에 의하여 계약담당공무원으로부터 하자보수통보를 받은 경우에는 7일 이내에 하자보수착공신고서를 계약담당공무원에게 제출(다만, 시급을 요하는 경우에는 즉시 하자공사착공)하여야 한다. 이 경우 동 착공신고서에는 설계서를 첨부하고 공사이행 소요기간을 명시하여야 한다. (1994. 7. 20 본항 신설)

⑤ 계약자 또는 연대보증인이 제3항의 규정에 의한 하자담보책임기간 중 계약담당공무원으로부터 하자보수요구를 받고 이에 불응한 경우에는 제1항의 규정에 의한 하자보수보증금을 국고에 귀속한다.

⑥ 제1항의 규정에 의한 하자보수보증금은 하자담보책임기간이 종료한 후 계약자의 청구에 의하여 반환한다.

제19조【특허권의 사용】 공사의 시공이 특허권 기타 제삼자의 권리의 대상으로 되어 있는 시공방법을 사용할 때에는 계약자는 그 사용에 관한 일체의 책임을 져야 한다. 그러나 정부가 계약서에 시공방법을 지정하지 아니하고 그 시공을 요구할 때에는 계약자에 대하여 제반편의를 제공 알선하거나 소요된 비용을 지급할 수 있다.

제20조【발굴물의 처리】 ① 공사장에서 계약자나 그의 고용인이 발견한 모든 가치있는 화석·금전·보물 기타 지질학 및 고고학상의 유물 또는 물품은 관계법규의 정하는 바에 의하여 처리한다.

② 계약자나 그의 고용인이 제1항의 물품이나 유물을 발견하였을 때에는 즉시 계약담당 공무원에게 통지하고 그 지시에 따라야 하며 이를 취급할 때에는 파손이 없도록 적절한 예방조치를 하여야 한다.

제21조【대가의 지급】 ① 계약자는 공사를 완성한 후 제16조의 규정에 의한 검사에 합격한 때에는 소정절차에 따라 대가지급을 청구할 수 있다.

② 계약담강공무원은 제1항의 청구를 받은 때에는 그 청구를 받은 날로부터 14일 이내에 그 대가를 지급한다. 이 경우 계약담당자와의 합의에 의하여 14일을 초과하지 아니하는 범위 안에서 대가의 지급기간을 연장할 수 있는 특약을 정할 수 있다. (1994. 7. 20 본항 개정)

③ 제16조 제2항의 규정에 의한 검사기간이 경과된 경우에는 그 경과된 기간을 제2항의 기간에서 공제하며 천재·지변 등 불가항력적인 사유로 인하여 대가를 지급할 수 없게 된 경우에는 당해 사유가 존속되는 기간과 당해 사유가 소멸된 날로부터 3일까지는 대가의 지급을 연장할 수 있다.

④ 제16조 제1항 후단의 규정에 의한 기성부분에 대한 대가를 지급하는 경우에는 제2항의 규정에 불구하고 계약수량·이행의 전망·이행기간 등을 참작하여 적어도 매90일마다 공평하게 지급하여야 하며 제16조 제2항의 규정에 의한 검사를 한 후 계약상대자의 청구를 받은 날로부터 7일 이내에 지급하여야 한다. (1994. 7. 20 본항 개정)

⑤ 계약담당 공무원은 제1항의 청구를 받은 후 그 청구내용의 전부 또는 일부가 부당함으로 발견한 때에는 그 사유를 명시하여 계약자에게 당해 청구서를 반송할 수 있다. 이 경우에는 반송한 날로부터 재청구를 받은 날까지의 기간은 제2항 또는 제4항의 지급기간에 이를 산입하지 아니한다.

⑥ 제4항의 규정에 의하여 기성부분에 대한 대가를 지급하는 경우에는 제6조 단서의 규정에 의한 산출내역서의 단가에 의하여 이를 계산한다. 다만, 산출내역서상에 단가가 없을 경우에는 제13조 제2항 제2호의 규정에 의하여 산출된 단가에 의하여 계산한다.

제21조의 2【대가지급지연에 대한 이자】 ① 계약담당 공무원은 대가지급청구를 받은 경우에 제21조의 규정에 의한 대가지급기한(국고채무부담행위에 의한 계약의 경우에는 다음 회계연도 개시 후 예산회계법에 의하여 당해 예산이 배정된 날부터 20일)까지 대가를 지급하지 못하는 경우에는 지급기한의 다음날부터 지급하는 날까지의 일수(이하 "대가지급지연일수"라 한다)에 당해 미지급금액에 대하여 은행의 일반자금대출시 적용되는 연체이자율을 곱하여 산출한 금액을 이자로 지급하여야 한다.

② 천재·지변 등 불가항력적인 사유로 인하여 검사 또는 대가지급이 지연된 경우에 제16조 제2항 단서 및 제21조 제3항의 규정에 의한 연장기간은 대가지급 지연일수에 산입하지 아니한다.

제21조의 3【하도급대가의 지급】 ① 계약담당 공무원은 계약자가 다음 각호의 1에 해당하는 경우 제22조 제1항에 의거 승인 또는 통보받은 하도급계약 중 하수급인이 시공한 부분에 상당하는 금액에 대하여는 계약자가 하수급인에게 제21조의 규정에 의한 대가지급을 의뢰한 것으로 보아 당해 수급인에게 직접 지급하여야 한다.

1. 하수급인이 계약자를 상대로 하여 받은 판결로서 그가 시공한 분에 대한 하도급 대금지급을 명하는 확정판결이 있는 경우
2. 계약자의 파산·부도 등으로 하도급 대금을 계약자에게 지급할 수 없게 된 경우
3. 예정가격의 85/100 미만의 금액으로 계약을 체결한 공사중 하도급한 공사의 경우

② 계약담당 공무원은 제1항의 규정에 불구하고 하수급인이 당해 하도급계약과 관련하여 노임, 중기사용료, 자재대 등을 체불한 사실을 계약자가 객관적으로 입증하여 당해 하도급대가의 직접 지급중지를 요청한 때에는 당해 하도급 대가를 직접 지급하지 아니할 수 있다.

③ 계약자는 제16조 제1항의 규정에 의한 준공신고 또는 기성금청구를 위한 검사를 신청하고자 할 경우에는 하수급인이 시공한 부분에 대한 내역을 구분하여 신청하여야 하며, 제21조 제1항의 규정에 의거 제1항의 하도급대가가 포함된 대가지급을 청구할 때에는 당해 하도급대가를 분리하여 청구하여야 한다.

④ 제1항의 경우에는 정부회계의 수입·지출·보고 등에 관한 기준 제24조의 규정 중 하수급인을 채권자가 지명하는 자로 본다.

제22조【하도급의 제한】 ① 계약자가 계약된 공사의 일부를 제삼자에게 하도급하고자 할 때에는 발주관서의 서면승인을 받아야 한다. 다만, 건설업법의 규정에 의하여 전문공사를 당해 전문공사업자에게 하도급하는 경우에는 발주관서에 대한 통지로 갈음할 수 있다.

② 제1항의 규정에 의하여 하도급한 경우에도 계약에 의한 계약자의 의무는 면제되지 아니한다.

③ 계약담당 공무원은 제1항의 규정에 의하여 하도급계약을 승인하거나 또는 통보받은 때에는 계약금액이 예정가격의 85/100 미만인 경우(시행령 제89조의 2의 규정에 의한 공사는 제외)로서 하도급계약금액이 하도급하고자 하는 부분의 산출내역서상의 계약단가를 기준으로 산출한 금액(일반관리비 및 이윤을 포함한다)의 85/100 미만인 때에는 당해 하도급공사의 성질 및 이행의 난이도, 공사량의 다과, 하도급계약 체결방법 및 계약자와 하도급자의 의견 등을 참작, 심사하여 당해 공사의 적정한 이행이 되지 아니할 우려가 있다고 인정되는 때에는 계약자에게 하도급계약내용의 변경을 요구할 수 있으며, 이 경우 특별한 사유가 없는 한 신청일(제1항 단서인 경우는 통지일)로부터 5일 이내에 그 결과를 계약자에게 통지하여야 한다.

④ 계약자는 정당한 사유가 없는 한 제3항의 규정에 의한 변경요구에 응하여야 한다.

⑤ 발주관서는 승인한 하도급공사의 시공에 있어서 당해 하도급자가 부적당하다고 인정될 때에는 계약자에 대하여 하도급자의 교체를 요구할 수 있다. 이 경우 계약자는 특별한 사유가 없는 한 하도급자를 교

체하여야 한다.

⑥ 계약담당 공무원은 제1항의 규정에 의거 하도급계약을 승인하거나 통보받은 경우로서 제13조·제13조의 2 및 제13조의 3의 규정에 의한 계약금액을 조정한 때에는 조정내용을 당해 하수급인에게 지체없이 통보하여야 한다.

⑦ 계약담당공무원은 계약자가 제1항의 규정에 의거 하도급계약을 신청하거나 통보받은 때에는 당해 계약자가 제21조의 3의 제1항 각호 1에 해당될 경우 당해 하도급부분에 대한 대가를 정부가 하도급인에게 직접 지급하는 것을 용인한다는 내용의 문서를 제출토록 하여야 하며, 동 문서를 제출하지 아니한 경우에는 특별한 사유가 없는 한 하도급계약의 승인 등을 하지 아니하여야 한다. (1993. 5. 20 본항 신설)

제23조【부분사용 및 부가공사】① 정부는 공사물의 인수 전에 기성공작물이나 미완성부분을 사용할 수 있으며 부가공사를 할 수 있다.

② 제1항의 경우 계약자와 부가공사에 대한 계약자는 계약담당 공무원의 지시에 따라 공사를 진행하여야 한다.

③ 제1항의 경우 계약자에게 손해가 발생되었다고 인정할 때에는 정부는 상당하다고 인정하는 손해를 보상할 수 있다.

제24조【채권양도】① 계약자는 이 공사의 이행을 위한 목적 이외의 목적을 위하여 이 계약에 의하여 발생한 채권(공사대금청구권)을 제3자에게 양도하지 못한다.

② 계약자가 채권양도를 하고자 하는 경우에는 미리 연대보증인의 동의(계약사무처리규칙 제70조 제6항의 규정에 의하여 연대보증인을 세우지 아니한 경우는 그러하지 아니하다)를 얻어 정부의 서면승인을 받아야 한다.

제25조【종업원 및 고용원】① 계약자가 공사를 시공함에 있어 종업원이나 고용원을 사용할 때에는 당해 공사에 상당한 기술과 경험이 있는 자만을 채용하여야 한다.

② 계약자는 자기의 대리인, 종업원 또는 고용원의 행위에 대하여 모든 책임을 지며 계약담당 공무원이 계약자의 대리인·종업원 또는 고용원에 대하여 공사의 시공 또는 관리상 부적당하다고 인정하여 이의 교체를 요구할 때에는 즉시 교체하여야 한다.

③ 계약자는 제2항에 의하여 교체된 계약자의 대리인·종업원 또는 고용원을 계약담당 공무원의 동의 없이는 당해 공사를 위하여 다시 채용할 수 없다.

제26조【계약의 해제】① 계약담당 공무원은 계약자가 다음 각호의 1에 해당하는 경우에는 당해 계약의 전부 또는 일부를 해제 또는 해지할 수 있다.

1. 정당한 이유없이 약정한 착공기일을 경과하고도 공사에 착수하지 아니할 경우
2. 계약자의 귀책사유로 인하여 준공기한까지 공사를 완공하지 못하거나 완공할 가능성이 없음이 명백하다고 인정될 경우
3. 제22조의 규정에 위반하였을 때
4. 제15조 제5항의 규정에 의거 지체상금이 당해 계약의 계약보증금상당액에 달한 경우로서 계약이행기간을 연장하여도 공사를 완공할 가능성이 없다고 판단될 경우
5. 기타 계약조건을 위반하고 그 위반으로 인하여 계약의 목적을 달성할 수 없다고 인정될 경우

② 계약담당 공무원은 제1항 각호의 경우 이외에 객관적으로 명백한 정부측의 불가피한 사정으로 인하여 계약을 해제 또는 해지할 필요가 있다고 인정할 경우에는 필요한 조치를 취할 수 있다.

③ 계약담당 공무원은 제1항 및 제2항의 규정에 의하여 계약을 해제 또는 해지한 경우에 기성부분 검사를 필한 공사를 기성부분으로서 인수한 때에는 당해 부분에 상당하는 대가를 계약자에게 지급한다.

④ 계약담당 공무원은 제1항 및 제2항의 규정에 의하여 계약을 해제 또는 해지한 때에는 그 사실을 당해 계약자에게 통지한다.

⑤ 제4항의 규정에 의한 통지를 받은 계약자는 다음 각호의 사항을 준수하여야 한다.

1. 해약통지서를 받은 부분에 대한 공사는 지체없이 중지하고 모든 공사기구들을 공사장으로부터 철거한다.
2. 제9조의 규정에 의한 대여품이 있을 때에는 지체없이 정부에 반환하여야 한다. 이 경우 당해 대여품이 계약자의 고의 또는 과실로 인하여 멸실 또는 파손되었을 때에는 원상회복 또는 그 손해배상을 하여야 한다.
3. 제9조의 규정에 의한 관급재료 중 공사의 기성부분으로서 인수된 부분에 사용한 것을 제외한 잔여재료는 정부에 반환하여야 한다. 이 경우 당해 재료가 계약자의 고의 또는 과실로 인하여 멸실 또는 파손되었을 때, 또는 공사의 기성부분으로서 인수되지 아니하는 부분에 사용된 때에는 원상회복 또는 그 손해배상을 하여야 한다.
4. 정부가 요구하는 공사장의 모든 재료, 정보 및 편의를 정부에 제공하여야 한다.

제27조【계약자에 의한 계약해제 등】① 계약자는 다음 각호의 1에 해당하는 사유가 발생한 경우에는 당해 계약을 해제 또는 해지할 수 있다.

1. 제12조의 규정에 의하여 공사내용을 변경함으로써 계약금액이 40/100 이상 감소되었을 때
2. 제12조 제3항의 규정에 의한 공사 정지기간이 공기의 50/100을 초과하였을 경우

② 제26조 제4항 및 제5항의 규정은 제1항의 규정에 의하여 계약이 해제 또는 해지되었을 경우에 이를 준용한다.

제27조의 2 【부정당업자의 입찰참가자격 제한】 계약자가 시행령 제130조의 규정에 해당하는 경우에는 정부로부터 일정기간 동안의 입찰참가자격 제한조치를 받게 된다. 지방자치단체 또는 정부투자기관에서 부정당업자로 제재받은 사실이 있는 자도 또한 같다.

제28조【연대보증인의 보증이행】① 계약담당 공무원은 계약자가 제26조 제1항 각호의 1에 해당하는 경우에는 제5조의 2의 규정에 의한 연대보증인에 대하여 공사를 완성할 것을 청구할 수 있다.

② 제1항의 청구가 있을 때에는 연대보증인은 지체없이 그 보증의무를 이행하여야 한다. 이 경우 보증의무를 이행한 연대보증인은 계속공사에 있어서 계약자가 가지는 계약체결상의 이익을 가진다.

③ 제1항의 청구가 있을 때에는 연대보증인은 계약금액 중 보증이행부분에 상당하는 금액을 정부에 대하여 직접 청구할 수 있는 권리를 가지며 계약자는 연대보증인의 보증이행부분에 상당하는 금액을 청구할 수 있는 권리를 상실한다.

④ 계약담당 공무원이 제18조 제5항의 규정에 의거 하자보수보증금을 계약자에게 반환할 때에 제1항의 청구를 받고 연대보증인이 하자보수의무를 이행하였을 경우에는 동 이행부분에 상당하는 금액을 정부에 대하여 직접 청구할 수 있는 권리를 가지며 계약자는 연대보증인의 동 이행부분에 상당하는 금액을 청구할 수 있는 권리를 상실한다.

⑤ 계약담당 공무원은 연대보증인이 제1항의 청구를 받고 보증의무를 이행하지 아니하는 경우에는 계약자와 동일한 제재조치를 취할 수 있다.

제29조【전시조항】계약자가 계약체결 후 전쟁·사변 또는 이에 준하는 비상사태가 발생한 경우에도 계약담당 공무원의 별도지시가 없는 한 공사를 계속하여야 한다.

제30조【기술지식의 이용 및 비밀엄수의무】① 정부는 계약서상의 규정에 의하여 계약자가 제출하는 각종 보고서, 정보 기타 자료 및 이에 의하여 얻은 기술지식의 전부 또는 일부를 계약자의 승인을 얻어 정부의 이익을 위하여 복사·이용 또는 공개할 수 있다.

② 계약자는 당해 계약을 통하여 얻은 정보 또는 국가의 비밀사항을 계약이행의 전후를 막론하고 외부에 누설할 수 없다.

제31조【분 쟁】① 당해 계약문서와 예산회계법령에 규정된 사항을 제외한 계약에서 발생하는 문제에

관한 분쟁은 계약당사자가 쌍방의 합의에 의하여 해결한다.

② 제1항의 합의가 성립되지 못할 때에는 당사자는 관계법률의 규정에 의하여 설치된 조정위원회 등의 조정 또는 중재법에 의한 중재기관의 중재에 의하여 해결할 수 있다.

第32條【공사관련자료의 제출 등】 ① 계약자는 예정가격(장기계속공사인 경우에는 부기한 총공사금액을 말한다) 100억원 이상의 신규 복합공종공사를 시공함에 있어서는 당해 공사의 시공중에 발생한 문제점 등의 주요 시공내용을 기록한 책자 5부를 당해계약의 이행완료사실을 통보하는 때까지 계약담당 공무원에게 제출하여야 한다.

② 계약담당공무원은 필요하다고 인정할 경우 계약자에게 산출내역서의 기초가 되는 단가산출서 또는 일위대가표의 제출을 요구할 수 있으며, 이 경우 계약자는 이에 응하여야 한다.

부 칙

1. 이 회계예규는 1994년 7월 20일부터 시행한다.
2. 이 예규시행과 동시에 회계예규 2200.04－104－13 "공사계약일반조건"을 회계예규 2200.04－104－15 "공사계약일반조건"으로 한다.

參考文獻

1. 建築設備工事 標準示方書：社團法人 空氣調和·冷凍工學會, 1983年
2. 190建設工事標準품셈：社團法人 大韓建設振興會, 1990年
3. 空調·衛生工學便覧(Ⅰ.Ⅱ.Ⅲ)：日本 空氣調和·衛生工學會, 1989年
4. 建築設備ポケットブック：井上宇市 著, 昭和 58年
5. 空氣調和ハソドブック：井上宇市 著, 昭和 57年
6. 概算見積について：八巻信雄, 關東學院 大學教授
7. 見積資料：日本 戸田建設(株), 建築設備部
8. 建築設備(大學課程)：井上宇市外 2人 共著
9. 積算技法(建築設備編)：(財)經濟調査會 編, 昭和 50年
10. 挑煙設備技術基準：建設省 住宅局 建築指導課 編, 昭和 50年
11. 衛生·空調設備工事の見積：石井泉二郎 著, 昭和 59年
12. 建築設備工事の見積：財團法人 經濟調査會, 昭和 61年
13. 標準工事步掛要覧(改訂 3版)：財團法人 經濟調査會, 昭和 60年
14. 空調·衛生設備見積ハソドブック：春日書房, 1985年
15. 建築設備解說：全國大學 建築設備科 敎授協議會, 1990年
建築機械設備技術士 專門分會
16. 完成工事原價構成分析：大韓建設協會, 1988年
17. 豫算會計關係法令集：大韓專門建築協會, 1988年

건축설비적산

정가 20,000원

저 자 김덕수 · 박승익
박종일 · 정원호
발행인 문 형 진

1991년 8월 30일 제1판 제1인쇄발행
1992년 3월 10일 제1판 제2인쇄발행
1993년 3월 1일 제2판 제1인쇄발행
1994년 1월 10일 제2판 제2인쇄발행
1995년 3월 2일 제3판 제1인쇄발행
1997년 2월 20일 제4판 제1인쇄발행
1998년 2월 15일 제4판 제2인쇄발행
1999년 1월 5일 제4판 제3인쇄발행
2000년 2월 15일 제4판 제4인쇄발행
2001년 1월 15일 제4판 제5인쇄발행
2003년 8월 10일 제4판 제6인쇄발행
2013년 3월 25일 제4판 제7인쇄발행

판권
검인

발행처 도서출판 세 진 사
136-087 서울특별시 성북구 보문동 7가 112-8 (세진빌딩)
TEL : 922-6371~3, 923-3422 · 7224 / FAX : 927-2462
〈1976. 9. 21 / 등록 · 서울 제6-28호 / 등록번호〉